EDA 工程技术丛书

PRACTICAL DESIGN GUIDE FOR XILINX ZYNQ SOC RUNNING EMBEDDED LINUX
AN APPROACH COMPATIBLE WITH ARM CORTEX-A9

Xilinx Zynq SoC与嵌入式Linux设计实战指南

兼容ARM Cortex-A9的设计方法

陆启帅 陆彦婷 王地 著
Lu Qishuai Lu Yanting Wang Di

清华大学出版社
北京

内 容 简 介

本书系统介绍了 Xilinx Zynq-7000 SoC 与嵌入式 Linux 设计方法与实践。全书以 Zynq PS(ARM Cortex-A9)为核心,以 Zynq PL(FPGA)为可编程外设,详细介绍了从底层硬件系统到上层操作系统及 GUI 设计原理和方法,详细讲解了底层外设接口控制程序、嵌入式 Linux 操作系统移植以及应用程序。全书共分 14 章,内容包括 Zynq 初体验、Zynq 集成开发环境、Zynq 启动流程及镜像制作、GPIO 原理及实现、中断原理及实现、定时器原理及实现、通用异步收发器原理及实现、OLED 原理及实现、Zynq 双核运行原理及实现、嵌入式 Linux 系统构建、嵌入式 Linux 系统实现、u-boot 原理及移植、Linux 内核原理及移植和嵌入式网络视频设计及实现。

本书由浅入深,从最简单的流水灯、Hello World 开始,使读者可以完成裸机控制程序设计、嵌入式 Linux 环境搭建、嵌入式操作系统移植以及应用程序设计等。

本书理论与实践相结合,可以作为信息类专业大学本科高年级和研究生的教学参考用书,也可作为从事嵌入式系统设计的工程技术人员参考用书。

图书在版编目(CIP)数据

Xilinx Zynq SoC 与嵌入式 Linux 设计实战指南:兼容 ARM Cortex-A9 的设计方法/陆启帅,陆彦婷,王地著. —北京:清华大学出版社,2014(2022.7重印)

(EDA 工程技术丛书)

ISBN 978-7-302-37344-5

Ⅰ. ①X… Ⅱ. ①陆… ②陆… ③王… Ⅲ. ①可编程序逻辑器件—系统设计—指南 Ⅳ. ①TP332.1-62

中国版本图书馆 CIP 数据核字(2014)第 160117 号

责任编辑: 盛东亮
封面设计: 李召霞
责任校对: 梁 毅
责任印制: 曹婉颖

出版发行: 清华大学出版社
网　　址: http://www.tup.com.cn, http://www.wqbook.com
地　　址: 北京清华大学学研大厦 A 座　　**邮　　编:** 100084
社 总 机: 010-83470000　　**邮　　购:** 010-62786544
投稿与读者服务: 010-62776969, c-service@tup.tsinghua.edu.cn
质量反馈: 010-62772015, zhiliang@tup.tsinghua.edu.cn
课件下载: http://www.tup.com.cn,010-62775954

印 装 者: 三河市少明印务有限公司
经　　销: 全国新华书店
开　　本: 185mm×260mm　　**印　　张:** 21.25　　**字　　数:** 532 千字
版　　次: 2014 年 10 月第 1 版　　**印　　次:** 2022 年 7月第 9 次印刷
定　　价: 59.00 元

产品编号:055170-01

序

我们生活在一个快速连接的世界中——全球有超过 60 亿台移动计算设备相互连接，并且每天都持续增加约 100 万台移动计算设备。预计到 2020 年，全球移动计算设备总数将达到 300 亿台。随着物联网(IoT)以及万联网(IoE)的发展，海量大数据的存储、传输、处理、挖掘技术出现了极大的挑战。从处理响应速度来看，计算的处理响应速度从文字时代的秒级，到多媒体时代的百毫秒级、视频时代的十毫秒级，会迅速推进到 5G 时代的 1 毫秒级。对海量数据在 1 毫秒内完成处理，将是未来数十年摆在电子信息系统设计工程师面前的巨大难题。

随着摩尔定律走向深纳米时代，在 20nm 以下的工艺节点，每个节点的性价比提高幅度会比上一代逐渐减少，而前期的一次性工程费用(NRE)投入巨大，服务客户数量稀少，使得专用集成电路(ASIC)及专用标准集成电路(ASSP)在商业模式上步入绝境，赢利的公司数量锐减直至最后消亡，尚能存活的将是可编程器件。

面对海量的计算任务，多核并行曾是解决方案之一，但受制于算法可并行部分的局限，更多的核并不能带来更高的效率，加速效能也逐渐走到了尽头。此外，受单颗芯片发热量密度限制，即使芯片上集成的晶体管越来越多，但可同时运行的晶体管数目却趋于恒定，多余的晶体管将沦为暗硅 (Dark Silicon)。因此，设计者不得不将目光转向冯·诺依曼架构之外的计算构架，例如领域定制化计算(Domain Specific Computing)，它可在保持灵活性的同时，发挥每一个晶体管的计算能力，当然这也离不开可编程器件技术的长足发展。

在系统级别，大数据与软件定义一切，虚拟化一切的趋势，使得系统构架工程师不得不寻求更灵活、更智慧、更快速、更绿色的解决方案。而这些解决方案的核心往往与软件、硬件及 I/O 均可编程的芯片——赛灵思公司的 All Programmable 芯片相关。

在教育领域，除了需要培养能够应对未来数十年技术挑战的电子信息系统工程师之外，教学本身也充满了变革和机遇。随着大型开放式网络课程(MOOC)的兴起，在统一平台下通过互联网，以翻转课堂的方式，打破业界与教育界的壁垒，完成软件与硬件、理论与实验、年级与院系的全面贯通，将是很多电子信息类学科教育工作者的更高追求。

赛灵思大学计划将不遗余力地帮助教育工作者应对这些变革，与清华出版社合作将 All Programmable 全面可编程技术系统地引入到新型知识传播体系中去，培养能够应对下一代电子系统设计挑战的卓越工程师，为实现将“中国制造”变成“中国智造”的梦想，提供充足的智力和人才保障。

谢凯年
Xilinx 大学计划大中华区经理

前言

2012年7月，作者有幸和北京化工大学何宾老师进行项目合作，在相关项目的应用中，了解到赛灵思公司(Xilinx)的Zynq芯片，被其全新设计理念所吸引。Zynq是赛灵思公司推出的行业第一个可扩展处理平台，旨在为视频监视、汽车驾驶辅助以及工厂自动化等高端嵌入式应用提供所需的处理。

作者从事天文望远镜控制研究相关工作，在部分天文仪器终端设备中，需要使用ARM处理器运行Linux操作系统，以方便网络通信和图行界面设计。市场上的ARM处理器外设比较固定，而天文仪器设备上的某些外设市场上比较少见，通常需要另外设计扩展电路来实现，这就给研发周期、难度和稳定性带来一定的麻烦。Zynq将双核ARM嵌入FPGA内，可以利用其双核ARM运行操作系统，进行界面和通信设计，利用Zynq的FPGA部分进行并行运算和接口扩展设计，从而简化了设计难度和复杂度。从作者应用Zynq设计经验来看，综合考虑设计难度、稳定性和价格等因素。Zynq非常适合高端仪器仪表等嵌入式应用场合，也适合高等学校作为ARM和FPGA的教学平台。

本书介绍Xilinx Zynq-7000 SoC ARM Cortex-A9常用外设接口原理以及嵌入式Linux原理。全书以Zynq PS(ARM Cortex-A9)为核心，以Zynq PL(FPGA)部分为可编程外设，详细讲解了从底层硬件系统到上层操作系统及GUI原理，设计实现了底层外设接口控制程序、嵌入式Linux操作系统移植以及应用程序。全书共分14章，内容包括Zynq初体验、Zynq集成开发环境、Zynq启动流程及镜像制作、GPIO原理及实现、中断原理及实现、定时器原理及实现、通用异步收发器原理及实现、OLED原理及实现、Zynq双核运行原理及实现、嵌入式Linux系统构建、嵌入式Linux系统实现、u-boot原理及移植、Linux内核原理及移植和嵌入式网络视频设计及实现。每章内容要点如下。

第1章主要介绍Zynq的两个主要组成部分PL和PS的实例。

第2章主要介绍Zynq的硬件平台和软件集成开发环境。

第3章主要介绍Zynq的启动流程和启动镜像文件制作方法。

第4章主要介绍Zynq的GPIO设计，包括GPIO原理、Zynq GPIO的相关寄存器配置和GPIO编程实例。

第5章主要介绍ARM中断原理，包括Zynq中断体系架构、中断类型和中断寄存器，最后设计实现一个中断实例。

第6章主要介绍Zynq定时器原理，包括私有定时器、私有看门狗定时器和全局定时器，并设计实现3个定时器实例。

第7章主要介绍通用异步收发器原理，包括寄存器配置和设计实现方法。

第8章主要介绍OLED的硬件IP核设计和OLED的软件驱动设计。

第9章主要介绍Zynq双核运行原理及实现方法。

第10章主要介绍嵌入式Linux环境搭建，包括环境设计、交叉编译器安装和嵌入式

QT 移植。

第 11 章主要介绍在 Zynq 运行 Linux 系统，主要包括硬件平台设计、启动文件设计、内核编译和添加自定义设备等。

第 12 章主要介绍 u-boot 原理及移植方法。

第 13 章主要介绍 Linux 内核的原理及移植方法。

第 14 章主要介绍基于 Zynq、嵌入式 Linux 和 Qt 的网络视频设计及实现方法。

掌握 Xilinx Zynq 嵌入式系统设计技术，重要的是在学习本书基本设计方法的基础上，多在硬件平台上进行实际练习和操作，并在作者提供的实例基础上进行修改验证。这样读者就能够独立地从事 Xilinx Zynq 嵌入式系统的设计和开发工作。

感谢作者的同事陆彦婷博士、王地博士、郑兆瑛博士和王佑高级工程师，他们参与了本书部分章节的编写或者对相关的设计案例进行了测试，此外还帮助完成了书中一部分表格和插图的绘制工作，也要感谢北京化工大学何宾老师，他为作者提供了一套硬件平台，并且对全书的组织设计提出了建议。

同时，还要感谢中国科学院南京天文光学技术研究所自适应光学课题组在软件和硬件平台方面给予的大力支持和帮助。特别感谢课题组负责人张思炯研究员，正因为有他的大力支持，才能使作者将 Xilinx Zynq 嵌入式系统最新的技术及时地介绍给广大读者。最后，对清华大学出版社的编辑和领导的辛勤工作表示感谢。正是由于他们的支持和帮助，使得作者能在短时间内完成该书的编写和定稿工作。

虽然作者花费了大量的精力和时间用于该书的编写，但是由于作者的能力有限，书中一定会存在不足之处。在此，也恳请广大读者、同仁对本书提出宝贵的修改意见。

陆启帅

2014 年 10 月

目录

第一篇　Zynq 开发基础

第二篇　Zynq 底层硬件设计

目录

目录

目录

目录

第一篇　Zynq开发基础

本篇重点介绍 Zynq 入门基础知识，主要内容包括 Zynq 的 PL（FPGA）部分和 PS（ARM）部分入门实例、Zynq 硬件平台和软件集成开发环境以及 Zynq 启动流程和镜像制作 3 部分。

读者通过这部分的学习，可以了解 Zynq 的基本组成，PL 和 PS 部分的关系，能够熟练使用 Xilinx 软件集成开发环境，了解 Zynq 启动流程并且能制作启动镜像。

第1章 Zynq初体验

本章内容旨在引导读者熟悉Zynq芯片的基本组成。为便于读者快速上手，本章详细介绍两个实例：Zynq的PL(FPGA)部分实例和PS(ARM)部分实例。其中PL部分设计实现一个流水灯实例，PS部分设计实现一个最简单的Hello World实例。两个实例均在ZedBoard开发板上通过验证。

1.1 PL部分设计实现

Zynq是赛灵思公司(Xilinx)推出的行业第一个可扩展处理平台，旨在为视频监控、汽车驾驶辅助以及工厂自动化等高端嵌入式应用提供高性能处理与计算。该系列六款新型器件得到了相关工具和IP供应商等生态系统的支持，将完整的ARM® Cortex™-A9 MPCore处理器片上系统(SoC)与28nm低功耗可编程逻辑紧密集成在一起，可以帮助系统架构师与嵌入式软件开发人员扩展、定制和优化系统。

在单芯片上集成处理器和FPGA可编程能力，一直是FPGA技术发展的一个重要方向，既有高性能的处理能力，又有灵活的可编程配置。Xilinx Zynq-7000代表了这种集成芯片最先进的技术，采用了最新的28nm FPGA工艺同时集成了最新的双核ARM Cortex-A9 MPCore，实现了真正紧密的高度集合。而且Zynq-7000系列提供了一个开放式设计环境，便于可编程逻辑中双核Cortex-A9 MPCore和定制外设IP核并行开发，从而加速了产品上市进程。

Zynq芯片内部可以分为两部分：PS(Processing System)和PL(Programmable Logic)，其中PS部分和传统的处理器内部结构一致，包括CPU核、图形加速、浮点运算、存储控制器、各种通信接口外设以及GPIO外设等；而PL部分就是传统的可编程逻辑和支持多种标准的IO，它们之间通过内部高速总线(AXI)互联。这种架构既提高了系统性能(处理器和各种外设控制的“硬核”)，又简化了系统的搭建(可编程的外设配置)，同时提供了足够的灵活性(可编程逻辑)。

Zynq的PL部分就是传统意义的FPGA，可以很方便地定制相关外设 IP,也可以进行相关的算法设计,和使用普通 FPGA 完全一样。如果不使用 PL,Zynq 的 PS 部分和普通的 ARM 开发一样。Zynq 最大的特点是可以利用 PL 部分灵活的定制外设,挂载在 PS 上,而普通的 ARM,外设是固定的。因此,Zynq 的硬件外设是不固定的,这也是 Zynq 灵活性的一个表现。

本节主要通过一个 LED 流水灯的设计实例,介绍在 Zynq 上只使用 PL 部分的基本设计方法和流程。通过这个实例,读者可以掌握在 Zynq 上只进行 PL 部分设计的基本方法和流程。本实例的功能是在 ZedBoard 开发板上实现 8 个 LED 流水灯功能,把 Zynq 作为传统的 FPGA 使用,仅使用 Zynq 的 PL 部分。

设计原理如图 1-1 所示,该设计使用 ZedBoard 开发板上的 100MHz 时钟源,输入到 Zynq 芯片的 GCLK 引脚,通过计数器,每 0.5 秒轮流点亮开发板上的 8 个 LED。

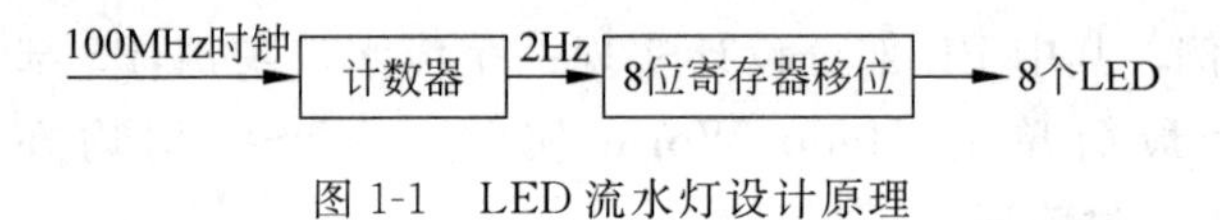

图 1-1　LED 流水灯设计原理

设计流程主要由五步完成。本书所有设计不做仿真设计部分,因此,设计流程中无仿真步骤,本例设计流程如图 1-2 所示。

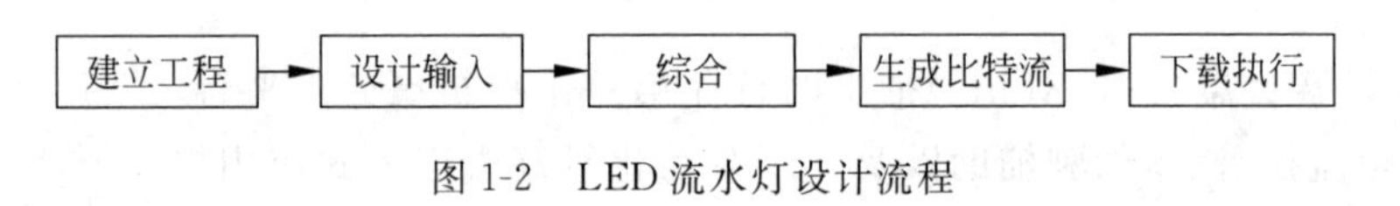

图 1-2　LED 流水灯设计流程

1.1.1　创建工程

下面给出创建 PL 部分 LED 流水灯工程的方法,具体步骤如下。

(1) 在 Windows 环境下,选择"开始"→"所有程序"→Xilinx Design Tools→ISE Design Suite 14.3→ISE Design Tools→Project Navigator 命令,打开 ISE 集成开发环境。

每次启动时,ISE 都会默认恢复到最近使用过的工程界面。第一次使用时,由于此时还没有过去的工程记录,所以工程管理区显示空白,如图 1-3 所示。

(2) 在 ISE 主界面主菜单下选择菜单栏 File→New Project 选项新建工程,输入工程名称 LED。在工程路径中单击 Browse 按钮,将工程放到指定目录。在 Top-level source type(顶层源文件类型)里选择 HDL,如图 1-4 所示,单击 Next 按钮。

(3) 选择所使用的芯片类型以及综合、仿真工具等,如图 1-5 所示,根据 ZedBoard 配置,在图中选择 Zynq XC7Z020-CLG481-1 芯片,并且指定综合工具为 XST(VHDL/Verilog),仿真工具选为 ISim(VHDL/Verilog),单击 Next 按钮。

(4) 弹出 Project Summary 界面,里面给出了前面所设置的工程参数列表,单击 Finish 按钮。

(5) 弹出如图 1-6 所示的空工程界面。

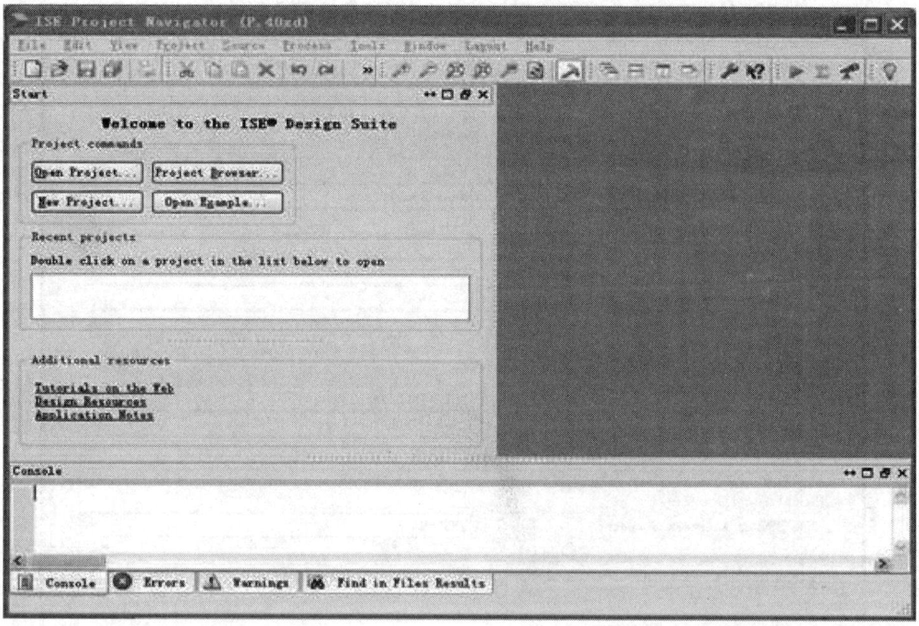

ISE Project Navigator (P.40xd)

File Edit View Project Source Process Tools Window Layout Help

Start

Welcome to the ISE® Design Suite

Project commands

Open Project... Project Browser...

New Project... Open Example...

Recent projects

Double click on a project in the list below to open

Additional resources

Tutorials on the Web
Design Resources
Application Notes

Console

Console Errors Warnings Find in Files Results

图 1-3 ISE 新建工程

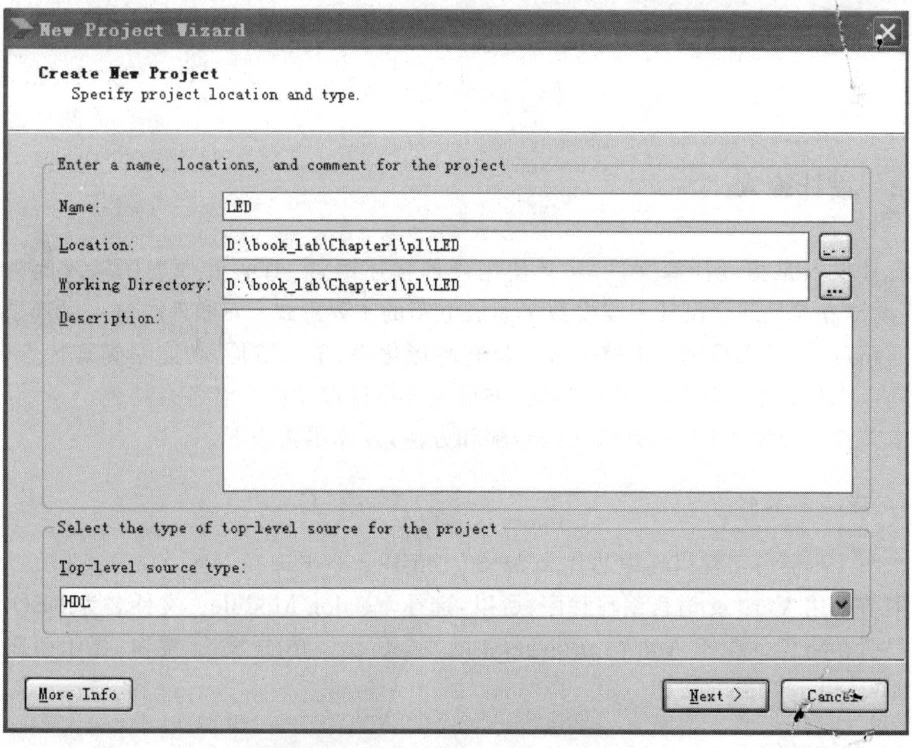

New Project Wizard

Create New Project
Specify project location and type.

Enter a name, locations, and comment for the project

Name: LED

Location: D:\book_lab\Chapter1\pl\LED

Working Directory: D:\book_lab\Chapter1\pl\LED

Description:

Select the type of top-level source for the project

Top-level source type:

HDL

More Info Next > Cancel

图 1-4 新建工程设置

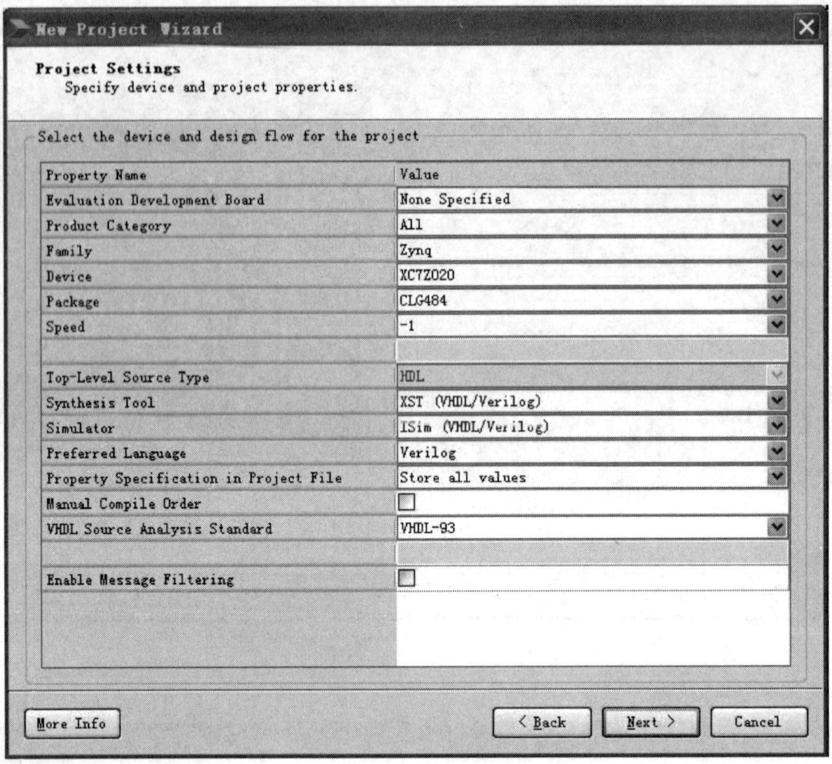

New Project Wizard

Project Settings
Specify device and project properties.

Select the device and design flow for the project

Property Name	Value
Evaluation Development Board	None Specified
Product Category	All
Family	Zynq
Device	XC7Z020
Package	CLG484
Speed	-1
Top-Level Source Type	HDL
Synthesis Tool	XST (VHDL/Verilog)
Simulator	ISim (VHDL/Verilog)
Preferred Language	Verilog
Property Specification in Project File	Store all values
Manual Compile Order	☐
VHDL Source Analysis Standard	VHDL-93
Enable Message Filtering	☐

More Info　< Back　Next >　Cancel

图 1-5　器件属性配置

1.1.2　设计输入

设计输入是指设计源文件，包括使用硬件描述语言 HDL 和原理图输入两种方式。HDL 设计方式是现今设计大规模数字集成电路的主要形式；而原理图输入在顶层设计、数据通路逻辑、手工最优化电路等方面具有图形化强、单元节俭、功能明确等特点。常用方式是以 HDL 语言为主，原理图为辅，进行混合设计以发挥二者各自特色。

本节详细介绍 HDL 设计输入的步骤和方法，具体步骤如下。

1. 建立新文件

在图 1-6 空白工程里选中芯片 xc7z020-1clg484，右击选择 New Source 选项。

本节采用 Verilog 语言编写程序，所以，选择 Verilog Module。文件名为 LED。路径为工程所在路径。选择 Add to project，如图 1-7 所示。单击 Next 按钮，提示引脚信息，默认即可。单击 Finish 按钮。

2. 控制逻辑设计

8 个 LED 的原理图如图 1-8 所示。

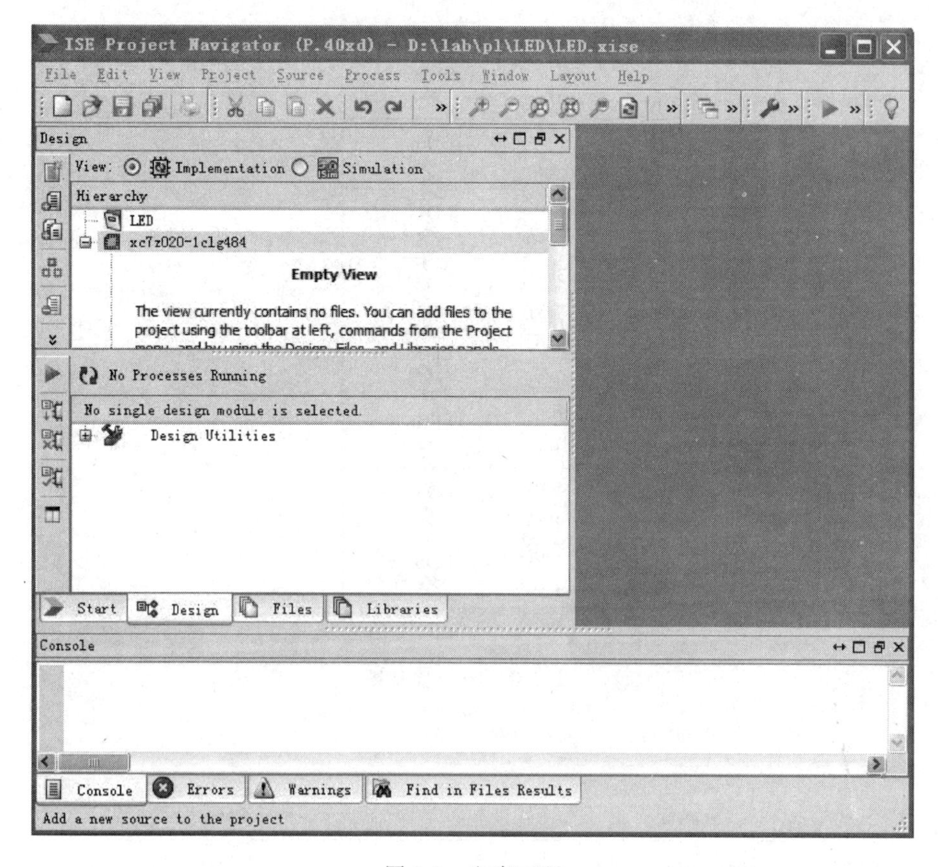

图 1-6　空白工程

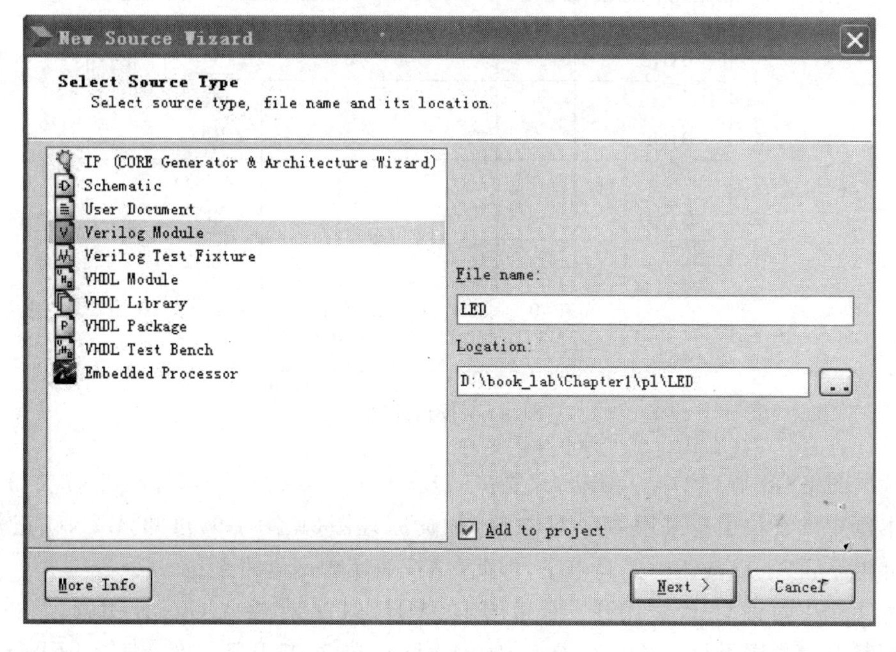

图 1-7　新建 Verilog 源文件

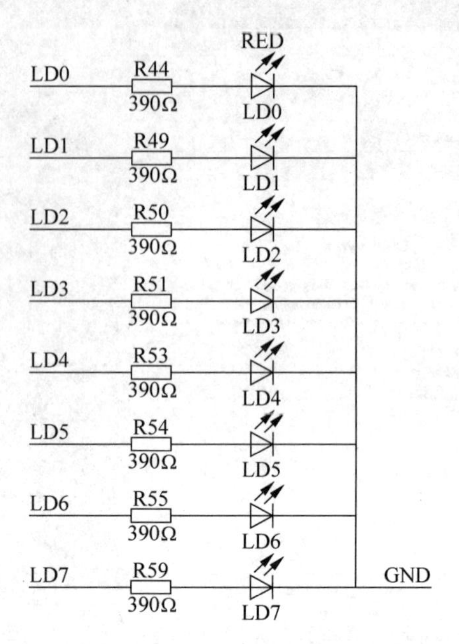

图 1-8　LED 原理图

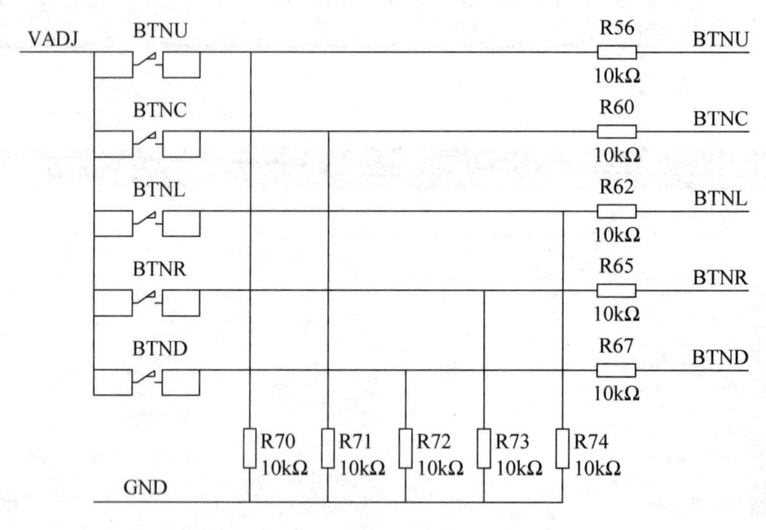

图 1-9　按钮原理图

根据图 1-8,8 个 LED 是共阴极,只要在 LD0～LD7 端置高电平,即可点亮对应的 LED。

本例中的复位引脚采用 BTNU 按钮,根据原理图(见图 1-9)可知,BTNU 正常工作时是低电平,按下该按钮时是高电平,因此,该按钮实现高电平复位。

本实例中时钟 CLK 采用开发板带的 100MHz 时钟源,接入 GCLK 引脚。

控制逻辑程序设计方法是双击工程中 LED. v 文件,打开源文件,编辑 LED. v 文件,代码如下:

```
module LED(
    input  BTNU,                              //复位按钮
    input  GCLK,                              //输入时钟
    output  [7:0]  LD                         //输出到 8 个 LD 引脚
    );
wire clk,rst;
reg [7:0]    LD_reg;
reg [25:0]     cnt;                           //计数器寄存器

assign clk = GCLK;
assign rst = BTNU;
assign LD = LD_reg;

always@(posedge clk or posedge rst)

    if(rst)
    begin
        cnt <= 26'b0;
    end
    else
    begin
        if (cnt == 26'd50000000)
          begin
            cnt <= 26'b0;
          end
        else
          begin
            cnt <= cnt + 26'b1;
          end
   end
//上述代码实现计数功能,输入时钟 100MHz,每个周期为 10ns
//0.5 秒需要计数 50000000 个周期
always@(posedge clk or posedge rst)
   if(rst)
     begin
         LD_reg <= 8'b00000001;                //复位后点亮最低位
     end
   else
      if(cnt == 26'd50000000)
        begin
          LD_reg <= {LD_reg[0],LD_reg[7:1]};  //每 0.5 秒左移一位点亮
        end
endmodule
```

3. 引脚约束设计

本例中使用了复位引脚 rst、时钟引脚 clk 和 8 个 LED,需要将这 10 个引脚和开发板上 FPGA 引脚一一对应。因此,需要对这 10 个引脚进行约束。根据开发板原理图可知:8 个 LED 对应的引脚分别为 T22、T21、U22、U21、V22、W22、U19 和 U14,BTNU 对应

的引脚为 T18，GCLK 对应的引脚为 Y9。

引脚约束文件设计方法是：在空白工程里右击芯片 xc7z020-1clg484，选择 New Source 选项。

选择 Implementation Constraints File，文件名为 LED，路径为工程所在路径，选择 Add to project 选项，如图 1-10 所示。

双击工程中 LED. ucf 文件，打开源文件，编辑 LED. ucf 文件，具体代码如下：

```
NET  LD[0]  LOC = T22  | IOSTANDARD = LVCMOS33;  # "LD0"
NET  LD[1]  LOC = T21  | IOSTANDARD = LVCMOS33;  # "LD1"
NET  LD[2]  LOC = U22  | IOSTANDARD = LVCMOS33;  # "LD2"
NET  LD[3]  LOC = U21  | IOSTANDARD = LVCMOS33;  # "LD3"
NET  LD[4]  LOC = V22  | IOSTANDARD = LVCMOS33;  # "LD4"
NET  LD[5]  LOC = W22  | IOSTANDARD = LVCMOS33;  # "LD5"
NET  LD[6]  LOC = U19  | IOSTANDARD = LVCMOS33;  # "LD6"
NET  LD[7]  LOC = U14  | IOSTANDARD = LVCMOS33;  # "LD7"
NET  GCLK   LOC = Y9   | IOSTANDARD = LVCMOS33;  # "GCLK"
NET  BTNU   LOC = T18  | IOSTANDARD = LVCMOS18;  # "BTNU"
```

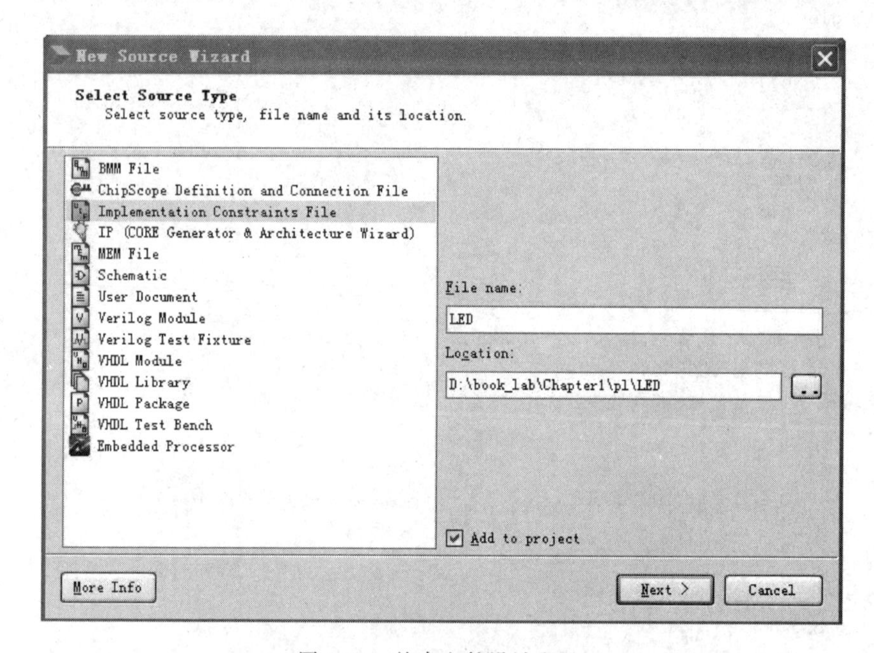

图 1-10　约束文件设计向导

1.1.3　设计综合

设计综合是针对给定的电路实现功能和约束条件，如速度、功耗、成本及电路类型等，通过计算机进行优化处理，获得一个能满足上述要求的电路设计方案。也就是说，被综合的文件是 HDL 文件（或其他相应文件等），综合的依据是逻辑设计的描述和各种约束条件，综合的结果则是一个硬件电路的实现方案，该方案必须同时满足预期的功能和约束条件。对于综合来说，满足要求的方案可能有多个，综合器将产生一个最优的或接近最优的结果。因此，综合的过程也就是设计目标的优化过程，最后获得的结构与综合器的工作性能有关。

综合工具在对设计的综合过程中主要执行以下 3 个步骤。

1. 语法检查

检查设计输入文件和约束文件语法是否有错误。

2. 编译

翻译和优化 HDL 代码，将其转换为综合工具可以识别的目标技术的基本元件。

3. 映射

将这些可以识别的元件系列转换为可识别的目标技术的基本元件。

综合设计的具体方法是：在工程 Hierarchy 窗口单击选中 LED(LED. v)文件，在工程 Processes 窗口双击 Synthesize-XST 进行综合，如图 1-11 所示。此过程可能需要几分钟，请耐心等待。综合后有 3 种结果：如果综合后完全正确，在 Synthesize-XST 前面有一个打钩的绿色小圆圈；综合后如果有警告，则出现一个带有感叹号的黄色小圆圈；如果有错误，则出现一个带叉的红色小圆圈。

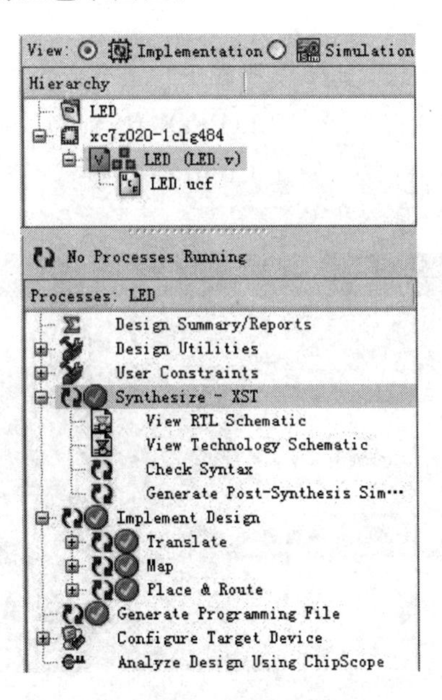

图 1-11　设计综合窗口

综合完成之后，可以通过双击图 1-11 中的 View RTL Schematic 命令来查看 RTL 级结构图，检查是否按照设计意图来实现电路。

1.1.4 设计实现

设计实现是利用综合生成的网表，在 FPGA 内部进行布局布线，并生成可用于配置的比特流文件(有了比特流文件就能下载到开发板)。实现过程主要执行以下 3 个步骤。

1. 翻译(Translate)

主要作用是将综合输出的逻辑网表翻译成 Xilinx 特定器件的底层结构和硬件原语。

2. 映射(Map)

主要作用是将设计映射到具体型号的器件上。

3. 布局布线(Place & Route)

主要作用是调用 Xilinx 布局布线器，根据用户约束和物理约束，对设计模块进行实际布局，并根据设计连接，对模块进行布线，产生 FPGA 配置文件。

设计实现的具体方法是：在图 1-11 中的工程 Processes 窗口双击 Implement Design，如果完全正确，将会出现打钩的绿色圆圈，在工程目录下生成 led. bit 配置文件。

1.1.5 下载执行

本节给出了下载运行的方法，具体步骤如下。

(1) 连接开发板。将 ZedBoard mini USB(PROG)接到 PC 的 USB 口，给开发板连通电源。

(2) 在图 1-11 的 Processes 窗口双击 Configure Target Device，启动 iMPACT 工具，下载程序到 FPGA，如图 1-12 所示。

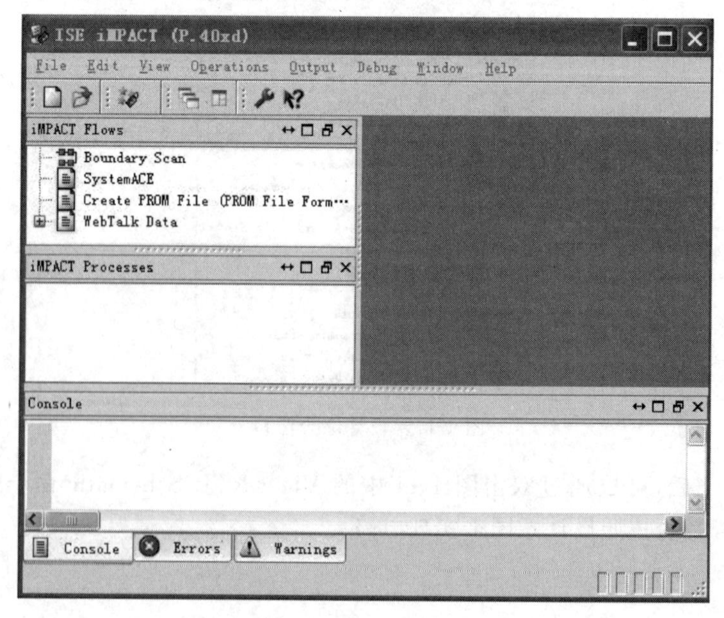

图 1-12　iMPACT 下载界面

(3) 在图 1-12 中双击 Boundary Scan 按钮,在右侧工作区会提示 Right click to Add Device or Initialize JTAG chain。

(4) 在右侧工作区右击,选择 Initialize chain,然后在连续跳出的 2 窗口中分别选 No 按钮和 Cancel 按钮,出现如图 1-13 所示的界面。

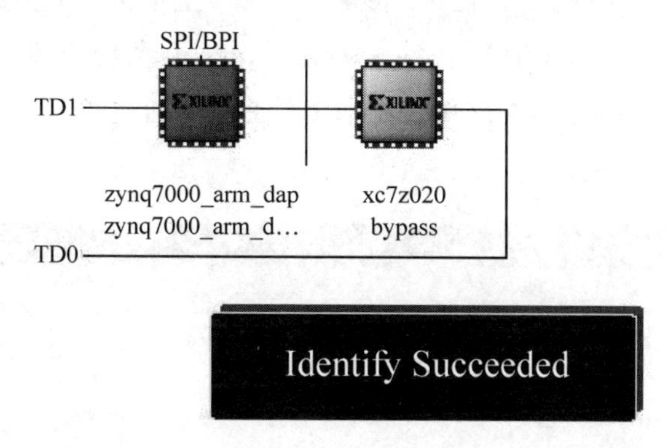

图 1-13　下载芯片选择

(5) 在图 1-13 中双击 xc7z020,在弹出的窗口中选择 led. bit 文件。

(6) 右击图 1-13 中 xc7z020,选择 Program,在弹出的窗口中选择 OK 按钮,如果下载成功会在工作区提示"Program Succeeded"。

(7) 程序下载成功,可以看到开发板上 8 个 LED 灯流水点亮,如果按 BTNU 按钮,8 个 LED 会复位,LD0 点亮,然后重新开始流水点亮。

1.2　PS 部分设计实现

本节主要通过一个简单的 Hello World 的设计实例,介绍在 Zynq 上只使用 PS 部分的基本设计方法和流程。通过这个实例,读者可以掌握在 Zynq 上进行 PS 部分设计的基本方法和流程。功能是实现通过串口输出"Hello World"的最简单程序,把 Zynq 作为传统的 ARM 使用,仅使用 Zynq 的 PS 部分。

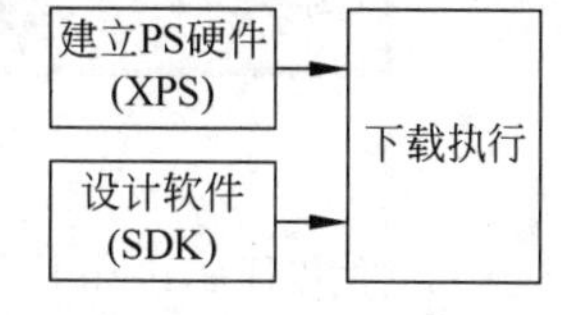

图 1-14　PS 实践流程图

本例需要在 Zynq 平台上设计最简单的硬件系统 PS,然后编写简单的 Hello World 程序,如图 1-14 所示。

1.2.1　建立 Zynq 硬件系统

根据 Zynq 的特点,在进行单纯 PS(ARM)开发的时候,也要先进行相应的硬件和外设配置,由于本实例只演示最简单的 Hello World 程序,因此,不需要增加外设,生成 PS 最小硬件系统即可。

本节主要讲解如何定制基于 Zynq 的硬件系统,下面给出了创建硬件系统方法,具体步骤如下。

(1) 在 Windows 下,选择"开始"→"所有程序"→Xilinx Design Tools→ISE Design

Suite 14.3→EDK→Xilinx Platform Studio 命令,打开 XPS 集成开发环境。

(2) 在打开的界面中单击 Create New Project Using Base System Builder 或者选择 File→New BSB Project 选项新建工程。

(3) 弹出如图 1-15 所示界面,在 Project File 选项里单击 Browse 按钮,选择工程所在目录,不要填写工程名字,工程名字 system.xmp 由系统自动生成。在 Select an Interconnect Type 中,因为在 Zynq 中 PL 和 PS 通信时通过 AXI 总线,因此选择 AXI system 选项,单击 OK 按钮。

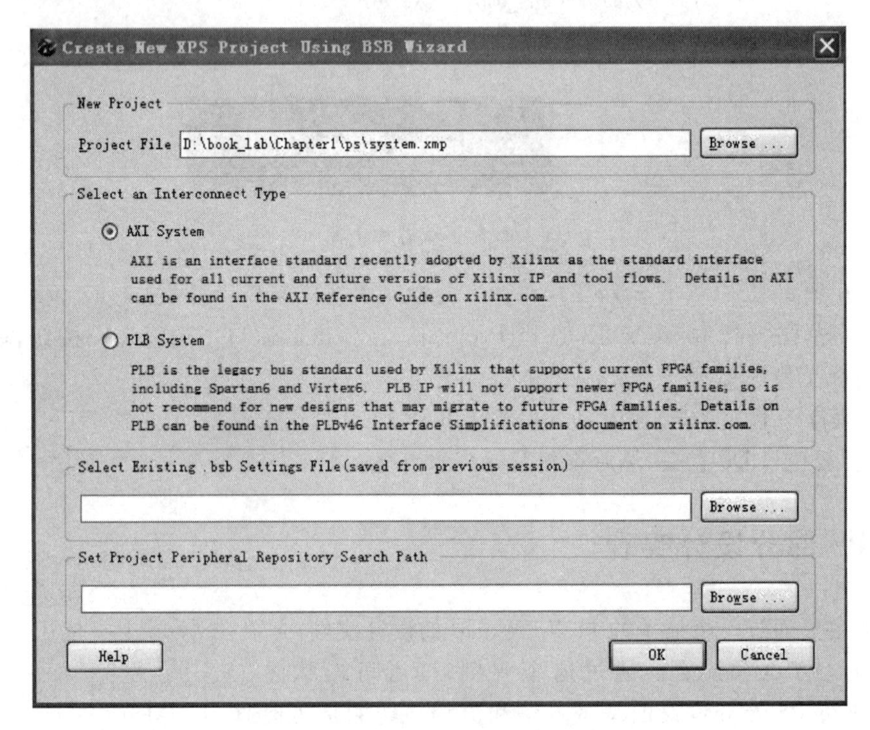

图 1-15 XPS 工程名字互联类型选择界面

(4) 弹出 Board and System Selection 界面,如图 1-16 所示,由于 ZedBoard 开发板的相关信息已经在 ISE14.3 软件里,直接选择 ZedBoard 厂家 Avnet 对应开发板即可,不需要读者再详细配置相关信息。因此,直接在 Board 选项里选择 Avnet 即可,单击 Next 按钮。

(5) 弹出 Peripheral Configuration 界面,如图 1-17 所示。在本界面中,Avnet 为系统添加了 BTN、LED 和 SW 外设,本设计不需要,应全部删除。单击 Select All 按钮,然后单击 Remove 按钮,删除已有外设。单击 Finish 按钮,完成硬件系统建立,进入 Zynq 硬件系统主界面,如图 1-18 所示。

(6) Zynq 硬件系统主界面左侧,单击 XPS 工程中 Generate BitStream,生成 bit 文件。如果没有错误,最后会提示"Bitstream generation is complete. Done!",说明基于 Zynq 最基本的 PS 部分硬件部分全部设计完成。

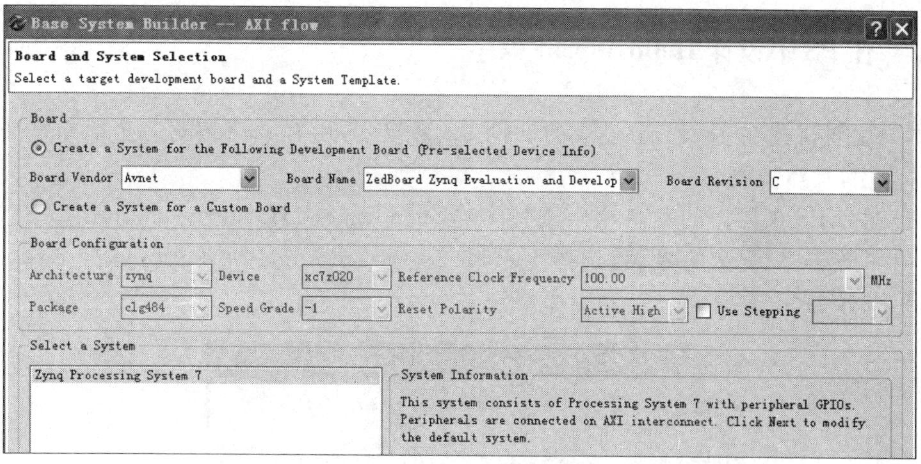

Base System Builder — AXI flow

Board and System Selection

Select a target development board and a System Template.

Board

⦿ Create a System for the Following Development Board (Pre-selected Device Info)

Board Vendor: Avnet　Board Name: ZedBoard Zynq Evaluation and Develop　Board Revision: C

○ Create a System for a Custom Board

Board Configuration

Architecture: zynq　Device: xc7z020　Reference Clock Frequency: 100.00 MHz

Package: clg484　Speed Grade: -1　Reset Polarity: Active High　☐ Use Stepping

Select a System

Zynq Processing System 7

System Information

This system consists of Processing System 7 with peripheral GPIOs. Peripherals are connected on AXI interconnect. Click Next to modify the default system.

图 1-16　选择配置参数界面

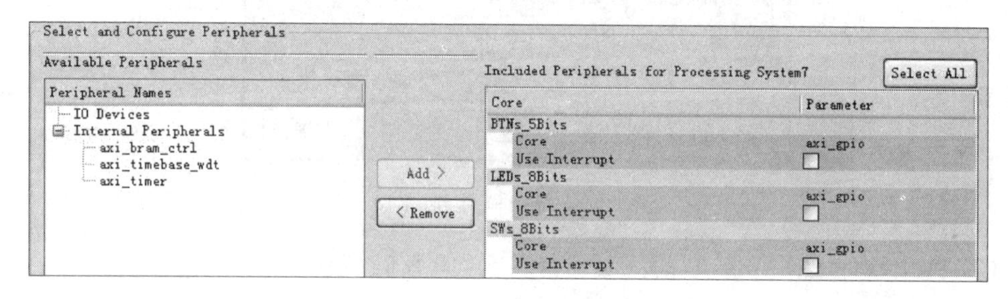

图 1-17　外设配置界面

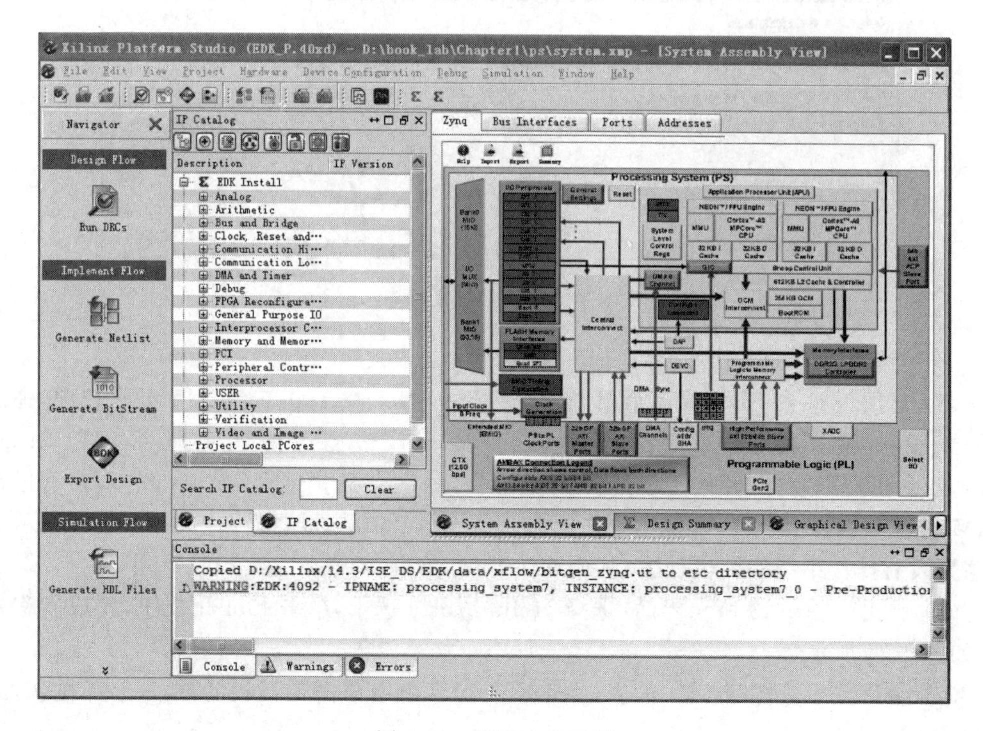

图 1-18　XPS 主界面图

1.2.2 在PS中设计Hello World程序

本节主要讲述在1.2.1节生成的硬件PS系统中，用C语言编写一个简单的Hello World程序，具体步骤如下。

(1) 在XPS主界面的菜单栏中选择Project→Export Hardware Design to SDK选项，弹出如图1-19所示的界面，选择Include bitstream and BMM file，单击Export & Launch SDK按钮。

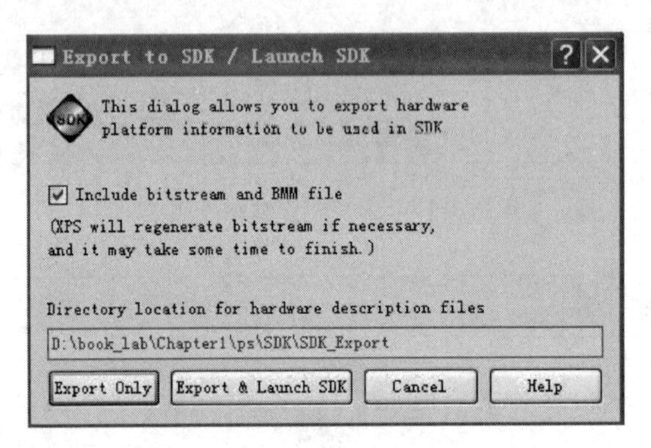

图1-19 导出硬件到SDK

(2) 弹出软件工作目录选择界面，选择目录，如图1-20所示。

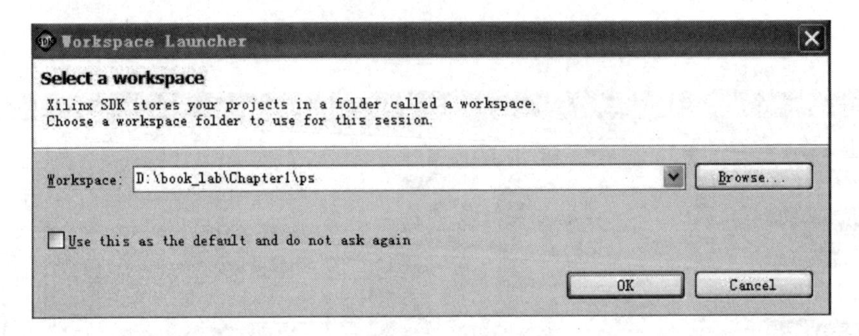

图1-20 软件目录选择

(3) 自动打开SDK软件，界面如图1-21所示。

(4) 在图1-21的SDK界面菜单中，选择File→New→Application Project选项，弹出如图1-22所示界面，输入工程名字Hello World，路径选择默认即可。在Target Hardware里选择硬件，硬件平台选择默认平台，处理器选择ps7_cortexa9_0，表示选择ARM双核中的第一个核，未使用第二个核。在OS Platform中选择Standalone，表示该程序为没有操作系统的裸机程序，其他默认即可，单击Next按钮。

(5) 弹出如图1-23所示界面，选择Hello World选项，单击Finish按钮，完成工程建立，如图1-24所示。

(6) 编译程序。在图1-24的新建SDK工程界面中单击工具栏的编译按钮，编译Hello World程序。

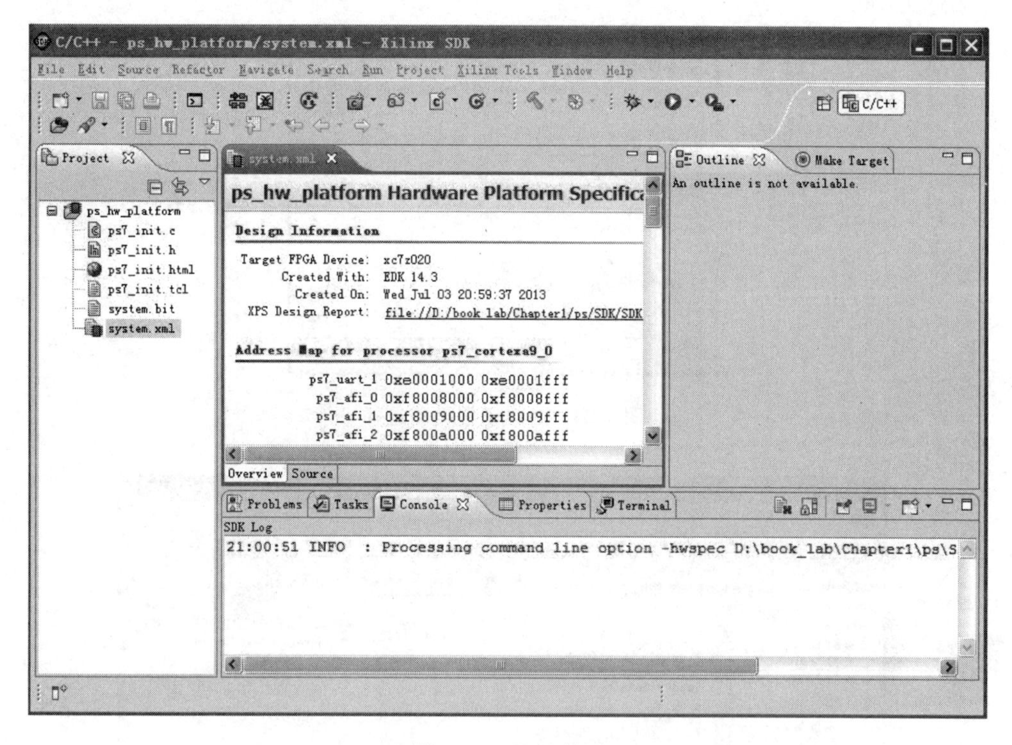

图 1-21 SDK 界面

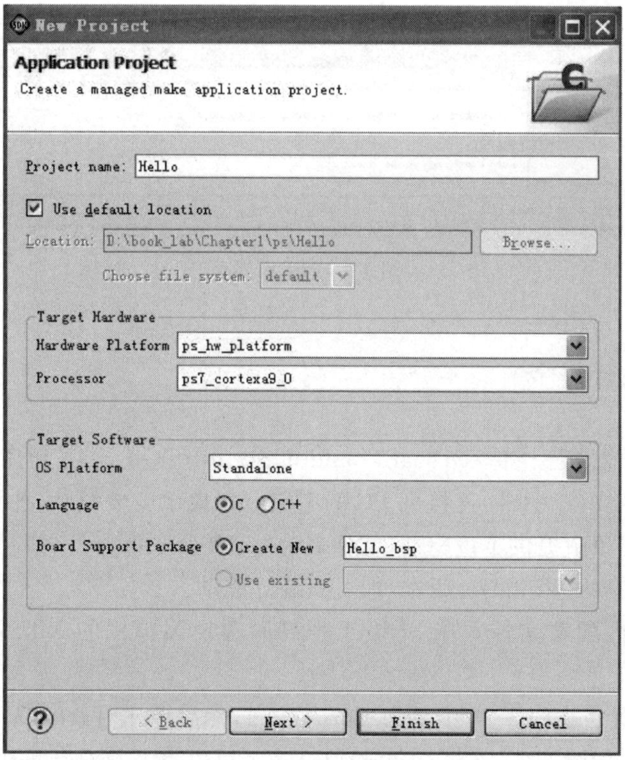

New Project

Application Project

Create a managed make application project.

Project name: Hello

☑ Use default location

Location: D:\book_lab\Chapter1\ps\Hello Browse...

Choose file system: default

Target Hardware

Hardware Platform ps_hw_platform

Processor ps7_cortexa9_0

Target Software

OS Platform Standalone

Language ⊙C ○C++

Board Support Package ⊙Create New Hello_bsp

○Use existing

< Back Next > Finish Cancel

图 1-22 新建工程设置

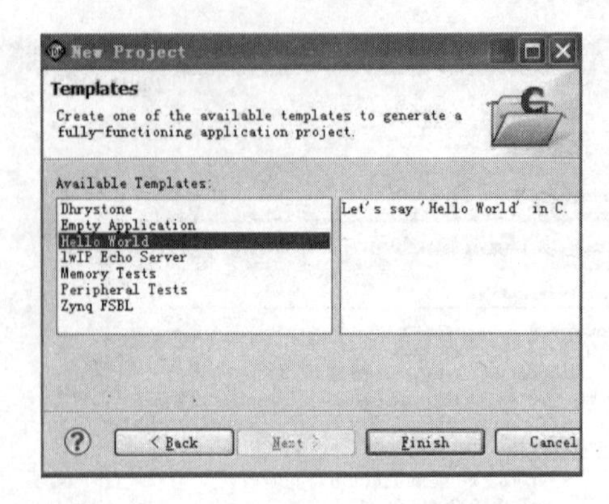

图 1-23　新建工程类型选择

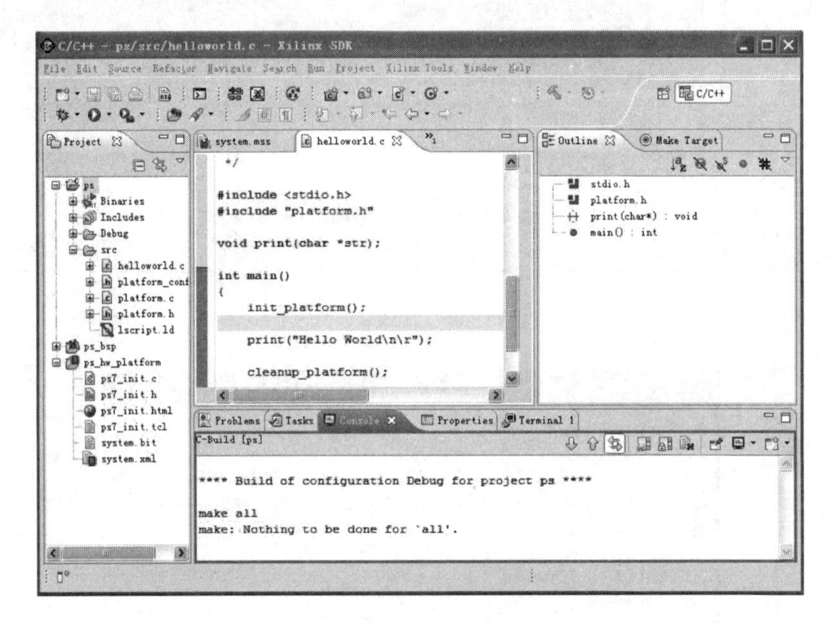

图 1-24　SDK 界面

1.2.3　下载执行程序

(1) 连接开发板。将 ZedBoard mini USB(PROG)连接到 PC 的 USB 口,将 ZedBoard mini USB(UART)连接到 PC 的 USB 口,提示安装驱动,选择驱动程序所在路径,在本书配套资源中提供了该驱动,文件名为 CyUSBSerial_v3.0.11.0,解压后,把路径指向该文件夹对应的 Windows 版本,即可安装好驱动。

(2) 下载硬件配置文件。在 SDK 工程界面选择菜单栏的 Xilinx Tools→Program FPGA 选项。

(3) 串口配置。在图 1-24 中单击 Terminal 1,然后单击 Terminal 1 右边的 ▤ 按钮对串口进行设置,如图 1-25 所示,其中端口号读者可以查看自己计算机的设备管理器,根据设备管理器里的实际端口号进行配置,波特率必须设置成 115200,其他参数按照

图 1-25 设置即可。单击 Terminal 1 右边的 按钮,连接串口。

(4) 软件运行配置。在 SDK 工程界面选择菜单栏的 Run→Run Configurations 选项,弹出如图 1-26 所示界面。在图 1-26 的左边部分双击 Xilinx C/C++ELF 选项,打开配置界面,如图 1-26 界面右边所示。

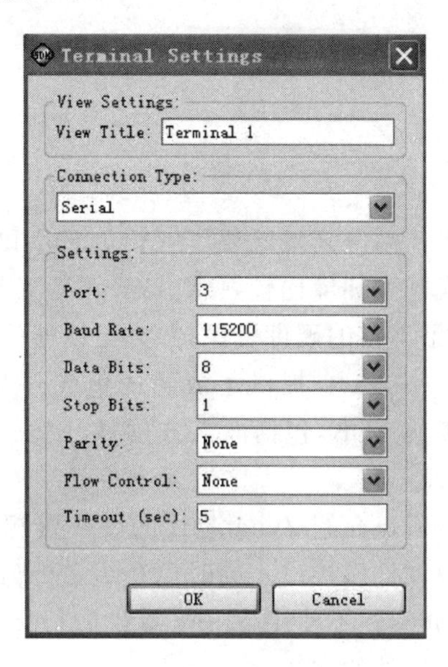

图 1-25　串口设置

(5) 单击图 1-26 界面最下面一行的 Run 按钮,即可执行程序,在图 1-24 的 Terminal 1 中,将会接收到 Zynq 发送过来的"Hello World"字符串。

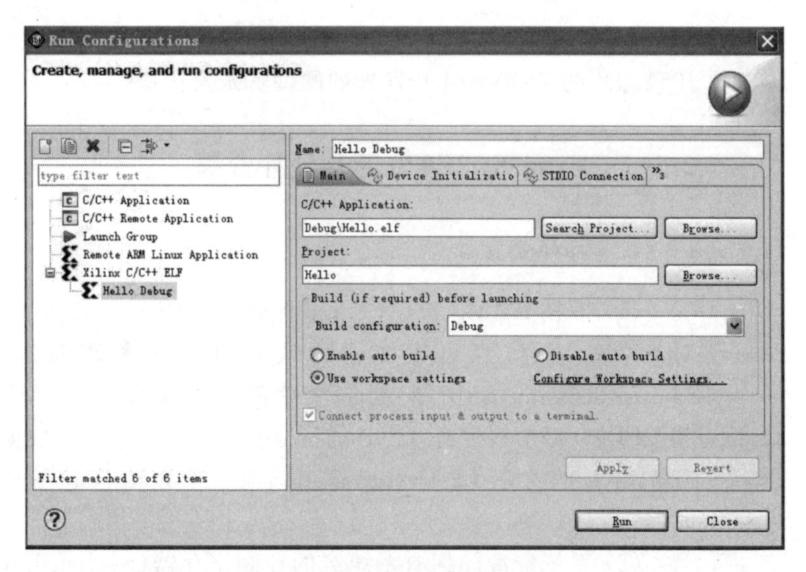

图 1-26　运行配置

本节使用串口接收打印的字符串,读者也可以自行使用其他串口工具接收,只要串口配置正确即可。

第2章 Zynq集成开发环境

嵌入式系统开发既要了解相关芯片和开发板的硬件资源，也需要对其集成开发环境比较熟悉。Zynq 是 Xilinx 推出的全可编程逻辑芯片，提供了丰富的硬件资源，并且可以通过其 PL 部分自行扩展其他外部资源。Xilinx 也提供了成熟的集成开发环境 ISE，ISE 包含了嵌入式开发工具 EDK，包括嵌入式硬件开发软件 XPS 和嵌入式软件开发工具 SDK。

本章重点介绍 Zynq 芯片的硬件资源和基于 ZedBoard 开发板的硬件资源和外设接口。同时也介绍 Zynq 的软件集成开发环境使用方法，重点介绍在不使用 Xilinx 提供的板级支持包(BSP)的情况下如何独立设计软件的方法。

2.1 Zynq 硬件平台

Zynq 硬件主要包括 Zynq XC7Z020-CLG481-1 芯片硬件资源和基于该芯片的 ZedBoard 开发板的硬件资源及接口。

2.1.1 Zynq XC7Z020 芯片硬件资源

1. PS 部分资源

(1) 双核 ARM Cortex-A9 多核处理器 CPU(ARM V7)。既允许对单个处理器，也可以非对称或者对称的多处理(Symmetrical Multiprocessing，SMP)配置，每个核有 NEON 128 位 SIMD 协处理器和 VFPv3，每个核带有 32KB 的指令 Cache 和 32KB 的数据 Cache，带有 512KB 的共享 L2 Cache，每个核有私有定时器和私有看门狗定时器。

(2) 系统资源。拥有系统级的控制寄存器(System-Level Control Registers，SLCRs)、侦测控制单元(Snoop Control Unit，SCU)、从 PL(主设备)到 PS(从设备)的加速器一致性端口(Accelerator Coherency Port，ACP)、64 位的高级可扩展(Advanced Extended Interface，AXI)的从端口、256KB 片上存储器(On-Chip Memory，OCM)、DMA 控制

器、通用的中断控制器(General Interrupt Controller,GIC)、看门狗定时器和三重计数器/定时器等。

(3) 存储器接口。支持16位或者32位宽度的DDR3、DDR2或者LPDDR-2,支持四线SPI控制器,支持8/16位I/O宽度NAND Flash,支持8位数据宽度,最大25个地址信号SRAM/NOR存储器。

(4) I/O外设。54个GPIO信号用于器件的引脚(通过MIO连接)、两个3模式以太网控制器、USB控制器、SD/SDIO控制器、SPI控制器、CAN控制器、UART控制器和I2C控制器等。

2. PL部分资源

(1) 可配置逻辑块(Configurable Logic Block,CLB)。
(2) 36KB RAM。
(3) 数字信号处理单元DSP48E1 Slice。
(4) 时钟管理。
(5) 可配置的I/O。
(6) 模拟-数字转换器(XADC)。
(7) 集成PCIe模块。

2.1.2 ZedBoard硬件资源

ZedBoard是第一款面向开源社区的Zynq-7000系列开发板,而Zynq-7000系列FPGA也称为完全可编程(All Programmable)SoC,是Xilinx一个有重大意义的产品系列。ZedBoard是基于Xilinx Zynq™-7000扩展式处理平台(EPP)的低成本开发板。此板可以运行基于Linux、Android、Windows®或其他OS/ RTOS的设计。此外,可扩展接口使得用户可以方便访问处理系统和可编程逻辑。Zynq-7000 EPP将ARM®处理系统和与Xilinx 7系列可编程逻辑完美地结合在一起,可以创建独特而强大的设计。

ZedBoard开发板硬件主要包括主芯片、配置芯片、存储器、晶振和相关外设接口等组成,如图2-1所示。

(1) ZedBoard上采用的是Zynq-7000系列中的XC7Z020-CLG484-1 FPGA主芯片,包括双核Cortex-A9 MPcore、主频达到667MHz和板载512MB内存,堪比一个便携设备的ARM平台,其配置方式主要包括256Mb QSPI Flash、JTAG和4G SD Card。

(2) 硬件接口(Interfaces)。ZedBoard提供了丰富的接口资源,能够满足常规实验和应用需求。

- 1个JTAG接口USB: JTAG Programming using Digilent SMT1-equivalent circuit。
- 1个10/100/1G Ethernet网络接口。
- 1个USB OTG 2.0接口。
- 1个SD Card接口。
- 1个USB 2.0转UART接口。

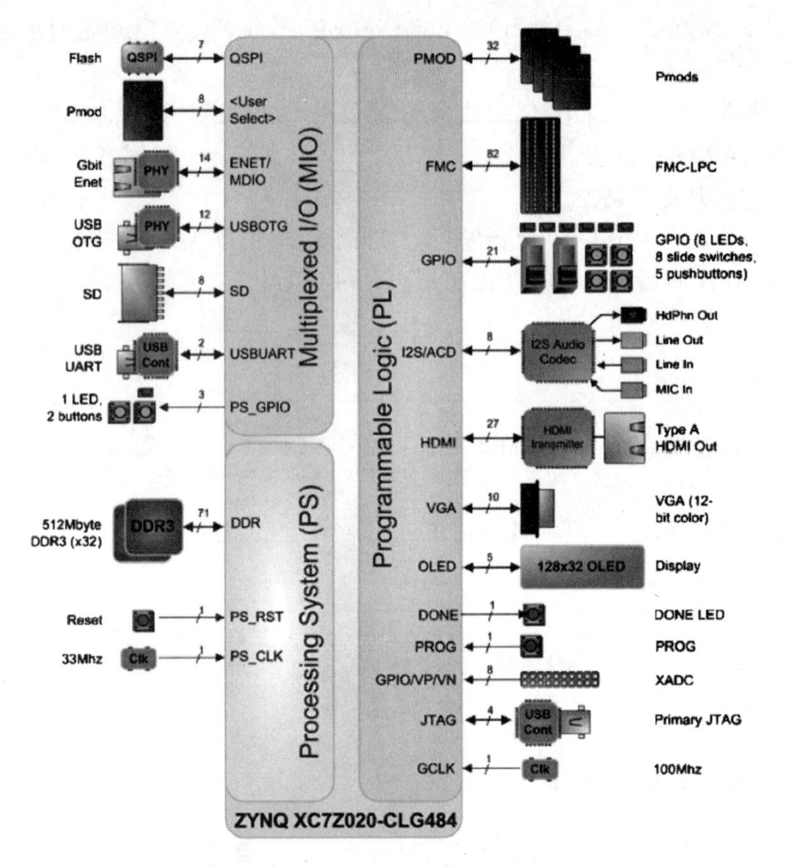

图 2-1 ZedBoard 硬件框图

- 5 个 2×6 Pmod 接口，1 个在 PS 上，4 个在 PL 上。
- 1 个 LPC FMC 接口。
- 1 个 AMS Header 接口。
- 2 个 Reset Buttons，1 个在 PS 上，1 个在 PL 上。
- 7 个 Push Buttons ，2 个在 PS 上，5 个在 PL 上。
- 8 个 dip/slide switches (PL)。
- 9 个 User LEDs ，1 个在 PS 上，8 个在 PL 上。

(3) 板载时钟(On-board Oscillators)。

- 1 个 33.333 MHz (PS)。
- 1 个 100 MHz (PL)。

(4) 图像和音频接口(Display/Audio)。

- 1 个 HDMI Output 接口。
- 1 个 VGA (12bit Color)接口。
- 1 个 128×32 OLED Display 显示屏。
- 1 组 Audio Line-in、Line-out、headphone、microphone 接口。

2.2 Zynq 软件平台

Xilinx 公司提供了强大的可编程逻辑器件软件开发平台。如图 2-2 所示，ISE Design Suite 14.3 软件开发平台主要包括 EDK（嵌入式设计工具）、PlanAhead（规划设计工具）、ChipScope Pro（在线逻辑分析仪工具）、ISE Design Tools（ISE 设计工具）、System Generator（数字信号处理设计工具）。

Accessories
ChipScope Pro
Documentation
EDK
ISE Design Tools
PlanAhead
System Generator

图 2-2　ISE 开发平台

本书主要是把 Zynq 的 PL 部分作为 PS 的外设，以 PS 的 ARM 为核心进行嵌入式系统设计。因此，本节主要介绍 EDK 设计工具。EDK 是 Xilinx 公司推出的 FPGA 嵌入式开发工具，包括嵌入式硬件平台开发工具 XPS（Xilinx Platform Studio）和嵌入式软件开发工具包 SDK（Xilinx Software Development Kit）。

ISE Design Suite 14.3 的 Project Navigator 只在 PL 部分的实验中使用，在此不做具体介绍，使用方法请参考相关 FPGA 教程。

2.2.1 嵌入式硬件开发工具 XPS

Xilinx 推荐使用 XPS 工具的基本系统建立程序（Base System Builder，BSB）向导来为一个嵌入式工程创建一个新的硬件平台，BSB 包含设计所需要的最基本的嵌入式系统配置。本节利用 BSB 构建一个最基本的基于 Zynq 的嵌入式硬件系统。

下面给出创建 Zynq 嵌入式硬件系统的步骤和软件介绍。

(1) 在 Windows 环境下，选择“开始”→“所有程序”→Xilinx Design Tools→ISE Design Suite 14.3→EDK→Xilinx Platform Studio 命令，打开 XPS 集成开发环境，如图 2-3 所示。

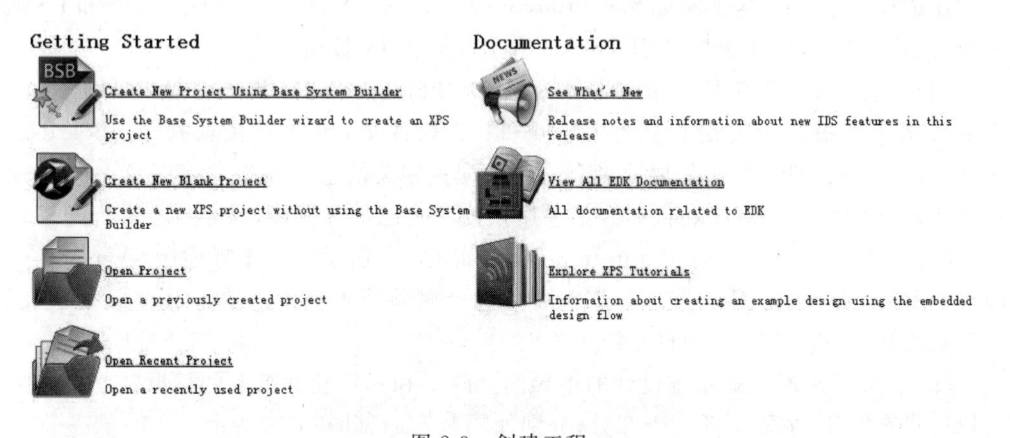

图 2-3　创建工程

图 2-3 由 Getting Started 和 Documentation 组成，Getting Started 部分包括利用 BSB 创建新工程、创建新的空白工程、打开工程和打开最近的工程 4 个部分。

Documentation 主要包括新特性、EDK 文档和 XPS 使用向导等。

(2) 在图 2-3 的页面中，单击 Create New Project Using Base System Builder 或者选择 File→New BSB Project 选项新建工程，如图 2-4 所示。

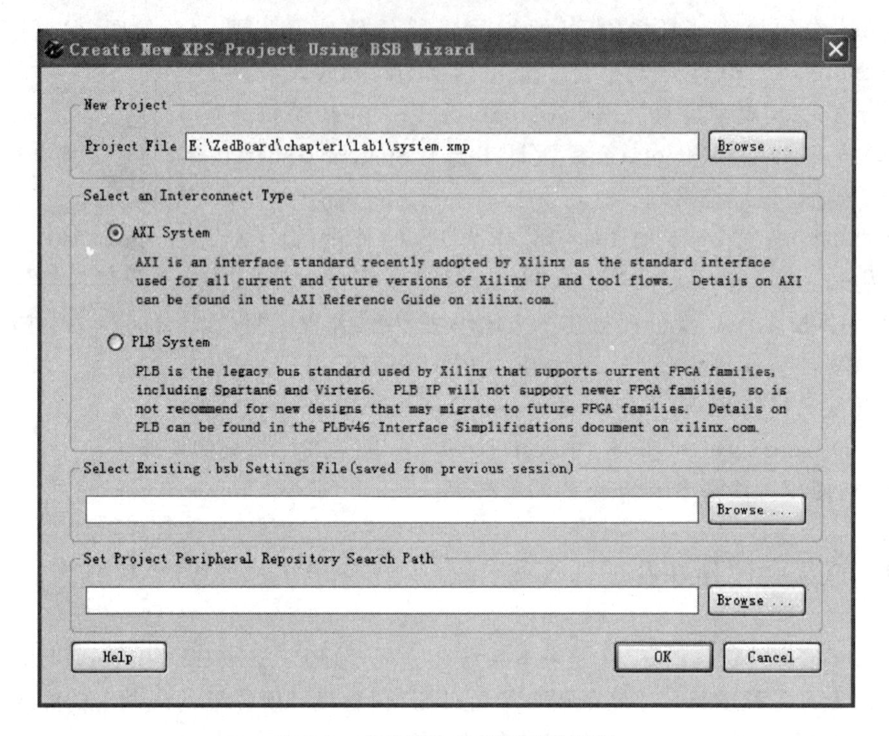

图 2-4　工程路径和系统互联类型

在 Project File 选项里单击 Browse 按钮，选择工程所在目录，不要填写工程名字，工程名字 system.xmp 由系统自动生成。本书设计案例保存在 E:\ZedBoard\chapter1\lab1 目录下，注意工程的路径不能使用中文字符。

在选择一个互联类型 Select an Interconnect Type 中，因为在 Zynq 中 PL 和 PS 通信时通过 AXI 总线，因此选择 AXI system 选项，单击 OK 按钮。

(3) 弹出如图 2-5 所示的 Base System Builder—AXI flow 对话框界面。由于 ZedBoard 开发板的相关信息已经在 ISE 14.3 软件里，因此直接选择 ZedBoard 厂家 Avnet 对应开发板即可，不需要读者自己详细配置相关信息。因此，直接在 Board 选项里选择 Avnet 即可，单击 Next 按钮。如果用户使用自己的开发板，需要自己进行配置。

(4) 弹出 Peripheral Configuration 界面，如图 2-6 所示。在本界面中，Avnet 为系统添加了 BTN、LED 和 SW 外设，根据需要可选择删除或者保留。单击 Finish 按钮，完成硬件系统建立，进入 Zynq 硬件系统主界面。

(5) 图 2-7 是嵌入式系统设计的主界面。除了和其他软件具备的标题栏、菜单栏、工具栏和状态栏外，主要包括 3 个部分，分别如图 2-7(a)、(b)和(c)所示。

图 2-7(a)给出了 Design Flow(设计流程)、Implement Flow(实现流程)和 Simulation Flow(仿真流程)。

- 设计流程包括 Run DRCs(运行设计规则检查)。

Base System Builder -- AXI flow
Board and System Selection
Select a target development board and a System Template.
Board
Create a System for the Following Development Board (Pre-selected Device Info)
Board Vendor Avnet Board Name ZedBoard Zynq Evaluation and Develop Board Revision C
Create a System for a Custom Board
Board Configuration
Architecture zynq Device xc7z020 Reference Clock Frequency 100.00 MHz
Package clg484 Speed Grade -1 Reset Polarity Active High Use Stepping
Select a System
Zynq Processing System 7
System Information
This system consists of Processing System 7 with peripheral GPIOs. Peripherals are connected on AXI interconnect. Click Next to modify the default system.

图 2-5　选择配置参数界面

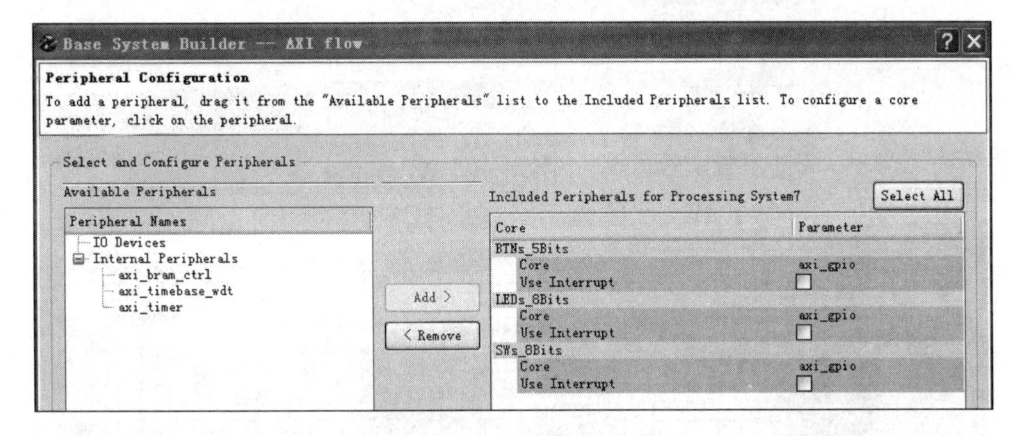

图 2-6　外设配置界面

- 实现流程包括 Generate Netlist(产生网表)、Generate BitStream(产生比特流)和 Export Design(导出设计)。
- 仿真流程包括 Generate HDL Files(生产 HDL 文件)和 Launch Simulator(启动仿真器)。

图 2-7(b)给出了工程管理和 IP 管理窗口界面,通过单击下面的 Project 和 IP Catalog 标签进行切换。

图 2-7(c)给出了 Zynq 内部结构图,在最下面有系统视图(System Assembly View)标签、设计总结(Design Summary)标签和图形化设计(Graphical Design View)标签。通过这 3 个标签可以实现 3 个视图界面的切换。

在图 2-7(c)的上面有 4 个标签,用于在该视图内观察不同的内容。

- Zynq:在该界面下可以看到 Zynq 器件的内部详细结构。
- Bus Interface:在该界面下可以看到系统的外设 IP 和处理器以及 PL 的连接关系。
- Ports:在该界面下可以看到各个模块的端口信号以及端口之间的连接关系。

(a) 设计流程

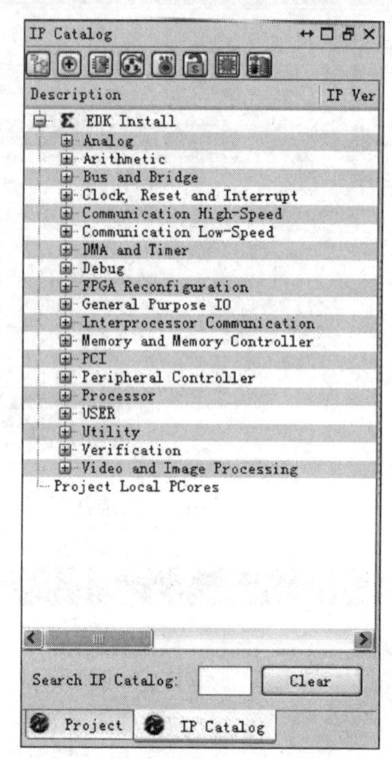

(b) 工程和IP核管理

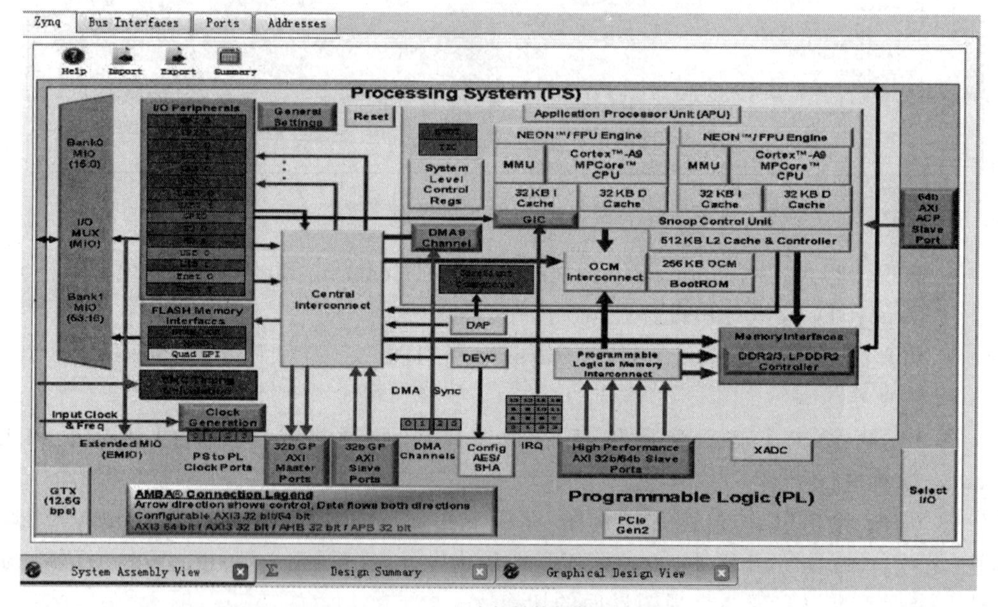

(c) Zynq内部结构框架

图 2-7　嵌入式系统设计的主界面

• Addresses：在该界面下可以看到系统为每个模块所分配的存储空间地址资源。

在 Zynq 硬件系统主界面图 2-7(a)中，单击 XPS 工程中 Generate BitStream 选项，生

成 bit 文件。如果没有错误，最后会提示“Bitstream generation is complete. Done!”，说明基于 Zynq 最基本的 PS 部分硬件部分全部设计完成，生成 system.bit 文件，可以下载配置到 Zynq 的 PL 中。

2.2.2 嵌入式软件开发工具 SDK

嵌入式软件开发套件（SDK）是 Xilinx 集成型开发环境，可针对业界领先的 MicroBlaze 和 Zynq-7000 All Programmable SoC 系列的 Xilinx 微处理器创建嵌入式应用。SDK 是基于 Eclipse 和 CDT 完整的集成设计环境（IDE），实现完整的软件设计和调试流程支持，包括全新多处理器和硬件/软件调试功能、编辑器、编译器、生成工具、闪存管理和 JTAG/GDB 调试。SDK 集成 Xilinx 版 Mentor Sourcery CodeBench Lite ARM 编译器。

SDK 可以导入硬件配置的板级支持包（BSP），用户可以方便地调用 BSP 包里的函数，实现对外设的控制，不用关心底层驱动是如何实现。第 1 章的 PS 部分例子就是直接利用 BSP 包的函数实现，也可以脱离厂家的 BSP 包，建立自己独立的程序，本节将重点介绍此方法。

SDK 也可以直接生产空工程，所有程序由用户自己实现，包括底层驱动。本书第一篇主要目的是对相关外设的底层驱动设计，所以，本节主要介绍 SDK 软件设计空白 C 工程的方法。

下面给出创建 SDK 嵌入式软件步骤和介绍。

（1）在 Windows 下，选择“开始”→“所有程序”→Xilinx Design Tools→ISE Design Suite 14.3→EDK→ Xilinx Software Development Kit 命令，打开 XPS 集成开发环境，在弹出的对话框中输入工程路径，不要有中文字符，本书的路径为 E:\ZedBoard\chapter1\lab2。单击 OK 按钮，出现 SDK 启动界面，如图 2-8 所示，单击 Welcome 的欢迎界面。

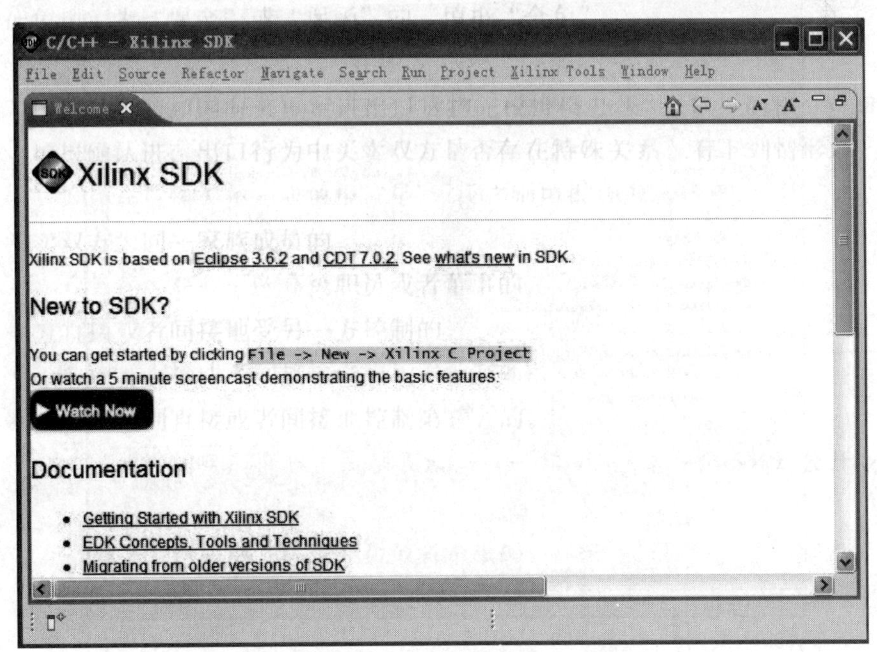

图 2-8 SDK 启动界面

(2) 在 SDK 启动界面中，在菜单栏选择 File→ New → Project 弹出如图 2-9 所示的工程类型选择界面，选择 C/C++下的 C Project 选项，单击 Next 按钮。

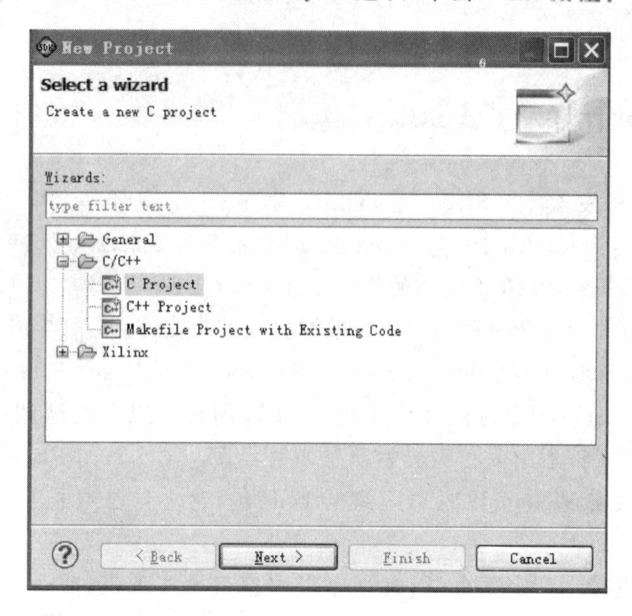

图 2-9 工程类型选择界面

(3) 弹出如图 2-10 所示的工程类型和编译工具链选择界面。

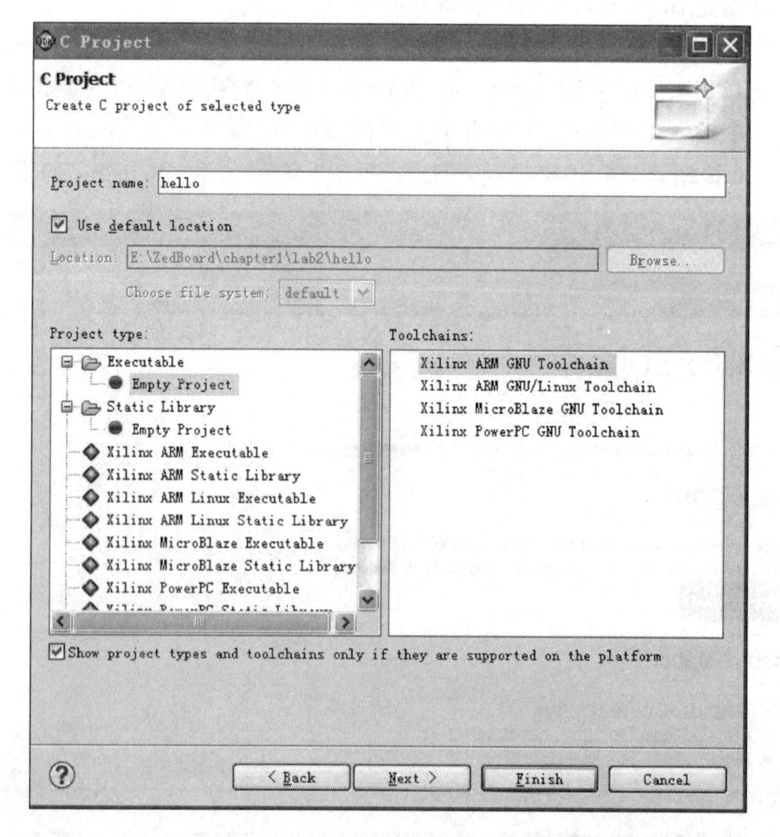

图 2-10 工程类型和编译工具链选择界面

在 Project name 框里填入工程名字，勾选 Use default location。

在 Project type 框主要包括以下内容。

- Empty Project：空白工程。
- Xilinx ARM Executable：ARM 可执行程序工程。
- Xilinx ARM Static Library：ARM 静态库工程。
- Xilinx ARM Linux Executable：ARM Linux 下可执行程序工程。
- Xilinx ARM Linux Static Library ：ARM Linux 静态库工程。

此外还包括 MicroBlaze 处理器的可执行程序工程和静态库工程，也包括 PowerPC 可执行程序工程和静态库工程。

在 Toolchains 里主要包括以下内容。

- Xilinx ARM GNU Toolchain：Xilinx ARM 编译工具链。
- Xilinx ARM GNU/Linux Toolchain：Xilinx ARM Linux 编译工具链。
- Xilinx MicroBlaze GNU Toolchain：Xilinx MicroBlaze 编译工具链。
- Xilinx PowerPC GNU Toolchain：Xilinx PowerPC 编译工具链。

本书针对 Zynq 平台集成了 ARM，因此，在 Project type 里选择 Empty Project 或者 Xilinx ARM Executable，如果读者在 Linux 环境下使用 SDK，请选择 Xilinx ARM Linux Executable。在 Toolchains 里选择 Xilinx ARM GNU Toolchain。

(4) 在图 2-10 中单击 Next 按钮，进入 Debug 和 Release 配置界面，如图 2-11 所示，在第(3)步中选择 Xilinx ARM GNU Toolchain，此步和第(3)步要一致，因此，此步选择前两项即可。单击 Next 按钮，在弹出的窗口中单击 Finish 按钮，完成 SDK 建立工程的步骤。

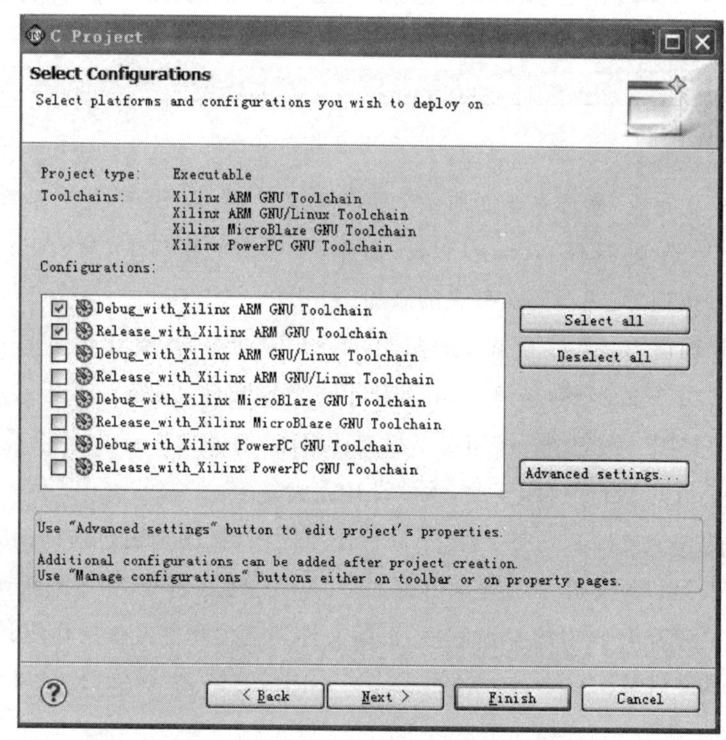

图 2-11　配置界面

（5）弹出如图2-12所示的SDK工作界面，主要由传统的标题栏、菜单栏、工具栏和状态栏等。在界面的左侧为工程管理部分，新建源文件、删除源文件等操作均在此窗口。主界面的中间的部分为源码编辑部分，源程序在此编辑。右边为调试串口，在调试情况下，通过此窗口可以观察存储器和寄存器的值。界面的下面为输出窗口，包括Console、Problems和Terminal等，其中Terminal可做串口软件使用，和平时使用的串口精灵等串口工具一样。

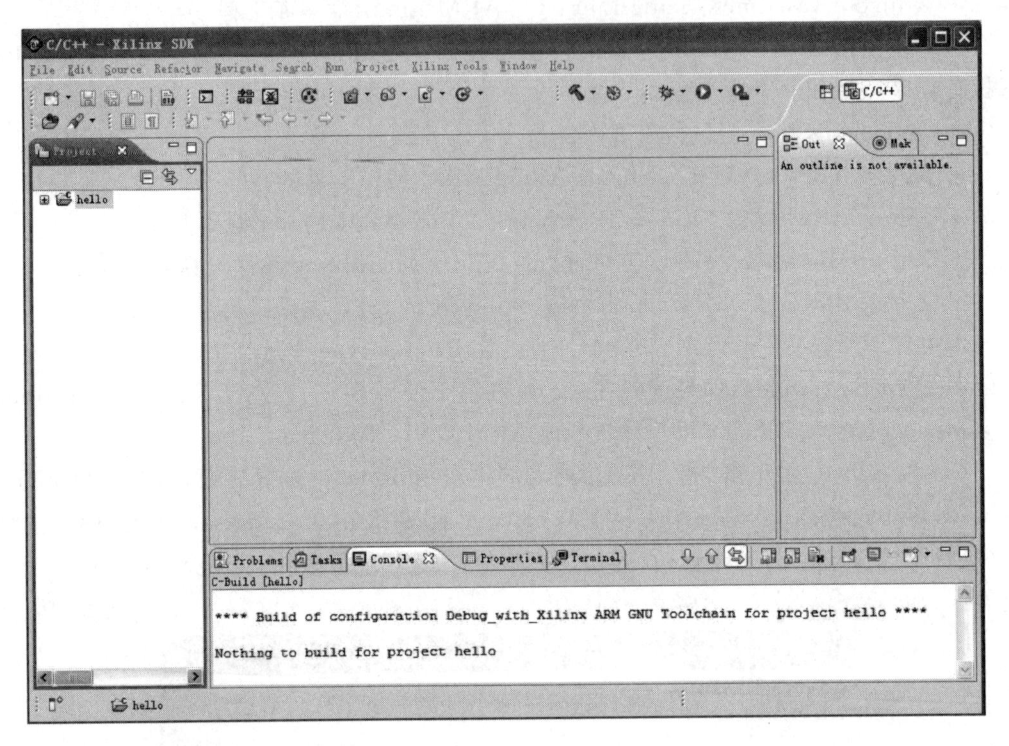

图2-12　SDK工作界面

（6）工程建立完成后，首先要增加一个源代码文件夹，在SDK工作界面的工程管理窗口中右击hello选项，选择New→Folder命令，在弹出的窗口中，输入Folder name为src，单击Finish按钮，完成源码文件夹的添加。

（7）在工程理窗口中，右击src，选择New→File命令，在弹出的窗口中，输入File name为boot.S，重复此步骤，新建main.c和zynq.lds文件，如图2-13所示。

（8）在图2-13中，单击 按钮对工程进行编译，如果没有错误，将会在Debug文件夹中生成hello.elf可执行文件，至此，软件设计完成。

本节新建的3个文件全是空文件，不进行任何操作，目的是通过这样的方法，让读者熟悉如何建立工程和源文件。后续章节也大多是需要建立若干个.S的汇编文件，一个.lds的链接脚本和若干个.c的C源程序，汇编文件和连接脚本文件的作用和使用方法会在后续章节中具体讲解。

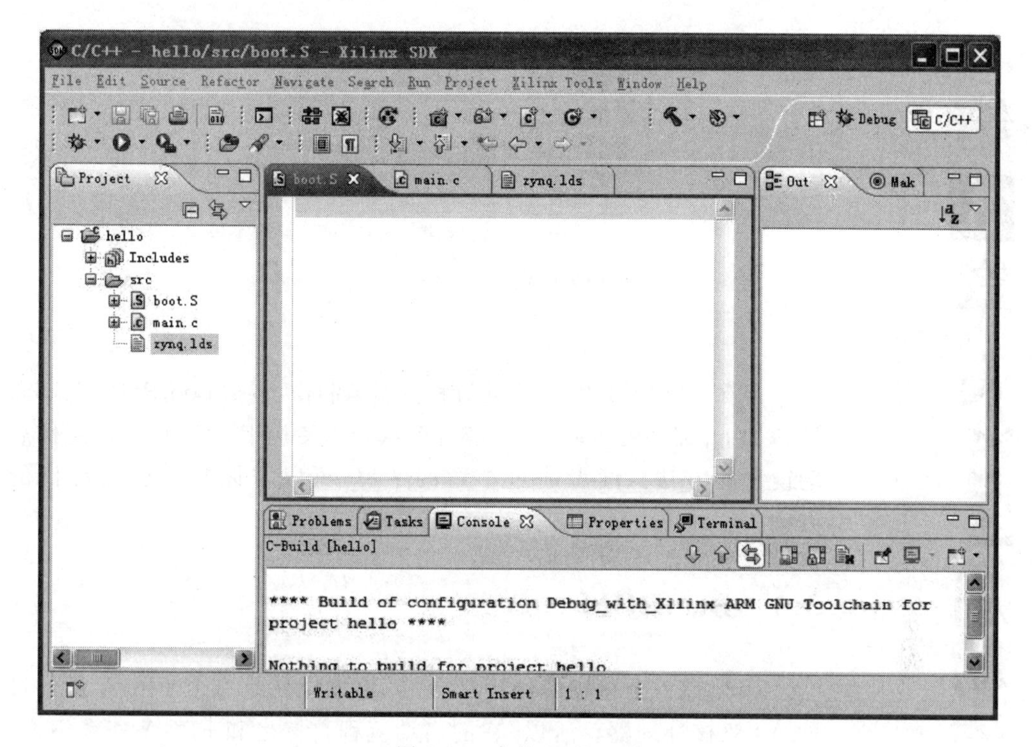

图 2-13 完整 SDK 工程

第3章 Zynq启动流程及镜像制作

本章主要介绍Zynq启动流程及镜像制作，包括BootROM头部介绍和Zynq器件的启动配置，最后重点介绍使用BootGen工具制作启动镜像的方法。读者通过本章的学习，可以掌握制作启动镜像的方法。

3.1 BootROM

Zynq是一个可扩展处理平台，简单地说就是有个FPGA做外设的A9双核处理器。所以，它的启动流程自然也和FPGA完全不同，而与传统的ARM处理器类似。Zynq-7000支持多种设备启动，包括JTAG、NAND、parallel NOR、Serial NOR (Quad-SPI)以及SD卡。

对于Zynq-7000的启动配置需要多个处理步骤，通常情况，包含3个阶段。

1. 阶段0

在器件上电运行后，处理器自动开始Stage-0 Boot，也就是执行片内BootROM中的代码，是上电复位或者热复位后，处理器执行的不可修改的代码。

2. 阶段1

BootROM初始化CPU和一些外设后，读取下一个启动阶段所需的程序代码FSBL(First Stage Boot Loader)，它可以由用户修改控制的代码。

3. 阶段2

通常，这是用户基于BSP的裸机程序，但是，也可以是操作系统的启动引导程序(Second Stage Boot Loader，SSBL)。这个阶段代码完全是在用户的控制下实现的。对于嵌入式Linux而言，这个阶段就是u-boot。

本书前7章内容完全由自己控制，不需要调用BSP的函数，因此，阶段 1 的启动代码也不需要,实质上就是裸机程序。

系统上电复位后,PS 采样专用 boot strapping signals 引脚电平来决定从什么存储介质引导 Zynq,启动 PS 配置。这个引导过程是由一个 Cortex A9 核执行片内的 BootROM 实现的。ARM 从 BootROM 执行阶段 0 代码。BootROM 的功能是初始化 L1 Cache 和基本的总线系统,加载相应的 NAND、NOR、Quad-SPI 和 PCAP 驱动等。对于其他外设不执行初始化操作,比如 DDR 等,需要用户在后续程序中进行初始化操作。

BootROM 还包括从指定外部存储器加载第一级 BOOTLOADER(the first stage boot loader (FSBL))到片内执行。由于 OCM RAM 大小有限制,第一级 BOOTLOADER 大小最大为 256KB。用户只需要按要求提供启动映像和设置正确的 boot strapping signals 引脚电平,系统上电复位时由 BootROM 自动加载到片内并且程序调转到启动映像,此时系统的全部控制功能交由用户的启动映像控制,具体执行流程如图 3-1 所示。

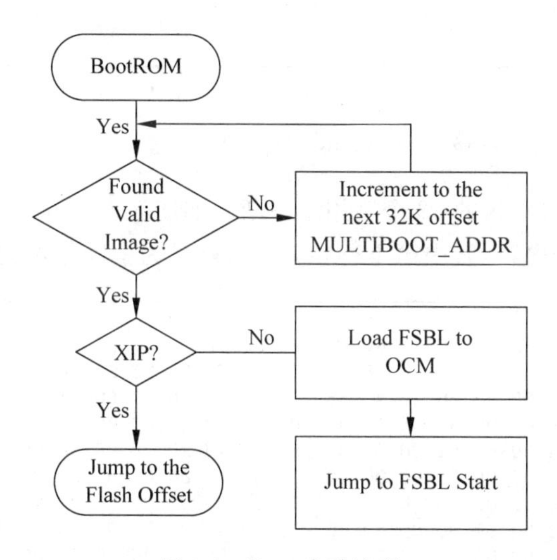

图 3-1　Zynq 启动流程

根据图 3-1 所示,BootROM 首先会判断阶段 1 代码是不是合法镜像,因此,阶段 1 代码不能直接执行,需要按照 BootROM 的要求添加合法的头部。本书的前 7 章是在 BootROM 启动后,直接运行应用程序。因此,也需要向阶段 1 代码一样,需要按照 BootROM 要求添加头部。

除了 JTAG 外,对于其他配置接口来说,BootROM 要求一个头部。表 3-1 给出了 BootROM 的头部格式,每个字为 32 位宽度。本书以一个 ARM 可执行文件 uart. elf 为例,制作成启动镜像 boot. bin 为例进行说明。

表 3-1　BootROM 头部

Fields	Header Byte Address Offset
Reserved for Interrupts	0x000～0x01F
Width Detection	0x020
Image Identification	0x024
Encryption Status	0x028

续表

Fields	Header Byte Address Offset
User Defined	0x02C
Source Offset	0x030
Length of Image	0x034
Reserved	0x038
Start of Execution	0x03C
Total Tmage Length	0x040
Reserved	0x044
Header Checksum	0x048
Unused	0x04C～0x09C
Register Initialization	0x0A0～0x89C
Unused	0x8A0～0x8BF
FSBL Image	0x8C0

1. 为中断保留——偏移地址(Offset)0x000

保留了0x000～0x01F的32个字用于中断。如图3-2所示，打开启动镜像二进制文件boot.bin开始部分内容，其中第1行和第2行就是为中断保留的32个字。

Offset	0	1	2	3	4	5	6	7	8	9	A	B	C	D	E	F	
00000000	FE	FF	FF	EA	FE	FF	FF	EA	FE	FF	FF	EA	FE	FF	FF	EA	þÿÿêþÿÿêþÿÿêþÿÿê
00000010	FE	FF	FF	EA	FE	FF	FF	EA	FE	FF	FF	EA	FE	FF	FF	EA	þÿÿêþÿÿêþÿÿêþÿÿê
00000020	66	55	99	AA	58	4E	4C	58	00	00	00	00	00	00	01	01	fU▌ªXNLX
00000030	C0	09	00	00	44	04	00	00	00	00	00	00	00	00	00	00	À D
00000040	44	04	00	00	01	00	00	00	F8	49	19	FC	00	00	00	00	D øI ü
00000050	00	00	00	00	00	00	00	00	00	00	00	00	00	00	00	00	
00000060	00	00	00	00	00	00	00	00	00	00	00	00	00	00	00	00	
00000070	00	00	00	00	00	00	00	00	00	00	00	00	00	00	00	00	
00000080	00	00	00	00	00	00	00	00	00	00	00	00	00	00	00	00	
00000090	00	00	00	00	00	00	00	00	C0	08	00	00	40	09	00	00	À @

图3-2 BootROM头部1

2. 宽度检测——偏移地址(Offset)0x20

这个字是一个强制性的值0xAA995566，如图3-2所示。高地址存高字节，因此，在图3-2中，0x23的值为AA，0x22的值为99，0x21的值为55，0x20的值为66。

3. 镜像识别——偏移地址(Offset)0x24

这个字是一个强制性的值0x584C4E58，如图3-2所示。这个值和宽度检测字一起被BootROM检测，检测镜像是否为有效的Flash ROM启动头部。如果值不匹配，锁定BootROM。

4. 加密状态——偏移地址(Offset)0x28

如果对镜像进行加密，这个字的有效值是0xA5C3C5A3或者0x3A5C3C5A。如果是非加密镜像,值为 0。如图 3-2 所示,该值为 0,镜像为非加密镜像；如果不是上述 3 个值之一,将引起锁定 BootROM。

5. 用户定义——偏移地址(Offset)0x2C

该字由用户自定义,可以是任意值。BootROM 不会理会该值。

6. 源偏置——偏移地址(Offset)0x30

这个字是从 Flash 镜像开始的字节个数,这个值必须大于等于 0x8C0。如图 3-2 所示,开始地址为 0x9C0。

7. 镜像长度——偏移地址(Offset)0x34

这个字是传输到 OCM 存储器的加载镜像的字节个数,该值为 boot.bin 文件的总大小减去头部(总大小-源偏置地址)。如图 3-3 所示,镜像总大小为 0xE03+1(地址从 0 开始),根据图 3-2,源偏置地址为 0x9C0,因此,该值为(0xE03＋1)－0x9C0＝0x444,如图 3-2 所示。

```
00000DD0 | 0D C0 A0 E1 F8 DF 2D E9  04 B0 4C E2 28 D0 4B E2 |  À áøß-é °Lâ(ÐKâ
00000DE0 | F0 6F 9D E8 1E FF 2F E1  0D C0 A0 E1 F8 DF 2D E9 | ðo▮è ÿ/á À áøß-é
00000DF0 | 04 B0 4C E2 28 D0 4B E2  F0 6F 9D E8 1E FF 2F E1 |  °Lâ(ÐKâðo▮è ÿ/á
00000E00 | 00 00 00 00
```

图 3-3 boot.bin 镜像尾部

8. 保留字节——偏移地址(Offset)0x38

保留字,初始化为 0,如图 3-2 所示。

9. 开始执行——偏移地址(Offset)0x3C

对于非安全模式,该值必须对于等于 0。

10. 总共镜像长度——偏移地址(Offset)0x40

对于非安全启动,这个值等于镜像长度,如图 3-2 所示。对于安全启动模式,该值应该大于镜像长度。

11. 保留字节——偏移地址(Offset)0x44

保留字,初始化为 0,如图 3-2 所示。

12. 头部校验——偏移地址(Offset)0x48

该值校验 0x20～0x40 的和并翻转。

13. 保留字节——偏移地址(Offset)0x4C～0x9F

保留字,从 0x4C 到 0x9F 初始化为 0,如图 3-2 所示。

14. 寄存器初始化——偏移地址(Offset)0xA0～0x89F

这一段对寄存器进行初始化，初始化一个寄存器出现 2 个字，一个是寄存器的地址，另一个是寄存器的值。

15. 镜像——偏移地址(Offset)0x8A0～0x8C0

从 0x8C0 地址开始是镜像的开始地址，包括 64 字节的镜像头表部分，如图 3-4 所示的前 4 行。镜像头表由 4 个部分组成，如表 3-2 所示。包括版本(固定值为 0x01010000)、镜像头个数、镜像分区偏移字和第一个镜像偏移字，共 16 个字节，剩余的 48 字节用 0xFF 填充。

从 0x900 地址开始是镜像的头部分，共 64 字节，如图 3-4 的后 4 行所示。镜像头部分由 7 个部分组成，如表 3-3 所示。其中偏移地址为 0x10 的地址开始的 16 个字节为镜像名字，如图 3-4 所示，对应的值为 traufle，因为是大端模式，所以，文件名称应该为 uart.elf，其余部分填充 0。镜像头部的剩余的 32 字节用 0xFF 填充。

```
 Offset    0  1  2  3  4  5  6  7   8  9  A  B  C  D  E  F
000008C0  00 00 01 01 01 00 00 00  50 02 00 00 40 02 00 00          P   @
000008D0  FF FF FF FF FF FF FF FF  FF FF FF FF FF FF FF FF  ÿÿÿÿÿÿÿÿÿÿÿÿÿÿÿÿ
000008E0  FF FF FF FF FF FF FF FF  FF FF FF FF FF FF FF FF  ÿÿÿÿÿÿÿÿÿÿÿÿÿÿÿÿ
000008F0  FF FF FF FF FF FF FF FF  FF FF FF FF FF FF FF FF  ÿÿÿÿÿÿÿÿÿÿÿÿÿÿÿÿ
00000900  00 00 00 00 50 02 00 00  00 00 00 00 01 00 00 00      P
00000910  74 72 61 75 66 6C 65 2E  00 00 00 00 00 00 00 00  traufle.
00000920  FF FF FF FF FF FF FF FF  FF FF FF FF FF FF FF FF  ÿÿÿÿÿÿÿÿÿÿÿÿÿÿÿÿ
00000930  FF FF FF FF FF FF FF FF  FF FF FF FF FF FF FF FF  ÿÿÿÿÿÿÿÿÿÿÿÿÿÿÿÿ
```

图 3-4　BootROM 头部 2

表 3-2　镜像表头部

Offset	Name	Notes
0x0	Version	0x01010000
0x4	Count of Image Headers	
0x8	Word Offset to the Partition Header	
0xC	Word Offset to first Image Header	
0x10	Padding	Filled with 0xFFFFFFFF to 64 byte boundary

表 3-3　镜像头部

Offset	Name	Notes
0x0	Word Offset to Next Image Header	Link to next Image Header 0 if last Image Header
0x4	Word Offset to First Partition Header	Link to next first associated Partition Header
0x8	Partition Count	Always 0
0xC	Image Name Length	Value of the actual partition count

续表

Offset	Name	Notes
0x10 to N	Image name	Packed in big-endian order. to reconstruct the string, unpack 4 bytes at a time, reverse the order, and concatenated. For example, the string "FSBL10. ELF" is packed as 0x10: 'L','B','S','F', 0x14: 'E','.','0','1', 0x18: '\0','\0','F','L' The packed image name is a multiple of 4 bytes
varies	0x00000000	String terminator
varies	0xFFFFFFFF	Repeated padding to 64 byte boundary

把FSBL程序或者自己设计的裸机程序添加上述头文件后，就可以作为最后可被BootROM识别的合法镜像，启动配置Zynq。

3.2 Zynq器件的启动配置

在电子系统设计中，无论是用CPU作为系统的主要器件，还是用FPGA作为系统的主要器件，系统设计者首先要考虑到的问题就是处理器的启动加载问题。Xilinx推出的Zynq可扩展处理平台，片内包括两个高性能的ARM Cortex A9硬核(称为处理系统Processing System (PS))和FPGA(称为可编程逻辑Programmable Logic (PL))，在基于该平台的系统设计时具有极大的灵活性。

Zynq器件都带有一个器件配置单元(Device Configuration Block (DEVC))，该模块由PS控制，提供软件控制下的PS和PL的初始化和配置功能。和以前单个FPGA器件提供的下载方法不一样，PL的配置下载必须在PS的参与下进行。

1. PS主设备非安全启动

在PS主设备非安全启动启动模式下，PS作为主设备。如图3-5所示，BootROM从选择的外部存储器加载PS镜像到On-Chip RAM(OCM)，不要求PL上电，可以使用PS镜像立即加载或者以后加载PL比特流。

配置的主要步骤如下。

(1) 设备上电复位。

(2) BootROM执行。

- 读启动模式，以确定引导程序在哪种外部存储器。
- 读启动头部，确定加密的状态和镜像的目标。

(3) BootROM使用DevC的DMA，将第一阶段启动引导程序FSBL加载到OCM，如图3-5的左上角PS Boot Path线路。

(4) 关闭BootROM，释放CPU用于控制FSBL。

(5) FSBL通过PCAP，加载PL比特流，如图3-5所示的PL Boot Path线路。

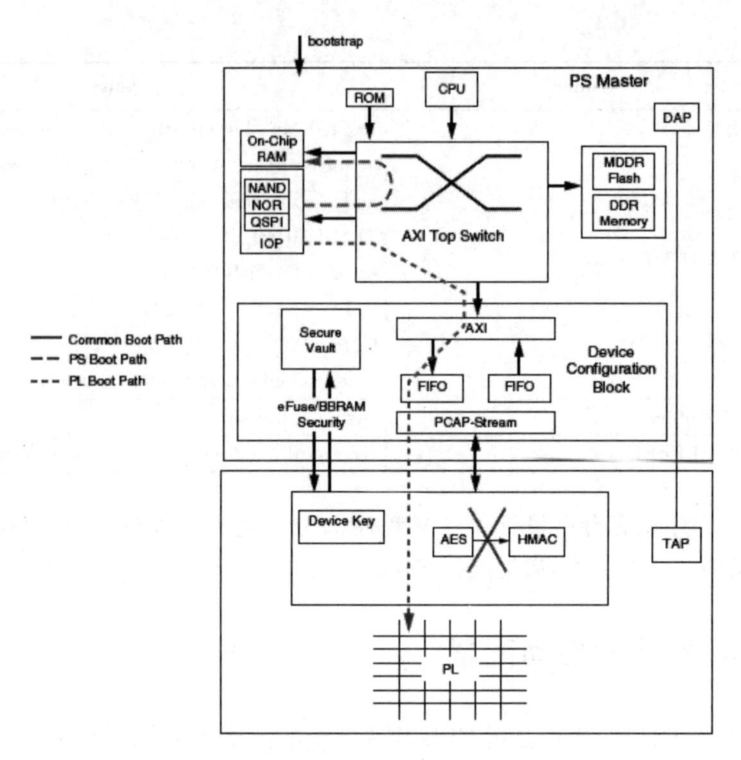

图 3-5　PS 主非安全启动

2. PS 主设备安全启动

在 PS 主设备安全启动模式下,PS 作为主设备,如图 3-6 所示。BootROM 从所选择的外部存储器加载一个加密的 PS 镜像。由于 AES 和 HMAC 引擎驻留在 PL 中,因此要求 PL 上电来初始化启动序列。在尝试解密 FSBL 前,BootROM 验证 PL 已经通电。当启动 PS 后,PL 能使用一个加密的比特流配置,或者断电以后再进行配置。

配置的主要步骤如下。

(1) 设备上电复位。

(2) BootROM 执行。读自举程序,以确定外部存储器接口;读启动头部,确定加密的状态。确认 PL 上电,开始 FSBL 解密。

(3) BootROM 使用 DevC 的 DMA,通过 PCAP 将第一阶段加密的启动引导程序 FSBL 加载到 PL 内的 AES 和 HMAC。

(4) PL 使用 PCAP 将解密的 FSBL 返回 PS,然后,在将其加载到 OCM。

(5) 关闭 BootROM,释放 CPU 用于控制 FSBL。

(6) FSBL 通过 PCAP,加载 PL 比特流。

3. PS JTAG 级联非安全启动

在 PS JTAG 级联非安全启动模式下,PS 是 JTAG 端口的从设备,如图 3-7 所示。必须将 JTAG 设置为级联模式,不可能从独立模式下启动。因为需要使用 PL 外部 JTAG

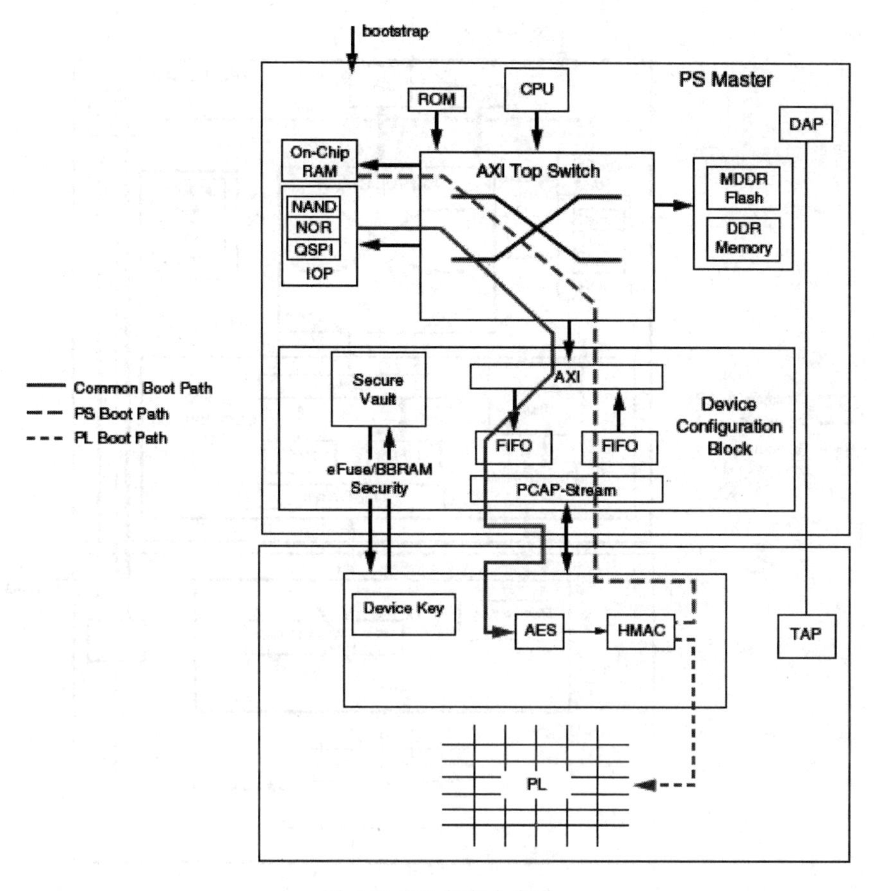

图 3-6 PS主安全启动

引脚，所以要求给PL上电。禁止AES引擎，不允许安全镜像。能独立启动PS，可以在同一时间配置PS和PL。如果独立启动PS，使用PL TAP控制器指令和数据寄存器，负责在TDI和TDO之间移动数据。在级联配置中，最后一个移入PS DAP寄存器。当PS启动后，可以配置PL或者给PL断电，以后再对PL进行配置。

配置的主要步骤如下。

(1) 设备上电复位，包括PL上电。

(2) BootROM执行。读自举程序，确认启动模式。JTAG必须使用级联模式进行CRC自检查。

(3) 禁止所有安全特性，使能DAP控制器和JTAG链。

(4) 关闭BootROM，释放CPU用于控制FSBL。

(5) 使用JTAG加载PS镜像。

(6) 使用JTAG或者PS加载PL比特流。

4. PS JTAG独立非安全启动

在PS JTAG独立非安全启动模式下，PS是JTAG端口的从设备，如图3-8所示，必

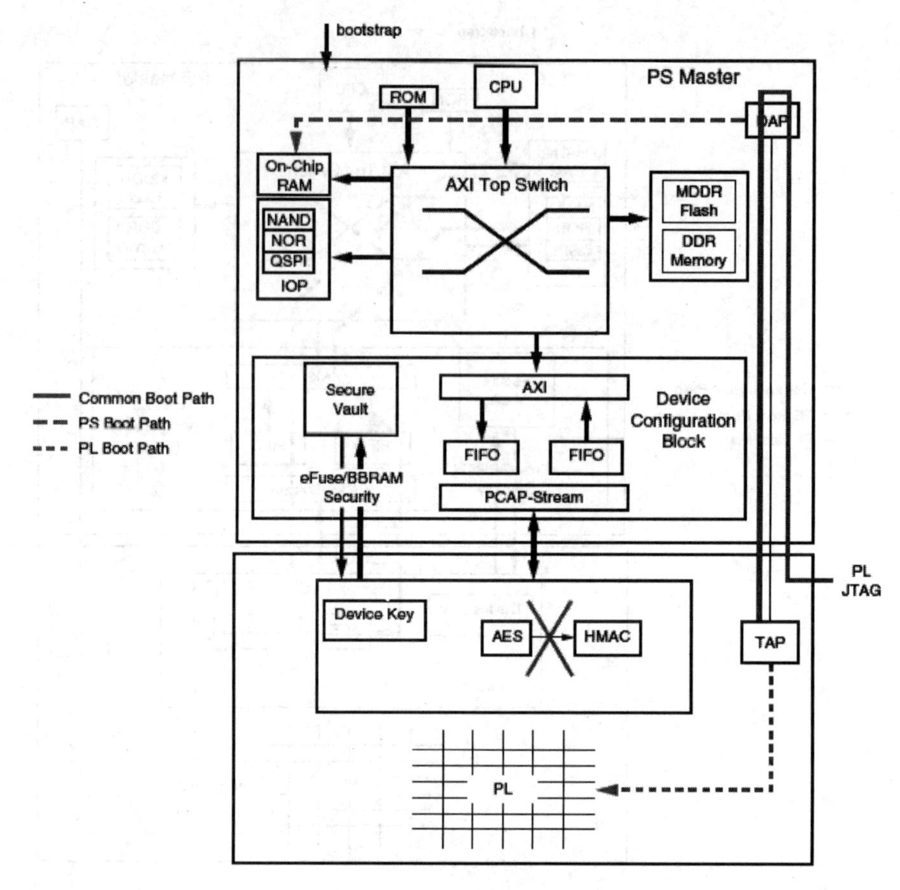

图 3-7　PS JTAG 非安全启动

须将 JTAG 设置为独立模式。用户必须使用 EMIO 扩展的 PL JTAG，通过 PS DAP 将镜像加载到 PS。因为需要使用 PL 外部 JTAG 引脚，所以要求给 PL 上电。禁止 AES 引擎，不允许安全镜像。当 PS 启动后，BootROM 执行暂停，直到 PL 配置完成。一旦 PL 完成配置，PS DAP 经过 EMIO PJTAG 可以通过 PS DAP。如果 PL 电源关闭，PS DAP 不可使用。

配置的主要步骤如下。

(1) 设备上电复位，包括 PL 上电。

(2) BootROM 执行。读自举程序，确认启动模式。JTAG 必须使用级联模式，进行 CRC 自检查。

(3) 禁止所有安全特性，使能 DAP 控制器和 JTAG 链。

(4) 等待 PL 配置完成。

(5) 使用 JTAG 加载 PS 镜像。

(6) 使用 JTAG 或者 PS 加载 PL 比特流。

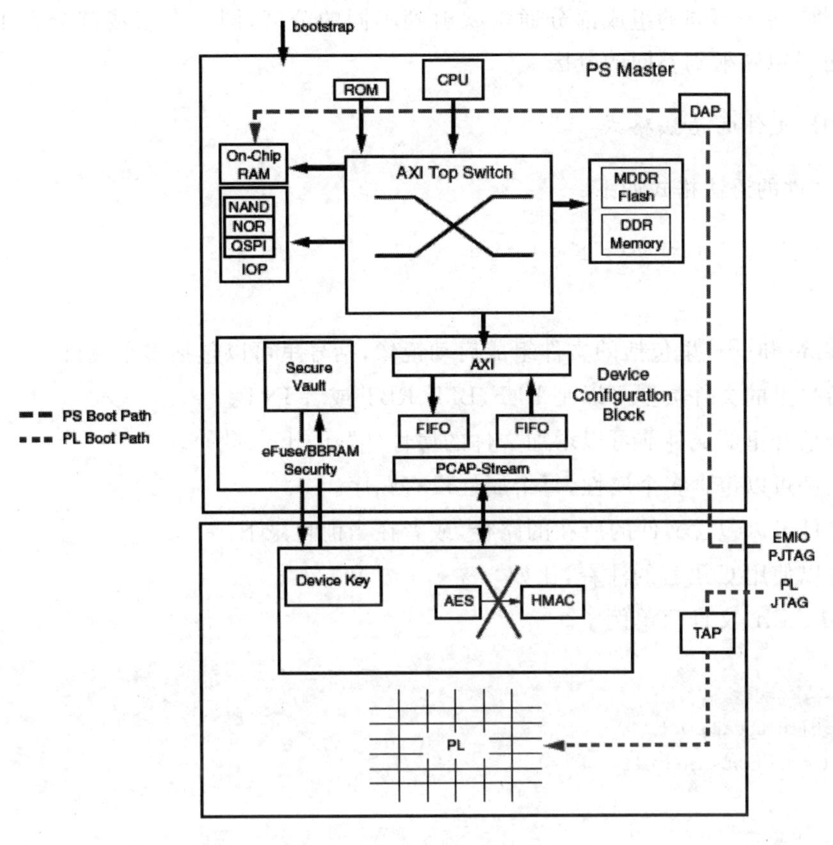

图 3-8 PS JTAG 独立非安全启动

3.3 使用 BootGen

3.3.1 BootGen 介绍

BootGen 是为 Zynq-7000 AP SoC processor 创建引导镜像的工具，3.1 节讲述的添加镜像的头部可以直接使用 BootGen 创建。BootGen 可直接在镜像文件里添加头部、添加分区表头文件，也可以对镜像进行加密。BootGen 输出一个.bin 的二进制文件，可以直接烧写进启动引导存储器里引导 Zynq。

BootGen 工具集成在 SDK 软件里，可以通过图像界面创建启动镜像。BootGen 也支持通过命令行方式创建引导镜像。

使用 SDK 里的集成 BootGen 工具比较容易，但是不够灵活，本书的镜像创建采用命令行方式进行。

3.3.2 BIF 文件语法

BIF 文件指定镜像文件的组成，为了能够正确启动 Zynq，BIF 的每个组成部分可以有附加属性，每个不同的组成部分通常映射到不同的分区，同一个组成部分在不同的存储空间，也可以映射到不同的分区。

1. BIF 文件的语法格式

BIF 文件的语法格式如下：

```
name ":" "{" "["attributes"]" datafile... "}"
```

其中：

- name 和{…}里包括的文件组成启动镜像，括号里可以包括多个文件。
- 括号里的文件类型可以是 ELF、BIT、RBT 或者 INT。
- 在括号里的文件前可以增加文件的属性(["attributes"])。
- 文件可以包含多个属性，每个属性没有顺序。
- 文件可以包含文件的所在的路径，或者在当前目录下。
- 可以使用 C 语言的注释，比如"/ * … * /"和"//"。

例 3-1 BIF 文件简单例子。

```
the_ROM_image:
{ [init]init_data.int
[bootloader]myDesign.elf
Partition1.bit
Partition1.rbt
Partition2.elf
}
```

例 3-2 加密的 BIF 文件。

```
image {
[aeskeyfile]secretkey.nky                          /* this is the key file used for AES */
[pskfile]primarykey.pem                            /* primary secret key file for authen. */
[sskfile]secondarykey.pem                          /* secondary secret key file for authen. */
[bootloader,authentication = rsa] fsbl.elf /* first stage bootloader */
[authentication = rsa]uboot.elf                    /* second stage bootloader */
linux.gz                                           /* OS image (compressed) */}
```

2. BIF 文件属性

BIF 文件有以下两种属性类型。

(1) Bootloader：识别 ELF 类型文件。此属性只识别 ELF 文件，一个镜像只能有一个文件具有 Bootloader 属性。

(2) INIT：识别 INT 数据文件，作为寄存器初始化使用。

如表 3-4 所示为属性列表。

表 3-4 属性列表

Identifier	Description
Init	Register Initialization Block
Bootloader	Partition that contains FSBL
Alignment＝＜value＞	Sets byte alignment
Offset＝＜value＞	Sets absolute offset
Checksum＝＜value＞	Specify checksum as md5,sha1,sha2
encryption＝＜value＞	Specify encryption as none or aes
authentication＝＜value＞	Reserves a total amount of memory for this partition. The partition is padded to this amount
Pskfile	Primary secret(PSK) used to sign the partition
Psksignature	SPK signature created using the PSK
Sskfile	Secondary Secret Key (SSK) file using to sign partitions
Ppkfile	Primary Public Key(PPK) file used to authenticate a partition
Spkfile	Secondary Public Key(SPK) file used to authenticate a partition
Aeskeyfile	AES key File
Presign ＝＜value＞	Imports signed partition
Udf_data ＝＜value＞	Imports a file containing up to 56 bytes of data to be copied to the User Defined Field record of the authentication certificate

3. BootGen 支持的文件类型

BootGen 支持多种文件类型，具体支持的文件类型和说明如表 3-5 所示。

表 3-5 BootGen 支持的文件类型

Extension	Description	Notes
Bin	Binary	Raw binary file
. bit/. rbt	bitstream	Strips BIT file header
. dtb	Binary	Raw binary file
Image. gz	Binary	Raw binary file
. elf	ELF	Symbols and headers removed
. int	Register init	
. nky	AES key	
. pk1	RSA key	

3.3.3 BootGen 实例

本节讲述如何利用 ARM 可执行程序 elf 文件和本章的 BootGen 工具创建可以被 Zynq 正确启动的镜像。BootGen 工具是 Xilinx 集成开发环境提供的工具，具体位置为 D:\Xilinx\14. 3\ISE_DS\ISE\bin\nt（笔者的 ISE 安装路径为 D:\Xilinx，读者请根据实际安装路径查找），里面查找到的 bootgen 文件就是 BootGen 的可执行程序。

1. 建立批处理文件

在命令行执行 BootGen 可执行程序，需要一个 BIF 文件指定生成镜像的源文件，需要源文件。为执行 BootGen 方便，笔者写了一个批处理文件 makeboot.bat。读者可以使用文本编辑器打开编辑，在批处理文件里添加 BootGen 命令，代码如下：

```
@ECHO ON
    if EXIST boot.bin del boot.bin
    bootgen -image bootimage.bif -o i boot.bin -w on
```

其中：第 1 行为制作时显示命令。

第 2 行为判断 boot.bin 文件，如果存在，删除 boot.bin。

第 3 行为生成 boot.bin 文件的命令，其中-image 为参数，是生成镜像文件；bootimage.bif 为 BIF 文件，读者可以根据实际 BIF 文件名修改；-o i 为参数，boot.bin 为输出文件，读者可以修改成其他名字。本书的设计全部使用 SD 卡启动，根据 BootROM 的要求，文件名称必须为 boot.bin。

2. 建立 BIF 文件

用文本编辑器新建一个 BIF 文件，文件名为 bootimage.bif，如果读者在前面建立的批处理文件里的 BIF 文件名不是 bootimage.bif，请修改一致。BIF 文件的代码如下：

```
the_ROM_image:
{
[bootloader] uart.elf
}
```

其中只有一个源文件 uart.elf，其属性为 bootloader。

对于本书的前 7 章底层裸机程序，如果要能正常启动，必须有一个 bootloader 属性的 ELF 文件。

3. 生成引导镜像

将批处理文件 makeboot.bat、BIF 文件 bootimage.bif 和 uart.elf 源文件复制到 D:\Xilinx\14.3\ISE_DS\ISE\bin\nt 下，双击 makeboot.bat，即可在当前目录下生成 boot.bin 文件。读者可以用二进制编辑器打开 boot.bin 文件，对照本书前面的内容，分析理解 BootROM 头部内容。

4. 执行程序

(1) 连接开发板。将 ZedBoard mini USB(PROG)连接到 PC 的 USB 接口，将 ZedBoard mini USB(UART)连接到 PC 的 USB 接口，提示安装驱动，选择驱动程序所在路径，在本书配套资源中提供了该驱动，文件名为 CyUSBSerial_v3.0.11.0，解压后，把路径指向该该文件夹对应的 Windows 版本，即可安装好驱动。

(2) 设置启动模式。本书例程全部采取 SD 卡启动，在 ZedBoard 开发板上，设置启动模式跳线 JP9 和 JP10 为 3V3，其他为 GND。

(3) 串口配置。在图 3-9 中选择 Terminal 1 选项，然后单击 Terminal 1 右边的按钮，对串口进行设置，如图 3-9 所示，其中端口号请读者根据自己计算机的端口号实际情况配置，波特率必须设置成 9600，其他参数按照图 3-9 设置即可。单击 Terminal 1 右边的按钮连接串口。

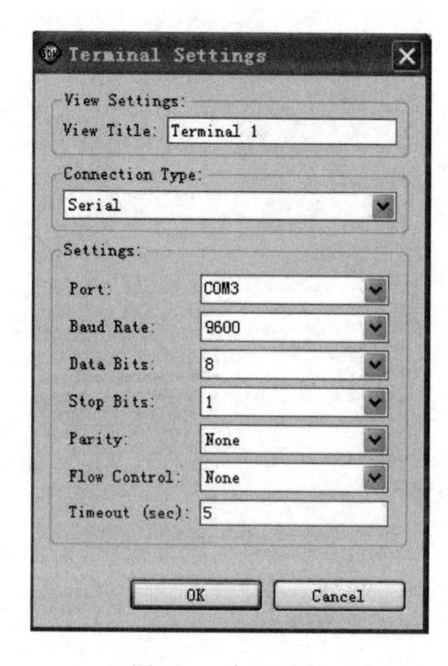

图 3-9 串口设置

(4) 将 boot.bin 文件复制到 SD 卡中，将 SD 卡插入卡槽。上电执行，可以在串口终端中连续接收到字母“C”，如图 3-10 所示。

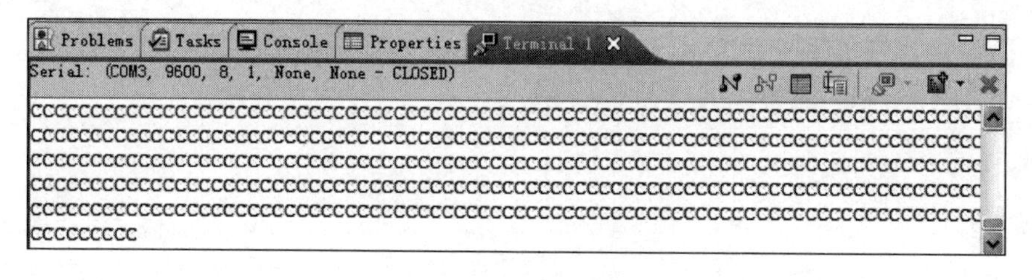

图 3-10 串口终端输出

第二篇 Zynq底层硬件设计

本篇主要介绍Zynq底层硬件接口相关原理,主要内容包括GPIO原理、Zynq中断原理、定时器原理、通用异步收发器(UART)原理、OLED原理和双核运行原理。每部分都设计了实例,均在ZedBoard开发板上验证通过。

读者通过本篇的学习,可以掌握Zynq常用外设接口的基本原理和设计方法,能够进行裸机程序设计和外设控制。

第4章 GPIO原理及设计实现

GPIO的英文全称为General-Purpose Input /Output Ports，中文意思是通用I/O端口。在嵌入式系统中，经常需要控制许多结构简单的外部设备或者电路，这些设备有的需要通过CPU控制，有的需要为CPU提供输入信号。并且，许多设备或电路只要求有开/关两种状就够了，比如LED的亮与灭。对这些设备的控制，使用传统的串口或者并口就显得比较复杂，所以，在嵌入式微处理器上通常提供了一种通用可编程I/O端口，也就是GPIO。

本章主要介绍GPIO的基本原理、Zynq GPIO的相关寄存器配置以及GPIO的设计实例。读者通过对本章的学习，可以全面掌握Zynq ARM部分GPIO的程序设计方法。

4.1 GPIO原理

一个GPIO端口至少需要两个寄存器，一个做控制用的通用IO端口控制寄存器，另外一个是存放数据的通用I/O端口数据寄存器。数据寄存器的每一位和GPIO的硬件引脚一一对应的，而数据的传递方向是通过控制寄存器设置的，通过控制寄存器可以设置每一个引脚的数据流向。

1. GPxCON寄存器

GPxCON为控制配置寄存器，GPxCON寄存器中每一位对应一个引脚。当某位设置为0时，相应引脚为输出引脚；当某位为1时，相应引脚为输入引脚。不同芯片配置有所不同，但所有ARM芯片的GPIO寄存器都基本一致。

2. GPxDAT寄存器

GPxDAT用于存储引脚值。当引脚被设为输入时，读此寄存器可以知道相应引脚的电平状态是高还是低；当引脚被设置为输出时，写此寄存器相应位可令此引脚输出高电平或者低电平。

3. GPIO 位操作

ARM 上没有位运算的变量,但可以通过控制 GPIO 数据寄存器移位和逻辑运算来实现对某个 GPIO 端口操作,比如下面操作:

```
GPxDAT &= ~(1 << 0);        //GPx0 置低
GPxDAT |= (1 << 0);         //GPx0 置高
```

4.2 Zynq XC7Z020 GPIO 寄存器

ZedBoard 主处理芯片 XC7Z020-CLG481-1 GPIO 由 4 个 BANK 组成,如图 4-1 所示。其中 Bank0 有 32 个 GPIO 引脚,Bank1 有 22 个 GPIO 引脚,共 54 个 GPIO 引脚直接通过 MIO 连接到 PS 上,每个引脚可以通过寄存器设置来确定该引脚为输入、输出或者中断。因为 54 个 MIO 引脚直接连接在 PS 上,像其他普通 ARM 一样,不需要通过 XPS 进行硬件配置,直接通过 SDK 软件进行编程即可。

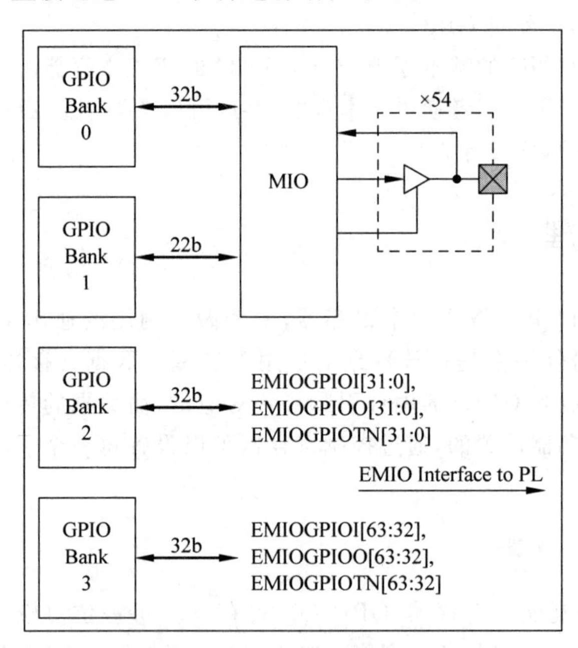

图 4-1 GPIO 系统图

Bank2 和 Bank3 通过 EMIO 接口将 CPU 的 GPIO 连接到 PL 部分的引脚上,其中每个 Bank 各有 32 个引脚。通过 EMIO 扩展的 GPIO 连接到 PL 上,可以在 PL 部分进行逻辑设计,进行特定功能的 IP 核定制。然后在 PS 部分,像控制普通 MIO 一样进行编程。因此,使用 EMIO 引脚必须通过 XPS 进行硬件配置,然后在 PS 部分使用 SDK 进行编程控制。

图 4-2 给出了 GPIO 内部寄存器和数据流程结构。其中上半部分为 GPIO 中断相关的寄存器,下半部分为 GPIO 查询方式读写的相关寄存器。本章重点讲述查询方式对 GPIO 进行操作,因此,本章主要分析非中断相关寄存器。GPIO 中断的相关内容将在

第 5 章介绍。

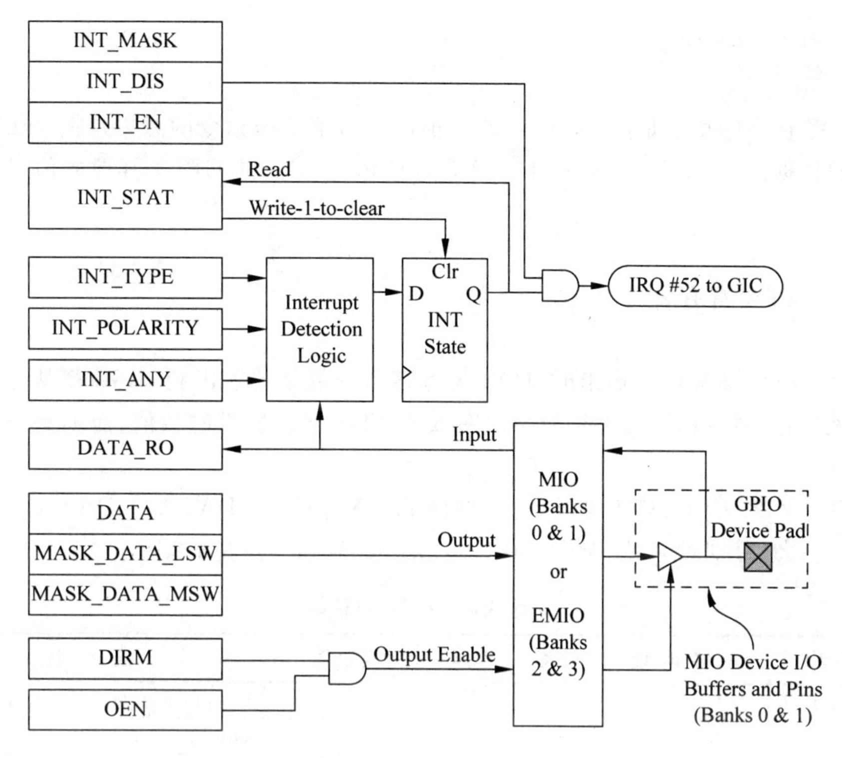

图 4-2　GPIO 内部结构

4.2.1　DATA_RO 寄存器

DATA_RO 寄存器是读取 GPIO 引脚值寄存器，不论该 GPIO 引脚配置为输入还是输出，都能正确读取该 GPIO 引脚值。如果该引脚的功能没有配置成 GPIO 功能，读取的值为随机值，因为该寄存器只能读取 GPIO 引脚值。

在 XC7Z020-CLG481-1 中共有 4 个 DATA_RO 寄存器——DATA_0_RO、DATA_1_RO、DATA_2_RO 和 DATA_3_RO，分别对应 Bank0、Bank1、Bank2 和 Bank3，如表 4-1 所示。

表 4-1　DATA_RO 寄存器

名　　称	偏移地址	位宽	读写	复位值	描　　述
DATA_0_RO	0x00000060	32	ro	x	Input Data(GPIO Bank0,MIO)
DATA_1_RO	0x00000064	22	ro	x	Input Data(GPIO Bank1,MIO)
DATA_2_RO	0x00000068	32	ro	0x00000000	Input Data(GPIO Bank2,EMIO)
DATA_3_RO	0x0000006C	32	ro	0x00000000	Input Data(GPIO Bank3,EMIO)

寄存器位宽和 GPIO Bank 里的 GPIO 引脚位数一致。DATA_1_RO 为 22 位寄存器，其余均为 32 位寄存器，寄存器中每一位对应 GPIO 相应引脚的数值，DATA_RO 寄存器的基地址为：0xE000A000。

例 4-1 读取 Bank0 的 GPIO 引脚数值。

```
LDR  R0, = 0xE000A060
LDR  R1, [R0]
```

其中第 1 条指令的意思是把 0xE000A060 值给 R0，第 2 条指令的意思是把 0xE000A060 地址中的数据给 R1，因此，实现的功能就是读取 Bank0 的 GPIO 引脚数值，并且存入 R1 中。

4.2.2 DATA 寄存器

当 GPIO 引脚配置为输出时，DATA 寄存器的值是要输出到 GPIO 引脚上的数值。当读取该寄存器数值时，结果是前一次写入 DATA 寄存器里的数值，而不是当前 GPIO 引脚的数值。

在 XC7Z020-CLG481-1 中共有 4 个 DATA 寄存器——DATA_0、DATA_1、DATA_2 和 DATA_3，分别对应 Bank0、Bank1、Bank2 和 Bank3，如表 4-2 所示。

表 4-2 DATA 寄存器

名　称	偏移地址	位宽	读写	复位值	描　述
DATA_0	0x00000040	32	rw	x	Output Data(GPIO Bank0,MIO)
DATA_1	0x00000044	22	rw	x	Output Data(GPIO Bank1,MIO)
DATA_2	0x00000048	32	rw	0x00000000	Output Data(GPIO Bank2,EMIO)
DATA_3	0x0000004C	32	rw	0x00000000	Output Data(GPIO Bank3,EMIO)

DATA 寄存器位数和 GPIO Bank 里的 GPIO 引脚位数一致。和 DATA_RO 寄存器一样，每一位对应为 GPIO 引脚的每一位数值。DATA 寄存器的基地址为：0xE000A000。

例 4-2 设置 Bank0 的 GPIO 引脚 0～4(MIO0～MIO4)为 1。

```
LDR R0, = 0xE000A040
MOV R1, 0x01F
STR R1, [R0]
```

其中第 1 条指令的意思是把 0xE000A040 值给 R0，第 2 条指令的意思是把 0x01F 数据给 R1，第 3 条指令是把 R1 中的值(0x01F)存入 0xE000A040 地址中。因此，实现的功能就是把 0x01F(低 5 位为 1，即 MIO0～MIO4 为 1)数值存入 0xE000A040(DATA_0 寄存器，即 Bank0 的 GPIO 引脚)地址中。

4.2.3 MASK_DATA_LSW/ MSW 寄存器

MASK_DATA_LSW 和 MASK_DATA_MSW 寄存器是传统的数据寄存器(DATA)和屏蔽寄存器(MASK)的结合，该寄存器为 32 位，分成高 16 位和低 16 位，其中高 16 位作为传统的 MASK 使用，低 16 位作为传统的 DATA 用。因此，MASK_DATA_

LSW 是对 GPIO 的 16 位引脚进行设置和屏蔽寄存器。当某位在 MASK_DATA_LSW 寄存器高 16 位被屏蔽时，即使修改 MASK_DATA_LSW 低 16 位的数据，也不影响该位 GPIO 值。

MASK_DATA_LSW 控制 GPIO 组的低 16 位数据和屏蔽位，MASK_DATA_MSW 控制 GPIO 的高 16 位数据和屏蔽位。

在 XC7Z020-CLG481-1 中共有 4 组 MASK_DATA_LSW 和 MASK_DATA_MSW 寄存器，每组分别对应 Bank0、Bank1、Bank2 和 Bank3，如表 4-3 所示。

表 4-3 MASK_DATA_LSW 和 MASK_DATA_MSW 寄存器

名 称	偏移地址	位宽	读写	复位值	描 述
MASK_DATA_0_LSW	0x00000000	32	mixed	x	Maskable Output Data (GPIO Bank0, MIO, Lower 16bits)
MASK_DATA_0_MSW	0x00000004	32	mixed	x	Maskable Output Data (GPIO Bank0, MIO, Upper 16bits)
MASK_DATA_1_LSW	0x00000008	32	mixed	x	Maskable Output Data (GPIO Bank1, MIO, Lower 16bits)
MASK_DATA_1_MSW	0x0000000C	22	mixed	x	Maskable Output Data (GPIO Bank1, MIO, Upper 16bits)
MASK_DATA_2_LSW	0x00000010	32	mixed	0x00000000	Maskable Output Data (GPIO Bank2, EMIO, Lower 16bits)
MASK_DATA_2_MSW	0x00000014	32	mixed	0x00000000	Maskable Output Data (GPIO Bank2, EMIO, Upper 16bits)
MASK_DATA_3_LSW	0x00000018	32	mixed	0x00000000	Maskable Output Data (GPIO Bank3, EMIO, Lower 16bits)
MASK_DATA_3_MSW	0x0000001C	32	mixed	0x00000000	Maskable Output Data (GPIO Bank3, EMIO, Upper 16bits)

MASK_DATA_LSW 和 MASK_DATA_MSW 寄存器中，除 MASK_DATA_1_MSW 位数为 22 位，其余寄存器均为 32 位。其中 32 位的寄存器，各用 16 位代表数据位和屏蔽位。MASK_DATA_1_MSW 表示 BANK1 里高 6 位的数据位和屏蔽位。寄存器的基地址为 0xE000A000。

当对应屏蔽位设置成 0 时，可以修改对应的引脚值。当对应屏蔽位设置成 1 时，修改对应引脚值无效，即该引脚被屏蔽。

例 4-3 设置 Bank0 的 GPIO 引脚 0～3(MIO0～MIO4)被屏蔽，4～7 引脚未被屏蔽，并修改对应的引脚值。

```
LDR R0, = 0xE000A000
MOV R1, 0x0F0000
STR R1, [R0]
```

4.2.4 DIRM 寄存器

DIRM 寄存器是方向控制寄存器，控制 GPIO 的输入或者输出，该寄存器值不影响输入,即 GPIO 输入功能始终有效。当 DIRM[x]=0 时,输出无效。

在 XC7Z020-CLG481-1 中共有 4 个 DIRM 寄存器——DIRM_0、DIRM_1、DIRM_2 和 DIRM_3,分别对应 Bank0、Bank1、Bank2 和 Bank3,如表 4-4 所示。

表 4-4　DIRM 寄存器

名称	偏移地址	位宽	读写	复位值	描　述
DIRM_0	0x00000204	32	rw	0x00000000	Direction mode (GPIO Bank0,MIO)
DIRM_1	0x00000244	22	rw	0x00000000	Direction mode (GPIO Bank1,MIO)
DIRM_2	0x00000284	32	rw	0x00000000	Direction mode (GPIO Bank2,EMIO)
DIRM_3	0x000002C4	32	rw	0x00000000	Direction mode (GPIO Bank3,EMIO)

DIRM 寄存器位数和 GPIO Bank 里的 GPIO 引脚位数一致,和 DATA_RO 寄存器一样,每一位对应为 GPIO 引脚的每一位数值。寄存器的基地址为 0xE000A000。

例 4-4　设置 Bank0 的 GPIO 引脚 0~3(MIO0~MIO4)为输出引脚。

```
LDR  R0, = 0xE000A204
MOV  R1, 0x0F
STR  R1, [R0]
```

代码的意义请读者参照前面例子自行分析。

4.2.5　OEN 寄存器

OEN 是输出使能寄存器,当 GPIO 引脚被配置成输出引脚时,该寄存器控制该引脚是否输出;当 GPIO 引脚被配置成输出禁止时,该引脚为三态;当 OEN[x]=0 时,输出无效。

在 XC7Z020-CLG481-1 中共有 4 个 OEN 寄存器——OEN_0、OEN _1、OEN _2 和 OEN _3,分别对应 Bank0、Bank1、Bank2 和 Bank3,如表 4-5 所示。

表 4-5　OEN 寄存器

名　　称	偏 移 地 址	位宽	读写	复位值	描　述
OEN_0	0x00000208	32	rw	0x00000000	Output enable (GPIO Bank0,MIO)
OEN_1	0x00000248	22	rw	0x00000000	Output enable (GPIO Bank1,MIO)
OEN_2	0x00000288	32	rw	0x00000000	Output enable (GPIO Bank2,EMIO)
OEN_3	0x000002C8	32	rw	0x00000000	Output enable (GPIO Bank3,EMIO)

OEN 寄存器位数和 GPIO Bank 里的 GPIO 引脚位数一致,和 DATA_RO 寄存器一样,每一位对应为 GPIO 引脚的每一位数值。寄存器的基地址为 0xE000A000。

例 4-5　设置 Bank0 的 GPIO 引脚 0~3(MIO0~MIO4)输出使能。

```
LDR  R0, = 0xE000A208
MOV  R1, 0x0F
STR  R1, [R0]
```

代码的意义请读者参照前面例子自行分析。

4.2.6 GPIO slcr 寄存器

MIO 的每个引脚都可以配置成其他功能，因此，在对 MIO 引脚进行编程时，首先要把对应的 MIO 引脚设置成 GPIO 功能，同时设置对应的电平和是否上拉等，每个引脚都有对应的寄存器进行设置，这些寄存器是系统级控制寄存器(slcr)MIO_PIN_x。

本节以后将要用到的 MIO_PIN_07 为例进行说明，其他引脚可以参考 Zynq 的数据手册。

(slcr)MIO_PIN_07 寄存器基地址为 0xF8000000，偏移地址为 0x0000071C。

(slcr)MIO_PIN_07 寄存器为 32 位可读写寄存器，其复位后值为 0x00000601。

(slcr)MIO_PIN_07 寄存器各位的具体含义如表 4-6 所示。

表 4-6 (slcr)MIO_PIN_07 寄存器各位含义

名称	位宽	读写	复位值	描述
reserved	31：14	rw	0x0	reserved
DisableRcvr	13	rw	0x0	Disable HSTL Input Buffer to save power when it is an output-only (IO_Type must be HSTL) 0：enable 1：disable
PULLUP	12	rw	0x0	Enables Pullup on IO Buffer pin 0：disable 1：enable
IO_Type	11：9	rw	0x3	Select the IO Buffer Type 000：Reserved 001：LVCMOS18 010：LVCMOS25 011：LVCMOS33 100：HSTL 101：Reserved 110：Reserved 111：Reserved
Speed	8	rw	0x0	Select IO Buffer Edge Rate，applicable when IO_Type is LVCMOS18，LVCMOS25 or LVCMOS33 0：Slow CMOS edge 1：Fast CMOS edge
L3_SEL	7：5	rw	0x0	Level 3 Mux Select 000：GPIO 7 (bank 0)，Output-only others：reserved

续表

名称	位宽	读写	复位值	描　述
L2_SEL	4∶3	rw	0x0	Level 2 Mux Select 00：Level 3 Mux 01：SRAM/NOR OE_B，Output 10：NAND Flash CLE_B，Output 11：SDIO 1 Power Control，Output
L1_SEL	2	rw	0x0	Level 1 Mux Select 0：Level 2 Mux 1：Trace Port Data Bit 13，Output
L0_SEL	1	rw	0x0	Level 0 Mux Select 0：Level 1 Mux 1：reserved
TRI_ENABLE	0	rw	0x1	Tri-state enable，active high 0：disable 1：enable

例 4-6　配置 MIO 引脚 7 为 GPIO。

(1) 设置 MIO 引脚为 GPIO，设置 L0_SEL、L1_SEL、L2_SEL、L3_SEL 为 0。

(2) 设置 TRI_ENABLE ＝ 0。

(3) IO_Type 设置为 LVCMOS33，即 IO_Type＝011。

(4) 设置 Speed 为 Slow CMOS edge，即 Speed＝0。

(5) PULLUP 设置为内部上拉，即 PULLUP＝1。

(6) 关闭 HSTL，即 DisableRcvr＝1。

对照表 4-6，可以知道其寄存器的值设置如表 4-7 所示。

表 4-7　(slcr)MIO_PIN_07 配置

reserved	DisableRcvr	PULLUP	IO_Type	Speed	L3_SEL	L2_SEL	L1_SEL	L0_SEL	TRI_ENABLE
x	1	1	011	0	000	00	0	0	0

在表 4-7 中，x 表示改值可以是 0 也可以是 1，在本例中，选择全为 1，因此，该寄存器的配置值为 0x0FFFFF600。

因此，实现配置(slcr)MIO_PIN_07 寄存器为 GPIO 的实现汇编代码如下：

```
LDR R0, = 0xF800071C
LDR R1, = 0x0FFFFF600
STR R1, [R0]
```

代码的意义请读者参照前面例子自行分析。

4.3 GPIO设计实现

在Zynq上进行GPIO编程，首先要进行系统级控制寄存器((slcr)MIO_PIN_x)设置，将其配置成GPIO，然后设置该GPIO为输入或者输出，再对其数据寄存器读取数据或者写入数据。如果为输出，还需要设置输出使能寄存器，其流程图如图4-3所示。

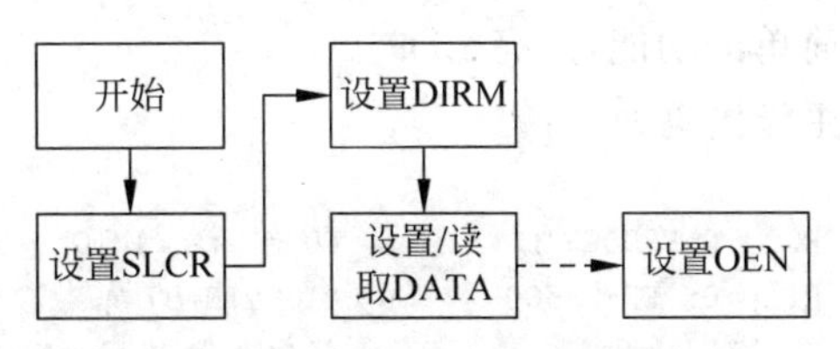

图4-3 GPIO编程流程

在图4-3中，虚线部分表示不是必须的，只有GPIO设置为输出时，才需要设置OEN，当然，也可以增加对MASK_DATA_LSW和MASK_DATA_MSW寄存器的设置，实现对GPIO值的修改和屏蔽。

ZedBoard上Zynq的绝大部分MIO引脚已经被用作其他用途。根据其原理图可知，MIO7接到LD9的阳极，可以作为GPIO的输出引脚使用。MIO0和MIO9～MIO15接到开发板的JE接口上，可以作为输入使用。注意，这几个MIO引脚均为3.3V，如图4-4所示。

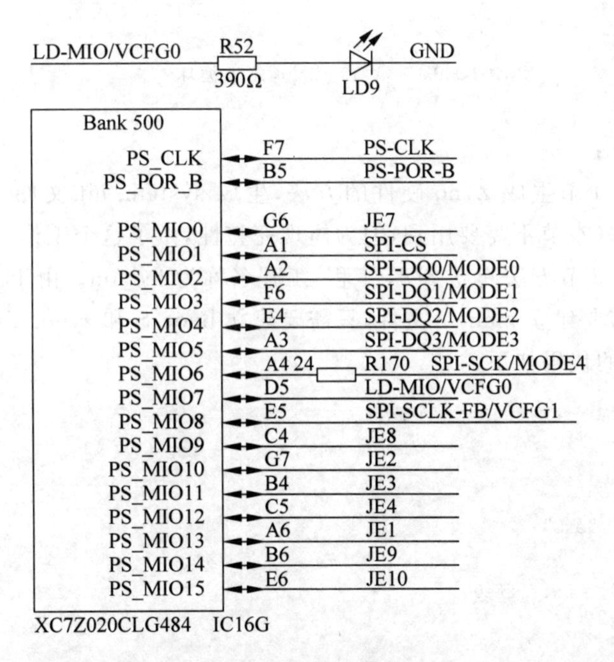

图4-4 MIO引脚图

本节将开始通过实例验证各个寄存器的功能，共设计两个汇编实例和一个C语言实例，尽可能把Zynq的GPIO寄存器(中断除外)全验证一遍，并且所有实例均能在ZedBoard开发板上正确运行。

4.3.1 汇编语言实现

下面用两个例子由简到繁地介绍使用汇编语言编程 GPIO 的方法。

1. 实例 1：使用汇编语言实现点亮 LD9

根据图 4-4，实现最简单的功能，点亮 LD9。

其汇编实现代码和注释代码如下：

```
            LDR     R0, = 0xF800071C      @ R0 为(slcr)MIO_PIN_07 寄存器地址
            LDR     R1, = 0x0FFFFF600     @ MIO_PIN_07 寄存器配置的值
            STR     R1,[R0]               @ 将配置数值写入 MIO_PIN_07
            LDR     R0, = 0xE000A204      @ R0 设为 DIRM_0 寄存器地址
            MOV     R1, # 0x00000080      @ DIRM_0 寄存器配置的值为输出
            STR     R1,[R0]               @ 写入 MIO_PIN_07 寄存器

            LDR     R0, = 0xE000A208      @ R0 设为 OEN_0 寄存器地址
            MOV     R1, # 0x00000080      @ OEN_0 寄存器配置的值
            STR     R1,[R0]               @ 写入 OEN_0 寄存器

            LDR     R0, = 0xE000A040      @ R0 设为 DATA_0 寄存器地址
            MOV     R1, # 0x00000080      @ DATA_0 寄存器配置的值,点亮 LD9
            STR     R1,[R0]               @ 写入 DATA_0 寄存器
MAIN_LOOP:
            B       MAIN_LOOP             @无限循环
```

实现步骤如下：

(1) 按照 2.2.1 节生成 Zynq 硬件的方法，生成 system. bit 文件。本书配套资源里有完整的工程文件(本节不需要用到，但为体现完整性，做了这个工作)。

(2) 按照 2.2.2 节方法建立 SDK 工程，工程名称为 led_on。由于本例全部用汇编语言实现，因此，不需要建立 main. c 文件，只需要建立 boot. S 和 zynq. lds 两个文件。

其中 boot. S 的代码如下：

```
.org 0
.text
.global _boot
.section .boot, "axS"
_boot:
    ldr    r13, = 0xfffffe00
    bl    main
.end
```

在 boot. S 代码中主要实现堆栈设置和调用 C 语言程序。在上面的代码中，ldr r13，＝0xfffffe00 即为设置堆栈，bl main 为跳转到 C 语言的 main 函数中运行。

由于本例只有汇编语言实现点亮 LD 功能，没有 C 语言的 main 函数。因此，注释掉

boot.S代码中的 bl main 行，和 ldr r13，=0xfffffe00 堆栈设置行，同时将点亮 LD 的代码放到 bl main 行后面。

其中 zynq.lds 的代码如下：

```
SECTIONS
{
.boot 0x00000000: {
    *(.boot)
    *(.main)
    *(.text)
    *(.gnu.linkonce.t.*)
}
}
```

zynq.lds 主要是规定如何把输入文件内的 section 放入输出文件内，并控制输出文件内各部分在程序地址空间内的布局。

由于本例没有 C 语言的代码，也就没有 main 函数，因此注释掉或者删除 *(.main)行。

(3) 指定链接脚本和编译程序。

在 led_on 工程中，需要指定链接脚本文件 zynq.lds。

在 Project Explorer 中右击选择 Properties，在弹出的窗口中选择 Settings 下的 Tool Settings，在 ARM gcc linker 下的 Linker Script 中选择 zynq.lds 文件所在路径，如图 4-5 所示。

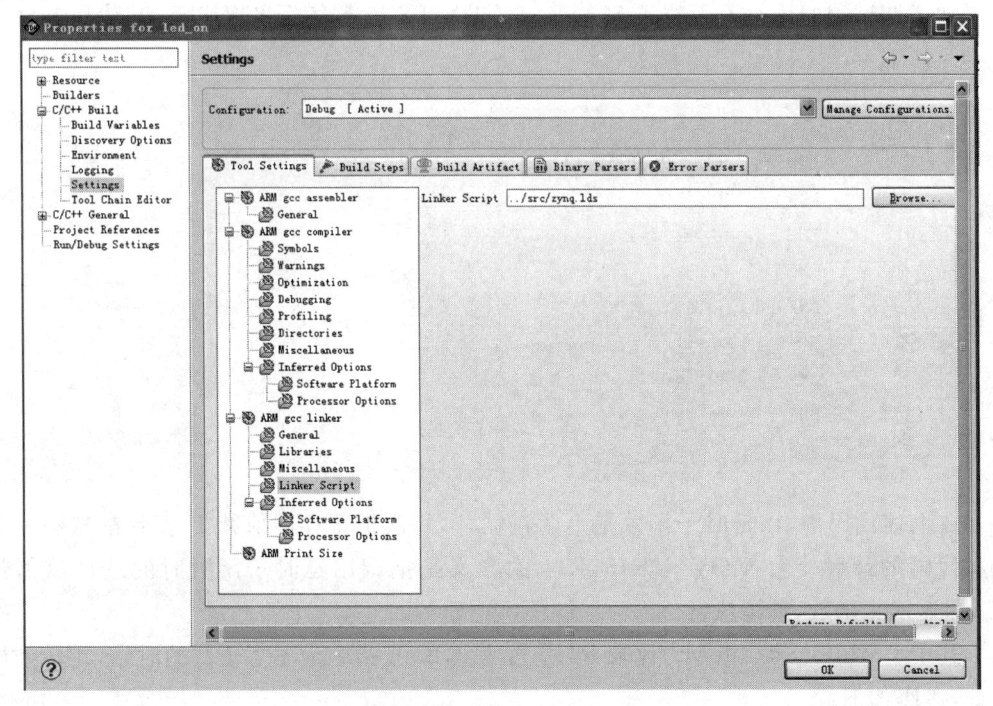

图 4-5　设置 zynq.lds 路径

编译 led_on 工程，生成 led_on. elf 可执行文件。

(4) 将第 3 章的 bootimage. bif 文件打开，修改引导的可执行程序名称，修改后的代码如下：

```
the_ROM_image:
{
        [bootloader] led_on.elf
}
```

(5) 将第 3 章提供的 makeboot. bat 文件、本章修改后的 bootimage. bif 和编译生成的 led_on. elf 文件复制到 D:\Xilinx\14. 3\ISE_DS\ISE\bin\nt 下，双击 makeboot. bat 文件，即可在该目录下生成 boot. bin 可执行镜像文件。

(6) 按照第 3 章的方法，将 boot. bin 文件复制到 SD 卡，将 ZedBoard 设置成 SD 卡启动，上电启动后，即可看到 LD9 被点亮。

2. 实例 2：利用 MASK_DATA_LSW 寄存器修改和屏蔽 LD9

实现步骤如下：

(1) 按照实例 1 的方法，新建一个工程，名称为 led_mask，同样新建 boot. S 和 zynq. lds 两个文件。zynq. lds 文件和实例 1 完全相同，并且按照实例 1 的方法指定 zynq. lds 文件的路径。

(2) 本实例将利用实例 1 的代码，并增加部分相关内容。和实例 1 汇编代码相比，主要增加了调试用的延时子函数和 MASK_DATA_LSW 寄存器实现代码，其代码和注释分别为如下：

```
Delay5s:                                  @延时 5s
            LDR     R0, = 0x00FFFFFF
            LDR     R1, = 0x00FFFFFF
delay1:     SUB     R1,R1,#1
            CMP     R1,#0
            BNE     delay1
delay2:     SUB     R0,R0,#1
            CMP     R0,#0
            BNE     delay2
            MOV     R15,R14
```

在上述代码中，该延时子函数是个两重循环，每次把寄存器值减 1，直到都减到 0 为止。代码的最后一行 MOV　R15,R14 的含义是把调用延时子函数时的地址赋值给 PC，即返回主函数，继续执行。

其中 CMP R1,#0 指令为比较 R1 是否为 0，BNE 指令为不等于 0 的时候，跳转到标号处，代码如下：

```
#if 0
            BL      Delay5s
            LDR  R0, =0xE000A000
            LDR  R1, =0x000000
            STR  R1, [R0]
#endif
#if 1
            BL      Delay5s
            LDR  R0, =0xE000A000
            LDR  R1, =0x800000
            STR  R1, [R0]
#endif
```

在上述代码中,主要包括两个部分,两个#if和#endif之间只执行其中一部分代码,读者可以自行修改。#if 1的部分为执行代码,#if 0的部分为不执行代码。

第1个#if和#endif之间是在实验1的代码点亮LD9后延时5s,然后修改MASK_DATA_0_LSW的值,不屏蔽MIO_PIN_07,并同时将其值修改为0,因此,要是执行该段代码,将会看到LD9点亮5s之后熄灭。

第2个#if和#endif之间是在实验1的代码点亮LD9后延时5s,然后修改MASK_DATA_0_LSW的值,屏蔽MIO_PIN_07,并同时将其值修改为0,因此,要是执行该段代码,将会看到LD9点亮5s之后没有熄灭,继续点亮。说明MIO_PIN_07被屏蔽之后,修改该引脚值无效。

其中BL指令在转移到子程序执行之前,将其下一条指令的地址复制到R14(LR,链接寄存器)。由于BL指令保存了下条指令的地址,因此使用指令MOV PC(R15),LR即可实现子程序的返回。

(3) 参照本节实例1的制作镜像和执行程序方法,将不同#if和#endif之间的代码分别执行,可以在ZedBoard上看到LD9一次没有熄灭,一次点亮大约5s后熄灭。

4.3.2 C语言实现

从本节开始,将涉及在ZedBoard开发板上运行C语言程序了,下面用一个例子详细介绍使用C语言编程GPIO的方法。

实例:通过查询方法,如果ZedBoard开发板上JE1(MIO_PIN_13)为高电平,点亮LD9,否则,熄灭LD9。

流程图如图4-6所示。

实现步骤如下:

(1) 按照4.3.1节的方法新建SDK工程,命名为led_input,新建boot.S、zynq.lds和main.c 3个文件。

由于本节使用C语言设计程序,boot.S文件需要将实例1里注释掉的ldr r13, =0xffffe00和bl main两行添加进代码,即第3章提供的boot.S文件内容。

zynq.lds文件需要将实例1里注释掉的*(.main)行添加进代码,并且按照实例1

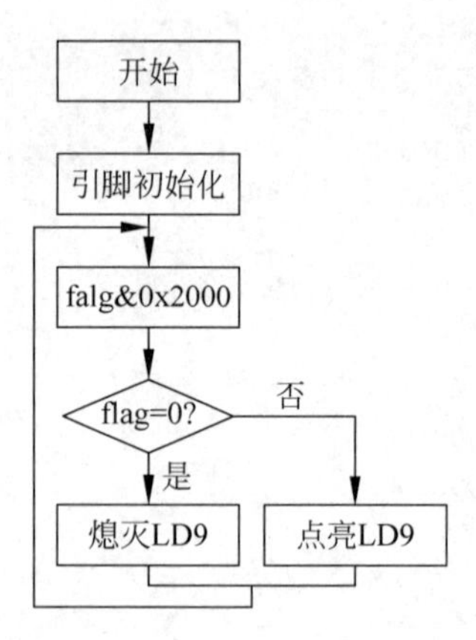

图 4-6　查询方式点亮 LD9 流程图

的方法指定 zynq. lds 文件的路径，即第 3 章提供的 zynq. lds 文件内容。

（2）主要实现功能在 main. c 文件中，其主要代码及注释如代码如下：

```
#define  MIO_PIN_07     (* (volatile unsigned int *) 0xF800071C)
/*(slcr)MIO_PIN_07 寄存器地址*/
#define  MIO_PIN_13     (* (volatile unsigned int *) 0xF8000734)
/*(slcr)MIO_PIN_13 寄存器地址*/
#define  DATA_0_RO      (* (volatile unsigned int *) 0xE000A060)
/*DATA_0_RO 寄存器地址*/
#define  DIRM_0         (* (volatile unsigned int *) 0xE000A204)
/*DIRM_0 寄存器地址*/
#define  OEN_0          (* (volatile unsigned int *) 0xE000A208)
/*OEN_0 寄存器地址*/
#define  DATA_0         (* (volatile unsigned int *) 0xE000A040)
/*DATA_0 寄存器地址*/

int main(void)
{
    MIO_PIN_07 = 0x0FFFFF600;
    /*设置 MIO_PIN_07 为 GPIO*/
    MIO_PIN_13 = 0x0FFFFF600;
    /*设置 MIO_PIN_13 为 GPIO*/
    int flag; //标志变量
     DIRM_0 = 0x00000080;
     /*设置 MIO_PIN_07 为输出引脚*/
     OEN_0 = 0x00000080;
     /*设置 MIO_PIN_07 为输出使能*/
   while(1)//循环查询
   {
       flag = DATA_0_RO;
       flag = flag&0x2000;
       /*对 MIO_PIN_13 进行位操作,将其与 0x2000 进行与运算
         *|0000|0000|0000|0000|0010|0000|0000|0000|0x2000
         *|xxxx|xxxx|xxxx|xxxx|xxxx|xxxx|xxxx|xxxx|DATA_0_RO
```

```
        * 如果 DATA_0_RO 的 13 位,即 MIO_PIN_13 = 1,则 flag = 1
        * 如果 DATA_0_RO 的 13 位,即 MIO_PIN_13 = 0,则 flag = 0
        *  */
     if(flag!= 0x0)
     {
       DATA_0 = 0x00000080;//MIO_PIN_13 = 1,点亮 LD9
     }
     else
     {
       DATA_0 = 0x00000000;//MIO_PIN_13 = 0,熄灭 LD9
     }
   }
   return 0;
}
```

(3) 参照本章第1个实例制作镜像和执行程序方法,启动开发板后,将会发现LD9直接点亮,那是因为JE1(MIO_PIN_13)上电后,默认为高电平。用导线将JE1引脚和ZedBoard开发板上J4(地)相连,可以看到LD9熄灭。不连接J4,将会再次点亮LD9。

第5章 中断原理及实现

ARM编程，特别是系统初始化代码的编写中通常需要实现中断的响应、解析跳转和返回等操作，以便支持上层应用程序的开发，而这往往是困扰初学者的一个难题。中断处理的编程实现需要深入了解ARM内核和处理器本身的中断特征，从而设计一种快速简便的中断处理机制。本章详细概述了ARM处理器的异常中断种类、响应和返回过程；然后重点讲解了基于Zynq中断原理和实现方法，并给出了GPIO中断的详细实例。

5.1 中断原理

当异常中断发生时，系统执行完当前指令后，将跳转到相应的异常中断处理程序处执行。当异常中断处理程序执行完成后，程序返回到发生中断指令的下一条指令处继续执行。在进入异常中断处理程序时，要保存被中断程序的执行现场。从异常中断处理程序退出时，要恢复被中断程序的执行现场。

ARM体系中通常在存储地址的低端固化了一个32字节的硬件中断向量表，用来指定各异常中断及其处理程序的对应关系。当一个异常出现以后，ARM微处理器会执行以下几步操作。

(1) 保存处理器当前状态、中断屏蔽位以及各条件标志位。

(2) 设置当前程序状态寄存器CPSR中相应的位。

(3) 将寄存器lr_mode设置成返回地址。

(4) 将程序计数器(PC)值设置成该异常中断的中断向量地址，从而跳转到相应的异常中断处理程序处执行。

从异常中断处理程序中返回包括下面两个基本操作。

(1) 恢复被屏蔽的程序的处理器状态。

(2) 返回到发生异常中断的指令的下一条指令处继续执行。

当异常中断发生时，程序计数器PC所指的位置对于各种不同的异常中断是不同的，同样，返回地址对于各种不同的异常中断也是不同的。例外的是，复位异常中断处理程序不需要返回，因为整个应用系统是从复位异常中断处理程序开始执行的。

5.1.1 中断类型

ARM处理器支持7种异常情况：复位、未定义指令、软件中断、指令预取中止、数据中止、中断请求(IRQ)和快速中断请求(FIQ)。

ARM体系中的异常中断如表5-1所示。

表5-1 ARM体系中的异常中断种类

异常中断名称	含　义
复位(RESET)	当处理器的复位引脚有效时，系统产生复位异常中断，程序跳转到复位异常中断处理程序处执行。复位异常中断通常用在下面两种情况： • 系统加电时和系统复位时 • 跳转到复位中断向量处执行，称为软复位
数据访问中止(Data Abort)	如果数据访问指令的目标地址不存在，或者该地址不允许当前指令访问，处理器产生数据访问中止异常中断
快速中断请求(FIQ)	当处理器的外部快速中断请求引脚有效，而且CPSR寄存器的F控制位被清除时，处理器产生外部中断请求(FIQ)异常中断
外部中断请求(IRQ)	当处理器的外部中断请求引脚有效，而且CPSR寄存器的I控制位被清除时，处理器产生外部中断请求(IRQ)异常中断。系统中各外设通常通过该异常中断请求处理器服务
预取指令中止(Prefech Abort)	如果处理器预取指令的地址不存在，或者该地址不允许当前指令访问，当该被预取的指令执行时，处理器产生指令预取中止异常中断
软件中断(software interrupt SWI)	这是一个用户定义的中断指令，可用于用户模式下的程序调用特权操作指令。在实时操作系统(RTOS)中可以通过该机制实现系统功能调用
未定义的指令 (undefined instruction)	当ARM处理器或者是系统中的协处理器认为当前指令未定义时，产生未定义的指令异常中断。可以通过该异常中断机制仿真浮点向量运算

5.1.2 中断向量表

中断向量表指定了各异常中断及其处理程序的对应关系，它通常存放在存储地址的低端。在ARM体系中，异常中断向量表的大小为32字节。其中，每个异常中断占据4个字节大小，保留了4个字节空间。

每个异常中断对应的中断向量表的4个字节的空间中存放了一个跳转指令或者一个向PC寄存器中赋值的数据访问指令。通过这两种指令，程序将跳转到相应的异常中断处理程序处执行。

当几个异常中断同时发生时，就必须按照一定的次序来处理这些异常中断。在ARM中通过给各异常中断赋予一定的优先级来实现这种处理次序。当然，有些异常中断是不可能同时发生的，如指令预取中止异常中断和软件中断(SWI)异常中断是由同一条指令的执行触发的，它们是不可能同时发生的。处理器执行某个特定的异常中断的过程中，称为处理器处于特定的中断模式。各异常中断的中断向量地址以及中断的处理优先级如表5-2所示。

表5-2 中断向量

中断向量地址	异常中断类型	异常中断模式	优先级(6最低)
0x0	复位	特权模式(SVC)	1
0x4	未定义的指令	未定义指令中止模式(Undef)	6
0x8	软件中断(SWI)	特权模式(SVC)	6
0x0c	指令预取中止	中止模式	5
0x10	数据访问中止	中止模式	2
0x14	保留	未使用	未使用
0x18	外部中断请求(IRQ)	外部中断(IRQ)模式	4
0x1c	快速中断请求(FIQ)	快速中断(FIQ)模式	3

5.1.3 中断处理过程

ARM处理器响应中断的时候，总是从固定的地址(一般是指中断向量表)开始，而在高级语言环境下开发中断服务程序时，无法控制固定地址开始的跳转流程。为了使得上层应用程序与硬件中断跳转联系起来，需要编写一段中间的服务程序来进行连接。这样的服务程序常被称为中断解析程序。

每个异常中断对应一个4字节的空间，正好放置一条跳转指令或者向PC寄存器赋值的数据访问指令。理论上可以通过这两种指令直接使得程序跳转到对应的中断处理程序中去。但实际上由于函数地址值为未知和其他一些问题，并不这么做。

下面给出一种常用的中断跳转流程，如图5-1所示。

在图5-1中，发生异常后，中断源请求中断，自动跳转到中断向量表中固定地址执行。中断向量表中存放一条跳转指令，跳转到用户自定义地址(解析程序)继续执行。在解析程序中，将会和中断服务程序连接起来。

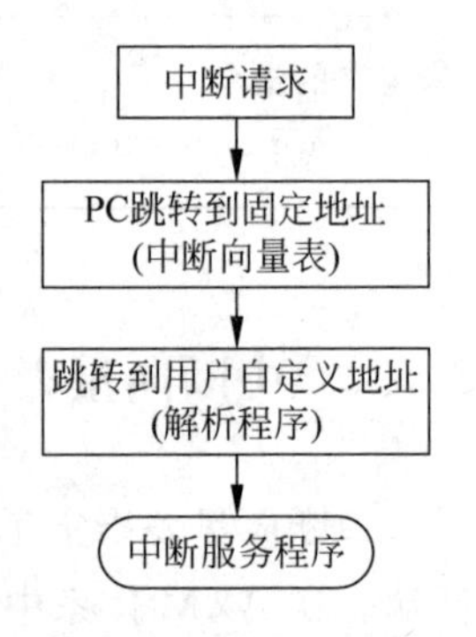

图5-1 中断处理流程

例5-1 IRQ中断处理流程。

下面以一次IRQ跳转为例，假设中断向量表定义在0x00000000开始的RAM空间，中断解析程序地址为0x00010000，中断服务程序地址为0x00020000，其处理过程如图5-2所示。

在图5-2中，左上框内为正在执行的程序，中途遇到IRQ中断，跳转到中断向量表的0x00000018的地址，执行B IRQHandler语句。在左下框中是解析程序部分，主要包括保存相关寄存器值、跳转到中断服务程序和中断返回寄存器恢复语句。在右下框中，是中断服务程序。在上层程序中，只要设计IRQInterrupt程序即可，不需要考虑存放地址。

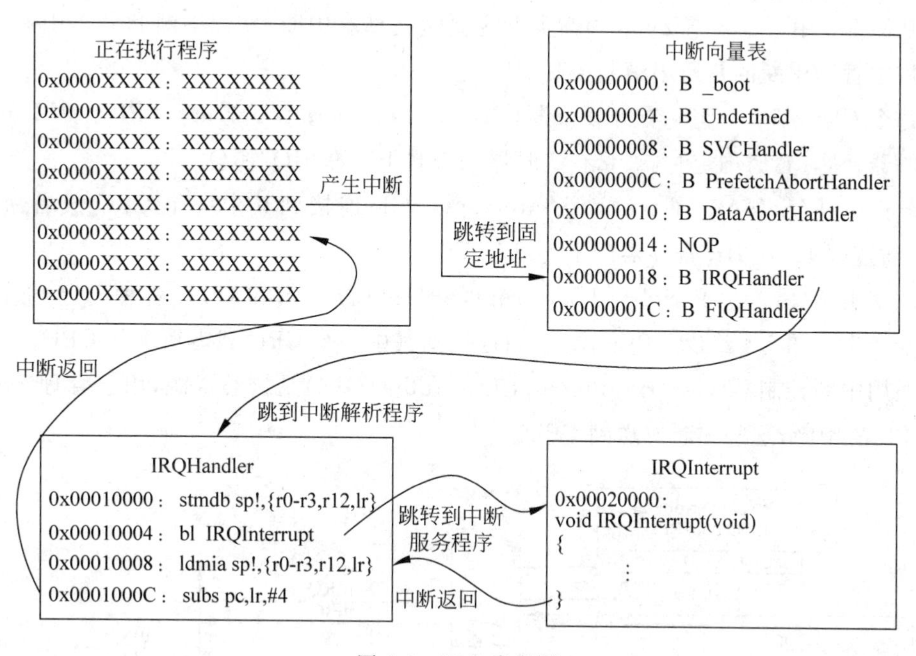

图 5-2 IRQ 流程图

5.2 Zynq 中断体系结构

Zynq 有两个 Cortex-A9 处理器和 GIC pl390 中断控制器。中断结构体系结构如图 5-3 所示。

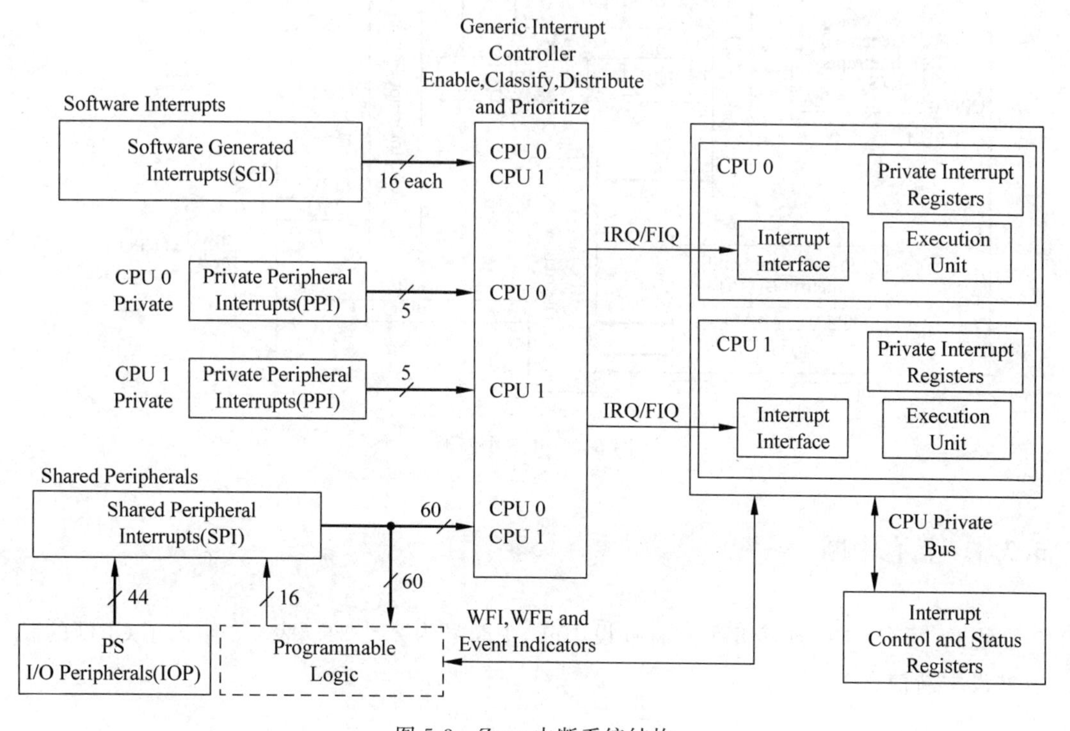

图 5-3 Zynq 中断系统结构

从图 5-3 中可以知道 Zynq 中断类型主要包括私有中断、软件中断和共享中断，其体系结构中管理中断的是通用中断控制器。

每个 CPU 都有一组私有外设中断(Private Peripheral Interrupt,PPI)。PPI 包括全局定时器、私有看门狗定时器、私有定时器和来自 PL 的 FIQ/IRQ。

软件中断(Software Generated Interrupt,SGI)连接到其中一个 CPU 或者所有的 CPU，通过写 ICDSGIR 寄存器产生 SGI。

共享中断(Shared Peripheral Interrupt,SPI)是通过 PS 和 PL 内各种 I/O 和存储器控制器产生。图 5-4 给出了中断源，它们连接到其中一个 CPU 或者所有的 CPU。

通用中断控制器(Generic Interrupt Controller,GIC)是核心资源，用于管理来自 PS 或者 PL 的中断，这些中断发送到 CPU。

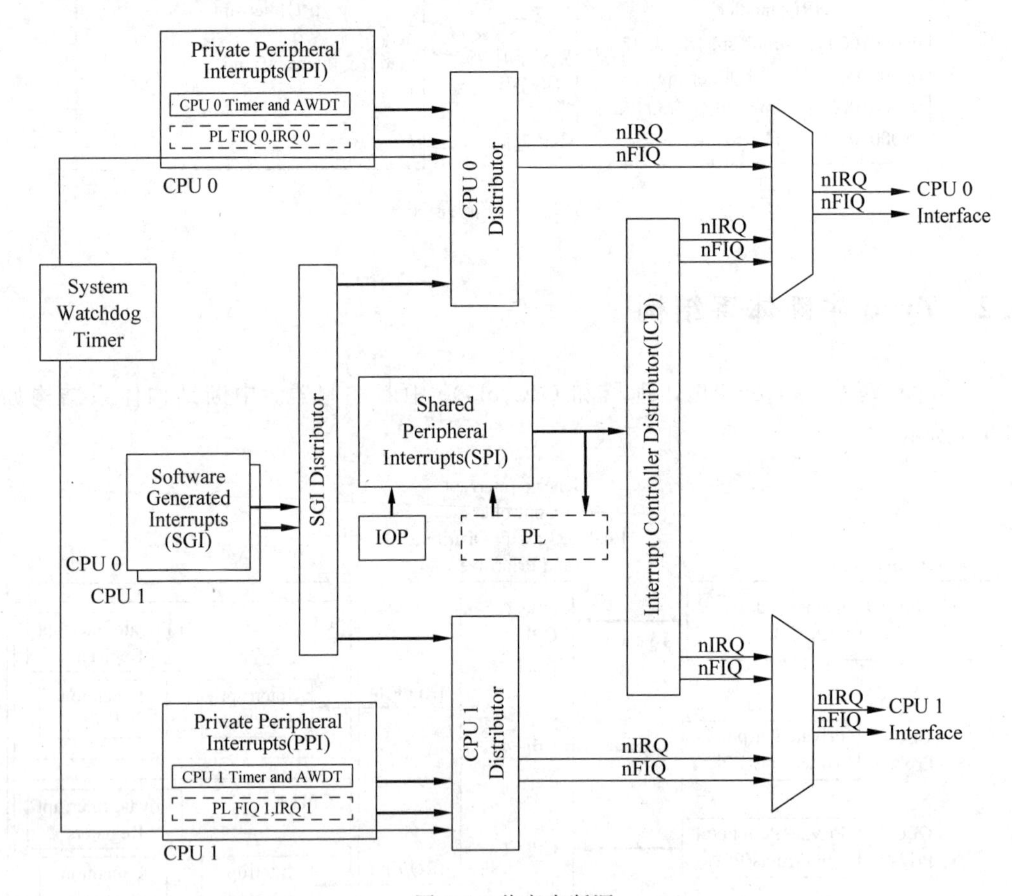

图 5-4　共享中断源

5.2.1　私有中断

Zynq 每个 CPU 连接 5 个私有外设中断，中断号为 27～31。表 5-3 给出了 CPU 的私有外设中断信息。

所有中断的触发类型是固定的，不能改变。注意，来自 PL 的快速中断信号 FIQ 和中断信号 IRQ 被反向，然后送到中断控制器中。因此，尽管在 ICDICFR1 寄存器内反映它们是低电平触发，但是在 PS-PL 接口中为高电平触发。

表 5-3 私有外设中断

名字	PPI#	中断 ID	类型	描述
保留	—	26:16	—	保留
全局定时器	0	27	上升沿	全局定时器
nFIQ	1	28	低电平(在 PS-PL 接口，活动高)	来自 PL 的快速中断
CPU 私有定时器	2	29	上升沿	来自 CPU 定时器的中断
AWDT{0,1}	3	30	上升沿	用于每个 CPU 的私有看门狗定时器
nIRQ	4	31	低电平(在 PS-PL 接口，活动高)	来自 PL 的中断信号

5.2.2 软件中断

如表 5-4 所示，共有 16 个软件产生中断，中断号为 0～15。通过向 ICDSGIR 寄存器写入 SGI 中断号，并且指定目标 CPU，来产生一个 SGI 中断。通过 CPU 私有总线实现这个写操作。CPU 能中断自己，或者其他 CPU，或者所有的 CPU。通过读 ICCIAR 寄存器或者写 1 到 ICDICPR(Interrupt Clear-Pending)寄存器相应的比特位清除中断。

表 5-4 软件中断(Software Generated Interrupt，SGI)

名字	SGI#	中断 ID	类型
软件 0	0	0	上升沿
软件 1	1	1	上升沿
⋮	⋮	⋮	⋮
软件 15	15	15	上升沿

所有的 SGI 为边沿触发，用于 SGI 的触发方式是固定的，不能修改。ICDICFR0 寄存器是只读的。

5.2.3 共享外设中断

如表 5-5 所示，共享外设中断来自不同模块，比如 APU、GPIO 和定时器等，共有 64 个中断，中断号为 32～95。中断控制器用于管理中断的优先级和接受用于 CPU 的这些中断。

表 5-5　共享外设中断(SPI)

模块源	中断名称	中断 ID	类型	PS-PL 信号名字	IO
APU	L1 缓存	33,32	上升沿	—	—
	L2 缓存	34	高电平	—	—
	OCM	35	高电平	—	—
保留	—	36	—	—	—
PMU	PMU[1,0]	37,38	高电平	—	—
XADC	XADC	39	高电平	—	—
DVI	DVI	40	高电平	—	—
SWDT	SWDT	41	高电平	—	—
定时器	TTC0	43：42	高电平	—	—
保留	—	44	—	—	—
DMAC	DMAC 退出	45	高电平	IRQP2F[28]	输出
	DMAC[3:0]	49：46	高电平	IRQP2F[23:20]	输出
存储器	SMC	50	高电平	IRQP2F[19]	输出
	四-SPI	51	高电平	IRQP2F[18]	输出
调试	CTI	—	高电平	IRQP2F[17]	输出
IOP	GPIO	52	高电平	IRQP2F[16]	输出
	USB 0	53	高电平	IRQP2F[15]	输出
	以太网 0	54	高电平	IRQP2F[14]	输出
	以太网 0 唤醒	55	高电平	IRQP2F[13]	输出
	SDIO 0	56	高电平	IRQP2F[12]	输出
	I2C 0	57	高电平	IRQP2F[11]	输出
	SPI 0	58	高电平	IRQP2F[10]	输出
	UART 0	59	高电平	IRQP2F[9]	输出
	CAN 0	60	高电平	IRQP2F[8]	输出
PL	FPGA[7:0]	68：61	高电平	IRQP2F[7:0]	输入
定时器	TTC 1	71：69	高电平	—	—
DAMC	DMAC[7:4]	75：72	高电平	IRQP2F[27:24]	输出
IOP	USB 1	76	高电平	IRQP2F[7]	输出
	以太网 1	77	高电平	IRQP2F[6]	输出
	以太网 1 唤醒	78	高电平	IRQP2F[5]	输出
	SDIO 1	79	高电平	IRQP2F[4]	输出
	I2C 1	80	高电平	IRQP2F[3]	输出
	SPI 1	81	高电平	IRQP2F[2]	输出
	UART 1	82	高电平	IRQP2F[1]	输出
	CAN 1	83	高电平	IRQP2F[0]	输出
PL	FPGA[15:8]	91：84	高电平	IRQP2F[15:8]	输入
SCU	奇偶校验	92	上升沿	—	—
保留	—	95：93	—	—	—

5.2.4 中断寄存器

中断控制器(Interrupt Controller CPU，ICC)和中断控制器分配器(Interrupt Controller Distributor,ICD)是 pl390 GIC 寄存器集。表 5-6 给出了 ICC 和 ICD 寄存器的列表。

表 5-6 ICC 和 ICD 寄存器

名　　字	寄存器描述	写保护锁定
中断控制器 CPU(ICC)		
ICCICR	CPU 接口控制	是,除了 EnableNS
ICCPMR	中断优先级屏蔽	—
ICCBPR	用于中断优先级的二进制小数点	—
ICCIAR	中断响应	—
ICCEOIR	中断结束	—
ICCRPR	运行优先级	—
ICCHPIR	最高待处理的中断	—
ICCABPR	别名非安全的二进制小数点	—
中断控制器分配器(ICD)		
ICDDCR	安全/非安全模式选择	是
ICDICTR,ICDIIDR	控制器实现	—
ICDISR[2:0]	中断安全	是
ICDISER[2:0] ICDICER[2:0]	中断设置使能和清除使能	是
ICDISPR[2:0] ICDICPR[2:0]	中断设置待处理和清除待处理	是
ICDABR[2:0]	中断活动	—
ICDIPR[23:0]	中断优先级,8 比特位域	是
ICDIPTR[23:0]	中断处理器目标,8 比特位域	是
ICDICFR[5:0]	2 比特域(电平/边沿,正/负)	是
PPI 和 SPI 状态		
PPI_STATUS	PPI 状态	—
SPI_STATUS[2:0]	SPI 状态	—
软件中断(SGI)		
ICDSGIR	软件产生的中断	—
禁止写访问(SLCR 寄存器)		
APU_CTRL	CFGSDISABLE 比特位禁止一些写访问	—

5.3 中断程序设计实现

本节将介绍在 ZedBoard 开发板上运行 GPIO 中断的方法,下面用一个例子详细介绍 GPIO 中断编程的方法和实现步骤。

本实例将通过ZedBoard板上BTN8(GPIO MIO_PIN_50)产生中断,每产生一次中断,LD9(GPIO MIO_PIN_07)亮暗状态变化一次。

Zynq中断编程主要包括以下7个方面。

(1) 设置中断向量表和解析程序。

(2) 对中断源进行配置。

(3) 中断分配器(ICD)初始化。

(4) 中断控制器(ICC)初始化。

(5) 中断分配器(ICD)配置。

(6) CPSR寄存器进行设置。

(7) 中断服务程序设计。

5.3.1 中断向量表和解析程序

Zynq中断向量表存放在存储器的低端。异常中断向量表的大小为32字节。其中,每个异常中断占据4个字节大小,保留了4个字节空间,其代码如下:

```
.org 0
.text
/* 中断解析程序全局变量 */
.globl _boot
.globl _vector_table
.globl FIQInterrupt
.globl IRQInterrupt
.globl SWInterrupt
.globl DataAbortInterrupt
.globl PrefetchAbortInterrupt
.globl IRQHandler
.section .vectors
_vector_table:      /* 中断向量表 */
    B     _boot
    B     Undefined
    B     SVCHandler
    B     PrefetchAbortHandler
    B     DataAbortHandler
    NOP    /* Placeholder for address exception vector */
    B     IRQHandler
    B     FIQHandler
```

在代码中,org 0表示从0地址开始。globl为定义的全局变量,此处定义的均为中断解析程序的地址。_vector_table下面8行代码即为中断向量表的内容,其中每一行代表一种中断,占4个字节,每个中断向量表中的内容为无条件跳转到中断解析程序,中断解析程序代码如下:

```
IRQHandler:                                  /* IRQ vector handler */
    stmdb    sp!,{r0-r3,r12,lr}              /* state save from compiled code */
    bl    IRQInterrupt                       /* IRQ vector */
    ldmia    sp!,{r0-r3,r12,lr}              /* state restore from compiled code */
    subs    pc, lr, #4                       /* adjust return */

FIQHandler:                                  /* FIQ vector handler */
    stmdb    sp!,{r0-r3,r12,lr}              /* state save from compiled code */
FIQLoop:
    bl    FIQInterrupt                       /* FIQ vector */
    ldmia    sp!,{r0-r3,r12,lr}              /* state restore from compiled code */
    subs    pc, lr, #4                       /* adjust return */

Undefined:                                   /* Undefined handler */
    stmdb    sp!,{r0-r3,r12,lr}              /* state save from compiled code */
    ldmia    sp!,{r0-r3,r12,lr}              /* state restore from compiled code */
    b    _boot
    movs    pc, lr

SVCHandler:                                  /* SWI handler */
    stmdb    sp!,{r0-r3,r12,lr}              /* state save from compiled code */
    tst    r0, #0x20                         /* check the T bit */
    ldrneh    r0, [lr,#-2]                   /* Thumb mode */
    bicne    r0, r0, #0xff00                 /* Thumb mode */
    ldreq    r0, [lr,#-4]                    /* ARM mode */
    biceq    r0, r0, #0xff000000             /* ARM mode */
    bl    SWInterrupt                        /* SWInterrupt: call C function here */
    ldmia    sp!,{r0-r3,r12,lr}              /* state restore from compiled code */
    subs    pc, lr, #4                       /* adjust return */

DataAbortHandler:                            /* Data Abort handler */
    stmdb    sp!,{r0-r3,r12,lr}              /* state save from compiled code */
    bl    DataAbortInterrupt                 /* DataAbortInterrupt :call C function here */
    ldmia    sp!,{r0-r3,r12,lr}              /* state restore from compiled code */
    subs    pc, lr, #4                       /* adjust return */

PrefetchAbortHandler:                        /* Prefetch Abort handler */
    stmdb    sp!,{r0-r3,r12,lr}              /* state save from compiled code */
    bl    PrefetchAbortInterrupt             /* PrefetchAbortInterrupt: call C function here */
    ldmia    sp!,{r0-r3,r12,lr}              /* state restore from compiled code */
    subs    pc, lr, #4                       /* adjust return */
```

中断向量表需要指定是放在高地址或者低地址，同时要把中断向量表的地址存入相关寄存器，具体是设置CP15寄存器，设置其中的V=0，表示中断向量表是存放在低地址的32个字节，具体代码如下：

```
/* Set V = 0 in CP15 SCTRL register - for VBAR to point to vector */
    mrc p15, 0, r0, c1, c0, 0       @ Read CP15 SCTRL Register
    bic r0, #0x2000                 @ CR_V : 1 << 13, V(bit[13]) = 0
    mcr p15, 0, r0, c1, c0, 0       @ Write CP15 SCTRL Register
```

把中断向量地址写入 VBAR 寄存器,代码如下:

```
/* set VBAR to the _vector_table address in linker script */
    ldr     r0, =vector_base
    mcr     p15, 0, r0, c12, c0, 0
```

5.3.2 中断源配置

本节实例采用 GPIO 中断来点亮 LED,因此,中断源即为 ZedBoard 板子上的 BTN8 按钮。GPIO 中断涉及的寄存器包括 INT_MASK、INT_DIS、INT_EN、INT_STAT、INT_TYPE、INT_POLARITY 和 INT_ANY 寄存器,如图 5-5 所示。

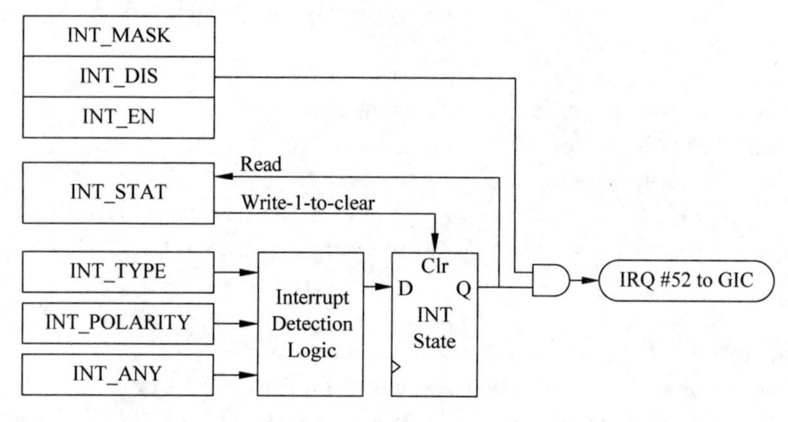

图 5-5　GPIO 中断寄存器

在 Zynq GPIO 的 7 个中断寄存器中,INT_MASK 是中断屏蔽寄存器,是只读的;通过读取该寄存器的值,可以知道哪个 GPIO 引脚被屏蔽掉,此处不做具体分析。请注意和 INT_DIS 寄存器区别即可。

1. INT_DIS_x 寄存器

INT_DIS_x 寄存器的功能是屏蔽 GPIO 引脚中断。在 XC7Z020-CLG481-1 中共有 4 个 INT_DIS 寄存器——INT_DIS_0、INT_DIS _1、INT_DIS _2 和 INT_DIS _3,分别对应 Bank0、Bank1、Bank2 和 Bank3,如表 5-7 所示,其中基址为 0xE000A000。

表 5-7 INT_DIS 寄存器

寄存器名称	偏移地址	位宽	读写类型	复位值	描述
INT_DIS_0	0x00000214	32	wo	0x00000000	GPIO BANK0 中断屏蔽
INT_DIS_1	0x00000254	22	wo	0x00000000	GPIO BANK1 中断屏蔽
INT_DIS_2	0x00000294	32	wo	0x00000000	GPIO BANK2 中断屏蔽
INT_DIS_3	0x000002D4	32	wo	0x00000000	GPIO BANK3 中断屏蔽

INT_DIS_x 寄存器中的每一位代表 GPIO BANK 中的一个引脚，如果写 1，表示该引脚中断屏蔽。

例 5-2 将 BANK1 的引脚设置成中断屏蔽。

代码如下：

```
void Xil_Out32(int OutAddress, int Value)
{
    *(volatile int *) OutAddress = Value;
}
Xil_Out32(0xe000a254,0xFFFFFFFF);     //屏蔽中断
```

2. INT_EN_x 寄存器

INT_EN_x 寄存器的功能和 INT_DIS 的功能相反，使能 GPIO 引脚中断。在 XC7Z020-CLG481-1 中共有 4 个 INT_EN 寄存器——INT_EN_0、INT_EN_1、INT_EN_2 和 INT_EN_3，分别对应 Bank0、Bank1、Bank2 和 Bank3，如表 5-8 所示，其中基址为 0xE000A000。

表 5-8 INT_EN 寄存器

寄存器名称	偏移地址	位宽	读写类型	复位值	描述
INT_EN_0	0x00000210	32	wo	0x00000000	GPIO BANK0 中断使能
INT_EN_1	0x00000250	22	wo	0x00000000	GPIO BANK1 中断使能
INT_EN_2	0x00000290	32	wo	0x00000000	GPIO BANK2 中断使能
INT_EN_3	0x000002D0	32	wo	0x00000000	GPIO BANK3 中断使能

INT_EN_x 寄存器中的每一位代表 GPIO BANK 中的一个引脚，如果写 1，清除该引脚中断屏蔽，表示该引脚中断使能。

例 5-3 将 BANK1 的引脚设置成中断使能。

代码如下：

```
Xil_Out32(0xe000a250,0xFFFFFFFF);     //使能中断
```

3. INT_STAT_x 寄存器

INT_STAT_x 寄存器的功能是中断状态标志寄存器。在 XC7Z020-CLG481-1 中共有 4 个 INT_ STAT 寄存器——INT_STAT_0、INT_STA_1、INT_STAT_2 和 INT_

STAT_3，分别对应 Bank0、Bank1、Bank2 和 Bank3，如表 5-9 所示，其中基址为 0xE000A000。

表 5-9　INT_STAT 寄存器

寄存器名称	偏移地址	位宽	读写类型	复位值	描　述
INT_STAT_0	0x00000218	32	wtc	0x00000000	GPIO BANK0 中断标志
INT_STAT_1	0x00000258	22	wtc	0x00000000	GPIO BANK1 中断标志
INT_STAT_2	0x00000298	32	wtc	0x00000000	GPIO BANK2 中断标志
INT_STAT_3	0x000002D8	32	wtc	0x00000000	GPIO BANK3 中断标志

INT_EN_x 寄存器中的每一位代表 GPIO BANK 中的一个引脚，当中断发生时，该引脚的中断标志位为 1。如果对该位写 1，清除该引脚中断标志，如果写 0，无操作。

例 5-4　清除 BANK1 的中断标志位。

代码如下：

```
Xil_Out32(0xe000a258,0xFFFFFFFF);     //清除中断标志
```

4. INT_TYPE_x 寄存器

INT_TYPE_x 寄存器的功能是中断类型寄存器。在 XC7Z020-CLG481-1 中共有 4 个 INT_ TYPE 寄存器——INT_TYPE_0、INT_TYPE_1、INT_TYPE _2 和 INT_TYPE_ 3，分别对应 Bank0、Bank1、Bank2 和 Bank3，如表 5-10 所示，其中基址为 0xE000A000。

表 5-10　INT_TYPE 寄存器

寄存器名称	偏移地址	位宽	读写类型	复位值	描述
INT_TYPE_0	0x0000021C	32	rw	0xFFFFFFFF	GPIO BANK0 中断类型
INT_TYPE_1	0x0000025C	22	rw	0x3FFFFF	GPIO BANK1 中断类型
INT_TYPE_2	0x0000029C	32	rw	0xFFFFFFFF	GPIO BANK2 中断类型
INT_TYPE_3	0x000002DC	32	rw	0xFFFFFFFF	GPIO BANK3 中断类型

INT_TYPE_x 寄存器中的每一位代表 GPIO BANK 中的一个引脚。如果对该位写 1，表示边沿触发中断，如果写 0，表示电平触发中断。

例 5-5　将 BANK1 的引脚设置成边沿触发中断引脚。

代码如下：

```
Xil_Out32(0xe000a25C,0xFFFFFFFF);     //中断类型，电平或者边沿
```

5. INT_POLARITY_x 寄存器

INT_POLARITY_x 寄存器的功能是中断极性寄存器。在 XC7Z020-CLG481-1 中共有 4 个 INT_ POLARITY 寄存器——INT_POLARITY_0、INT_POLARITY_1、INT_POLARITY_2 和 INT_ POLARITY_3，分别对应 Bank0、Bank1、Bank2 和 Bank3，如

表 5-11 所示,其中基址为 0xE000A000。

表 5-11 INT_ POLARITY 寄存器

寄存器名称	偏移地址	位宽	读写类型	复位值	描述
INT_POLARITY_0	0x00000220	32	rw	0x0	GPIO BANK0 中断极性
INT_POLARITY_1	0x00000260	22	rw	0x0	GPIO BANK1 中断极性
INT_POLARITY_2	0x000002A0	32	rw	0x0	GPIO BANK2 中断极性
INT_POLARITY_3	0x000002E0	32	rw	0x0	GPIO BANK3 中断极性

INT_ POLARITY _x 寄存器中的每一位代表 GPIO BANK 中的一个引脚。如果对该位写 1,表示高电平或者上升沿触发中断,如果写 0,表示低电平或者下降沿触发中断。

例 5-6 将 BANK1 的引脚设置成上升沿触发中断引脚。

代码如下:

```
Xil_Out32(0xe000a260,0xFFFFFFFF);    //中断极性
```

6. INT_ANY_x 寄存器

INT_ ANY _x 寄存器的功能是中断边沿触发类型设置寄存器。在 XC7Z020-CLG481-1 中共有 4 个 INT_ ANY 寄存器——INT_ ANY _0、INT_ ANY _1、INT_ ANY _2 和 INT_ ANY _3,分别对应 Bank0、Bank1、Bank2 和 Bank3,如表 5-12 所示,其中基址为 0xE000A000。

表 5-12 INT_ ANY 寄存器

寄存器名称	偏移地址	位宽	读写类型	复位值	描述
INT_ANY_0	0x00000224	32	rw	0x0	GPIO BANK0 中断边沿设置
INT_ANY_1	0x00000264	22	rw	0x0	GPIO BANK1 中断边沿设置
INT_ANY_2	0x000002A4	32	rw	0x0	GPIO BANK2 中断边沿设置
INT_ANY_3	0x000002E4	32	rw	0x0	GPIO BANK3 中断边沿设置

INT_ ANY _x 寄存器中的每一位代表 GPIO BANK 中的一个引脚。如果对该位写 1,表示双边沿触发中断,如果写 0,表示单边沿触发中断。如果中断类型设置为电平触发,该寄存器无意义。

例 5-7 将 BANK1 的引脚设置单边沿触发中断引脚。

代码如下:

```
Xil_Out32(0xe000a264,0x0);    //如果为边沿,是单边沿或者双边沿
```

ZedBoard 板上 BTN8(GPIO MIO_PIN_50)在 BANK1 中,因此本实例设计中断源是对 BANK1 的设置,在主程序中设置步骤如下。

(1) 关闭 GPIO 中断。

(2) 设置中断类型。

(3) 设置中断极性。

(4) 设置边沿类型。

(5) 开启中断。

其具体代码如下：

```
Xil_Out32(0xe000a254,0xFFFFFFFF);   //屏蔽中断
Xil_Out32(0xe000a25C,0xFFFFFFFF);   //中断类型,电平或者边沿
Xil_Out32(0xe000a260,0xFFFFFFFF);   //中断极性
Xil_Out32(0xe000a264,0x0);          //如果为边沿,是单边沿或者双边沿
Xil_Out32(0xe000a250,0x40000);      //中断使能
```

发生中断请求，进入中断服务程序后，需要关闭中断，禁止再次产生中断。因此，需要在中断服务程序中关闭中断，代码如下：

```
Xil_Out32(0xe000a254,0xFFFFFFFF);    //屏蔽中断
```

在中断程序执行完成后，需要开中断，为下一次中断准备，代码如下：

```
Xil_Out32(0xe000a250,0x40000);     //中断使能
```

在循环等待中断时，产生一次中断后，中断状态标志位置1，因此，也需要清除中断标志寄存器对应的位，代码如下：

```
Xil_Out32(0xe000a258,0xFFFFFFFF);    //清除中断标志位
```

5.3.3 ICD寄存器初始化

中断控制器分配器(Interrupt Controller Distributor，ICD)是pl390 GIC寄存器集，包含很多寄存器，本节只介绍本实例用到的几个寄存器，包括ICDDCR(ICD分配控制寄存器)、ICDICFR(ICD配置寄存器)、ICDIPR(ICD中断优先级寄存器)、ICDIPTR(ICD CPU接口选择寄存器)、ICDICER(中断不使能寄存器)、ICDISER(中断使能寄存器)和ICDICPR(清除中断等待寄存器)。

1. ICDDCR

ICDDCR是在ICD内控制开启或者关闭中断配置，其各位意义如表5-13所示，物理地址为0xF8F01000。

表5-13 ICDDCR各位意义

名称	位	读写类型	复位值	描述
reserved	31：2	rw	0x0	Reserved
Enable_Non_secure	1	rw	0x0	0：关闭所有非安全中断 1：开启所有非安全中断
Enable_secure	0	rw	0x0	0：关闭所有安全中断 1：开启所有安全中断

例 5-8 关闭所有安全和非安全中断

代码如下：

```
Xil_Out32(0xf8f01000,0x0);    //关闭所有安全和非安全中断
```

2. ICDICFR

ICDICFR 是在 ICD 内配置中断触发模式，共包括 6 个寄存器，分别是 ICDICFR0～ICDICFR5，每个寄存器 32 位，占 4 个字节。其物理地址为 0xF8F01C00～0xF8F01C14。每个寄存器的位意义完全一样，其中每 2 位代表一个中断，每个寄存器 32 位×6 个寄存器/2 位＝96，正好可以把所有中断全包括进去。本节以 ICDICFR0 为例说明各位意义，如表 5-14 所示。

表 5-14 ICDICFR 配置

名称	位	读写类型	复位值	描　述
Config（MASK）	31：0	rw	0xAAAAAAAA	ICDICFR 配置中断触发类型，每 2 位代表一个中断 ID 对于中断 ID 号为 N 的中断来说，其所在的 ICDICFRx 的 x 为 x＝(2×N)/32 对于中断 ID 号为 N 的中断来说，其所在的 ICDICFRx 中占 2 位[y+1：y]，其中 y＝(2＊N)％32 位 y+1 0：level sensitive 1：edge sensitive 位 y 0：N-N model：所有 CPU 接受中断 1：1-N model：CPU0 接受中断

例 5-9 把所有的 SPI 中断设置成电平触发，只有 CPU0 接受中断。

按照其功能和 ICDICFR 各位意义，可知把 ICDICFRx 的对应位全部置 0 即可。具体代码如下：

```
/*
 * 1. The trigger mode in the int_config register
 * Only write to the SPI interrupts, so start at 32
 */
for (Int_Id = 32; Int_Id < 95; Int_Id += 16) {
    /*
     * Each INT_ID uses two bits, or 16 INT_ID per register
     * Set them all to be level sensitive, active HIGH
     */
    Xil_Out32(0xf8f01C00 + (Int_Id/16) * 4,0x0);
}
```

在代码中，0xf8f01C00＋(Int_Id/16) * 4 表示 ICDICFRx 的物理地址，其中 0xf8f01C00 为 ICDICFR0 寄存器地址。Int_Id/16 为 x，即是第几个 ICDICFR，每个寄存器占 4 个字节，因此 ICDICFRx 的物理地址为 0xf8f01C00＋(Int_Id/16) * 4。其他含义见程序注释。

3. ICDIPR

ICDIPR 是在 ICD 内配置中断优先级，共包括 24 个寄存器，分别是 ICDIPR 0～ICDIPR 23，每个寄存器 32 位，占 4 个字节。其物理地址为 0xF8F01400～0xF8F0145C。每个寄存器的位意义完全一样，其中每 8 位代表一个中断，每个寄存器 32 位×24 个寄存器/8 位＝96，正好可以把所有中断全包括进去。

设置中断号为 N 的中断优先级，即进入 ICDIPRx 寄存器的对应位写入数值。中断号为 N 的 ICDIPRx 的 x＝(Int_Id/4)，对应寄存器的物理地址为 0xf8f01400＋(Int_Id/4)×4。

例 5-10 把所有中断的优先级设置为 0xa0。

具体代码如下：

```
for (Int_Id = 0; Int_Id < 95; Int_Id += 4) {
        /*
         * 2. The priority using int the priority_level register
         * The priority_level and spi_target registers use one byte per
         * INT_ID
         * Write a default value that can be changed elsewhere
         */
        Xil_Out32(0xf8f01400 + (Int_Id/4) * 4,0xa0a0a0a0);
    }
```

4. ICDIPTR

ICDIPTR 是在 ICD 内配置 CPU 接口选择，共包括 24 个寄存器，分别是 ICDIPTR 0～ICDIPTR 23，每个寄存器 32 位，占 4 个字节。其物理地址为 0xF8F01800～0xF8F0185C。每个寄存器的位意义完全一样，其中每 8 位代表一个中断，每个寄存器 32 位×24 个寄存器/8 位＝96，正好可以把所有中断全包括进去。

设置中断号为 N 的 CPU 接口选择，即进入 ICDIPTR x 寄存器的对应位写入数值。中断号为 N 的 ICDIPTR x 的 x＝(Int_Id/4)，对应寄存器的物理地址为 0xf8f01800＋(Int_Id/4)×4。

其中每 8 位的意义如下：0bxxxxxxx1：CPU interface 0；0bxxxxxx1x：CPU interface 1。

例 5-11 配置所有 SPI 中断为 CPU 接口 0。

具体代码如下：

```
for (Int_Id = 32; Int_Id<95;Int_Id+=4) {
        /*
         * 3. The CPU interface in the spi_target register
         * Only write to the SPI interrupts, so start at 32
         */
        int CpuID = 0x01;
        CpuID |= CpuID << 8;
        CpuID |= CpuID << 16;
        Xil_Out32(0xf8f01800 + (Int_Id/4) * 4,CpuID);
    }
```

在代码中，CpuID＝0x01、CpuID |＝ CpuID ＜＜ 8 和 CpuID |＝ CpuID ＜＜ 16；表示一个 ICDIPTR 寄存器中的 4 个中断接口为 0b00000001。

5. ICDICER

ICDICER 是 ICD 中断不使能寄存器，共包括 3 个寄存器，分别是 ICDICER 0～ICDICER 2，每个寄存器 32 位，占 4 个字节。其物理地址为 0xF8F01180～0xF8F01888。每个寄存器的位意义完全一样，其中每位代表一个中断，每个寄存器 32 位×3 个寄存器＝96，正好可以把所有中断全包括进去。

在 ICDICERx 中对应的位写 1，表示不使能该中断。

例 5-12 把所有中断“不使能”。

代码如下：

```
for (Int_Id = 0; Int_Id<95;Int_Id+=32) {
        /*
         * 4. Enable the SPI using the enable_set register. Leave all
         * disabled for now
         */
        Xil_Out32(0xf8f01180 + (Int_Id/32) * 4,0xFFFFFFFF);
    }
```

6. ICDISER

ICDISER 是使能 ICD 中断，共包括 3 个寄存器，分别是 ICDISER 0～ICDISER 2，每个寄存器 32 位，占 4 个字节。其物理地址为 0xF8F01100～0xF8F01108。每个寄存器的位意义完全一样，其中每位代表一个中断，每个寄存器 32 位×3 个寄存器＝96，正好可以把所有中断全包括进去。

在 ICDISERx 中对应的位写 1，表示使能该中断。

例 5-13 使能 29 号中断。

具体代码如下：

```
Xil_Out32(0xf8f01100,0x20000000);            //GIC 29 号中断使能
```

7. ICDICPR

ICDICPR是清除中断标志，共包括3个寄存器，分别是ICDICPR 0～ICDICPR 2，每个寄存器32位，占4个字节。其物理地址为0xF8F01280～0xF8F01288。每个寄存器的位意义完全一样，其中每位代表一个中断，每个寄存器32位×3个寄存器=96，正好可以把所有中断全包括进去。

在ICDICPRx中对应的位写1，表示清除该中断等待状态。

此寄存器主要是进入中断服务程序后，先清除本次中断状态。为下次中断准备。

例5-14 清除29号中断等待标志。

具体代码如下：

```
Xil_Out32(0xF8F01280,0xFFFFFFFF);            //清除中断等待位
```

5.3.4 ICC寄存器组初始化

中断控制器也是pl390 GIC寄存器集，包含很多寄存器，本节只介绍本实例用到ICCPMR(ICC中断优先级屏蔽寄存器)和ICCICR(ICC CPU接口配置寄存器)。

1. ICCPMR

ICCPMR的功能是设置CPU的中断优先级，物理地址是0xF8F00104，是32位寄存器，其各位的意义如表5-15所示。

表5-15 ICCPMR寄存器各位意义

名　称	位	读写类型	复位值	描　述
reserved	31:8	rw	0x0	reserved
Priority (GIC_PRIORITY)	7:0	rw	0x0	CPU中断优先级 如果ICD中的优先级高于CPU中断优先级，可以产生中断；如果ICD中断优先级低于CPU中断，中断信号不能送到CPU

例5-15 设置CPU的中断优先级为0xF0。

具体代码如下：

```
Xil_Out32(0xf8f00104,0xF0);
```

2. ICCICR

ICCICR的功能是配置CPU接口，物理地址是0xF8F00100，是32位寄存器，其各位的意义如表5-16所示。

表 5-16 ICCICR 寄存器各位意义

名　　称	位	读写类型	复位值	描　　述
reserved	31:5	rw	0x0	reserved
SBPR (GIC_CNTR_SBPR)	4	rw	0x0	0:使用 Secure Binary Point Register 为安全中断,使用 Non-secure Binary Point Register 为非安全中断 1:安全和非安全中断都使用 Secure Binary Point Register
FIQEn (GIC_CNTR_FIQEN)	3	rw	0x0	0:使用 IRQ 1:使用 FIQ
AckCtl (GIC_CNTR_ACKCTL)	2	rw	0x0	1: 控制是否读取 ICCIAR,当有高优先级的非安全中断等待,CPU 响应该中断
EnableNS (GIC_CNTR_EN_NS)	1	rw	0x0	0: 不使能非安全中断 1: 使能非安全中断
EnableS (GIC_CNTR_EN_S)	0	rw	0x0	0: 不使能安全中断 1: 使能安全中断

例 5-16　使用 IRQ 中断,开所有中断。

具体代码如下:

```
Xil_Out32(0xf8f00100,0x07);
```

5.3.5 ICD 寄存器组配置

ICD 寄存器组初始化完成后,也需要对其进行配置。主要需要配置的寄存器包括 ICDICER、ICDIPR、ICDICFR 和 ICDISER(ICD 中中断使能)寄存器。

例 5-17　配置 52 号中断。

具体代码含义请看注释和寄存器意义,代码如下:

```
Xil_Out32(0xf8f01184,0x100000);                          //GIC 屏蔽中断

RegValue = Xil_In32(0xf8f01434);                         //GIC ICD 优先级设置 1,读取原来数值
RegValue &= ~(0x000000FF << ((52 % 4) * 8));             //GIC ICD 优先级设置 2,设置成 0
RegValue |= 0xa0 << ((52 % 4) * 8);                      //GIC ICD 优先级设置 3,设置成 0xa0
Xil_Out32(0xf8f01434,RegValue);                          //GIC ICD 优先级设置 4,写入寄存器

RegValue = Xil_In32(0xF8F01C10);                         //CPU 接口设置 1,读取原来数值
RegValue &= ~(0x00000003 << ((52 % 16) * 2));            //CPU 接口设置 2,修改数值
RegValue |= 0x01 << ((52 % 16) * 2);                     //CPU 接口设置 3,改变数值
Xil_Out32(0xF8F01C10,RegValue);                          // CPU 接口设置 4,写入寄存器

Xil_Out32(0xf8f01104,0x100000);                          //GIC 使能中断
```

5.3.6 ARM程序状态寄存器(CPSR)配置

ARM中有一个CPSR寄存器,包括状态位和控制位,其内容如图5-6所示。

31	30	29	28	27～8	7	6	5	4	3	2	1	0
N	Z	C	V	保留	I	F	T	M4	M3	M2	M1	M0

图5-6　CPSR寄存器

1. 状态位标志

N、Z、C、V均为条件码标志位。它们的内容可被算术或逻辑运算的结果所改变,并且可以决定某条指令是否被执行。条件码标志各位的具体含义如表5-17所示。

表5-17　CPSR状态位

标　志　位	含　　义
N	当用两个补码表示的带符号数进行运算时,N=1表示运算的结果为负数;N=0表示运算的结果为正数或零
Z	Z=1表示运算的结果为零,Z=0表示运算的结果非零
C	可以有4种方法设置C的值 加法运算(包括CMP)　当运算结果产生了进位时(无符号数溢出),C=1,否则C=0 减法运算(包括CMP)　当运算时产生了借位时(无符号数溢出),C=0,否则C=1 对于包含移位操作的非加/减运算指令,C为移出值的最后一位 对于其他的非加/减运算指令,C的值通常不会改变
V	可以有两种方法设置V的值 对于加减法运算指令,当操作数和运算结果为二进制的补码表示的带符号数时,V=1表示符号位溢出 对于其他的非加/减运算指令,V的值通常不会改变
Q	在ARM V5及以上版本的E系列处理器中,用Q标志位指示增强的DSP运算指令是否发生了溢出,在其他版本的处理器中,Q标志位无定义

2. 控制位

CPSR的低8位(包括I、F、T和M[4:0])称为控制位,当发生异常时这些位可以被改变。如果处理器运行于特权模式时,这些位也可以由程序修改。

(1) 中断禁止位I、F:置1时,禁止IRQ中断和FIQ中断。

(2) T标志位:该位反映处理器的运行状态。当该位为1时,程序运行于THUMB状态,否则运行于ARM状态。该信号反映在外部引脚TBIT上,在程序中不得修改CPSR中的TBIT位,否则处理器工作状态不能确定。

(3) 运行模式位M[4:0]:这几位是模式位,这些位决定了处理器的运行模式,具体含义如表5-18所示。

表 5-18 模式位 M[4:0]

M[4:0]	10000	10001	10010	10011	10111	11011	11111
处理器模式	用户模式	FIQ 模式	IRQ 模式	管理模式	中止模式	未定义模式	系统模式

要让 ARM 能够支持中断，需要在 CPSR 中开中断。本实例用的是 GPIO IRQ 中断，因此，需要中断禁止位 I 为 0。

例 5-18 在 CPSR 中设置允许 IRQ 中断。

具体代码如下：

```
__asm__ __volatile__(\
            "msr    cpsr, %0\n"\
            : : "r" (({unsigned int rval; \
            __asm__ __volatile__(\
              "mrs     %0, cpsr\n"\
              : "=r" (rval)\
            );\
            rval;\
           }) & ~ (0x80 & (0x40 | 0x80)))\
          );
```

代码是在 C 语言中设计，由于对 CPSR 操作只能使用汇编语言，在 C 语言中要使用汇编语言需要加__asm__ __volatile__。本段代码的意义是先读取 CPSR 寄存器的值，然后把 IRQ 位清 0，实现允许 IRQ 中断。

5.3.7 中断服务程序设计

中断服务程序就是对 7 种异常中断处理程序中要实现的功能。本来只对 GPIO 的 52 号中断进行处理，其他中断服务程序没做任何处理。在 GPIO 的 IRQ 中断服务程序中，实现 LD9 的亮和灭。具体代码如下：

```
void FIQInterrupt(void)
        {
        }
        void IRQInterrupt(void)
        {
            Xil_Out32(0xe000a258,0xFFFFFFFF);     //清除中断标志位
            Xil_Out32(0xF8F01284,0xFFFFFFFF);     //清除中断等待标志未
            Xil_Out32(0xe000a254,0xFFFFFFFF);     //不使能 GPIO 中断
            DATA_0 = ~ DATA_0;                    //改变 LED 状态
            Xil_Out32(0xe000a250,0x40000);        //使能 GPIO 中断
        }
void SWInterrupt(void)
        {
        }
```

```
void DataAbortInterrupt(void)
{
}
void PrefetchAbortInterrupt(void)
{
}
```

5.4 设计验证

由于中断程序设计比较复杂，最终的实现也稍微复杂一点。

1. 建立工程

参照前面章节建立工程方法，建立 gpio_int 工程，添加以下文件 asm_vectors. S、boot. S、translation_table. s、main. c 和 zynq. lds。

各个文件的主要功能如下：

- asm_vectors. S。设置中断向量表。
- boot. S。引导程序，设置 MMU 等。
- translation_table. s。MMU 的转换表。
- main. c。主程序，中断源初始化，ICD 和 ICC 初始化和配置，中断服务程序等。
- zynq. lds。链接脚本文件，参照之前章节，设置工程指定该链接脚本文件。

每个文件的具体内容在 5.3 节已经进行详细说明，具体代码请参考本书提供的工程文件。

2. 设置 MMU

在 5.3 节的中断程序设计中并未提到要设置 MMU，但在工程实例中需要设置 MMU，那是因为 Zynq 中 boot. bin 文件的最低 32 字节用作保护。中断向量并不是直接放在 OCM 的低 32 字节。由于中断向量地址是固定的，需要通过 MMU 把中断向量映射到 0 地址，才可以正确执行中断程序。

本实例的实现方法是把该中断程序复制到 DDR 中，然后把 DDR 的地址映射到 0 地址开始，可以实现中断向量放在 0 地址开始。

MMU 的具体实现请参考工程代码，这里不详细介绍。

把程序复制到 DDR 中，由 fsbl. elf 实现，本章提供了该文件。

3. 实验验证

参考第 4 章的方法，修改 bootimage. bif 文件，内容如下：

```
the_ROM_image:
{
        [bootloader] fsbl.elf
        GPIO_int.elf
}
```

将 bootimage. bif、GPIO_int. elf、fsbl. elf 和 makeboot. bat 文件复制到 D:\Xilinx\14. 3\ISE_DS\ISE\bin\nt 目录，双击 makeboot. bat，将会生成 boot. bin 文件，将 boot . bin 文件复制到 SD 中，设置 ZedBoard 为 SD 启动。

按下 ZedBoard 开发板的 BTN8 按钮，将会看到每按一次，LD 状态变化一次，证明中断运行正确。

第6章 定时器原理及实现

定时器是独立运行的,它不占用 CPU 的时间,不需要指令,只有调用对应寄存器的时候才需要参与。本章主要介绍 Zynq 私有定时器、私有看门狗定时器和全局定时器。通过本章的学习,读者可以掌握 Zynq 定时器相关原理和设计方法。

6.1 Zynq 定时器概述

Zynq 中每个 Cortex-A9 处理器都有自己的私有 32 位定时器和 32 位的看门狗定时器。所有处理器共享一个全局 64 位定时器。这些定时器工作在 CPU 频率的 1/2(CPU_3x2x)。

在系统级上,有一个 24 位的看门狗定时器和两个 16 位 3 重定时器/计数器(Triple Timer/Counter,TTC)。系统级的看门狗定时器工作在 1/4 或者 1/6 的 CPU 工作频率(CPU_1x),或从 MIO 引脚或 PL 的时钟驱动。两个三重定时器/计数器总是驱动在 1/4 或者 1/6 的 CPU 工作频率(CPU_1x),用来计算来自 MIO 引脚或者 PL 的信号脉冲宽度。

Zynq 定时器系统结构如图 6-1 所示。

6.2 私有定时器

私有定时器的特性如下:

(1) 32 位计数器,当到达零时,产生一个中断。

(2) 8 位预分频器,能够更好地控制中断周期。

(3) 可配置的一次性或者自动重加载模式。

(4) 2 次事件间隔可通过下式进行计算。

时间间隔 = [(预分频器的值 + 1)(加载值 + 1)]/ 该定时器频率

所有私有定时器和看门狗定时器总是工作在 CPU 频率的 1/2(CPU_3x2x)。

例 6-1 假设 CPU 频率为 666MHz，私有定时器的时钟为 CPU 频率的 1/2，不分频；如果要定时 1s，计算私有定时器加载值方法如下：

私有定时器频率为 333MHz，加载值为

$$1s \times (333 \times 1000 \times 1000)(1/s) - 1 = 0x13D92D3F$$

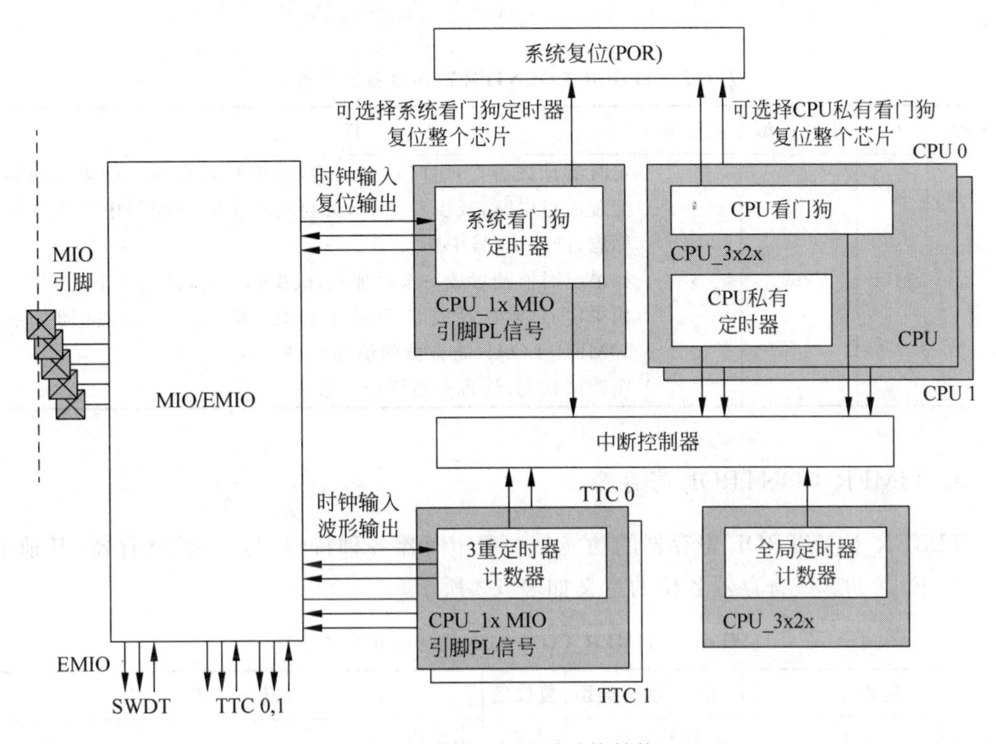

图 6-1 Eyng 定时器系统结构

6.2.1 私有定时器寄存器

Zynq 中每个 CPU 都有一个 32 位私有定时器，包括 TIMER_LOAD 寄存器、TIMER_COUNTER 寄存器、TIMER_CONTROL 寄存器和 TIMER_ISR 寄存器。

1. TIMER_LOAD 寄存器

TIMER_LOAD 寄存器的功能是把其数值自动加载到 TIMER_COUNTER 寄存器，是 32 位寄存器，其地址是 0xF8F00600。该寄存器各位的意义如表 6-1 所示。

表 6-1 TIMER_LOAD 寄存器各位的意义

名　称	位	读写类型	复位值	描　述
	31:0	rw	0x0	如果定时器设置成自动可加载模式，当定时器计数器减到 0 时，自动将该寄存器的值加载到定时器计数寄存器

2. TIMER_COUNTER 寄存器

TIMER_COUNTER 寄存器的功能是定时器计数使用，如果定时器使能，每个时钟周期自动减 1，是 32 位寄存器，其地址是 0xF8F00604。该寄存器各位的意义如表 6-2 所示。

表 6-2　TIMER_COUNTER 寄存器各位的意义

名称	位	读写类型	复位值	描　　述
	31:0	rw	0x0	定时器计数器，当定时器启动后，其值自动递减。如果定时器配置成可中断，减少到 0 后，会自动在中断分配器中产生中断标志，产生 29 号中断 如果定时器配置成一次性加载，减少到 0 后，自动停止 如果定时器配置成自动可重加载，减少到 0 后，自动加载 TIMER_LOAD 寄存器的值到该寄存器 在调试状态，该寄存器停止计数

3. TIMER_CONTROL 寄存器

TIMER_CONTROL 寄存器的功能是配置定时器各种特性，是 32 位寄存器，其地址是 0xF8F00608。该寄存器各位的意义如表 6-3 所示。

表 6-3　TIMER_CONTROL 寄存器各位的意义

名称	位	读写类型	复位值	描　　述
reserved	31:16	rw	0x0	未使用
Prescaler(PRESCALER)	15:8	rw	0x0	预分频器，相当于改变定时器时钟，可以改变定时器周期
reserved	7:3	rw	0x0	未使用
IRQ_Enable (IRQ_ENABLE)	2	rw	0x0	0：中断未使能 1：中断使能
Auto_reload (AUTO_RELOAD)	1	rw	0x0	0：一次性 1：自动重加载：计数到 0，自动加载
Timer_Enable(ENABLE)	0	rw	0x0	0：定时器未使能 1：定时器使能：定时器开始递减计数

例 6-2　设置私有定时器不分频，中断允许，自动重加载，立即开始计数。

代码如下：

```
Xil_Out32(0xF8F00608,0x7);
```

4. TIMER_ISR 寄存器

TIMER_ISR 寄存器的功能是定时器中断状态，是 32 位寄存器，其地址是 0xF8F0060C。该寄存器各位的意义如表 6-4 所示。

表 6-4 TIMER_ISR 寄存器各位的意义

名　　称	位	读写类型	复位值	描　　述
reserved	31:1	rw	0x0	保护,未使用
Event_flag EVENT_FLAG)	0	rw	0x0	当产生中断时,该位自动置位; 对该位写1,清除该标志位

例 6-3 清除私有定时器中断状态。

代码如下:

```
Xil_Out32(0xF8F0060C,0x1);      //清除定时器中断标志位
```

6.2.2 私有定时器设计实现

本实例通过私有定时器,每隔 1s 产生一次中断,把 LD9 的状态改变一次;即每隔 1s,LD9 亮灭变化一次。

和第 5 章的实例相比,最大的变化在以下两个方面。

(1) 中断源由按键变成私有定时器。

(2) 中断号和触发方式发生改变。

因此,本实例基本是在第 5 章的实例基础上修改即可,本节只说明修改的部分,和第 5 章重复的部分不再阐述。

1. 中断源设置

私有定时器最主要的是设置 TIMER_LOAD、TIMER_COUNTER 和 TIMER_CONTROL 寄存器。设置自动加载寄存器和计数器的处置,根据私有定时器 2 次间隔时间计算公式,在不分频的情况下,间隔一秒,其计数处置为 0x13D92D3F,因此对 TIMER_LOAD 和 TIMER_COUNTER 寄存器均设置为 0x13D92D3F。代码如下:

```
Xil_Out32(0xF8F00600,0x13D92D3F);
Xil_Out32(0xF8F00604,0x13D92D3F);
```

在私有定时器控制寄存器中,先设置成自动可以重加载。

```
Xil_Out32(0xF8F00608,0x2);
```

在所有初始化设置完成之后,在把私有定时器控制寄存器设置成可以中断、重加载和定时器使能。代码如下:

```
Xil_Out32(0xF8F00608,0x7);      //私有定时器中断使能,定时器开始计数
```

2. 中断号相关设置

第 5 章的 GPIO 中断是 51 号中断,属于 SPI 中断。而私有定时器中断是 29 号中断,

属于PPI。在第5章的ICC的初始化代码中，有部分代码只初始化了SPI。本实例中要修改成把所有96个中断源都初始化，具体初始化原理请参见第5章内容，代码如下：

```
/*
 * 1. The trigger mode in the int_config register
 * Only write to the SPI interrupts, so start at 32
 */
for (Int_Id = 0; Int_Id < 95; Int_Id += 16) {
    /*
     * Each INT_ID uses two bits, or 16 INT_ID per register
     * Set them all to be level sensitive, active HIGH
     */
    Xil_Out32(0xf8f01C00 + (Int_Id/16) * 4,0x0);
}
for (Int_Id = 0; Int_Id < 95; Int_Id += 4) {
        /*
         * 2. The priority using int the priority_level register
         * The priority_level and spi_target registers use one byte per
         * INT_ID
         * Write a default value that can be changed elsewhere
         */
        Xil_Out32(0xf8f01400 + (Int_Id/4) * 4,0xa0a0a0a0);
    }
for (Int_Id = 0; Int_Id < 95;Int_Id += 4) {
        /*
         * 3. The CPU interface in the spi_target register
         * Only write to the SPI interrupts, so start at 32
         */
        int CpuID = 0x01;
        CpuID |= CpuID << 8;
        CpuID |= CpuID << 16;
        Xil_Out32(0xf8f01800 + (Int_Id/4) * 4,CpuID);
    }
for (Int_Id = 0; Int_Id < 95;Int_Id += 32) {
        /*
         * 4. Enable the SPI using the enable_set register. Leave all
         * disabled for now
         */
        Xil_Out32(0xf8f01180 + (Int_Id/32) * 4,0xFFFFFFFF);
    }
Xil_Out32(0xf8f01000,0x1);                    //使能所有安全中断
/*CPU初始化2行*/
Xil_Out32(0xf8f00104,0xF0);
Xil_Out32(0xf8f00100,0x07);
```

在第5章的ICD配置中，也是针对GPIO的52号中断配置，因此也需要进行修改，代码如下：

```
Xil_Out32(0xf8f01180,0x20000000);                //GIC 屏蔽 29 号中断

RegValue = Xil_In32(0xf8f0141c);                 //GIC ICC 优先级设置 1,读取原来数值
RegValue &= ~(0x000000FF << ((29 % 4) * 8));     //GIC ICC 优先级设置 2,设置成 0
RegValue |= 0xa0 << ((29 % 4) * 8);              //GIC ICC 优先级设置 3,设置成 0xa0
Xil_Out32(0xf8f0141c,RegValue);                  //GIC ICC 优先级设置 4,写入寄存器

RegValue = Xil_In32(0xF8F01C04);                 //优先级设置 1,读取原来数值
RegValue &= ~(0x00000003 << ((29 % 16) * 2));
RegValue |= 0x01 << ((29 % 16) * 2);
Xil_Out32(0xF8F01C04,RegValue);                  //优先级设置 4,写入寄存器

Xil_Out32(0xf8f01100,0x20000000);                //GIC 使能中断
```

本实例的具体代码和实现方法请参照本书配套提供的工程文件和第 5 章执行程序的方法,本节不再介绍。最后执行的效果为每隔 1s,LD9 亮灭一次。

6.3 私有看门狗定时器

私有看门狗定时器既可以作为普通私有定时器使用,也可以作为私有看门狗定时器使用,因此,具有和私有定时器基本一致的特性。

6.3.1 私有看门狗定时器寄存器

Zynq 中每个 CPU 都有一个 32 位私有看门狗定时器,包含 WDT_LOAD 寄存器、WDT_COUNTER 寄存器、WDT_CONTROL 寄存器、WDT_ISR 寄存器、WDT_RST_STS 寄存器和 WDT_DISABLE 寄存器。

1. WDT_LOAD 寄存器

WDT_LOAD 寄存器的功能是把其数值自动加载到 WDT_COUNTER 寄存器,是 32 位寄存器,其地址是 0xF8F00620。该寄存器各位的意义如表 6-5 所示。

表 6-5 WDT_LOAD 寄存器各位的意义

名称	位	读写类型	复位值	描 述
	31:0	rw	0x0	如果看门狗定时器设置成自动可加载模式,当看门狗定时器计数器减到 0 时,自动将该寄存器的值加载到看门狗定时器计数寄存器

2. WDT_COUNTER 寄存器

WDT_COUNTER 寄存器的功能是看门狗定时器计数使用,如果定时器使能,每个时钟周期自动减 1,是 32 位寄存器,其地址是 0xF8F00624。该寄存器各位的意义如表 6-6 所示。

表 6-6　WDT_COUNTER 寄存器各位的意义

名称	位	读写类型	复位值	描　述
	31:0	rw	0x0	看门狗定时器计数器，当定时器启动后，其值自动递减。如果定时器配置成可中断，减少到 0 后，会自动在中断分配器中产生中断标志，产生 30 号中断 如果看门狗定时器配置成一次性加载，减少到 0 后，自动停止 如果看门狗定时器配置成自动可重加载，减少到 0 后，自动加载 WDT_LOAD 寄存器的值到该寄存器 在调试状态，该寄存器停止计数

3. WDT_CONTROL 寄存器

WDT_CONTROL 寄存器的功能是配置定时器各种特性，是 32 位寄存器，其地址是 0xF8F00628。该寄存器各位的意义如表 6-7 所示。

表 6-7　WDT_CONTROL 寄存器各位的意义

名　称	位	读写类型	复位值	描　述
reserved	31:16	rw	0x0	未使用
Prescaler (PRESCALER)	15:8	rw	0x0	预分频器，相当于改变定时器时钟，可以改变定时器周期
reserved	7:4	rw	0x0	未使用
Watchdog_mode (WD_MODE)	3	rw	0x0	0：定时器模式 1：看门狗模式
IT_Enable (IT_ENABLE)	2	rw	0x0	0：中断未使能 1：中断使能
Auto_reload (AUTO_RELOAD)	1	rw	0x0	0：一次性 1：自动重加载：计数到 0，自动加载
Watchdog_Enable (WD_ENABLE)	0	rw	0x0	0：定时器未使能 1：定时器使能：定时器开始递减计数

4. WDT_ISR 寄存器

WDT_ ISR 寄存器的功能是定时器中断状态，是 32 位寄存器，其地址是 0xF8F0062C。该寄存器各位的意义如表 6-8 所示。

表 6-8　WDT_ISR 寄存器各位的意义

名　称	位	读写类型	复位值	描　述
reserved	31:1	rw	0x0	保护，未使用
Event_flag EVENT_FLAG)	0	rw	0x0	当产生中断时，该位自动置位 对该位写 1，清除该标志位

5. WDT_RST_STS 寄存器

WDT_RST_STS 寄存器的功能是定时器产生复位状态，是 32 位寄存器，其地址是 0xF8F00630。该寄存器各位的意义如表 6-9 所示。

表 6-9 WDT_RST_STS 寄存器各位的意义

名称	位	读写类型	复位值	描 述
reserved	31:1	rw	0x0	保护，未使用
Reset_flag (RESET_FLAG)	0	rw	0x0	当计数到 0，该位自动置位并且自动发出复位请求 对该位写 1，清除该标志位

6. WDT_DISABLE 寄存器

WDT_DISABLE 寄存器的功能是定时器中断状态，是 32 位寄存器，其地址是 0xF8F00634。该寄存器各位的意义如表 6-10 所示。

表 6-10 WDT_DISABLE 寄存器各位的意义

名称	位	读写类型	复位值	描 述
	31:0	rw	0x0	从看门狗模式转换成普通定时器模式，需要要对该寄存器写 0x12345678，然后写入 0x87654321

6.3.2 私有看门狗定时器设计实现

私有看门狗定时器作为普通定时器使用时，和私有定时器使用方法完全一样，本实例使用其看门狗模式。

本实例实现的功能是正常启动系统后点亮 LD9，开启私有看门狗定时器，当其计数到 0 时，复位系统。可以通过 LD9 点亮后熄灭，过一会儿再次点亮，可以证明系统复位成功。

具体实现代码如下：

```
#define  MIO_PIN_07      (* (volatile unsigned int *) 0xF800071C)
/*(slcr)MIO_PIN_07 寄存器地址*/
#define  DIRM_0              (* (volatile unsigned int *) 0xE000A204)
/*DIRM_0 寄存器地址*/
#define  OEN_0              (* (volatile unsigned int *) 0xE000A208)
/*OEN_0 寄存器地址*/
#define  DATA_0              (* (volatile unsigned int *) 0xE000A040)
/*DATA_0 寄存器地址*/

#define  WDT_LOAD              (* (volatile unsigned int *) 0xF8F00620)
/*WDT_LOAD 寄存器地址*/
```

```
#define  WDT_COUNTER        (* (volatile unsigned int *) 0xF8F00624)
/* WDT_COUNTER 寄存器地址 */
#define  WDT_CONTROL        (* (volatile unsigned int *) 0xF8F00628)
/* WDT_CONTROL 寄存器地址 */

int main(void)
{
    MIO_PIN_07 = 0x0FFFFF600;
    /* 设置 MIO_PIN_07 为 GPIO */
     DIRM_0 = 0x00000080;
     /* 设置 MIO_PIN_07 为输出引脚 */
     OEN_0 = 0x00000080;
     /* 设置 MIO_PIN_07 输出使能 */
     DATA_0 = 0x00000080;        //MIO_PIN_13 = 1,点亮 LD9

     WDT_LOAD = 0x1ffffff;       //设置看门狗定时器载入寄存器
     WDT_COUNTER = 0x1ffffff;    //设置看门狗定时器计数初值,大约 1s
     WDT_CONTROL = 0x9;          //设置成看门狗模式,启动定时器
     while(1)
     {
     }
     return 0;
}
```

从上述代码可以看出，只要设置计数初值和看门狗定时器模式，然后开启定时器即可。具体代码请参见代码注释部分。

本实例具体实现步骤如下。

(1) 按照 2.2.2 节方法建立 SDK 工程，工程名称为 wdt，建立 main.c、boot.S 和 zynq.lds 3 个文件，具体文件内容请参照本书提供的工程文件。

(2) 参照前面章节指定链接脚本 zynq.lds 文件，编译 wdt 工程，生成 wdt.elf 可执行文件。

(3) 将 bootimage.bif 文件打开，修改引导的可执行程序名称，修改后的代码如下：

```
the_ROM_image:
{
        [bootloader] wdt.elf
}
```

(4) 将 makeboot.bat 文件、本章修改后的 bootimage.bif 和编译生成的 wdt.elf 文件复制到 D:\Xilinx\14.3\ISE_DS\ISE\bin\nt 下，双击 makeboot.bat 文件，即可在该目录下生成 boot.bin 可执行镜像文件。

(5) 将 boot.bin 文件复制到 SD 卡，将 ZedBoard 设置成 SD 卡启动，上电启动后，即可看到 LD9 点亮，然后熄灭，重复这种现象，说明 Zynq 复位成功。

6.4 全局定时器

全局定时器(Global Timer Counter,GTC)是一个 64 位的递增定时器,带有自动递增的特性。所有 Cortex-A9 处理器均可以访问全局定时器,全局定时器总是工作在 CPU 时钟频率的 1/2(CPU_3x2x)。

6.4.1 全局定时器寄存器

全局定时器主要包括 Global_Timer_Counter_Register0 寄存器、Global_Timer_Counter_Register1 寄存器、Global_Timer_Control_Register 寄存器和 Global_Timer_Interrupt_Status_Register 寄存器。

1. Global_Timer_Counter_Register0 和 Global_Timer_Counter_Register1 寄存器

Global_Timer_Counter_Register0 和 Global_Timer_Counter_Register1 寄存器的功能是全局定时器的低 32 位和高 32 位计数器,其地址分别为 0xf8f00200 和 0xf8f00204。该寄存器组各位的意义如表 6-11 所示。

表 6-11 Global_Timer_Counter_Register0 和 Global_Timer_Counter_Register1 寄存器各位的意义

名称	位	读写类型	复位值	描 述
	31:0	rw	0x0	修改该寄存器组的值,需按照以下步骤: 1. 关闭 Global_Timer_Control_Register 寄存器的使能位 2. 写低 32 位寄存器 3. 写高 32 位寄存器 4. 打开 Global_Timer_Control_Register 寄存器的使能位 读取该寄存器组,需要按照以下步骤: 1. 读高 32 位寄存器 2. 读低 32 位寄存器 3. 再次读取高 32 寄存器,和第一次读取的高 32 位值进行比较,如果一致,则正确读取了 64 位的计数器值。如果不一致,重复第一步开始

例 6-4 读取全局定时器的计数值。

代码如下:

```
do
    {
        high = Xil_In32(GLOBAL_TMR_BASEADDR + GTIMER_COUNTER_UPPER_OFFSET);
        low = Xil_In32(GLOBAL_TMR_BASEADDR + GTIMER_COUNTER_LOWER_OFFSET);
    } while(Xil_In32(GLOBAL_TMR_BASEADDR + GTIMER_COUNTER_UPPER_OFFSET) != high);
```

代码中 GLOBAL_TMR_BASEADDR + GTIMER_COUNTER_UPPER_OFFSET 为高 32 位寄存器地址，GLOBAL_TMR_BASEADDR + GTIMER_COUNTER_LOWER_OFFSET 为低 32 位寄存器地址。其中 high 为第一次读取的高 32 位数值，low 为读取的低 32 位数值。

2. Global_Timer_Control_Register 寄存器

Global_Timer_Control_Register 寄存器的功能是全局定时器的控制设置，是 32 位寄存器，其地址为 0xF8F00208。该寄存器各位的意义如表 6-12 所示。

表 6-12　Global_Timer_Control_Register 寄存器各位的意义

名　称	位	读写类型	复位值	描　述
reserved	31:16	rw	0x0	Reserved
Prescaler	15:8	rw	0x0	预分频器，相当于改变定时器时钟，可以改变定时器周期
reserved	7:4	rw	0x0	Reserved
	3	rw	0x0	0:设定比较值时，和比较值一致，设置标志位 1:自动增长模式
IRQ_Enable	2	rw	0x0	0:中断未使能 1:中断使能
Comp_Enable	1	rw	0x0	0:不允许比较使能 1:允许比较使能
Timer_Enable	0	rw	0x0	0:未开启定时器 1:开启定时器

例 6-5　设置全局定时器，不使用中断，不分频，也不使用比较，开启中断。

代码如下：

```
Xil_Out32(GLOBAL_TMR_BASEADDR + GTIMER_CONTROL_OFFSET, 0x1);
```

3. Global_Timer_Interrupt_Status_Register 寄存器

Global_Timer_Interrupt_Status_Register 寄存器的功能是定时器中断状态，是 32 位寄存器，其地址是 0xF8F0020C。该寄存器各位的意义如表 6-13 所示。

表 6-13　Global_Timer_Interrupt_Status_Register 寄存器各位的意义

名　称	位	读写类型	复位值	描　述
reserved	31:1	rw	0x0	保护，未使用
Event_flag EVENT_FLAG)	0	rw	0x0	当产生中断时，该位自动置位 对该位写 1，清除该标志位

6.4.2　全局定时器设计实现

本实例利用全局定时器实现秒和毫秒精确延时函数。实现原理是计算出延时一定时间需要的时钟周期数，读取当前计数器的数值，然后加上延时一定时间所需要的周期数，即可得到全局定时器计数器的目标数值。然后时刻读取计数器数值，如果等于最终数值，则定时结束，否则继续等待。

1. 初始化全局定时器控制寄存器

先设置全局定时器计数器的值为0。设置计数器值函数代码如下：

```
void XTime_SetTime(XTime Xtime)
{
    /* Disable Global Timer */
    Xil_Out32(GLOBAL_TMR_BASEADDR + GTIMER_CONTROL_OFFSET, 0x0);

    /* Updating Global Timer Counter Register */
    Xil_Out32(GLOBAL_TMR_BASEADDR + GTIMER_COUNTER_LOWER_OFFSET, (u32)Xtime);
    Xil_Out32(GLOBAL_TMR_BASEADDR + GTIMER_COUNTER_UPPER_OFFSET,
        (u32)(Xtime << 32));

    /* Enable Global Timer */
    Xil_Out32(GLOBAL_TMR_BASEADDR + GTIMER_CONTROL_OFFSET, 0x1);
}
```

在上述代码中，首先关闭定时器，然后设置低32位寄存器值，再设置高32位寄存器值，最后打开定时器。代码中XTime是64位整型数据。

2. 读取当前计数器数值函数

实现定时最关键的是正确读取计数器的数值，该函数实现代码如下：

```
void XTime_GetTime(XTime *Xtime)
{
    u32 low;
    u32 high;
    /* Reading Global Timer Counter Register */
    do
    {
        high = Xil_In32(GLOBAL_TMR_BASEADDR + GTIMER_COUNTER_UPPER_OFFSET);
        low = Xil_In32(GLOBAL_TMR_BASEADDR + GTIMER_COUNTER_LOWER_OFFSET);
    } while(Xil_In32(GLOBAL_TMR_BASEADDR + GTIMER_COUNTER_UPPER_OFFSET) != high);

     *Xtime = (((XTime) high) << 32) | (XTime) low;
}
```

3. 秒延时函数实现

秒延时函数实现代码如下：

```
int sleep(unsigned int seconds)
{
  XTime tEnd, tCur;
  XTime_GetTime(&tCur);
  tEnd   = tCur + ((XTime) seconds) * COUNTS_PER_SECOND;
  do
  {
    XTime_GetTime(&tCur);
  } while (tCur < tEnd);

  return 0;
}
```

在上述代码中,tCur为当前计数器数值,tEnd为达到延时时间时计数器的目标数值。COUNTS_PER_SECOND为每秒计数次数,和该定时器的时钟相关。

在Zynq中,不同型号的芯片,ARM的主频是不一样的。ZedBoard开发板上的芯片,在倍频后,其频率为666MHz。全局定时器使用的是CPU频率的一半。因此,COUNTS_PER_SECOND的设置代码如下:

```
#define XPAR_CPU_CORTEXA9_CORE_CLOCK_FREQ_HZ 666666687
#define COUNTS_PER_SECOND (XPAR_CPU_CORTEXA9_CORE_CLOCK_FREQ_HZ /2)
```

4. 微秒延时函数实现

微秒延时函数实现代码如下:

```
int usleep(unsigned int useconds)
{
    XTime tEnd, tCur;

    XTime_GetTime(&tCur);
    tEnd = tCur + ((XTime) useconds) * COUNTS_PER_USECOND;
    do
    {
        XTime_GetTime(&tCur);
    } while (tCur < tEnd);

    return 0;
}
```

该函数和秒实现函数的差别是COUNTS_PER_USECOND,因为微秒和秒差别1000000倍,因此,COUNTS_PER_USECOND的定义代码如下:

```
#define COUNTS_PER_USECOND  (XPAR_CPU_CORTEXA9_CORE_CLOCK_FREQ_HZ / (2 * 1000000))
```

本实例具体实现步骤如下:

(1) 按照2.2.2节方法建立SDK工程,工程名称为time,建立boot.S和zynq.lds两个文件。具体文件内容和前一节实例完全一样。

另外新建sleep.h、sleep.c和usleep.c三个文件,主要是实现定时器的相关函数。

由于Zynq在启动的时候并没有启动倍频,需要进行倍频初始化,需要建立ps7_init.c和ps7_init.h文件,具体如何实现,请参见相工程实例代码,本书不再阐述。

在建立main.c主函数文库,实现的功能是开启LD9,然后调用sleep延时函数,熄灭LD9;再调用usleep函数,点亮LD9。证明两个函数实现正确。

(2) 参见前面章节指定链接脚本zynq.lds文件,编译time工程,生成time.elf可执行文件。

(3) 将bootimage.bif文件打开,修改引导的可执行程序名称,修改后的代码如下:

```
the_ROM_image:
{
        [bootloader] time.elf
}
```

(4) 将makeboot.bat文件、本章修改后的bootimage.bif文件和编译生成的time.elf文件复制到D:\Xilinx\14.3\ISE_DS\ISE\bin\nt下,双击makeboot.bat文件,即可在该目录下生成boot.bin可执行镜像文件。

(5) 将boot.bin文件复制到SD卡,将ZedBoard设置成SD卡启动,上电启动后,即可看到LD9点亮20s,然后熄灭,等待10s再次点亮,说明程序设计正确。读者也可以自行修改程序,任意设置延时时间。

第7章 通用异步收发器原理及实现

通用异步收发器(UART)是一种通用串行数据总线,用于异步通信。该总线双向通信,可以实现全双工传输和接收。在嵌入式系统设计中,UART用作主机与辅助设备通信,与PC通信,包括与监控调试器和其他器件等。本章主要介绍UART基本原理,并重点讲解了Zynq的串口设计方法。

7.1 UART概述

UART(RS-232)串口有9个引脚,PC上的串口接口如图7-1所示,其中有3个是最重要的引脚如下:

(1) pin 2：RxD (receive data)接收数据。

(2) pin 3：TxD (transmit data)发送数据。

(3) pin 5：GND(ground)地。

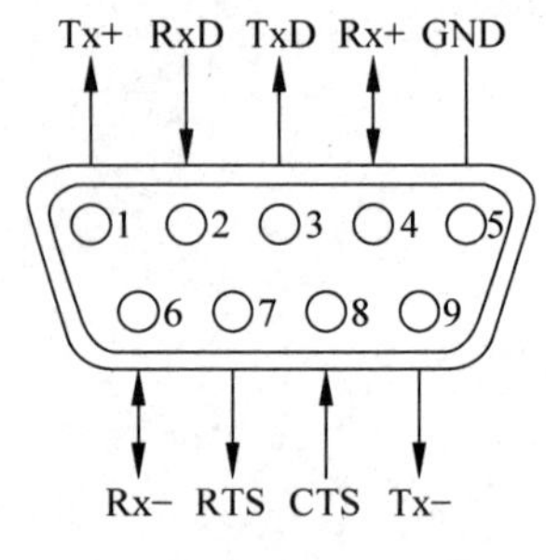

图7-1 PC串口接口

串行通信时序如图7-2所示,以发送一个字节0x55数据为例。

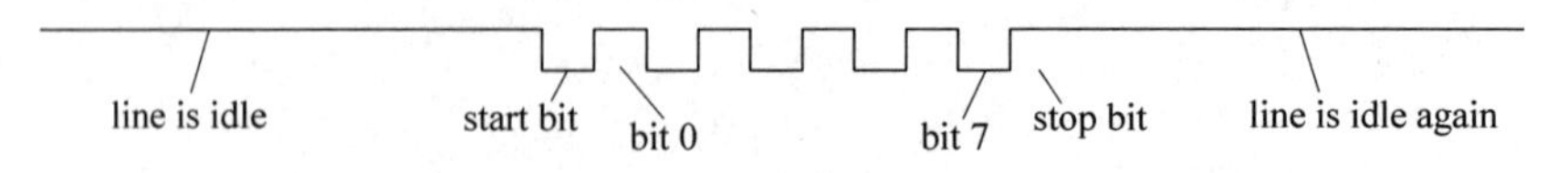

图7-2 发送0x55时序

0x55的二进制代码是01010101,但发送时由低字节开始,因此发送次序依次为1-0-1-0-1-0-1-0。

Zynq串口模块是一个全双工的异步接收和发送器,支持宽范围的软件可编程的波特率和数据格式。它也提供自动的奇偶校验产生和错误检测方案，此外，为 APU 提供了接收和发送 FIFO。

Zynq 支持两个 UART 器件，具有以下特性。

（1）可编程波特率发生器。

（2）64 个字节接收和发送 FIFO。

（3）数据位 6、7 或者 8 个比特位。

（4）1、1.5 或者 2 个停止位。

（5）奇、偶、空格、标记或者没有校验。

（6）支持校验、帧和超限错误检测。

（7）支持自动回应、本地环路和远程环路通道模式。

（8）支持产生中断。

（9）在 EMIO 接口上，可以使用调制解调器控制信号 CTS、RTS、DSR、DTR、RI 和 DCD。

其结构框图如图 7-3 所示。

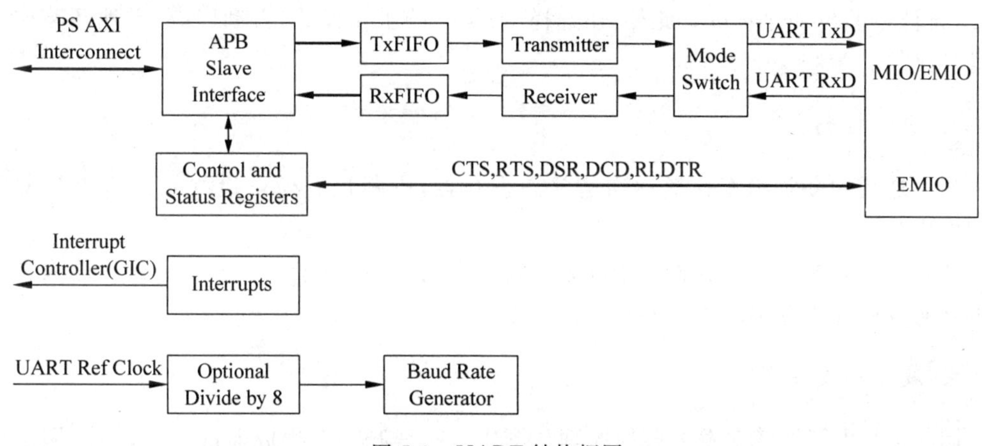

图 7-3 UART 结构框图

从图 7-3 中可知，UART 主要由 APB 通信模块、TxFIFO、RxFIFO、发送和接收模块、模式选择模块、控制和状态模块、中断模块、波特率发生器模块和 MIO/EMIO 引脚模块组成。

1. APB 接口

通过 APB 接口，PS 可以对 UART 控制器的内部寄存器进行操作。

2. Tx FIFO

Tx FIFO 用于保存来自 APB 接口的写数据，直到发送器模块将其取出并送到发送移位寄存器中。Tx FIFO 通过满和空标志来控制流量。此外，可以通过设置 Tx FIFO 填满级。

3. Rx FIFO

Rx FIFO 用于保存来自接收移位寄存器的数据。Rx FIFO 的满空标志用于接收流量控制。此外,还可以设置 Rx FIFO 的填充级。

4. 发送器

发送器取出发送 FIFO 中的数据,并将其加载到发送移位寄存器中,将并行数据串行化处理。

5. 接收器

UART 连续采样 ua_rxd 信号。当检测到低的电平变化时,表示接收数据的开始。

6. 控制和状态模块

控制寄存器用于使能、禁止和发布软件的复位给接收器和发送器模块。此外,启动接收器超时周期和控制发送器断开逻辑。

模式寄存器通过波特率生成器选择时钟。它也负责选择发送和所接收数据的位的长度、奇偶校验位和停止位。此外,还选择 UART 的工作模式,自动回应、本地环路或者远地环路等。

7. 中断控制

通过通道中断状态寄存器和通道状态寄存器,中断控制模块检测来自其他 UART 模块的事件。

通过使用中断使能寄存器和中断禁止寄存器,使能或者禁止中断。中断使能或者禁止的状态反映在中断屏蔽寄存器在中。

8. 波特率发生器

图 7-4 给出了波特率发生器的原理。图中 CD 是波特率生成器的一个位域,用于生成采样率时钟 band_sample。

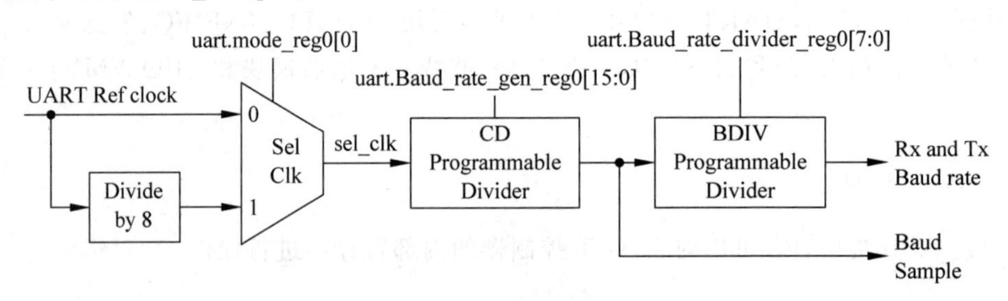

图 7-4 波特率发生器

由图 7-4 可知,波特率最后生成主要包括以下 3 个步骤。

(1) UART 时钟源的选择,可以直接是 UART Ref clock,也可以通过旁路进行 8 分频。该设置在 uart. mode_reg0[0]中进行。

(2) 对 UART 时钟进行分频,产生 band_sample,该步骤是通过设置 CD 值完成,也就是对 uart. Baud_rate_gen_reg0[15:0]进行设置。band_sample 的频率计算公式如下:

$$baud\_sample=\frac{sel\_clk}{CD}$$

(3) 对 baud_sample 进行再次分频，产生 Rx 和 Tx 波特率，该步骤是通过设置 BDIV 值完成，也就是对 uart. Baud_rate_Divider_reg0[7:0]进行设置。波特率计算公式如下：

$$baud\_rate=\frac{sel\_clk}{CD\times(BDIV+1)}$$

UART Ref clock、CD 和 BDIV 的值决定了 UART 的波特率，如果 UART_Ref_Clk＝50MHz，Uart_ref_clk/8 ＝ 6.25 MHz。表 7-1 为典型的波特率对应的 CD 和 eBDIV 值。

表 7-1　CD 和 BDIV 值对应波特率

时钟	波特率	CD	BDIV
UART Ref Clock	600	10 417	7
UART Ref Clock/8	9600	81	7
UART Ref Clock	9600	651	7
UART Ref Clock	28 800	347	4
UART Ref Clock	115 200	62	6
UART Ref Clock	230 400	31	6
UART Ref Clock	460 800	9	11
UART Ref Clock	921 600	9	5

9. MIO/EMIO 引脚模块

MIO/EMIO 引脚模块主要是设置 UART 所使用的引脚设置。因为 GPIO(MIO)引脚一般都是多功能复用，因此，需要设置对应的 GPIO 引脚为 UART 功能。

(1) UART 0 发送引脚包括 11、15、19、23、27、31、35、39、43、47、51。

(2) UART 0 接收引脚包括 10、14、18、22、26、30、34、38、42、46、50。

(3) UART 1 发送引脚包括 8、12、16、20、24、28、32、36、40、44、48、52。

(4) UART 1 接收引脚包括 9、13、17、21、25、29、33、37、41、45、49、53。

7.2 UART 寄存器

Zynq UART 主要包括(slcr) UART_CLK_CTRL、Control_reg0、mode_reg0、Baud_rate_gen_reg0、Baud_rate_divider_reg0、TX_RX_FIFO0、Rcvr_FIFO_trigger_level0、Tx_FIFO_trigger_level0 和 Channel_sts_reg0 等寄存器。

1. (slcr) UART_CLK_CTRL 寄存器

(slcr) UART_CLK_CTRL 寄存器的功能是 UART 时钟控制寄存器，是 32 位寄存器，其绝对地址是 0xF8000154，其各位的意义如表 7-2 所示。

表 7-2 UART_CLK_CTRL 寄存器名位的意义

名 称	位	读写类型	复位值	描 述
reserved	31:14	rw	0x0	reserved
DIVISOR	13:8	rw	0x3F	UART 时钟分频
reserved	7:6	rw	0x0	reserved
SRCSEL	5:4	rw	0x0	PLL 选择 0x: IO PLL 10: ARM PLL 11: DDR PLL
reserved	3:2	rw	0x0	reserved
CLKACT1	1	rw	0x0	UART 1 参考时钟使能 0: Clock is disabled 1: Clock is enabled
CLKACT0	0	rw	0x0	UART 0 参考时钟使能 0: Clock is disabled 1: Clock is enabled

例 7-1 假设 UART1 使用 IO PLL,时钟为 1000MHz,UART 时钟为 50MHz,设置(slcr) UART_CLK_ CTRL 寄存器。

由于 IO PLL=1000MHz,UART 时钟为 50MHz,因此,分频系数为 1000/50=20=0x14。DIVISOR=0x14;选用 IO PLL,因此,SRCSEL=0x00;使用 UART1,因此 CLKACT1=1,CLKACT0=0,其余位全部用 0。

代码如下:

```
#define UART_CLK_CTRL ( * (volatile unsigned long * )0xF8000154)
UART_CLK_CTRL = 0x00001402;
```

2. Control_reg0 寄存器

Control_reg0 寄存器的功能是 UART 时钟控制寄存器,是 32 位寄存器,其绝对地址是 uart0: 0xE0000000,uart1: 0xE0001000,其各位的意义如表 7-3 所示。

表 7-3 Control_reg0 寄存器各位的意义

名称	位	读写类型	复位值	描 述
reserved	31:9	rw	0x0	reserved
STPBRK (STOPBRK)	8	rw	0x1	停止间断发生数据 0: 无影响 1: 停止间断发送
STTBRK (STARTBRK)	7	rw	0x0	开始间断发生数据 0: 无影响 1: 开始间断发送
RSTTOS (TORST)	6	rw	0x0	重启接收超时计数器 1:接收超时计数器重启

续表

名称	位	读写类型	复位值	描　述
TXDIS (TX_DIS)	5	rw	0x1	发送不使能 0:使能发送 1:不使能发送
TXEN (TX_EN)	4	rw	0x0	发送使能 0:不使能发送 1:使能发送
RXDIS (RX_DIS)	3	rw	0x1	接收不使能 0:使能接收 1:不使能接收
RXEN (RX_EN)	2	rw	0x0	接收使能 0:不使能接收 1:使能接收
TXRES (TXRST)	1	rw	0x0	软件复位发送数据控制 0:无影响 1:清空
RXRES (RXRST)	0	rw	0x0	软件复位接收数据控制 0:无影响 1:清空

例 7-2　UART1 开启发送和接收使能，软件复位后，清空数据。

代码如下：

```
#define Control_reg0 ( * (volatile unsigned long * )0xE0001000)
Control_reg0 = 0x17;
```

3. mode_reg0 寄存器

mode_reg0 寄存器的功能是设置 UART 数据格式，是 32 位寄存器，其绝对地址是 uart0：0xE0000004，uart1：0xE0001004，其各位的意义如表 7-4 所示。

表 7-4　mode_reg0 寄存器各位的意义

名　　称	位	读写类型	复位值	描　　述
reserved	31:12	rw	0x0	reserved
reserved	11	rw	0x0	reserved
reserved	10	rw	0x0	reserved
CHMODE	9:8	rw	0x0	模式选择 00:普通模式 01:自回应模式 10:本地换来 11:远程环路

续表

名　称	位	读写类型	复位值	描　述
NBSTOP	7:6	rw	0x0	停止位位数 00：1 位停止位 01：1.5 位停止位 01：2 位停止位 11:保护,未用
PAR	5:3	rw	0x0	奇偶校验 000:偶校验 001:奇校验 010：forced to 0 parity (space) 011：forced to 1 parity (mark) 1xx:无校验
CHRL	2:1	rw	0x0	数据位 11：6 位 10：7 位 0x：8 位
CLKS (CLKSEL)	0	rw	0x0	时钟源分频 0：uart_ref_clk,不分频 1：uart_ref_clk/8,8 分频

例 7-3　UART1 普通模式,8 位数据位,1 位停止位,无奇偶校验,时钟源不分频。代码如下:

```
#define mode_reg0 ( * (volatile unsigned long * ) 0xE0001004)
mode_reg0 = 0x20;
```

4. Baud_rate_gen_reg0 寄存器

Baud_rate_gen_reg0 寄存器的功能是设置 UART 波特率发生器的 CD 值,是 32 位寄存器,其绝对地址是 uart0：0xE0000018,uart1：0xE0001018,其各位的意义如表 7-5 所示。

表 7-5　Baud_rate_gen_reg0 寄存器各位的意义

名称	位	读写类型	复位值	描　述
reserved	31:16	rw	0x0	reserved
CD	15:0	rw	0x28B	CD 值 0：Disables baud_sample 1：Clock divisor bypass (baud_sample = sel_clk) 2 ～ 65535：baud_sample

5. Baud_rate_divider_reg0 寄存器

Baud_rate_divider_reg0 寄存器的功能是设置 UART 波特率发生器的 BDIV 值,是

32 位寄存器，其绝对地址是 uart0：0xE0000034，uart1：0xE0001034，其各位的意义如表 7-6 所示。

表 7-6　Baud_rate_divider_reg0 寄存器各位的意义

名　称	位	读写类型	复位值	描　述
reserved	31:8	rw	0x0	reserved
BDIV	7:0	rw	0xF	BDIV 值 0～3：ignored 4～255：Baud rate

6. Channel_sts_reg0 寄存器

Channel_sts_reg0 寄存器的功能是查询 UART 各种状态，是 32 位寄存器，其绝对地址是 uart0:0xE000002C，uart1：0xE000102C，其各位的意义如表 7-7 所示。

表 7-7　Channel_sts_reg0 寄存器各位的意义

名　称	位	读写类型	复位值	描　述
reserved	31:15	ro	0x0	reserved
TNFUL	14	ro	0x0	发送 FIFO 满标志 0：Tx FIFO 超过 1 个字节未用 1：Tx FIFO 只有一个字节未用
TTRIG	13	ro	0x0	发送 FIFO 触发持续状态 0：Tx FIFO fill level is less than TTRIG 1：Tx FIFO fill level is greater than or equal to TTRIG
FDELT (FLOWDEL)	12	ro	0x0	接收流延迟触发持续状态 0：Rx FIFO fill level is less than FDEL 1：Rx FIFO fill level is greater than or equal to FDEL
TACTIVE	11	ro	0x0	发送状态机状态 0:未激活 1:激活
RACTIVE	10	ro	0x0	接收状态机状态 0:未激活 1:激活
reserved	9	ro	0x0	reserved
reserved	8	ro	0x0	reserved
reserved	7	ro	0x0	reserved
reserved	6	ro	0x0	reserved
reserved	5	ro	0x0	reserved
TFUL (TXFULL)	4	ro	0x0	发送 FIFO 满状态 0：Tx FIFO 未满 1：Tx FIFO 满

续表

名　　称	位	读写类型	复位值	描　　述
TEMPTY (TXEMPTY)	3	ro	0x0	发送 FIFO 空状态 0：Tx FIFO 未空 1：Tx FIFO 空
RFUL (RXFULL)	2	ro	0x0	接收 FIFO 满状态 1：Rx FIFO 满 0：Rx FIFO 未满
REMPTY (RXEMPTY)	1	ro	0x0	接收 FIFO 空状态 0：Rx FIFO 未空 1：Rx FIFO 空
RTRIG (RXOVR)	0	ro	0x0	接收 FIFO 触发持续状态 0：Rx FIFO fill level is less than RTRIG 1：Rx FIFO fill level is greater than or equal to RTRIG

例 7-4　查询 UART1 发送 FIFO 是否为满，即查询 TFUL 位是否为 1。

代码如下：

```
#define Channel_sts_reg0   ( * (volatile unsigned long * )0xE000102c)
while ((Channel_sts_reg0&0x10) == 0x10);
```

例 7-5　查询 UART1 接收 FIFO 是否为空，即查询 REMPTY 是否为 1。

代码如下：

```
while (!((Channel_sts_reg0&0x02) == 0x02));
```

7. TX_RX_FIFO0 寄存器

TX_RX_FIFO0 寄存器的功能是发送和接收 FIFO，是 32 位寄存器，其绝对地址是 uart0：0xE0000030，uart1：0xE0001030，其各位的意义如表 7-8 所示。

表 7-8　TX_RX_FIFO0 寄存器各位的意义

名称	位	读写类型	复位值	描　　述
reserved	31:8	ro	0x0	reserved
FIFO	7:0	rw	0x0	发送或者接收 FIFO 值

例 7-6　查询 UART1 发送 FIFO 是否为满，如果未满，发送字符“C”。

代码如下：

```
#define Channel_sts_reg0   ( * (volatile unsigned long * )0xE000102c)
#define TX_RX_FIFO0    ( * (volatile unsigned long * )0xE0001030)
while ((Channel_sts_reg0&0x10) == 0x10);
        TX_RX_FIFO0 = 0x43;
```

在上述代码中，查询 Channel_sts_reg0 寄存器的 TFUL 位是否为 1，如果为 1，一直循环等待。如果为 0，表示 FIFO 未满，可以发送数据，执行 TX_RX_FIFO0=0x43 语句，其中 0x43 是字符“C”的 ASCII 码。

7.3 UART 设计实现

本实例利用 Zynq UART 实现 UART1 波特率 9600 发送和接收功能。通过串口给 ZedBoard 发送一个字符，将该字符的 ASCII 码加 1 后从串口输出。

7.3.1 UART 引脚设置

根据 ZedBoard 开发板原理图可知，UART1 使用了 MIO48 作为发送引脚，MIO49 作为接收引脚。因此，需要先设置 MIO48 和 MIO49 两个引脚的配置。

1. (slcr) MIO_PIN_48

(slcr) MIO_PIN_48 寄存器是设置 MIO_PIN_48 引脚的寄存器，物理地址是 0xF80007C0，该寄存器各位的意义如表 7-9 所示。

表 7-9 MIO_PIN_48 寄存器各位的意义

名称	位宽	读写	复位值	描述
reserved	31:14	rw	0x0	reserved
DisableRcvr	13	rw	0x0	Disable HSTL Input Buffer to save power when it is an output-only (IO_Type must be HSTL) 0: enable 1: disable
PULLUP	12	rw	0x1	Enables Pullup on IO Buffer pin 0: disable 1: enable
IO_Type	11:9	rw	0x3	Select the IO Buffer Type 000: Reserved 001: LVCMOS18 010: LVCMOS25 011: LVCMOS33 100: HSTL 101: Reserved 110: Reserved 111: Reserved

续表

名　称	位宽	读写	复位值	描　述
Speed	8	rw	0x0	Select IO Buffer Edge Rate，applicable when IO_Type is LVCMOS18，LVCMOS25 or LVCMOS33 0：Slow CMOS edge 1：Fast CMOS edge
L3_SEL	7:5	rw	0x0	Level 3 Mux Select 000：GPIO 48 (bank 1)，Input/Output 001：CAN 1 Tx，Output 010：I2C 1 Serial Clock，Input/Output 011：PJTAG TCK，Input 100：SDIO 1 Clock，Input/Output 101：SPI 1 Serial Clock，Input/Output 110：reserved 111：UART 1 TxD，Output
L2_SEL	4:3	rw	0x0	Level 2 Mux Select 00：Level 3 Mux 01：reserved 10：reserved 11：SDIO 0 Power Control，Output
L1_SEL	2	rw	0x0	Level 1 Mux Select 0：Level 2 Mux 1：USB 1 ULPI Clock，Input/Output
L0_SEL	1	rw	0x0	Level 0 Mux Select 0：Level 1 Mux 1：reserved
TRI_ENABLE	0	rw	0x1	Tri-state enable，active high 0：disable 1：enable

例 7-7　设置 MIO_PIN_48 为 UART，主要是设置 L3_SEL＝111，其他位设置参见 GPIO 相关章节。

代码如下：

```
#define MIO_PIN_48  (*(volatile unsigned long *)0xF80007C0)
MIO_PIN_48 = 0x000012e0;
```

2. (slcr) MIO_PIN_49

(slcr) MIO_PIN_49 寄存器是设置 MIO_PIN_49 引脚的寄存器，物理地址是 0xF80007C4，该寄存器各位的意义如表 7-10 所示。

表 7-10　MIO_PIN_49 寄存器各位的意义

名　　称	位宽	读写	复位值	描　　述
reserved	31:14	rw	0x0	reserved
DisableRcvr	13	rw	0x0	Disable HSTL Input Buffer to save power when it is an output-only (IO_Type must be HSTL) 0: enable 1: disable
PULLUP	12	rw	0x1	Enables Pullup on IO Buffer pin 0: disable 1: enable
IO_Type	11:9	rw	0x3	Select the IO Buffer Type 000: Reserved 001: LVCMOS18 010: LVCMOS25 011: LVCMOS33 100: HSTL 101: Reserved 110: Reserved 111: Reserved
Speed	8	rw	0x0	Select IO Buffer Edge Rate, applicable when IO_Type is LVCMOS18, LVCMOS25 or LVCMOS33 0: Slow CMOS edge 1: Fast CMOS edge
L3_SEL	7:5	rw	0x0	Level 3 Mux Select 000: GPIO 49 (bank 1), Input/Output 001: CAN 1 Rx, Input 010: I2C 1 Serial Data, Input/Output 011: PJTAG TMS, Input 100: SDIO 1 IO Bit 1, Input/Output 101: SPI 1 Select 0, Input/Output 110: reserved 111: UART 1 RxD, Input
L2_SEL	4:3	rw	0x0	Level 2 Mux Select 00: Level 3 Mux 01: reserved 10: reserved 11: SDIO 1 Power Control, Output
L1_SEL	2	rw	0x0	Level 1 Mux Select 0: Level 2 Mux 1: USB 1 ULPI Data Bit 5, Input/Output

续表

名　称	位宽	读写	复位值	描　述
L0_SEL	1	rw	0x0	Level 0 Mux Select 0：Level 1 Mux 1：reserved
TRI_ENABLE	0	rw	0x1	Tri-state enable，active high 0：disable 1：enable

例 7-8　设置 MIO_PIN_49 为 UART，主要是设置 L3_SEL＝111，其他位设置参见 GPIO 相关章节。

代码如下：

```
#define MIO_PIN_49   (*(volatile unsigned long *)0xF80007C4)
MIO_PIN_48 = 0x000012e1;
```

7.3.2　UART 初始化

UART 初始化主要完成对 UART 引脚功能的设置、UART 模式设置、数据格式的设置，本实例设置成波特率 9600，8 位数据位，1 位停止位，无校验位。具体实现代码如下：

```
#define MIO_PIN_48   (*(volatile unsigned long *)0xF80007C0)        //MIO Pin 48 Control
#define MIO_PIN_49   (*(volatile unsigned long *)0xF80007C4)        //MIO Pin 49 Control
#define UART_CLK_CTRL   (*(volatile unsigned long *)0xF8000154) //UART Ref Clock Control
#define Control_reg0   (*(volatile unsigned long *)0xE0001000) //UART Control Register
#define mode_reg0   (*(volatile unsigned long *)0xE0001004)     // UART Mode Register
#define Baud_rate_gen_reg0 (*(volatile unsigned long *)0xE0001018)
// Baud Rate Generator Register.
#define Baud_rate_divider_reg0   (*(volatile unsigned long *)0xE0001034)
//Baud Rate Divider Register
#define TX_RX_FIFO0   (*(volatile unsigned long *)0xE0001030)   //Transmit and
Receive FIFO
#define Channel_sts_reg0   (*(volatile unsigned long *)0xE000102c)
                                                    //Channel Status Register
#define MIO_UNLOCK   (*(volatile unsigned long *)0xF8000008)
/**************************************************************//
*
* This function sends one byte using the device. This function operates in
* polled mode and blocks until the data has been put into the TX FIFO register
*
* @param     BaseAddress contains the base address of the device
* @param     Data contains the byte to be sent
*
* @return     None
```

```
 *
 * @note        None
 *
*************************************************************//
void uart_init(void)
{
    MIO_PIN_48  = 0x000012e0;
    MIO_PIN_49 = 0x000012e1;
    UART_CLK_CTRL = 0x00001402;

    Control_reg0 = 0x17;
    mode_reg0  = 0x20;

    Baud_rate_gen_reg0 = 0x28B;
    Baud_rate_divider_reg0 = 0x07;
}
```

7.3.3 UART字符接收和发送函数实现

UART初始化完成后，通过读取RxFIFO数据实现接收数据，通过写TxFIFO数据实现发送数据。

1. UART字符发送函数

UART字符发送函数是判断TX FIFO是否满，如果处于满状态，一直等待；如果未满，即可把要发送的数据写入TX FIFO，具体实现代码如下：

```
/*************************************************************//
 *
 * This function sends one byte using the device. This function operates in
 * polled mode and blocks until the data has been put into the TX FIFO register
 *
 * @param     BaseAddress contains the base address of the device
 * @param     Data contains the byte to be sent
 *
 * @return     None
 *
 * @note       None
 *
*************************************************************/
void Uart_SendByte(unsigned char Data)
{
        /*
         * Wait until there is space in TX FIFO
         */
        while ((Channel_sts_reg0&0x10) == 0x10);
```

```
        /*
         * Write the byte into the TX FIFO
         */
        TX_RX_FIFO0 = Data;
}
```

2. UART 字符接收函数

UART 字符接收函数是判断 RX FIFO 是否为空,如果处于空状态,一直等待;如果不为空,读取 RX FIFO,具体实现代码如下:

```
/*****************************************************************************// **
*
* This function receives a byte from the device. It operates in polled mode
* and blocks until a byte has received
*
* @param     BaseAddress contains the base address of the device
*
* @return     The data byte received
*
* @note          None
*
******************************************************************************/
unsigned char  Uart_RecvByte(void)
{
        /*
         * Wait until there is data
         */
        while (((Channel_sts_reg0&0x02) == 0x02));

        /*
         * Return the byte received
         */
        return TX_RX_FIFO0;
}
```

7.3.4 UART 主函数实现

UART 主函数实现代码如下:

```
/*****************************************************************************// **
*
* This is the main function for the FSBL ROM code
*
* The functionality progresses as follows
```

```
 *
 * @param     None
 *
 * @return    XST_SUCCESS to indicate success, otherwise XST_FAILURE
 *
 * @note      None
 *
 ****************************************************************************/
int main(void)
{
    ps7_config(ps7_pll_init_data);
    /* Unlock MIO for register access inside FSBL */
    MIO_UNLOCK = 0xDF0D;
    uart_init();
    unsigned char ch = 0;
        while(1)
            {
                ch = Uart_RecvByte();
                Uart_SendByte(ch + 1);
            }
    return 0;
}
```

上述代码中,ps7_config(ps7_pll_init_data)主要是实现 IO PLL。

7.3.5 UART 具体实现步骤

UART 具体实现步骤如下:

(1) 按照 2.2.2 节方法建立 SDK 工程,工程名称为 uart,建立 boot.S、zynq.lds 和 main.c 三个文件。

由于 Zynq 在启动的时候并没有启动倍频,需要进行倍频初始化,具体如何实现,请参见相工程实例代码,本书不再阐述。

(2) 参照前面章节指定链接脚本 zynq.lds 文件,编译 uart 工程,生成 uart.elf 可执行文件。

(3) 将 bootimage.bif 文件打开,修改引导的可执行程序名称,修改后的代码如下:

```
the_ROM_image:
{
        [bootloader] uart.elf
}
```

(4) 将 makeboot.bat 文件、本章修改后的 bootimage.bif 和编译生成的 uart.elf 文件复制到 D:\Xilinx\14.3\ISE_DS\ISE\bin\nt 下,双击 makeboot.bat 文件,即可在该目录下生成 boot.bin 可执行镜像文件。

(5) 将 boot.bin 文件复制到 SD 卡,将 ZedBoard 设置成 SD 卡启动,连接 ZedBoard

开发板的 UART 口到 PC 的 USB 口。

(6) 由于 Xilinx 自己的 SDK 软件的串口不能接收数据,因此,本实例采用其他串口工具(串口调试助手)。打开串口调试助手,设置波特率为 9600,无校验位、8 位数据位和 1 位停止位。在发送串口输入数字或者字母,单击手动发送,可以在接收窗口接收到对应的字符,如图 7-5 所示。

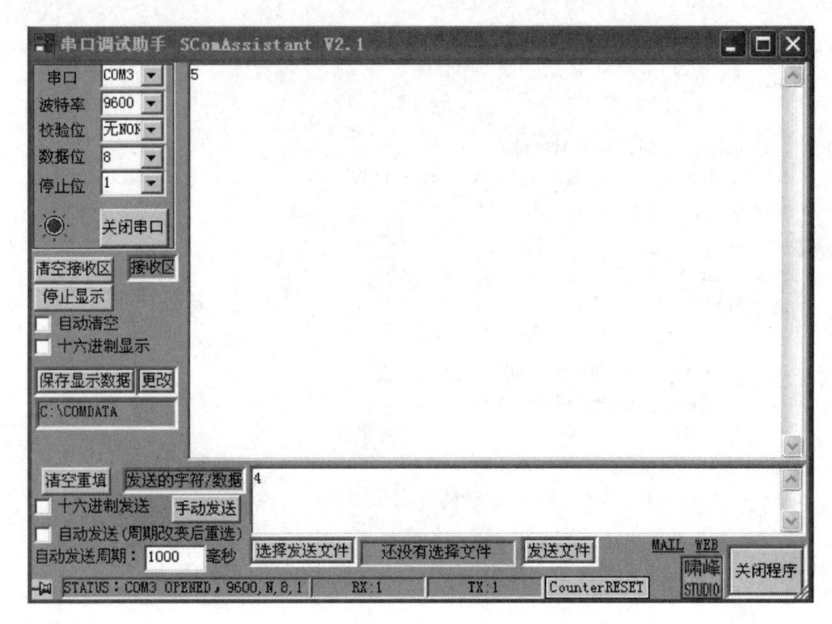

图 7-5　串口实现

第8章 OLED原理及实现

OLED(Organic Light-Emitting Diode)，即有机发光二极管。OLED由于同时具备自发光，不需背光源、对比度高、厚度薄、视角广、反应速度快、可用于挠曲性面板、使用温度范围广、构造及制程较简单等优异之特性，被认为是下一代平面显示器的新兴应用技术。

本章在ZedBoard开发板上实现OLED模块显示功能。通过PL部分的EMIO接口实现OLED所需要的SPI接口，在PS中编写驱动程序，实现OLED显示功能。

8.1 OLED概述

本实例主要包括硬件平台设计、IP核设计和驱动程序设计，如图8-1所示。

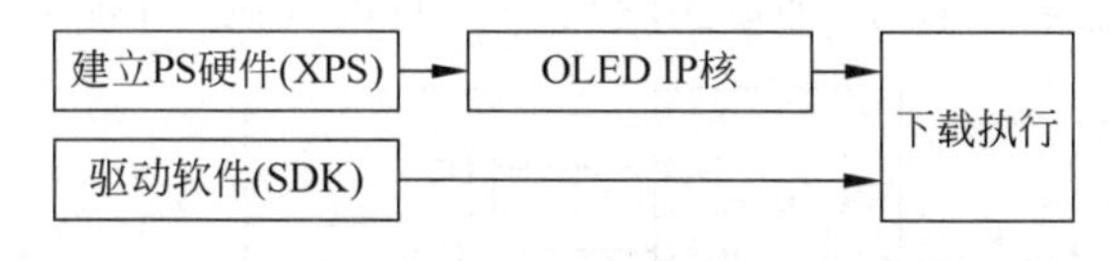

图8-1 OLED设计流程

ZedBoard上使用Inteltronic/Wisechip公司的OLED显示模组UG-2832HSWEG04。分辨率为128×32，是一款单色被动式显示屏，驱动电路采用所罗门科技的SSD1306芯片，具体电路图如图8-2所示。

根据电路原理图可知，ZedBoard开发板使用的OLED采用SPI方式控制，SPI模式使用的信号线和电源线有如下几条。

- RST(RES)：硬复位OLED。
- DC：命令/数据标志(0，读写命令；1，读写数据)。
- SCLK：串行时钟线，作为串行时钟线SCLK。
- SDIN：串行数据线，作为串行数据线SDIN。
- VDD：逻辑电路电源。
- VBAT：DC/DC转换电路电源。

在SPI模式下，每个数据长度均为8位，在SCLK的上升沿，数据从SDIN移入到SSD1306，并且是高位在前。

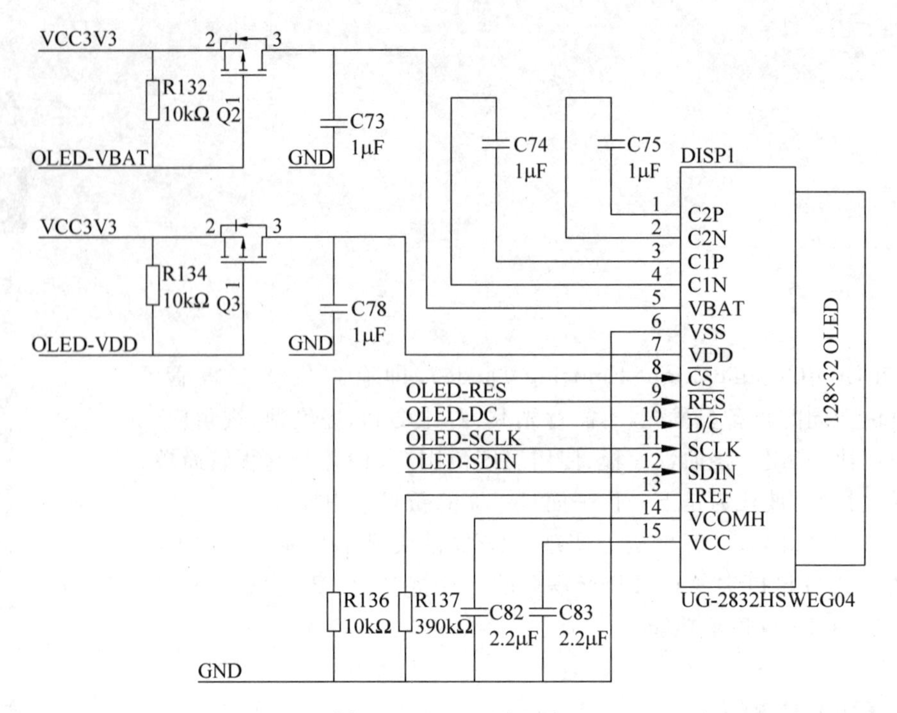

图 8-2　OLED 原理图

ZedBoard 控制 OLED 的主要方法是：自己设计一个 IP 核，把 OLED 对应的 6 个控制引脚进行逻辑设计和约束，IP 核通过 AXI 总线，把 OLED 对应的 6 个控制引脚和 PS 联系起来。通过 PS 编写相应的驱动程序，即可实现对 OLED 的控制，如图 8-3 所示。

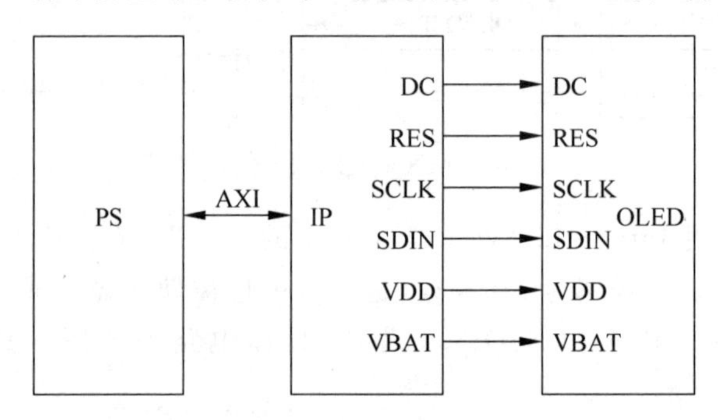

图 8-3　OLED 系统设计图

因此，要实现 OLED 显示功能，主要做以下几个方面工作：设计 Zynq 硬件系统（PS 部分），设计自己的 IP 核和 PS 部分驱动程序设计。

8.2　建立 OLED 硬件系统

本节主要讲解如何自定义设计 OLED 的 IP，本节给出创建硬件系统步骤和方法，具体步骤如下。

（1）在 Windows 下，单击“开始”→“所有程序”→Xilinx Design Tools→ISE Design

Suite 14.3→EDK→Xilinx Platform Studio 打开 XPS 集成开发环境。

(2) 在打开的页面中，单击 Create New Project Using Base System Builder 或在菜单栏选择 File→New BSB Project 选项新建工程，弹出如图 8-4 所示界面，在 Project File 选项里单击 Browse 按钮，选择工程所在目录。在 Select an Interconnect Type 中，选择 AXI system 选项，单击 OK 按钮。

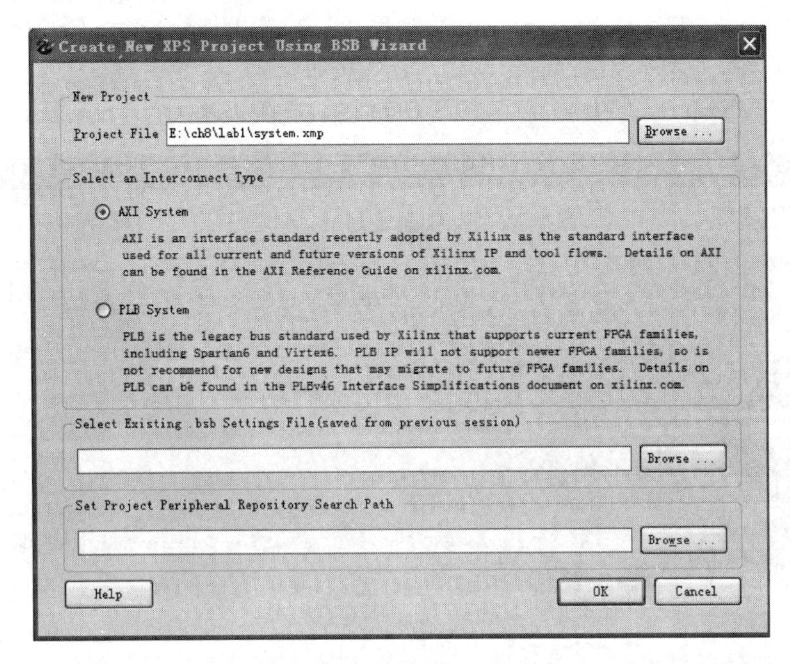

图 8-4 创建 XPS 工程

(3) 弹出 Board and System Selection 界面，如图 8-5 所示，在 Board 选项里选择 Avnet 即可，单击 Next 按钮。

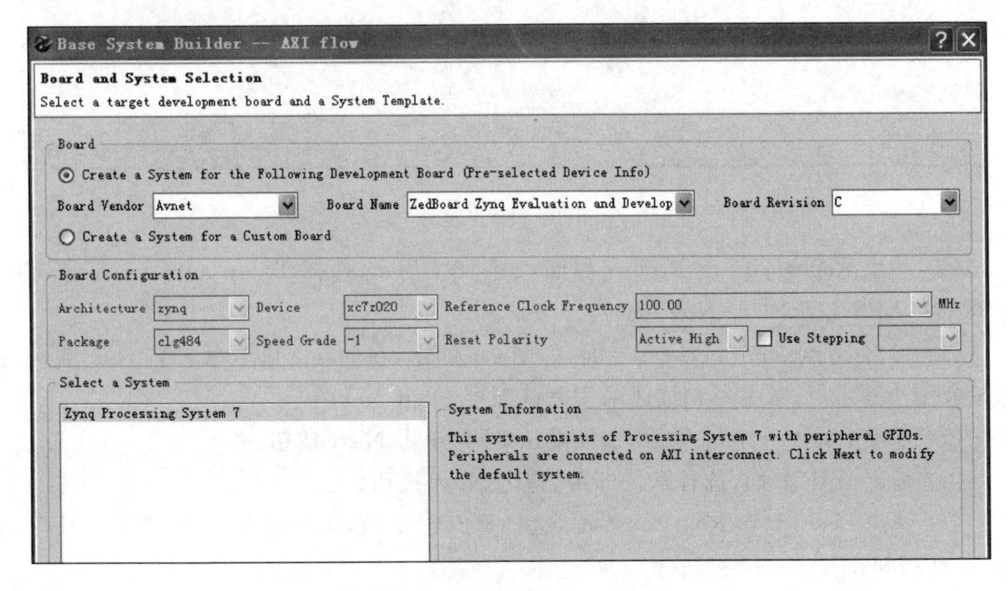

图 8-5 Board and System Selection

（4）弹出 Peripheral Configuration 界面，单击 Select All 按钮，然后单击 Remove 按钮，删除已有外设，单击 Finish 按钮，完成 Zynq 硬件系统工程建立。

8.3　生成自定义 OLED IP 模板

（1）在 8.2 节生成的 Zynq 硬件工程里，选择 Hardware → Create or Import Peripheral 命令，进入外设设计向导，单击 Next 按钮。

（2）弹出 Peripheral Flow 界面，如图 8-6 所示，选择新建一个外设，单击 Next 按钮。

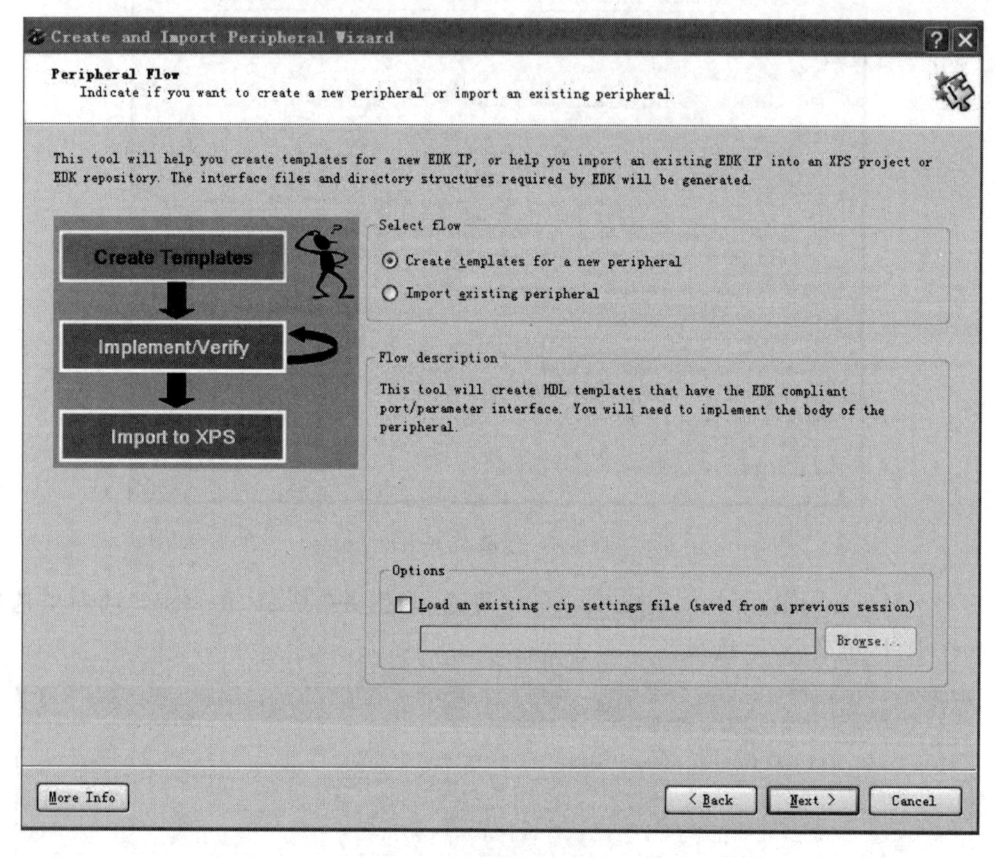

图 8-6　新建外设向导

（3）弹出 Repository or Project 界面，如图 8-7 所示，选择 To an XPS　project，将设计添加到 XPS 工程，单击 Next 按钮。

（4）弹出 Name and Version 界面，如图 8-8 所示，在 Name 里填写名字：my_oled，名称只能用小写字母，版本号和描述采用默认即可，单击 Next 按钮。

（5）弹出 Bus Interface 界面，选择默认即可，单击 Next 按钮。

（6）弹出 IBIF 界面，选择默认即可，弹击 Next 按钮。

（7）弹出 User S/W Register 界面，选择寄存器个数，本例选择 1 个（默认）即可，单击 Next 按钮。

（8）弹出 IP interconnect 界面，选择默认即可，单击 Next 按钮。

Create Peripheral

Repository or Project
Indicate where you want to store the new peripheral.

A new peripheral can be stored in an EDK repository, or in an XPS project. When stored in an EDK repository, the peripheral can be accessed by multiple XPS projects.

To an EDK user repository (Any directory outside of your EDK installation path)
Repository: Browse...
To an XPS project
Project: D:\book_lab\Chapter1\pspl Browse...

图 8-7 添加进工程

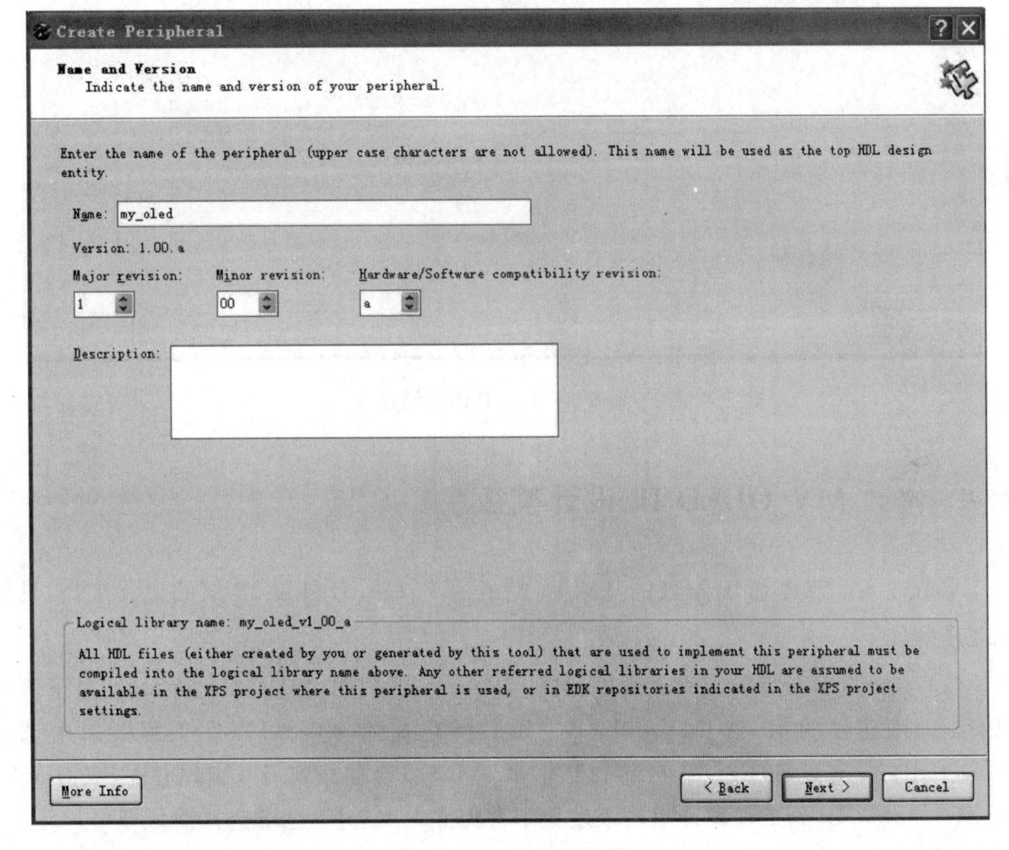

图 8-8 IP 核版本设置

(9) 弹出(OPTIONAL)Peripheral Simulation Support 界面，选择默认即可，单击 Next 按钮。

(10) 弹出(OPTIONAL)Peripheral Implementation Support 界面，如图 8-9 所示，全部选择，单击 Next 按钮。

(11) 弹出 Configurations 界面，单击 Finish 按钮，完成外设配置。

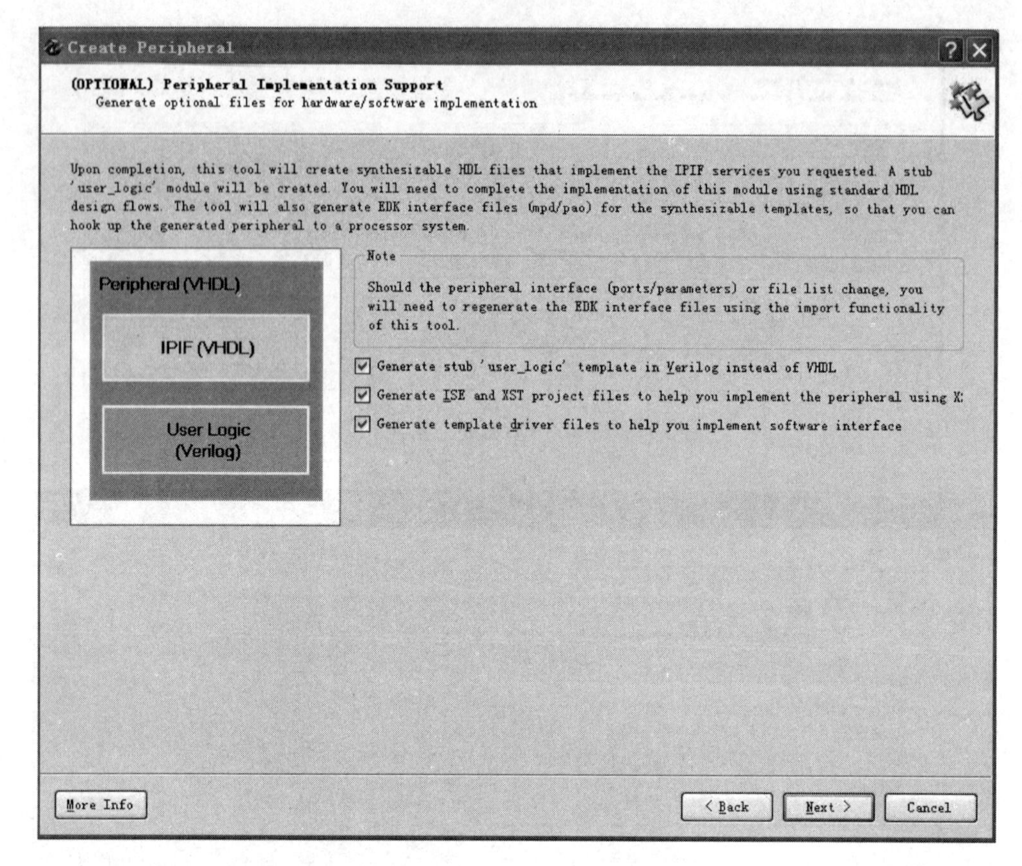

图 8-9　IP 设计语言设置

8.4　修改 MY_OLED IP 设计模板

本节在 8.3 节建立 IP 框架的基础上，完成 MY_OLED 外设 IP 核的设计工作，具体实现步骤如下。

（1）在 8.3 节最后的工程界面里，打开 IP Catalog 视图，如图 8-10 所示，在最下面可以看到前面建立的 IP——MY_OLED。如果没有看到，读者可以在工程菜单中选择 Project→Rescan User Repositories，然后 MY_OLED 会加载到 IP Catalog 中，双击 MY_OLED，加载该 IP 到工程设计中。该过程中会提醒 3 次选择，全部选择默认即可。

（2）在工程中，选择 System Assembly View 视图，如图 8-11 所示，选 Bus Interfaces 标签，可以看到 my_oled_0，即为定制的 IP 核——MY_OLED。

（3）在图 8-11 IP 核总线信息中，右击 my_oled_0，选择 View MPD，打开 MPD 文件，添加 OLED 的相关引脚信息。

在 MPD 文件中的 PORT 下添加 OLED 相关引脚和方向信息，具体代码如下，其中 59～64 行为添加的代码。

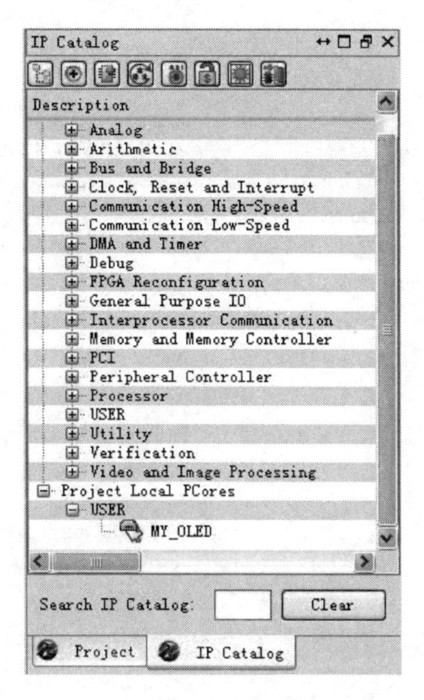

图 8-10　IP 视图

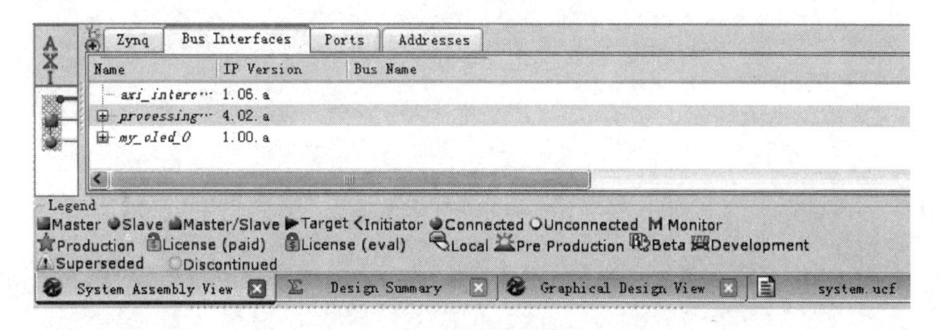

图 8-11　IP 核总线信息

```
57   PORT S_AXI_AWREADY = AWREADY, DIR = O, BUS = S_AXI
58
59   PORT  DC = "",DIR = O
60   PORT  RES = "",DIR = O
61   PORT  SCLK = "",DIR = O
62   PORT  SDIN = "",DIR = O
63   PORT  VBAT = "",DIR = O
64   PORT  VDD = "",DIR = O
```

(4) 在图 8-11 IP 核总线信息中，右击 my_oled_0，选择 Browse HDL Sources，默认打开 verilog 文件夹，选择上一级目录，可以看到 vhdl 文件夹，打开 vhdl 文件夹中的 my_oled.vhd 文件。

在 my_oled.vhd 文件中主要进行三个修改：声明上一步的 5 个信号的端口，将端口和用户逻辑连接以及将端口和 IP 核连接。具体修改代码也有 3 处，添加端口部分代码如下，其中 137～142 行为添加的代码。

```
111 entity my_oled is
112   generic
113   (
114       -- ADD USER GENERICS BELOW THIS LINE ---------------
115       -- USER generics added here
116       -- ADD USER GENERICS ABOVE THIS LINE ---------------
117
118       -- DO NOT EDIT BELOW THIS LINE ---------------------
119       -- Bus protocol parameters, do not add to or delete
120     C_S_AXI_DATA_WIDTH              : integer             := 32;
121     C_S_AXI_ADDR_WIDTH              : integer             := 32;
122     C_S_AXI_MIN_SIZE                : std_logic_vector    := X"000001FF";
123     C_USE_WSTRB                     : integer             := 0;
124     C_DPHASE_TIMEOUT                : integer             := 8;
125     C_BASEADDR                      : std_logic_vector    := X"FFFFFFFF";
126     C_HIGHADDR                      : std_logic_vector    := X"00000000";
127     C_FAMILY                        : string              := "virtex6";
128     C_NUM_REG                       : integer             := 1;
129     C_NUM_MEM                       : integer             := 1;
130     C_SLV_AWIDTH                    : integer             := 32;
131     C_SLV_DWIDTH                    : integer             := 32
132       -- DO NOT EDIT ABOVE THIS LINE ---------------------
133   );
134   port
135   (
136       -- ADD USER PORTS BELOW THIS LINE ------------------
137     DC                              : out std_logic;
138     RES                             : out std_logic;
139     SCLK                            : out std_logic;
140     SDIN                            : out std_logic;
141     VBAT                            : out std_logic;
142     VDD                             : out std_logic;
```

声明用户端口部分代码如下,其中259～264行为添加的代码。

```
243 component user_logic is
244   generic
245   (
246       -- ADD USER GENERICS BELOW THIS LINE ---------------
247       -- USER generics added here
248       -- ADD USER GENERICS ABOVE THIS LINE ---------------
249
250       -- DO NOT EDIT BELOW THIS LINE ---------------------
251       -- Bus protocol parameters, do not add to or delete
252     C_NUM_REG                       : integer             := 1;
253     C_SLV_DWIDTH                    : integer             := 32
254       -- DO NOT EDIT ABOVE THIS LINE ---------------------
255   );
```

```
256 port
257 (
258     -- ADD USER PORTS BELOW THIS LINE ------------------
259    DC                                      : out std_logic;
260    RES                                     : out std_logic;
261    SCLK                                    : out std_logic;
262    SDIN                                    : out std_logic;
263    VBAT                                    : out std_logic;
264    VDD                                     : out std_logic;
265
266     -- ADD USER PORTS ABOVE THIS LINE ------------------
```

用户逻辑端口和IP核端口连接部分代码如下，其中353～358行为添加的代码。

```
340 USER_LOGIC_I : component user_logic
341    generic map
342    (
343       -- MAP USER GENERICS BELOW THIS LINE ---------------
344       -- USER generics mapped here
345       -- MAP USER GENERICS ABOVE THIS LINE ---------------
346
347       C_NUM_REG                           =< USER_NUM_REG,
348       C_SLV_DWIDTH                        =< USER_SLV_DWIDTH
349    )
350    port map
351    (
352       -- MAP USER PORTS BELOW THIS LINE ------------------
353       DC                                   =< DC,
354       RES                                  =< RES,
355       SCLK                                 =< SCLK,
356       SDIN                                 =< SDIN,
357       VBAT                                 =< VBAT,
358       VDD                                  =< VDD,
```

(5) 在如图8-11所示的IP核总线信息中，右击my_oled_0，选择Browse HDL Sources，打开verilog文件夹中的user_logic.v文件。

在user_logic.v文件中主要进行两项工作：声明信号的端口和用户的逻辑设计。根据本例要实现的功能，主要包括增加端口、进行寄存器低6位和端口对应以及寄存器端口数据传输给对应的信号线。增加端口部分具体增加的代码如下，其中57～62行为添加的代码。

```
54 module user_logic
55 (
56  // -- ADD USER PORTS BELOW THIS LINE ---------------
57    DC,
58    RES,
59    SCLK,
60    SDIN,
```

```
61    VBAT,
62    VDD,
63
64  // -- ADD USER PORTS ABOVE THIS LINE ---------------
```

对端口进行定义，代码如下，其中 92～97 行为添加的代码。

```
91  // -- ADD USER PORTS BELOW THIS LINE -----------------
92  output                                  DC;
93  output                                  RES;
94  output                                  SCLK;
95  output                                  SDIN;
96  output                                  VBAT;
97  output                                  VDD;
98
99  // -- ADD USER PORTS ABOVE THIS LINE -----------------
```

增加临时寄存器，具体代码如下，第 131 行为添加的代码。

```
130  // USER logic implementation added here
131  reg [5:0]  tmp;
```

把 tmp 寄存器每位和相应端口对应，具体代码如下，157～162 行为添加的代码。

```
151  assign
152    slv_reg_write_sel  = Bus2IP_WrCE[0:0],
153    slv_reg_read_sel   = Bus2IP_RdCE[0:0],
154    slv_write_ack      = Bus2IP_WrCE[0],
155    slv_read_ack       = Bus2IP_RdCE[0];
156
157  assign      DC                     = tmp[0];
158  assign      RES                    = tmp[1];
159  assign      SCLK                   = tmp[2];
160  assign      SDIN                   = tmp[3];
161  assign      VBAT                   = tmp[4];
162  assign      VDD                    = tmp[5];
```

把 MY_OLED IP 核的寄存器值赋值给 tmp 寄存器，实现 PS 下控制各端口信号，具体代码如下，201～206 行为添加的代码。

```
198     always @( posedge Bus2IP_Clk )
199    begin
200
201     tmp[0]<= slv_reg0[0];
202     tmp[1]<= slv_reg0[1];
203     tmp[2]<= slv_reg0[2];
```

```
204        tmp[3]<= slv_reg0[3];
205        tmp[4]<= slv_reg0[4];
206        tmp[5]<= slv_reg0[5];
207
208      end
```

(6) 在工程中选择 Project→Rescan User Repositories 命令，重新加载 MY_OLED 到 IP Catalog 中。在工程中选择 System Assembly View 视图，选 Ports 标签，展开 my_oled_0，可以看到添加的 5 个引脚信息，如图 8-12 所示。

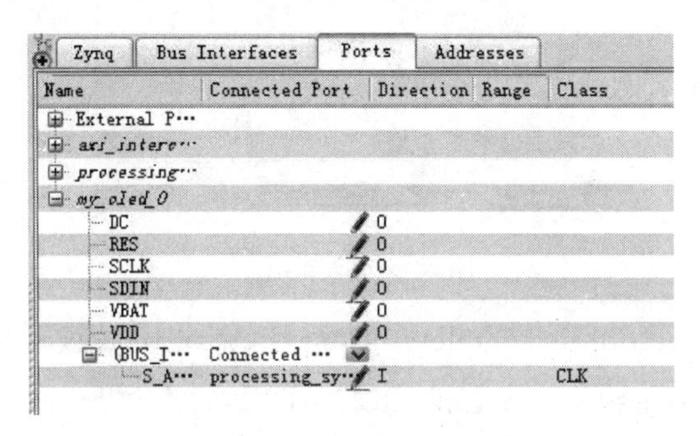

图 8-12　IP Ports 信息

右击 DC 行，选择 Make External 项，然后单击 DC 行，将 my_oled_0_DC_pin 修改为 DC。类似地将 RES、SCLK、SDIN、VBAT 和 VDD 也进行连接和修改，如图 8-13 所示。

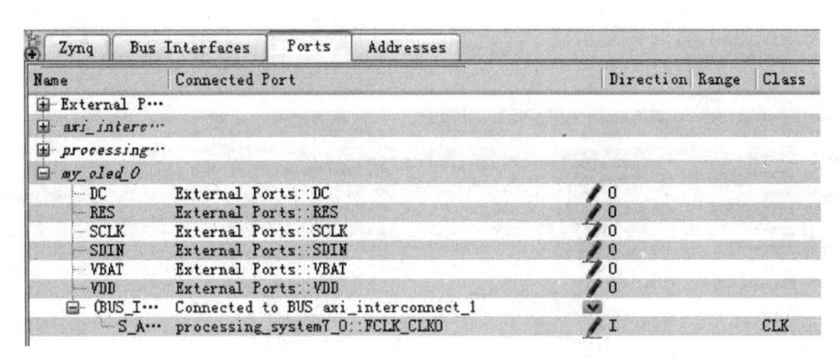

图 8-13　IP Ports 连接信息

(7) 为 6 个信号引脚添加约束信息，单击工程中 Project 视图，如图 8-14 所示，双击打开 UCF File：data\system.ucf 文件。

(8) 在 data\system.ucf 文件中添加引脚约束，代码如下：

```
NET DC     LOC = U10   | IOSTANDARD = LVCMOS33;
NET RES    LOC = U9    | IOSTANDARD = LVCMOS33;
NET SCLK   LOC = AB12 | IOSTANDARD = LVCMOS33;
NET SDIN   LOC = AA12 | IOSTANDARD = LVCMOS33;
NET VBAT   LOC = U11   | IOSTANDARD = LVCMOS33;
NET VDD    LOC = U12   | IOSTANDARD = LVCMOS33;
```

(9) 双击 XPS 工程中的 Generate BitStream 项生成 bit 文件。如果没有错误，最后

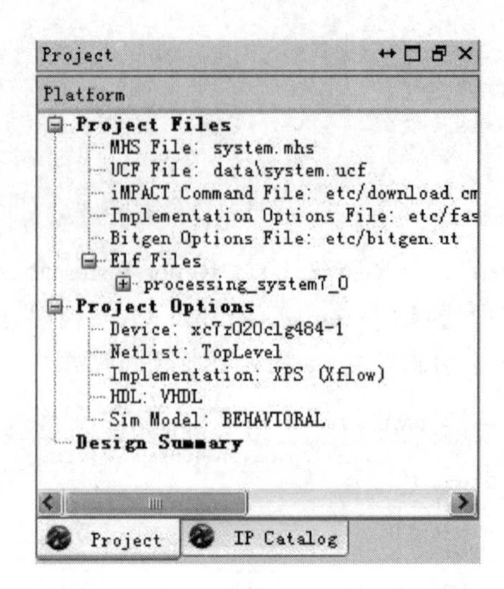

图 8-14　工程信息

会提示“Bitstream generation is complete. Done!”,完成 IP 核设计部分。

在本节中需要特别注意的是设置的 OLED IP 核寄存器地址,在 IP Addresses 中将会显示各个 IP 的地址,如图 8-15 所示。My_oled_0 的 Base Address 为 0x75C00000,大小为 64K,最高地址为 0x75C0FFFF。该地址将在下面的程序设计中用到。读者设计硬件的时候,该地址可能和本书中提到的地址不一致。

Zynq | Bus Interfaces | Ports | Addresses

Instance	Base Name	Base Address	High Address	Size	Bus Interface(s)	Lock
processing_system7_0's Add···						
processing_system7_0	C_DDR_RAM_BAS···	0x00000000	0x1FFFFFFF	512M		☑
my_oled_0	C_BASEADDR	0x75C00000	0x75C0FFFF	64K	S_AXI	☐
processing_system7_0	C_UART1_BASEA···	0xE0001000	0xE0001FFF	4K		☑
processing_system7_0	C_GPIO_BASEADDR	0xE000A000	0xE000AFFF	4K		☑
processing_system7_0	C_ENET0_BASEA···	0xE000B000	0xE000BFFF	4K		☑
processing_system7_0	C_SDIO0_BASEA···	0xE0100000	0xE0100FFF	4K		☑
processing_system7_0	C_USB0_BASEADDR	0xE0102000	0xE0102FFF	4K		☑
processing_system7_0	C_TTC0_BASEADDR	0xE0104000	0xE0104FFF	4K		☑

图 8-15　IP 核 Addresses 信息

8.5　OLED 驱动程序设计实现

本节主要在 8.4 节设计的硬件基础上完成基于 PS 部分的驱动软件设计,实现对 OLED 的控制。

由于 ZedBoard 开发板上的 OLED 使用的是 SPI 协议,并且只支持写,不支持读,因此控制 OLED 就是在 SCLK 的时钟下,通过 SDIN 进行命令和数据的传输。OLED 的控制需要经过初始化和传数据等操作实现。

对于 SPI 通信,注意是实现对相关引脚的高低电平设置。本实例中共有 6 个引脚,因此,需要设置 6 个引脚的高低电平,代码如下:

```
#define OLED_BASE_ADDR 0X75c00000

#define OLED_DC                0
#define OLED_RES               1
#define OLED_SCLK              2
#define OLED_SDIN              3
#define OLED_VBAT              4
#define OLED_VDD               5
//Xil_Out32(OLED_BASE_ADDR,1 << i);
// DC
#define Set_OLED_DC   (Xil_Out32(OLED_BASE_ADDR,Xil_In32(OLED_BASE_ADDR)|(1 << OLED_
DC)))
#define Clr_OLED_DC   (Xil_Out32(OLED_BASE_ADDR,Xil_In32(OLED_BASE_ADDR)&(~(1 << OLED_
DC))))
// RES
#define Set_OLED_RES   (Xil_Out32(OLED_BASE_ADDR,Xil_In32(OLED_BASE_ADDR)|(1 << OLED_
RES)))
#define Clr_OLED_RES   (Xil_Out32(OLED_BASE_ADDR,Xil_In32(OLED_BASE_ADDR)&(~(1 << OLED_
RES))))
// SCLK
#define Set_OLED_SCLK   (Xil_Out32(OLED_BASE_ADDR,Xil_In32(OLED_BASE_ADDR)|(1 << OLED_
SCLK)))
#define Clr_OLED_SCLK   (Xil_Out32(OLED_BASE_ADDR,Xil_In32(OLED_BASE_ADDR)&(~(1 << OLED
_SCLK))))
// SDIN
#define Set_OLED_SDIN   (Xil_Out32(OLED_BASE_ADDR,Xil_In32(OLED_BASE_ADDR)|(1 << OLED_
SDIN)))
#define Clr_OLED_SDIN   (Xil_Out32(OLED_BASE_ADDR,Xil_In32(OLED_BASE_ADDR)&(~(1 << OLED
_SDIN))))
// OLED_VBAT
#define Set_OLED_VBAT   (Xil_Out32(OLED_BASE_ADDR,Xil_In32(OLED_BASE_ADDR)|(1 << OLED_
VBAT)))
#define Clr_OLED_VBAT   (Xil_Out32(OLED_BASE_ADDR,Xil_In32(OLED_BASE_ADDR)&(~(1 << OLED
_VBAT))))
// OLED_VDD
#define Set_OLED_VDD   (Xil_Out32(OLED_BASE_ADDR,Xil_In32(OLED_BASE_ADDR)|(1 << OLED_
VDD)))
#define Clr_OLED_VDD   (Xil_Out32(OLED_BASE_ADDR,Xil_In32(OLED_BASE_ADDR)&(~(1 << OLED_
VDD))))
```

上述代码中#define OLED_BASE_ADDR 0X75c00000 是定义 OLED 的地址，读者可以根据自己生成硬件时产生的实际地址进行修改。

后面的指令分别是对相关的信号置位或者清零，同时对其他位没有影响。在后面的驱动程序中，利用信号置位或者清零，并增加延时函数，模拟出时钟信号和读写时序等。

8.5.1 OLED 初始化

驱动 IC 的初始化代码，可直接使用厂家推荐设置，只要对细节部分进行一些修改，使其满足要求即可，其他不需要变动。

根据 SSD1306 数据手册的初始化说明，具体步骤如图 8-16 所示。

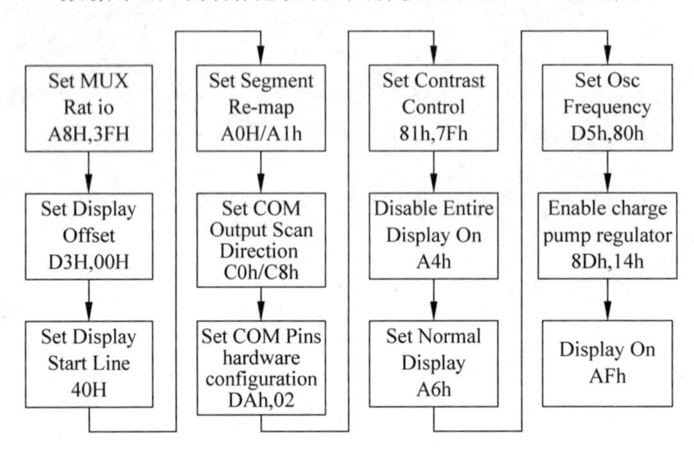

图 8-16　SSD1306 初始化步骤

初始化的实现就是对 SSD1306 进行写命令，因此，首先要完成写命令函数，具体代码如下：

```
void write_cmd(u8 data)
{
    u8 i;
    Clr_OLED_DC;                //DC = 0,该函数为写命令

    for(i = 0;i < 8;i++)
    {
        Clr_OLED_SCLK;          //拉低 sclk

        if(data&0x80)           //如果该位为 1
            Set_OLED_SDIN;      //置 1
        else
            Clr_OLED_SDIN;      //否则该位为 0
        Set_OLED_SCLK;          //置位 sclk
        data <<= 1;             //数据左移 1 位
    }
}
```

上述代码通过改变 SCLK 信号，当 SCLK 下降沿的时候，通过 SDIN 引进发送一位数据。

初始化源码在该实例工程文件里的 oled. c 文件中，由 OLED_Init 函数实现，该函数主要就是按照 SSD1306 初始化步骤，把相关命令写入寄存器中。根据 SSD1306 手册，在

基本初始化前需要对 SSD1306 进行复位,因此,该函数开始部分增加了以下代码:

```
Clr_OLED_RES;            //RES = 0
usleep(10000);           //延迟 10ms
Set_OLED_RES;            //RES = 1
```

具体初始化代码如下:

```
write_cmd(0xA8);
 write_cmd(0x3F);

 write_cmd(0xD3);
 write_cmd(0x00);

 write_cmd(0x40);

 write_cmd(0xA0);
 write_cmd(0xC8);

 write_cmd(0xDA);
 write_cmd(0x02);

 write_cmd(0x81);
 write_cmd(0x7F);

 write_cmd(0xA4);
 write_cmd(0xA6);

 write_cmd(0xD5);
 write_cmd(0x80);

 write_cmd(0x8D);
 write_cmd(0x14);

 write_cmd(0xAF);
```

8.5.2 写数据相关函数

在 SCLK 时钟下,根据要写入的数据,设置 SDIN 引脚的电平,一位一位地把数据写入 SSD1306,具体代码如下:

```
void write_data(u8 data)
{
    u8 i;
    Set_OLED_DC;

    for(i = 0;i < 8;i++)
```

```
    {
        Clr_OLED_SCLK;

        if(data&0x80)
            Set_OLED_SDIN;
        else
            Clr_OLED_SDIN;
        Set_OLED_SCLK;
        data <<= 1;
    }
}
```

显示点函数如下：

```
void OLED_DrawPoint(u8 x,u8 y,u8 t)
{
    u8 pos,bx,temp = 0;

    if(x < 127||y < 63)
        return;                                          //超出范围了
    pos = 7-y/8;
    bx = y % 8;
    temp = 1 <<(7-bx);

    if(t)
        OLED_GRAM[x][pos]| = temp;
    else
        OLED_GRAM[x][pos]& = ~temp;
}
//在指定位置显示一个字符,包括部分字符
//x:0~127
//y:0~63
//mode:0 表示反白显示;1 表示正常显示
//size:选择字体 16/12
void OLED_ShowChar(u8 x,u8 y,u8 chr,u8 size,u8 mode)
{
    u8 temp,t,t1;
    u8 y0 = y;
    chr = chr - ' ';                                     //得到偏移后的值
    for(t = 0;t < size;t++)
    {
        if(size == 12)temp = asc2_1206[chr][t];          //调用 1206 字体
        else temp = asc2_1608[chr][t];                   //调用 1608 字体
        for(t1 = 0;t1 < 8;t1++)
        {
            if(temp&0x80)OLED_DrawPoint(x,y,mode);
            else OLED_DrawPoint(x,y,!mode);
            temp <<= 1;
            y++;
```

```
            if((y - y0) == size)
            {
                y = y0;
                x++;
                break;
            }
        }
    }
}
//显示 2 个数字
//x,y :起点坐标
//len :数字的位数
//size:字体大小
//mode:模式 0 表示填充模式;1 表示叠加模式
//num:数值(0～4294967295);
    void OLED_ShowNum(u8 x,u8 y,u32 num,u8 len,u8 size)
    {
    u8 t,temp;
    u8 enshow = 0;
    for(t = 0;t < len;t++)
    {
        temp = (num/mypow(10,len - t - 1)) % 10;
        if(enshow == 0&&t <(len - 1))
        {
            if(temp == 0)
            {
                OLED_ShowChar(x + (size/2) * t,y,' ',size,1);
                continue;
            }else enshow = 1;

        }
        OLED_ShowChar(x + (size/2) * t,y,temp + '0',size,1);
    }
}
//显示字符串
//x,y:起点坐标
//*p:字符串起始地址
//用 16 字体
    void OLED_ShowString(u8 x,u8 y,const u8 *p)
    {
    #define MAX_CHAR_POSX 122
    #define MAX_CHAR_POSY 58
    while(*p!= '\0')
    {
        if(x < MAX_CHAR_POSX){x = 0;y += 16;}
        if(y < MAX_CHAR_POSY){y = x = 0;OLED_Clear();}
        OLED_ShowChar(x,y, *p,16,1);
        x += 8;
        p++;
    }
}
```

8.5.3 写显存相关函数实现

显存数据写入SSD1306存储器，所采用的办法是在PS的内部建立一个OLED的GRAM(共128个字节)，在每次修改的时候，只修改PS上的GRAM(实际上就是SRAM)，在修改完了之后，一次性把PS上的GRAM写入OLED的GRAM。

```
// SSD1306 OLED 的显存
//存放格式如下:
//[0] 0 1 2 3 4 5 6 7 8 9... 127
//[1] 0 1 2 3 4 5 6 7 8 9... 127
//[2] 0 1 2 3 4 5 6 7 8 9... 127
//[3] 0 1 2 3 4 5 6 7 8 9... 127
//[4] 0 1 2 3 4 5 6 7 8 9... 127
//[5] 0 1 2 3 4 5 6 7 8 9... 127
//[6] 0 1 2 3 4 5 6 7 8 9... 127
//[7] 0 1 2 3 4 5 6 7 8 9... 127
```

具体代码如下：

```
u8 OLED_GRAM[128][8];
void OLED_Refresh_Gram(void)
{
    u8 i,n;
    for(i = 0;i < 8;i++)
    {
        write_cmd (0xb0 + i);     //设置页地址(0～7)
        write_cmd (0x00);        //设置显示位置——列低地址,偏移了 2 列
        write_cmd (0x10);        //设置显示位置——列高地址
        for(n = 0;n < 128;n++)write_data(OLED_GRAM[n][i]);
    }
}
//更新显存到 LCD
void OLED_Refresh_Gram(void)
{
    u8 i,n;
    for(i = 0;i < 8;i++)
    {
        write_cmd (0xb0 + i);     //设置页地址(0～7)
        write_cmd (0x02);        //设置显示位置——列低地址,偏移了 2 列
        write_cmd (0x10);        //设置显示位置——列高地址
        for(n = 0;n < 128;n++)write_data(OLED_GRAM[n][i]);
    }
}
```

本例中其他相关函数请查看源码和相关注释。

8.6 设计验证

本节利用SDK软件的BSP包进行软件设计，具体步骤如下。

(1) 在8.4节生成硬件的界面中单击Export Design按钮，在弹出的窗口中勾选

Include bitstream and BMM file,单击 Export & Launch SDK 按钮。

(2) 弹出 SDK 工作目录,本书目录为 E:\ch8\lab1\sw。

(3) 在 SDK 中选择 File→New→Application Project 命令,弹出工程设置窗口,工程名称为 oled,其他选用默认即可。单击 Next 按钮,在弹出窗口中选择 Empty Application,单击 Finish 按钮,完成工程设置。

(4) 在工程里新建 font.h、main.c、oled.h 和 oled.c 4 个文件,其中 font.h 用于存放字符和数字编码,oled.h 和 oled.c 是实现 OLED 相关操作源文件,main.c 文件是该工程主程序。各文件具体内容请参考工程源码。

(5) 编译工程,生成 oled.elf 可执行程序。

(6) 将 bootimage.bif 文件打开,修改引导的可执行程序名称,修改后的代码如下:

```
the_ROM_image:
{
        [bootloader] fsbl.elf
        system.bit
        oled.elf
}
```

(7) 将 makeboot.bat 文件、本章修改后的 bootimage.bif、编译生成的 oled.elf 文件、fsbl.elf 和 system.bit 文件复制到 D:\Xilinx\14.3\ISE_DS\ISE\bin\nt 下,双击 makeboot.bat 文件,即可在该目录下生成 boot.bin 可执行镜像文件。

(8) 将 boot.bin 文件复制到 SD 卡,将 ZedBoard 设置成 SD 卡启动,启动 ZedBoard 后,可以看到 OLED 显示结果,如图 8-17 所示。

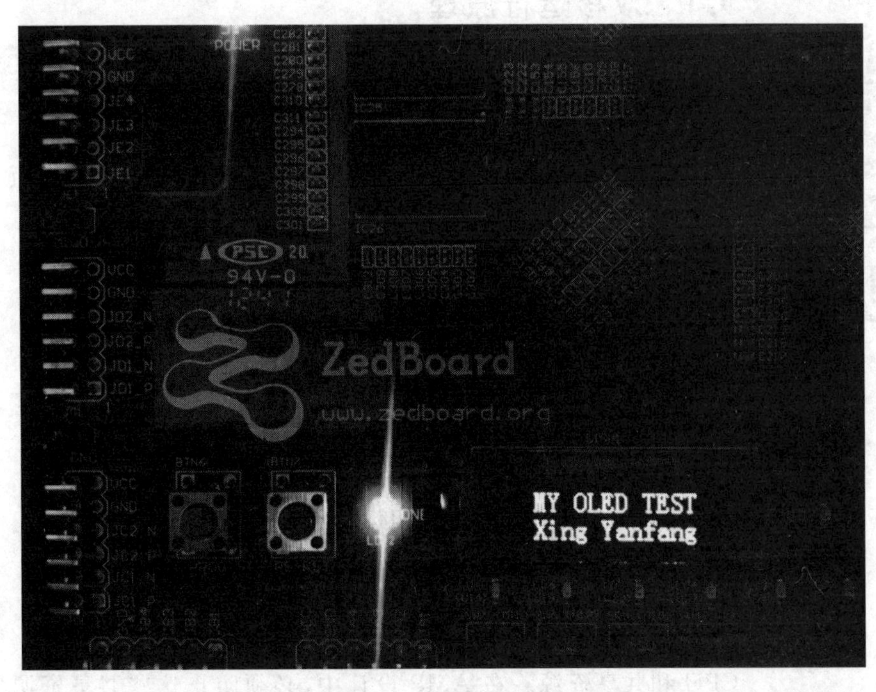

图 8-17　OLED 运行结果

第9章 Zynq双核运行原理及实现

Zynq-7000全可编程SoC包含两个ARM Cortex-A9处理器,有着共同的存储器和外设。Zynq是一种主从关系的AMP架构,通过松散耦合共享资源,允许两个处理器同时运行自己的操作系统或裸机应用程序。本章介绍了一种启动双核处理器方法,每个处理器运行自己操作系统或应用程序,通过共享内存的方式实现两个处理器相互通信。

本章实例包括硬件和软件部分,文章中CPU0是主处理器,控制系统和共享资源,CPU1是从处理器,OCM作为CPU0和CPU1通信的共享内存,实现了启动Zynq的双核CPU,各自同时运行裸机程序,通过共享内存实现了两个CPU之间的通信,并将运行信息在OLED上显示出来。

9.1 双核运行原理

1. CPU0责任

在本章实例中,CPU0上运行裸机程序是主系统,主要负责以下任务。

(1) 系统初始化。

(2) 控制CPU1的启动。

(3) 与CPU1通信。

(4) 与CPU1共享OLED。

2. CPU1责任

CPU1上运行的裸机应用程序主要负责以下任务。

(1) 与CPU0上运行的程序通信。

(2) 与CPU0共享OLED。

Zynq的SoC处理系统(PS)包括每个CPU的私有资源、由两个CPU和共享资源。在AMP设计中,必须防止这些共享资源争夺两个CPU。

3. 私有资源

每个 CPU 私有资源主要包括:
(1) L1 缓存。
(2) 专用外设中断(PPI)。
(3) 内存管理单元(MMU)。
(4) 私有定时器。

4. 共享资源

两个 CPU 共享资源主要包括:
(1) 中断控制分配器(ICD)。
(2) DDR 内存。
(3) 片上存储器(OCM)。
(4) 全局定时器。
(5) SCU 和 L2 缓存。

5. 共享资源处理

在本章实例中,CPU0 作为主处理控制共享资源。如果 CPU1 需要控制一个共享资源,必须请求 CPU0 并让 CPU0 控制资源。

OCM 被当做两个 CPU 通信共享资源,相比 DDR 内存,OCM 具有非常高的性能和低延迟访问的特点。

设计防止共享资源冲突的问题采取如下方法:

(1) DDR 内存。CPU0 使用的内存地址为 0x00100000~0x001FFFFF。CPU1 裸机应用程序使用的内存地址为 0x00200000~0x002FFFFF。

(2) L2 高速缓存。CPU1 不使用二级缓存。

(3) ICD。CPU1 为从核心在 PL 的中断路由到 PPI 控制器,通过使用 PPI,CPU1 中断服务的自由,而不需要访问 ICD。

(4) 定时器。CPU0 和 CPU1 使用全局定时器。

(5) OCM。每个 CPU 访问 OCM 需要非常小心,以防止争资源冲突。

6. 双核运行过程

Zynq 是一个可扩展处理平台,就是有 FPGA 作为外设的 A9 双核处理器。所以,它的启动流程也和 FPGA 完全不同,而与传统的 ARM 处理器类似。Zynq 的启动配置需要多个处理步骤,通常情况,需要包含以下 3 个阶段。

(1) 阶段 0:在器件上电运行后,处理器自动开始 Stage-0 Boot,也就是执行片内 BootROM 中的代码,上电复位或者热复位后,处理器执行不可修改的代码。

(2) 阶段 1:BootROM 初始化 CPU 和一些外设后,读取下一个启动阶段所需的程序代码 FSBL(First Stage Boot Loader),它可以是由用户修改控制的代码。

(3) 阶段 2:这是用户基于 BSP 的裸机程序,也可以是操作系统的启动引导程序,这个阶段代码完全是在用户的控制下实现的。

系统上电启动后，第0阶段启动代码判断启动模式，将第一阶段启动代码amp_fsbl.elf下载到DDR中，并开始执行。FSBL会配置硬件比特流文件，加载CPU0可执行文件和CPU1可执行文件到DDR对应的链接地址。在这一阶段，所有代码在CPU0中执行。然后执行第一个可执行文件app_cpu0.elf，把CPU1上将要执行的应用程序执行地址写入OCM的0xFFFFFFF0地址，然后执行SEV汇编指令，激活CPU1。CPU1激活后，将会到OCM的0xFFFFFFF0地址读取其数值，其数值就是CPU1执行可执行程序的地址，CPU1应用程序将从该地址执行。

CPU0和CPU1共享OLED外设，并显示相关运行信息。CPU0和CPU1分时占用OLED资源，各占用5秒，相互之间通过OCM的0xFFFF0000地址作为共享内存进行通信协调。当0xFFFF0000里内容为0时，OLED由CPU0占有，当0xFFFF0000里内容为1时，OLED由CPU1使用。OCM是片上内存，访问速度比片外DDR要快，因此，两个CPU通信的实时性比较高。

Zynq是AMP体系架构，CPU0和CPU1各自占用独立的DDR空间，其中CPU0占用的DDR地址为0x00100000～0x001FFFFF，CPU1使用的地址空间为0x00200000～0x002FFFFF 。双核运行原理如图9-1所示。

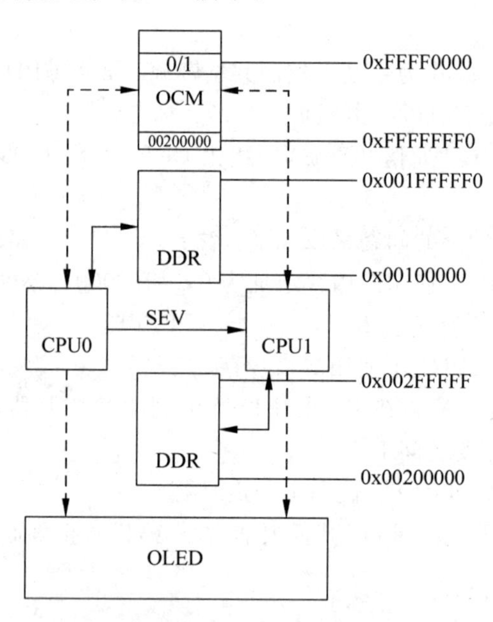

图9-1　双核运行原理

9.2　硬件系统设计

Zynq是PS+PL结构，其中PL部分就是传统意义的FPGA，可以方便定制外设电路IP，也可以进行相关的算法设计，和使用普通FPGA完全一样。Zynq的PS部分和普通的ARM芯片一样，可以独立使用。Zynq最大的特点是可以利用PL部分灵活地定制外设，挂在PS上，而普通的ARM，外设是固定的。因此，Zynq的硬件外设是不固定的，这也是 Zynq 灵活性的一个表现。两个应用程序运行在 PS 部分的 Cortex-A9 双核处理器,因此,PS 部分自带的相关硬件使用 Xilinx 默认配置即可,但双核 CPU 运行的相关信息需要在 OLED 上显示,因此需要在 PL 部分定制一个 OLED 的 IP 核,通过 AXI 总线和 PS 进行通信。在 PS 部分对 OLED 进行驱动设计和显示设计。

其硬件定制和第 8 章中的 OLED 设计完全相同,请参照 OLED 数额及相关章节硬件设计。按照 OLED 设计,建立硬件设计,本书配套资源提供了相关的设计文件,所有设计文件在 ch9/lab1/ampfsbl 文件夹中。读者可以双击 system. xmp,打开硬件设计工程,可以看到硬件设计和 OLED 硬件设计完全一样,单击左侧 Generate Bitstream 按钮,生成硬件比特流文件 system. bit 文件,单击 Export & Launch SDK 按钮,进入嵌入式软件 SDK 工作窗口,进行软件设计。

9.3 软件设计

软件设计主要包括 CPU0 应用程序和 CPU1 应用程序,其中 CPU0 部分主要实现系统初始化、启动 CPU1 和在 OLED 显示信息。因此,该软件可以为 4 个部分。

(1) 第一阶段引导加载程序(FSBL)。

(2) CPU0 上运行的裸机程序。

(3) CPU1 上运行的裸机程序。

(4) OLED 驱动好显示程序。

其中 OLED 驱动和显示程序和 OLED 完全相同,只是整合到本章工程中,此处不再讲解。

9.3.1 FSBL

FSBL 总是运行在 CPU0 上,这是上电复位后 PS 运行的第一个软件应用程序。负责配置 PL 和将应用程序 ELF 文件复制到 DDR 内存。加载应用程序到 DDR 内存后,FSBL 开始执行第一个被加载的应用程序。

Xilinx 的 ISE 设计套件包含 FSBL 工程,但不支持多个数据或多 ELF 文件。设计套件里 FSBL 首先寻找一个 bit 文件,如果该文件被发现,FSBL 将它写入 PL。不论是否有 bit 文件, FSBL 都会加载 ELF 文件到内存并执行该应用程序。

双核同时执行两个应用程序,而 ISE 套件包含的 FSBL 不能同时加载两个应用程序,所以必须对 FSBL 进行修改。

在本章实例中,FSBL 继续搜索文件加载到内存中,直到检测到一个文件,其加载地址是 0xFFFFFFF0。FSBL 下载到这个最后的可执行文件,并跳转到发现的第一个 elf 文件的地址执行程序。

1. 修改 FSBL 程序

主要是修改 FSBL 工程中 image_mover. c 文件中的 PartitionMove 函数,修改代码如下,其中黑斜体部分是修改部分。

```
u32 PartitionMove(u32 ImageAddress, int PartitionNum)
{
    …
…//省略若干代码
…
        MoveImage(SourceAddr, LoadAddr, (DataLength << WORD_LENGTH_SHIFT));
    …//省略若干代码
load_next_partition:

    //JM detect cpu1 boot vector as last partiton and finish up
    if (LoadAddr == 0xFFFFFFF0) {
        goto update_status_reg;
    }
    …//省略若干代码
    …
    /* Don't re-initialize ExecAddr & SectionCount */
    ImageLength = Header.ImageWordLen;
    DataLength = Header.DataWordLen;
    PartitionLength = Header.PartitionWordLen;
    LoadAddr = Header.LoadAddr;
    SourceAddr = Header.PartitionStart;
    //JM reinit SectionCount if this is a new sub-partition
    if (SectionCount == 0) {
SectionCount = Header.SectionCount;
}
    …
    …//省略若干代码
    …
} /* End of Partition Move */
```

为不影响ISE配套的FSBL工程，本书将修改好的FSBL工程单独放在配套资源的E:\ch9\sdk_repo\sw_apps下，名称为amp_fsbl。

2. SDK属性设置

在9.1节中，硬件设计目录为E:\ch9\lab1\hw，软件SDK设计目录为E:\ch9\lab1\sw。为在SDK中能使用修改后的amp_fsbl，需要修改SDK的属性。步骤如下：

(1) 在SDK中选择Xilinx tools→repositories命令，如图9-2所示。

(2) 在图9-2的Local Repositories中选择New，文件夹路径为E:\ch9\sdk_repo，如图9-3所示，单击OK按钮完成设置。

在图9-3中，添加的路径以sdk_repo实际所在目录为准。本书sdk_repo是存放在E:\ch9目录下。

3. 设计amp_fsbl

设计amp_fsbl主要步骤如下。

(1) 在SDK中选择file→new→Application Project命令，进入新建应用工程向导，

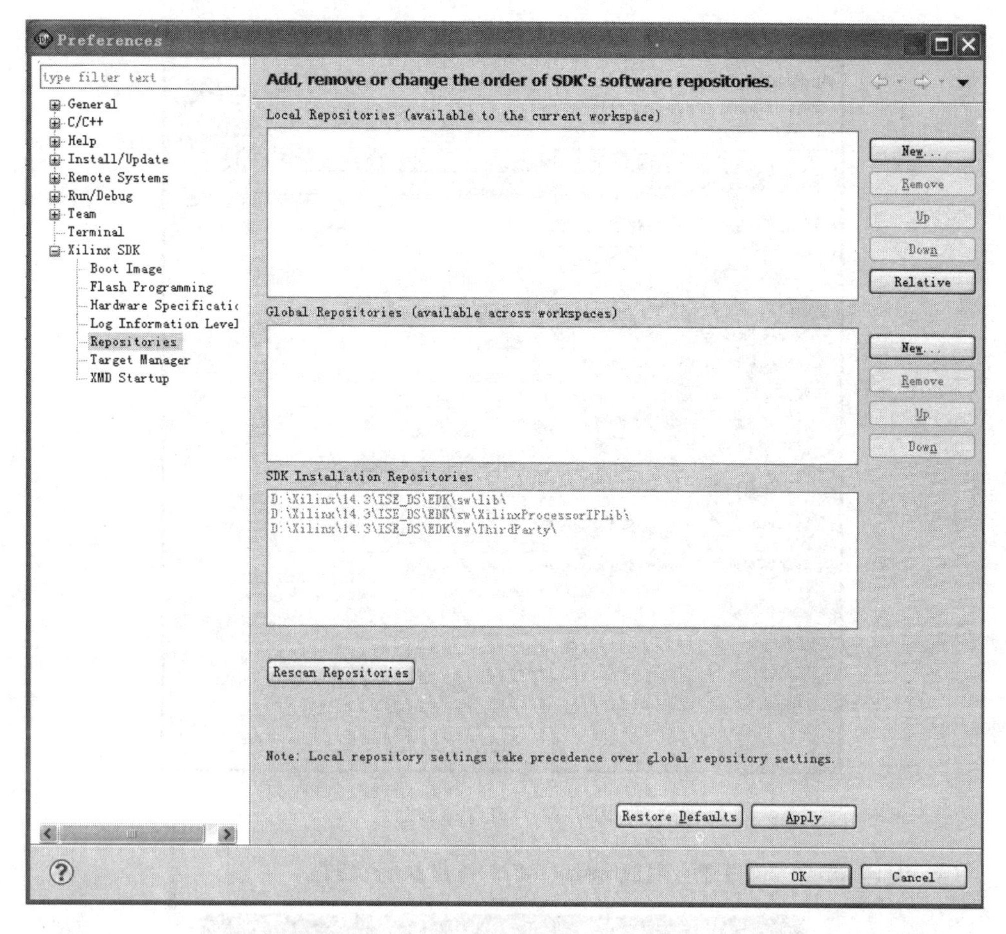

图 9-2 Repositories

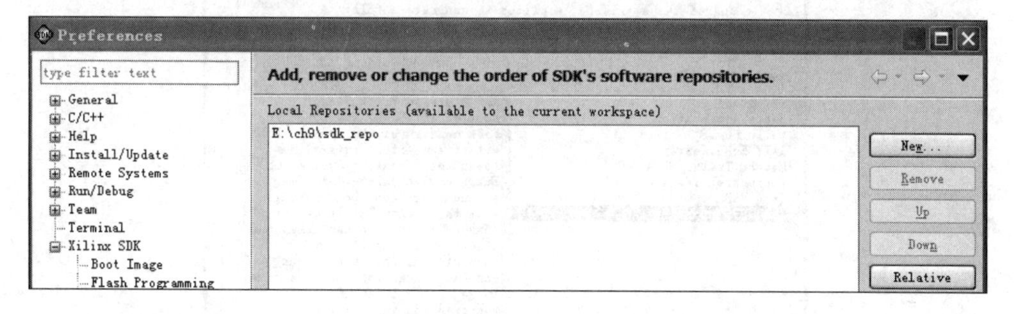

图 9-3 设置好 Repositories

设置工程名称为 amp_fsbl。Hardware Platform 选择 hw_hw_platform，由于 FSBL 允许在 CPU0，因此 Processor 选择 ps7_cortexa9_0。FSBL 是裸机程序，因此 OS Platform 选择 Standalone。其他选择用默认即可，如图 9-4 所示。

（2）在图 9-4 中，单击 Next 按钮，进入下一步，本实例是建立双核运行程序，因此，选择 Zynq FSBL for AMP，如图 9-5 所示。

（3）单击图 9-5 中的 Finish 按钮，完成 amp_fsbl 工程。

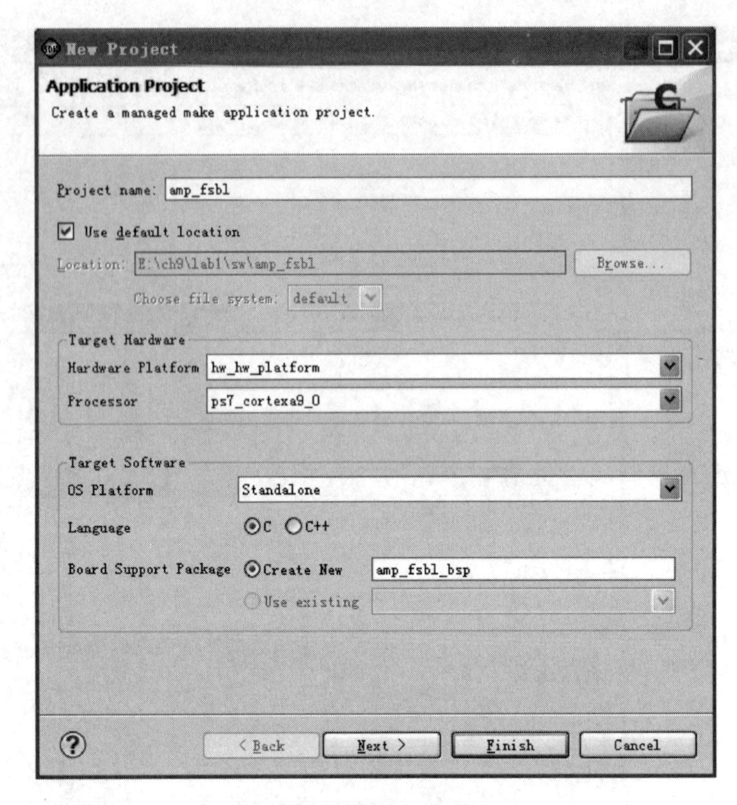

图 9-4　新建工程设置

（4）编译 amp_fsbl 工程，生成 amp_fsbl. elf 可执行文件。

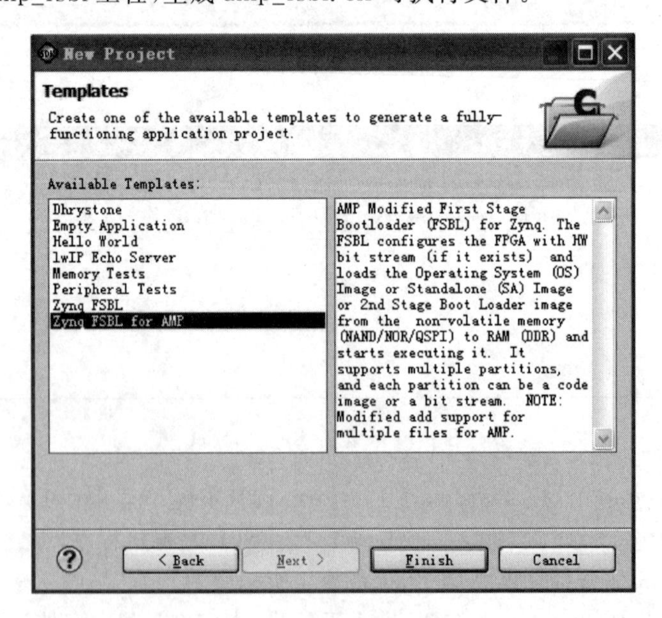

图 9-5　选择应用类型

9.3.2 CPU0应用程序设计

FSBL 加载完应用程序后，跳转到 0x00100000 处执行 CPU0 程序，首先配置 MMU，关闭 Cache，使 OCM 物理地址为 0xFFFF0000～0xFFFFFFFF 和 0x00000000～0x0002FFFF。

关闭 Cache 后，CPU0 执行 SEV 汇编指令，激活 CPU1，CPU1 到 OCM 的 0xFFFFFFF0 地址读取 CPU1 应用程序地址，开始执行 CPU1 的应用程序。

判断共享内存 COM_VAL 是否为 0，如果不为 0，将继续等待判断；如果为 0，将在 OLED 上显示相关信息，延时 5s，将 COM_VAL 设置为 1，把 OLED 资源让给 CPU1 使用。然后继续判断共享内存 COM_VAL 是否为 0，等待 CPU1 把 OLED 使用权让给 CPU0。

CPU0 在 DDR 执行的物理地址由链接脚本设置，将其运行地址设置为 0x00100000，链接脚本文件相关内存地址设置如表 9-1 所示。

表 9-1　CPU0 内存地址

Name	Base Address	Size
ps7_ddr_0_AXI_BASEADDR	0x00100000	0x00100000
ps7_ram_0_AXI_BASEADDR	0x00000000	0x00030000
ps7_ram_1_AXI_BASEADDR	0xFFFF0000	0x0000FE00

CPU0 软件流程图如图 9-6 所示。

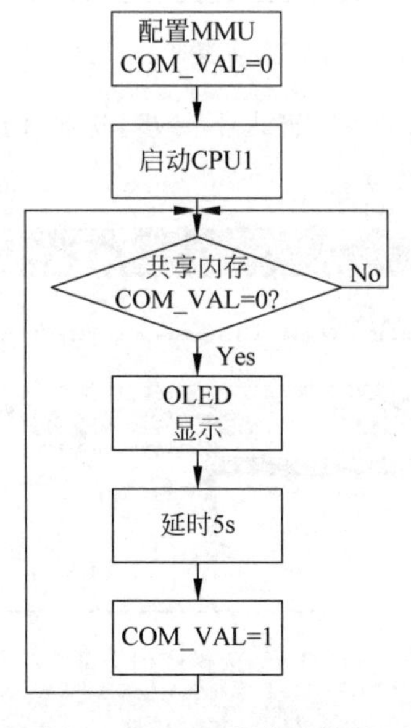

图 9-6　CPU0 程序流程图

CPU0 应用程序设计步骤如下。

(1) 在 SDK 中选择 file→new→Application Project 命令，进入新建应用工程向导，

设置工程名称为 app_cpu0。Hardware Platform 选择 hw_hw_platform，是 CPU0 应用程序，因此 Processor 选择 ps7_cortexa9_0。该程序也是裸机程序，因此 OS Platform 选择 Standalone。其他选择用默认即可，如图 9-7 所示。

图 9-7　新建工程设置

(2) 在图 9-7 中单击 Next 按钮，进入下一步，选择 Empty Application，如图 9-8 所示，单击 Finish 按钮完成工程建立。

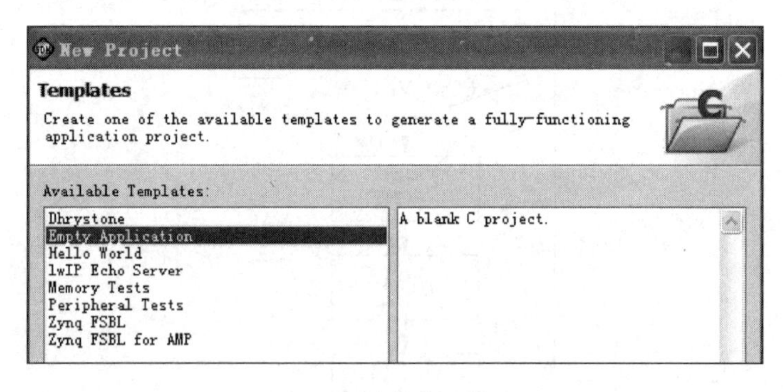

图 9-8　选择应用类型

(3) 在 app_cpu0 工程中的 src 文件夹下，新建 app_cpu0. c、font. h、oled. c、oled. h 和 lscript. ld 文件，其中 font. h、oled. c、oled. h 3 个文件是 OLED 显示文件，和第 8 章完全一样，此处不再讲解。

app_cpu0. c 是 CPU0 应用程序的主文件，代码如下：

```
#include <stdio.h>
#include "xil_io.h"
#include "xil_mmu.h"
#include "xil_exception.h"
#include "xpseudo_asm.h"
#include "xscugic.h"

#include "sleep.h"
#include "xil_io.h"
#include "oled.h"

#define sev() __asm__("sev")
#define CPU1STARTADR 0xfffffff0
#define COMM_VAL  (*(volatile unsigned long *)(0xFFFF0000))

int main()
{
    //Disable cache on OCM
    Xil_SetTlbAttributes(0xFFFF0000,0x14de2); // S = b1 TEX = b100 AP = b11, Domain = b1111,
C = b0, B = b0
    COMM_VAL = 0;
    Xil_Out32(CPU1STARTADR, 0x00200000);
    dmb(); //waits until write has finished
    sev();
    while(1){
            Xil_Out32(OLED_BASE_ADDR,0xff);
            OLED_Init();            //初始化液晶
            OLED_ShowString(0,0, "Multi Core TEST");
            OLED_ShowString(0,16, "CPU0 USING OLED");
            OLED_Refresh_Gram();
            sleep(5);
        COMM_VAL = 1;
        while(COMM_VAL == 1);
    }
    return 0;
}
```

lscript.ld 文件主要指定 CPU0 应用程序的链接内存地址，代码如下：

```
MEMORY
{
   ps7_ddr_0_S_AXI_BASEADDR : ORIGIN = 0x00100000, LENGTH = 0x00100000
   ps7_ram_0_S_AXI_BASEADDR : ORIGIN = 0x00000000, LENGTH = 0x00030000
   ps7_ram_1_S_AXI_BASEADDR : ORIGIN = 0xFFFF0000, LENGTH = 0x0000FE00
}
```

（4）编译 app_cpu0 工程，生成 app_cpu0.elf 可执行文件。

9.3.3 CPU1 应用程序设计

CPU1 在激活后，将会从 DDR 的 0x00200000 地址开始执行应用程序，由于 Zynq 是 AMP 架构，各个 CPU 独立使用资源。因此，在 CPU1 里仍需要设置 MMU，关闭 Cache。

关闭 Cache 后，CPU1 等待 CPU0 将共享内存设置为 1，然后在 OLED 上显示相关信息。延时等待后，清除共享内存，将 OLED 让给 CPU0 使用。

CPU1 在 DDR 执行的物理地址由链接脚本设置，将其运行地址设置为 0x00200000，链接脚本文件相关内存地址设置如表 9-2 所示。

表 9-2　CPU1 内存地址

Name	Base Address	Size
ps7_ddr_0_AXI_BASEADDR	0x00200000	0x00300000
ps7_ram_0_AXI_BASEADDR	0x00000000	0x00030000
ps7_ram_1_AXI_BASEADDR	0xFFFF0000	0x0000FE00

软件流程图如图 9-9 所示。

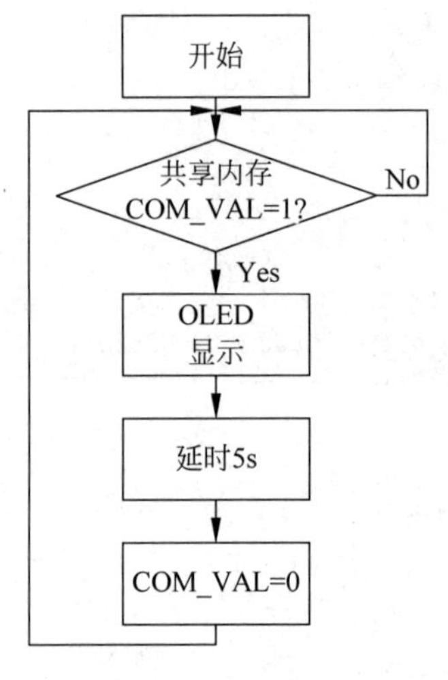

图 9-9　CPU1 程序流程图

1. CPU1 应用程序 BSP 包设计

CPU1 的 BSP 包和 ISE 也有所修改，修改后的文件所在路径为 E:\ch9\sdk_repo，建立新 BSP 包的步骤如下。

(1) 在 SDK 中选择 File→New→Board Support Package 命令，在弹出的窗口中设置 Project name 为 app_cpu1_bsp，CPU 选择 ps7_cortexa9_1，Board Support Package OS 选择 standalone_amp，如图 9-10 所示。

(2) 单击图 9-10 的 Finish 按钮，弹出 Board Support Package Settings 窗口，选择 Overview→drivers→cpu_cortexa9 添加 - D USE_AMP＝1 到 extra_compiler_flags，如

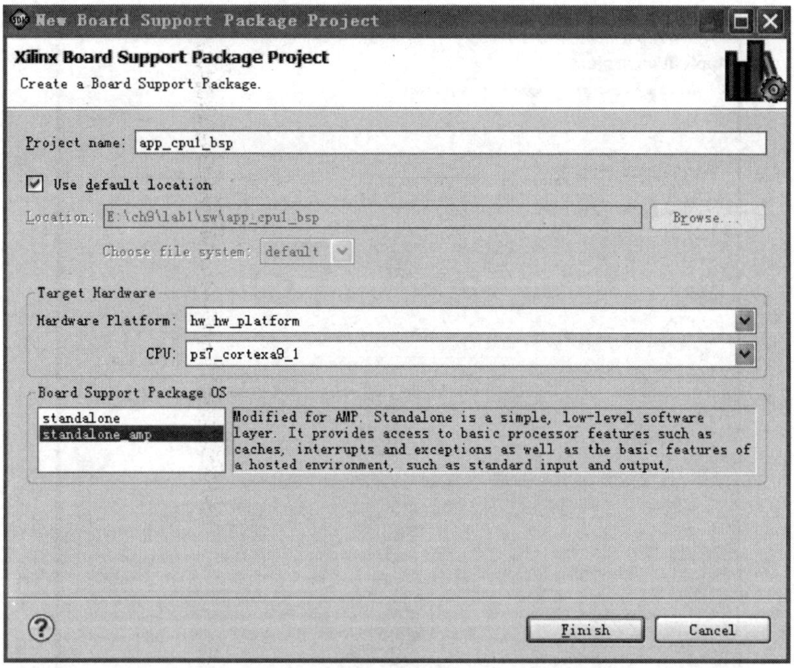

图 9-10 建立 BSP 工程

图 9-11 所示，单击 OK 按钮完成 BSP 设置。

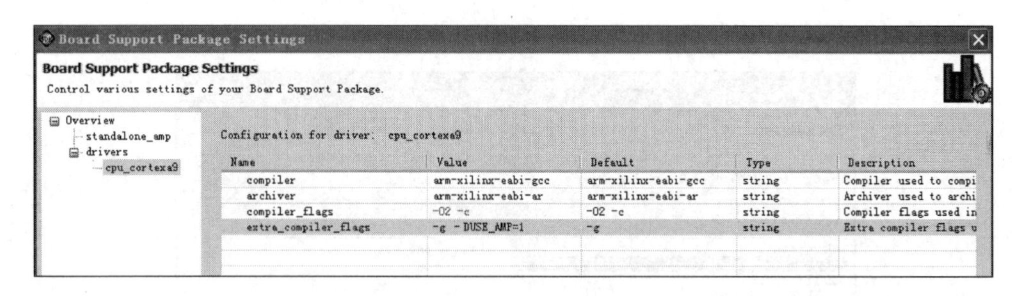

图 9-11 BSP 设置

2. CPU1 应用程序设计

CPU1 应用程序设计步骤如下。

(1) 在 SDK 中选择 file→new→Application Project 命令，进入新建应用工程向导，设置工程名称为 app_cpu1。Hardware Platform 选择 hw_hw_platform 是 CPU1 应用程序，因此 Processor 选择 ps7_cortexa9_1。该程序也是裸机程序，因此 OS Platform 选择 Standalone，Board Support Package 选择 Use existing 的 app_cpu1_bsp，如图 9-12 所示。

(2) 在图 9-12 中单击 Next 按钮进入下一步，选择 Empty Application，如图 9-13 所示，单击 Finish 按钮完成工程建立。

(3) 在 app_cpu1 工程中的 src 文件夹下，新建 app_cpu1. c、font. h、oled. c、oled. h 和 lscript. ld 文件，其中 font. h、oled. c、oled. h 3 个文件是 OLED 显示文件，和第 8 章完全

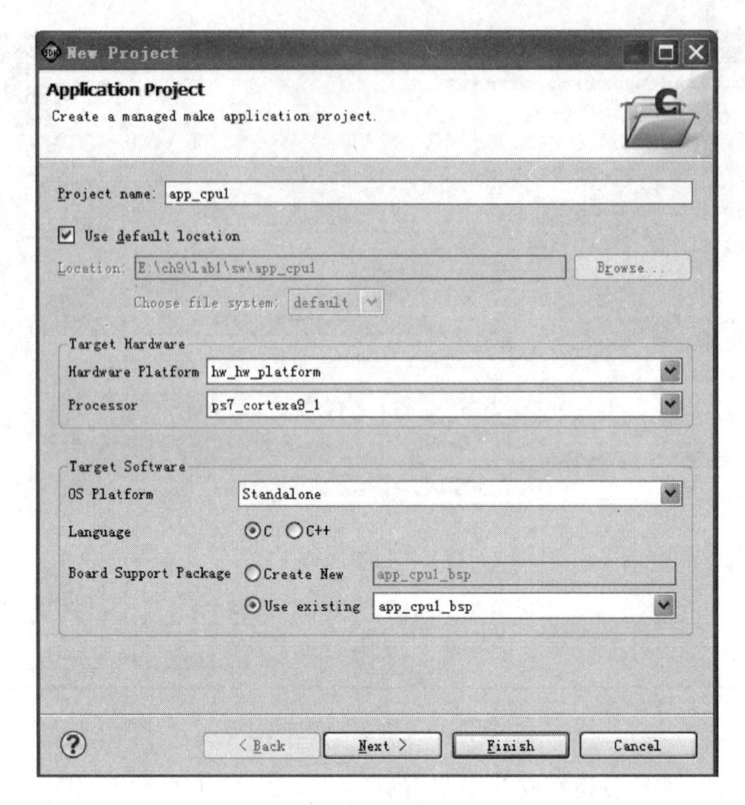

图 9-12　CPU1 新建工程

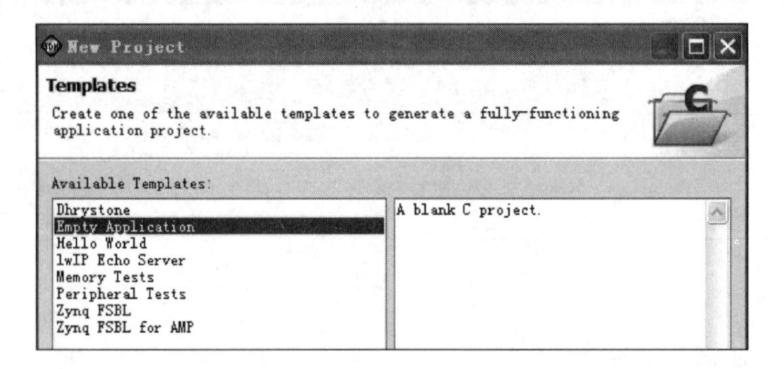

图 9-13　选择应用类型

一样，此处不再讲解。

app_cpu1.c 是 CPU0 应用程序的主文件，代码如下：

```
#include "xparameters.h"
#include <stdio.h>
#include "xil_io.h"
#include "xil_mmu.h"
#include "xil_cache.h"
#include "xil_exception.h"
#include "xscugic.h"
```

```
#include "sleep.h"

#include "sleep.h"
#include "xil_io.h"
#include "oled.h"

#define COMM_VAL     (*(volatile unsigned long *)(0xFFFF0000))

/**
 * Assign the driver structures for the interrupt controller and
 * PL Core interrupt source
 */
int main()
{
    //Disable cache on OCM
    Xil_SetTlbAttributes(0xFFFF0000,0x14de2);            // S = b1 TEX = b100 AP = b11,
Domain = b1111, C = b0, B = b0

    print("CPU1: init_platform\n\r");

     while(1){
         while(COMM_VAL == 0){};

         print("CPU1: Hello World CPU 1\n\r");
          Xil_Out32(OLED_BASE_ADDR,0xff);
                    OLED_Init();                      //初始化液晶
                    OLED_ShowString(0,0, "Multi Core TEST");
                    OLED_ShowString(0,16, "CPU1 USING OLED");
                    OLED_Refresh_Gram();
         sleep(5);

         COMM_VAL = 0;

     }

    /*
     * Disable and disconnect the interrupt system
     */
/* DisableIntrSystem(&IntcInstancePtr, PL_IRQ_ID); */

    return 0;
}
```

lscript.ld 文件主要指定 CPU0 应用程序的链接内存地址，代码如下：

```
MEMORY
{
   ps7_ddr_0_S_AXI_BASEADDR : ORIGIN = 0x00200000, LENGTH = 0x00300000
   ps7_ram_0_S_AXI_BASEADDR : ORIGIN = 0x00000000, LENGTH = 0x00030000
   ps7_ram_1_S_AXI_BASEADDR : ORIGIN = 0xFFFF0000, LENGTH = 0x0000FE00
}
```

（4）编译 app_cpu1 工程，生成 app_cpu1. elf 可执行文件。

9.4 设计验证

SD 卡启动的 BOOT. bin 文件通常只包含 FSBL、system. bit 和一个 elf 可执行文件，但本实例包含两个 elf 文件。另外还包含一个写入 0xFFFFFFF0 的二进制文件，用于让 FSBL 不在搜索下载其他文件，转到 CPU0 可执行程序地址，执行第一个应用程序。

本实例 BOOT. bin 包含下列文件。

（1）FSBL elf(amp_fsbl. elf)。

（2）Bit(system. bit)。

（3）CPU0 application(app_cpu0. elf)。

（4）CPU1 application(app_cpu1. elf)。

（5）Dummy Bin file(cpu1_bootvec. bin)。

在 BOOT. bin 文件中，除 cpu1_bootvec. bin 文件以外已经全部生成，cpu1_bootvec. bin 文件是一个空的二进制文件，读者也可以自行用二进制软件生成。

将 bootimage. bif 文件打开，修改引导的可执行程序名称，修改后的代码如下：

```
the_ROM_image:
{
    [bootloader] amp_fsbl.elf
                 system.bit
                 app_cpu0.elf
                 app_cpu1.elf
  [load = 0xFFFFFFF0] cpu1_bootvec.bin
}
```

将 makeboot. bat 文件、本章修改后的 bootimage. bif 文件、编译生成的 amp_fsbl. elf 文件、app_cpu0. elf 文件、app_cpu1. elf 文件、cpu1_bootvec. bin 文件和 system. bit 文件复制到 D:\Xilinx\14. 3\ISE_DS\ISE\bin\nt 下，双击 makeboot. bat 文件，即可在该目录下生成 boot. bin 可执行镜像文件。

将 boot. bin 文件复制到 SD 卡，将 ZedBoard 设置成 SD 卡启动，启动 ZedBoard 后可以看到 OLED 显示不同 CPU 执行的情况，如图 9-14 所示。

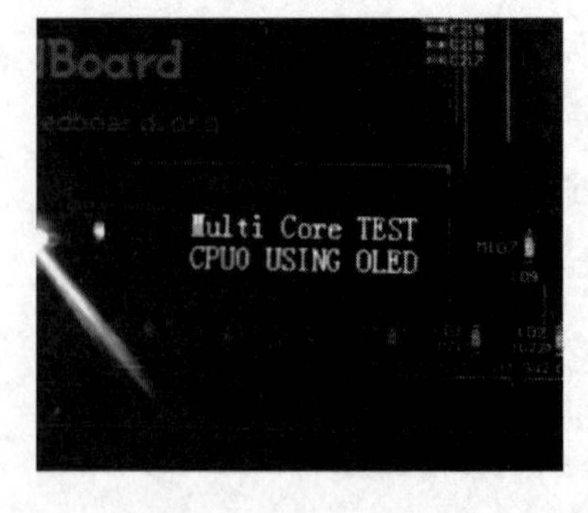

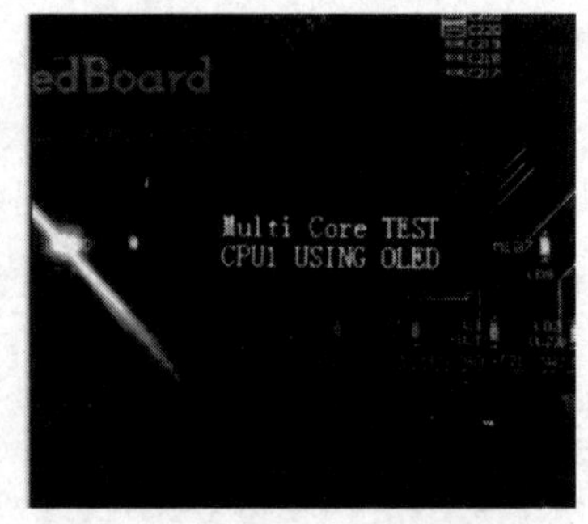

图 9-14　双核运行结构

第三篇　嵌入式Linux设计

本篇介绍基于 Zynq 的嵌入式 Linux 设计，主要内容包括嵌入式 Linux 环境搭建、如何在 Zynq 上运行 Ubuntu、u-boot 移植、Linux 内核移植和嵌入式网络视频监控设计等。

读者通过本篇的学习，可以掌握嵌入式 Linux 设计的流程，能够基本了解嵌入式 Linux 引导程序与内核程序运行的基本原理和设计嵌入式 Linux 应用程序。

第10章 嵌入式Linux系统构建

嵌入式 Linux 是将日益流行的 Linux 操作系统进行裁剪修改，使之能在嵌入式计算机系统上运行的一种操作系统。嵌入式 Linux 既继承了 Internet 上无限的开放源代码资源，又具有嵌入式操作系统的特性。嵌入式 Linux 的特点是版权免费，而且性能优异，软件移植容易，代码开放，有许多应用软件支持，应用产品开发周期短，新产品上市迅速。实时性、稳定性和安全性较好。

本章将介绍在 Ubuntu 13.10 上搭建基于 ZedBoard 平台的嵌入式 Linux 开发环境，主要包括 Ubuntu 13.10 设置、交叉编译器的安装、Qt 的安装等和 Windows 下 PuTTY 与 FileZilla 工具使用等。

10.1 Ubuntu 13.10 设置

本书使用 Ubuntu 13.10 英文版作为 PC 的主操作系统，并在主机上安装虚拟机 VMware。在虚拟机里安装 Ubuntu 13.10 操作系统，VMware 和 Ubuntu 13.10 安装方法，请参考何宾老师的著作《Xilinx All Programmable Zynq-7000 SoC 设计指南》或者网上相关资源，版本有一定差别，但方法一样。本书将不再讲解如何安装 VMware 和 Ubuntu 13.10。

10.1.1 root 登录

由于 Ubuntu 13.10 在默认情况下不允许 root 登录，但在嵌入式开发过程中，经常要修改一些配置，每次都需要输入密码，比较麻烦，我们将修改相关配置文件，使其能够通过 root 登录系统。

作者计算机上安装的 Ubuntu 13.10 用户名是 lqs，机器名也是 lqs。在 Linux 下通过 Ctrl＋Alt＋T 组合键启动终端，即可在终端下输入操作命令。

添加 root 用户密码，使用命令：

```
sudo passwd root
```

提示需要输入 lqs 用户密码，然后提示两次输入新的 UNIX 密码，也就是将来用于 root 启动的密码。具体命令如下：

```
lqs@lqs:~ $ sudo passwd root
[sudo] password for lqs:
Enter new UNIX password:
Retype new UNIX password:
passwd: password updated successfully
lqs@lqs:~ $
```

添加完 root 密码后，需要修改配置文件，使 Ubuntu 13.10 支持从 root 启动，修改的配置文件是/etc/lightdm/ lightdm.conf.d/10-ubuntu.conf。在终端中输入命令如下：

```
lqs@lqs:/ $ sudo gedit /etc/lightdm/lightdm.conf.d/10 - ubuntu.conf
```

提示输入 lqs 用户密码，输入密码后，在 gedit 编辑器中打开 10-ubuntu.conf 文件并在文件的最后添加一行 greeter-show-manual-login=true，添加后的代码如下：

```
[SeatDefaults]
user - session = ubuntu
greeter - show - manual - login = true;        //允许手工输入登录系统的用户名和密码
```

重启 Ubuntu 13.10 系统，登录界面如图 10-1(a)所示，默认是 lqs 用户，单击 Login 按钮，将会切换到如图 10-1(b)所示的界面，输入用户名 root，然后提示输入密码，输入密码后，即可以 root 登录系统。本书后续章节用到 Linux 系统，均默认用 root 登录。

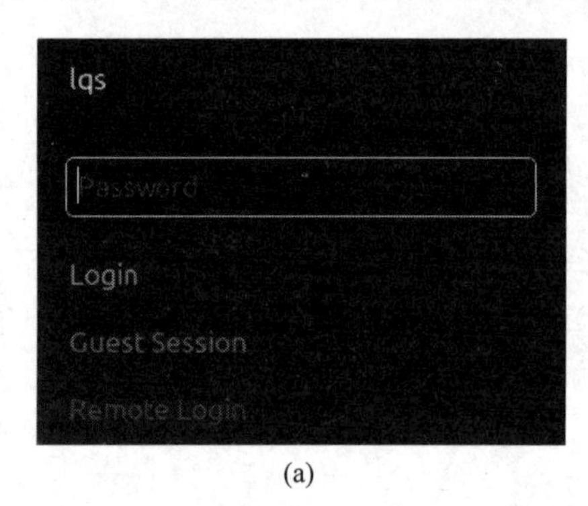

(a)

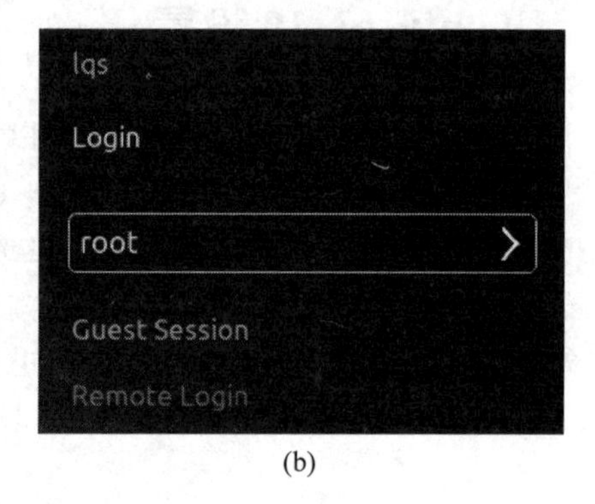

(b)

图 10-1 登录界面

10.1.2 安装 FTP 服务器和 SSH 服务器

在很多企业进行嵌入式 Linux 开发的时候，是把 Linux 安装在一台服务器上，用户在 Windows 下进行开发，需要经常和 Linux 进行交互，因此，在 Windows 下需要使用文件传输工具 FTP，需要使用远程终端工具 SSH 等。因此，需要在 Linux 下安装 FTP 和 SSH 服务器。

Ubuntu 软件源中的软件非常丰富，Ubuntu 上的软件安装工具众多，使用也很单。Ubuntu 系统提供的命令行安装工具有 apt-get、dpkg 等。图形化的安装工具有更新管理器、添加删除程序、新立得软件包管理器等。掌握好这些工具的使用方法就可以轻松地完成软件的安装和升级工作了。

1. FTP服务器安装

本节将在终端模式下使用apt-get安装FTP服务器。使用apt-get安装软件需要能够上网。具体命令如下：

```
root@lqs:~# apt-get install vsftpd
```

输入上述命令后，系统将会自动下载安装。安装完成后，需要对FTP服务器进行配置，配置文件包括/etc/vsftpd.conf和/etc/ftpusers两个文件，其中第一个用于配置FTP的属性，第二个文件用于禁止哪些用户登录。使用下面命令打开vsftpd.conf文件：

```
root@lqs:~# gedit /etc/vsftpd.conf
```

文件里主要的配置选项及意义如下：

```
listen=YES          # 服务器监听
anonymous_enable=YES          # 匿名访问允许
local_enable=YES      # 本地主机访问允许
write_enable=YES      # 写允许,默认是NO
anon_upload_enable=YES # 匿名上传允许,默认是NO
anon_mkdir_write_enable=YES   # 匿名创建文件夹允许
dirmessage_enable=YES   # 进入文件夹允许
xferlog_enable=YES    #   ftp日志记录允许
connect_from_port_20=YES       # 允许使用20号端口作为数据传送的端口
```

此处修改2处即可，即把该文件中的两行(local_enable＝YES和write_enable＝YES)注释删除。

为方便客户端可以通过root登录FTP服务器，需要修改ftpusers文件，命令如下：

```
root@lqs:~# gedit /etc/ ftpusers
```

此文件显示的是禁止FTP访问的用户名，为方便root访问，需要把本文件的root注释掉，在root行前加#，即#root。修改后的代码如下：

```
# /etc/ftpusers: list of users disallowed FTP access. See ftpusers(5)

#root
daemon
…(此处省略若干行)
nobody
```

完成配置后，需要启动vsftpd，配置命令如下：

```
root@lqs:~# service vsftpd strart
```

2. SSH 安装

Ubuntu13.10 默认并没有安装 SSH 服务，如果通过 SSH 链接 Ubuntu，需要自己手动安装 ssh-server。Ubuntu 下安装 OpenSSH Server 是很容易的一件事情，命令如下：

```
root@lqs:~# apt-get install openssh-server
```

安装完成后，启动 SSH，命令如下：

```
root@lqs:~# /etc/init.d/ssh start
```

重启 Linux，然后确认 sshserver 是否启动了，命令如下：

```
root@lqs:~# ps -e | grep ssh
  976 ?        00:00:00 sshd
  1916 ?        00:00:00 ssh-agent
root@lqs:~#
```

如果只有 ssh-agent，那 ssh-server 还没有启动；如果看到 sshd，那说明 ssh-server 已经启动了，从上面的信息中可以知道，已经启动了 SSH。

ssh-server 配置文件位于/ etc/ssh/sshd_config 目录下，在这里可以定义 SSH 的服务端口，默认端口是 22，也可以自己定义成其他端口号，如 222。还可以进一步设置一下，让 OpenSSH 登录时间更短，这一切都是通过修改 OpenSSH 的配置文件 sshd_config 实现的。登录时间比较长是由于 sshd 需要反查客户端的 dns 信息导致的，可以通过禁用这个特性来大幅提高登录的速度，打开 sshd_config 文件：

```
root@lqs:~# gedit /etc/ssh/sshd_config
```

修改完配置文件后，重新启动 SSH 服务即可，命令如下：

```
root@lqs:~# /etc/init.d/ssh restart
```

10.2 PuTTY 和 FileZilla 工具使用

在 Windows 上可以通过 PuTTY 与 Linux 进行 SSH 连接，通过 FileZilla 与 Linux 进行文件传输。对于习惯与在 Windows 环境下进行开发，但需要在 Linux 下进行编译的工程研发人员，提供了极大的方便。

10.2.1 PuTTY 工具使用

PuTTY 是一个 Telnet、SSH、rlogin、纯 TCP 以及串行接口连接软件。PuTTY 是一个免费的、Windows 32 平台下的 telnet、rlogin 和 ssh 客户端。用它来远程管理 Linux 十

分好用，其主要优点如下。

(1) 完全免费。

(2) 在 Windows NT/Windows 7 下运行的都非常好。

(3) 全面支持 ssh1 和 ssh2。

(4) 绿色软件，无须安装，下载后在桌面建个快捷方式即可使用。

(5) 体积很小，仅 472KB(0.62 版本)。

(6) 操作简单，所有的操作都在一个控制面板中实现。

1. PuTTY 远程终端功能

读者可以到其官网下载使用，下载网址是 http://www.putty.org/ 。下载后，打开 PuTTY 软件，界面如图 10-2(a)所示，默认连接类型是 SSH，在 Host Name 里输入 Linux 的 IP 地址，Port 使用默认的 22，Connection type 选择 SSH，单击 Open 按钮，连接 Linux 系统，如图 10-2(b)所示。在图 10-2(b)输入用户名 root，回车后，会提示输入密码，输入 root 用户密码，再回车，就可以远程登录到 Linux，如图 10-3 所示。

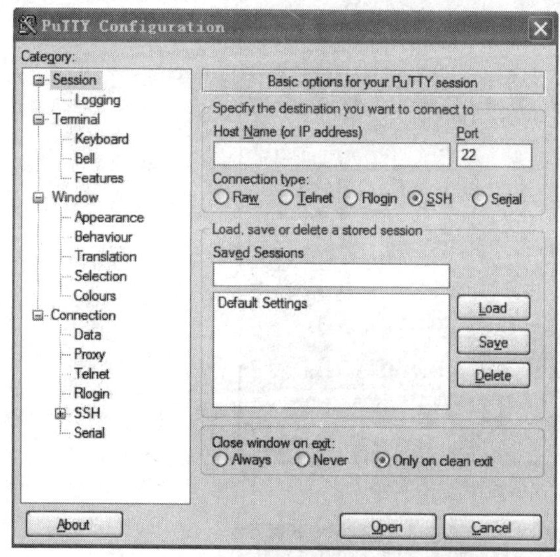

(a) PuTTY界面

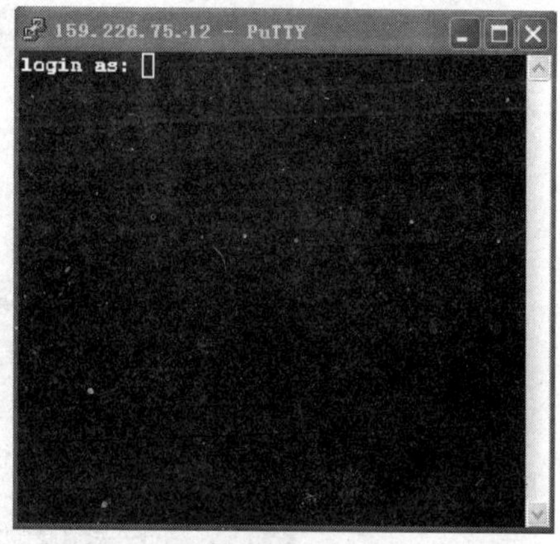

(b) PuTTY登录界面

图 10-2 PuTTY 及其登录界面

在图 10-3 中可以看到，登录界面和在 Linux 下直接使用终端完全一样，可以像在 Linux 下终端操作一样进行各种命令操作。

注意：在 PuTTY 远程登录的时候，可能需要等待几秒时间，如果读者在本机上使用 Linux，不需要远程登录。

2. PuTTY 串口功能

在图 10-2(a)中，连接类型选择 Serial，Serial line 里输入计算机的串口号，在 Speed 里输入串口通信的波特率，如图 10-4(a)所示。单击“确定”按钮，连接上串口，如图 10-4(b)所示。

```
root@lqs: ~
login as: root
root@192.168.248.128's password:
Welcome to Ubuntu 13.10 (GNU/Linux 3.11.0-12-generic i686)

 * Documentation:  https://help.ubuntu.com/

Last login: Tue Nov  5 14:09:30 2013 from 192.168.248.1
root@lqs:~#
root@lqs:~#
```

图 10-3　PuTTY 连接界面

PuTTY Configuration

Category:
Session
Logging
Terminal
Keyboard
Bell
Features
Window
Appearance
Behaviour
Translation
Selection
Colours
Connection
Data
Proxy
Telnet
Rlogin
SSH
Serial

Basic options for your PuTTY session
Specify the destination you want to connect to
Serial line　COM3
Speed　115200
Connection type:
Raw　Telnet　Rlogin　SSH　Serial
Load, save or delete a stored session
Saved Sessions
Default Settings
Load
Save
Delete
Close window on exit:
Always　Never　Only on clean exit
About
Open
Cancel

(a) 串口设置

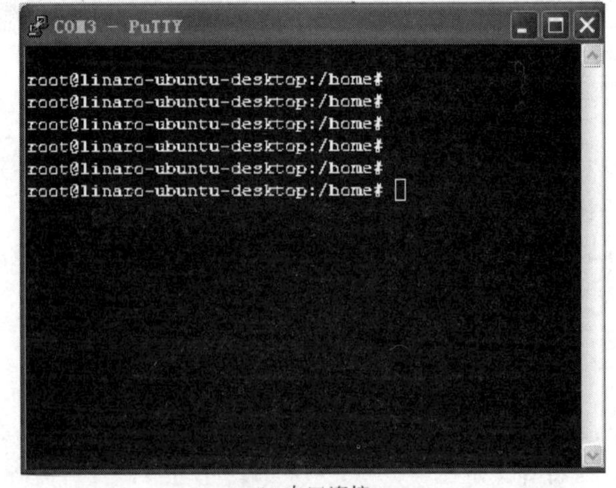

(b) 串口连接

图 10-4　串口设置及连接

注意：串口号可以通过计算机的设备管理器查看，如果计算机没串口需通过 USB 转串口，要先连接上 USB 转串口线，如图 10-4(b)所示，连接了串口设备才可以看到打印出的信息。

10.2.2 FileZilla 工具使用

FileZilla 是一款免费开源的 FTP 客户端软件，分为客户端版本和服务器版本，具备所有的 FTP 软件功能。可控性、有条理的界面和管理多站点的简化方式使得 Filezilla 客户端版成为一个方便高效的 FTP 客户端工具，而 FileZilla Server 则是一个小巧并且可靠的支持 FTP&SFTP 的 FTP 服务器软件。

本书是把 Linux 当做 FTP 服务器端，因此，只需要下载 Windows 平台的客户端即可，读者可以到其官网上下载，下载网址是 https://filezilla-project.org/。

下载完成后，安装 FileZilla，像其他 Windows 软件一样，很容易安装，这里不再介绍。安装完成后，打开 FileZilla 软件，如图 10-5 所示。

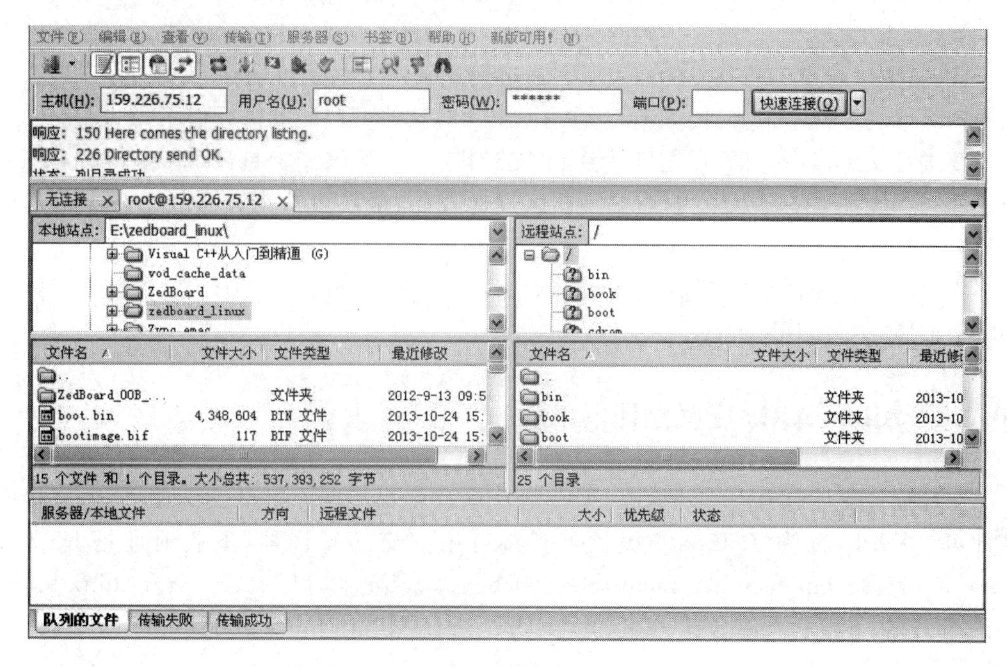

图 10-5　FileZilla 界面

在图 10-5 所示的界面中，输入 Linux 的 IP 地址，用户名输入 root，密码输入 root 用户登录密码，端口不输入，单击快速连接，即可连接上 Linux 的 FTP 服务器。

在图 10-5 左侧有本地站点，是指 Windows 端的文件路径。在右侧有远程站点，是指 Linux 端的路径。两侧站点都可以根据读者需要自由选择路径。在本地站点和远程站点的下面是该路径下包含的文件夹，可以单击选取。

在图 10-5 中本地站点和远程站点文件夹下面分别是本地文件夹下的文件和远程文件夹下的文件，可以用鼠标在两个对话框中直接拖曳，实现 Windows 和 Ubuntu 13.10 的文件传输。

10.3 交叉编译器安装

交叉编译，简单地说就是在一个平台上生成另一个平台上的可执行代码。这里需要注意的是所谓平台，实际上包含两个概念：体系结构（Architecture）和操作系统（Operating System）。同一个体系结构可以运行不同的操作系统；同样，同一个操作系统也可以在不同的体系结构上运行。交叉编译这个概念的出现和流行是和嵌入式系统的广泛发展同步的。

常用的计算机软件都需要通过编译的方式，把使用高级计算机语言编写的代码编译成计算机可以识别和执行的二进制代码。比如，在 Windows 平台上，可使用 Visual C++ 开发环境，编写程序并编译成可执行程序。这种方式下使用 PC 平台上的 Windows 工具开发针对 Windows 本身的可执行程序，这种编译过程称为本机编译。然而，在进行嵌入式系统的开发时，运行程序的目标平台通常具有有限的存储空间和运算能力，比如常见的 ARM 平台，在 ARM 平台上进行本机编译就不太可能了，这是因为一般的编译工具链（compilation tool chain）需要很大的存储空间，并需要很强的 CPU 运算能力。为了解决这个问题，交叉编译工具就应运而生了。通过交叉编译工具就可以在 CPU 能力很强、存储空间足够的主机平台上（比如 PC 上）编译出针对其他平台的可执行程序。

要进行交叉编译，需要在主机平台上安装对应的交叉编译工具链（cross compilation tool chain），然后用这个交叉编译工具链编译源代码，最终生成可在目标平台上运行的代码。

本书的交叉编译是指在 Linux X86 PC 上，利用 arm-linux-gcc 编译器，可编译出针对 Linux ARM 平台的可执行代码。

10.3.1 Xilinx ARM 交叉编译器下载

交叉编译器可以自己手动制作，但一般厂家都会提高制作好的交叉编译器，直接安装即可。Xilinx 也为 ZedBoard 提供了直接可用的交叉编译器，下载地址是 http://www. xilinx. com/member/mentor _ codebench/xilinx-2011. 09-50-arm-xilinx-linux-gnueabi. bin，下载后文件名是 xilinx-2011. 09-50-arm-xilinx-linux-gnueabi. bin。

10.3.2 Xilinx ARM 交叉编译器安装

首先要在 Ubuntu 13.10 的 book 目录下创建一个新的目录 ZedBoard，用于存放将要用到的文件。命令如下：

```
root@lqs:/# cd /book
root@lqs:/book# mkdir ZedBoard
root@lqs:/book# ls
lost+found   ZedBoard
root@lqs:/book#
```

第一条命令是进入系统的 book 目录，第二条命令是创建 ZedBoard 文件夹，第三条命令是查看是否创建成功，若有 ZedBoard 文件夹，说明创建成功。

注意：作者安装 Ubuntu 13.10 时，单独创建一个磁盘，命名为 book，因此，在根目录下有 book 文件夹，读者可以根据自己的系统安装情况，在其他目录下创建 ZedBoard 文件夹，建议在/home 目录下创建。

使用 FileZilla 工具，将 xilinx-2011.09-50-arm-xilinx-linux-gnueabi.bin 传入 Linux 的 ZedBoard 文件夹里。

将 xilinx-2011.09-50-arm-xilinx-linux-gnueabi.bin 设置成可执行程序，命令如下：

```
root@lqs:/book# cd ZedBoard/
root@lqs:/book/ZedBoard# chmod a+x  xilinx-2011.09-50-arm-xilinx-linux-gnueabi.bin
root@lqs:/book/ZedBoard#
```

第一条指令是进入 ZedBoard 文件夹，第二条指令是将其设置成可以执行程序。

安装交叉编译器，命令及提示信息如下：

```
root@lqs:/book/ZedBoard# ./xilinx-2011.09-50-arm-xilinx-linux-gnueabi.bin
Checking for required programs: awk grep sed bzip2 gunzip
========================================================
Error: DASH shell not supported as system shell
========================================================
The installer has detected that your system uses the dash shell
as /bin/sh.  This shell is not supported by the installer.
You can work around this problem by changing /bin/sh to be a
symbolic link to a supported shell such as bash.
For example, on Ubuntu systems, execute this shell command:
   % sudo dpkg-reconfigure -plow dash
   Install as /bin/sh? No
Please refer to the Getting Started guide for more information,
or contact CodeSourcery Support for assistance.
========================================================
root@lqs:/book/ZedBoard#
```

从提示可以看出，没有安装成功，需要先执行 dpkg 重配置，因此，先执行命令 dpkg-reconfigure-plow dash，会出现如图 10-6 所示界面，通过 Tab 键选择否，完成 dpkg 重配置。命令如下：

```
root@lqs:/book/ZedBoard#  dpkg-reconfigure -plow dash
```

重新执行下面命令，完成交叉编译器的安装，将会出现和 Windows 安装软件一样的安装向导，按照安装提示，即可完成安装。

```
root@lqs:/book/ZedBoard# ./xilinx-2011.09-50-arm-xilinx-linux-gnueabi.bin
```

在安装向导中弹出的如图 10-7 所示的安装路径，采用默认路径，但这个位置要记住，后面有可能需要手动添加到环境变量中。

在安装向导中弹出如图 10-8 所示的选择是否添加到环境变量，选择 Modify PATH

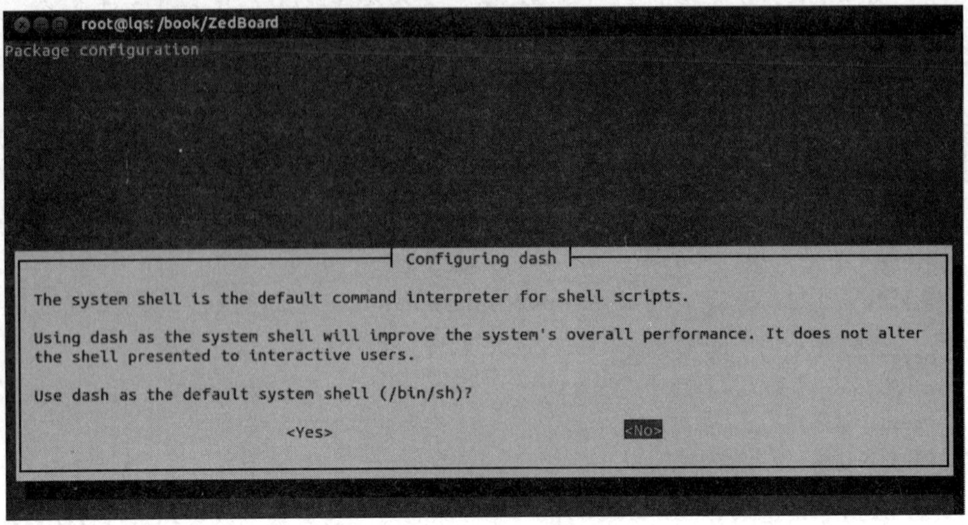

图 10-6　dpkg 配置

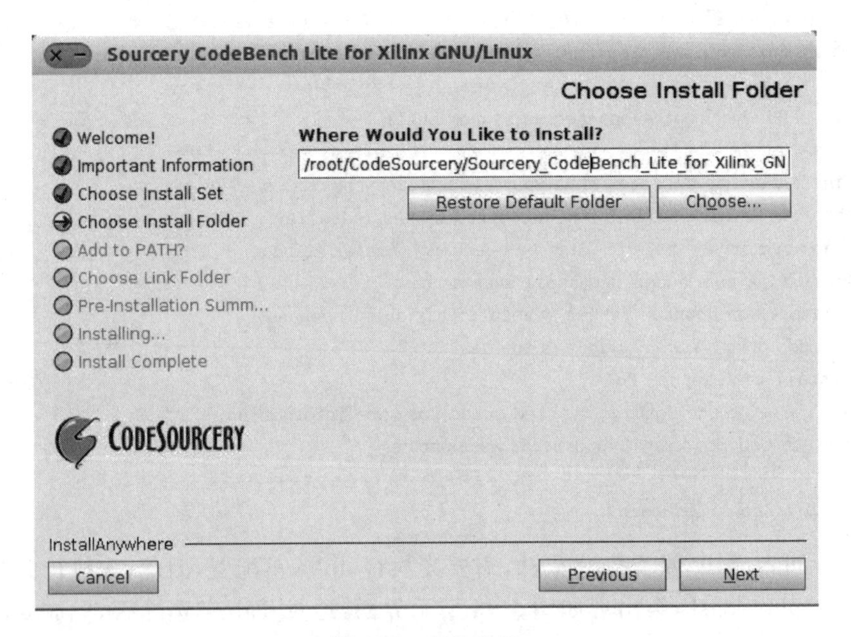

图 10-7　安装位置

for current user，将会自动将交叉编译器添加到环境变量，重启 Ubuntu 13.10。

安装完成后，重启 Ubuntu 13.10，在终端使用下面命令查看是否安装成功。

```
root@lqs:~# arm-xilinx-linux-gnueabi-gcc -v
```

如果安装成功，在提示的最后一行显示 gcc 的版本：

```
gcc version 4.6.1 (Sourcery CodeBench Lite 2011.09-50)
```

注意：如果选择 Do not modify PATH，将不会自动添加到环境变量。为方便以后使用，需要修改/etc/environment 文件，将图 10-7 中的安装路径添加进去，具体方法是打

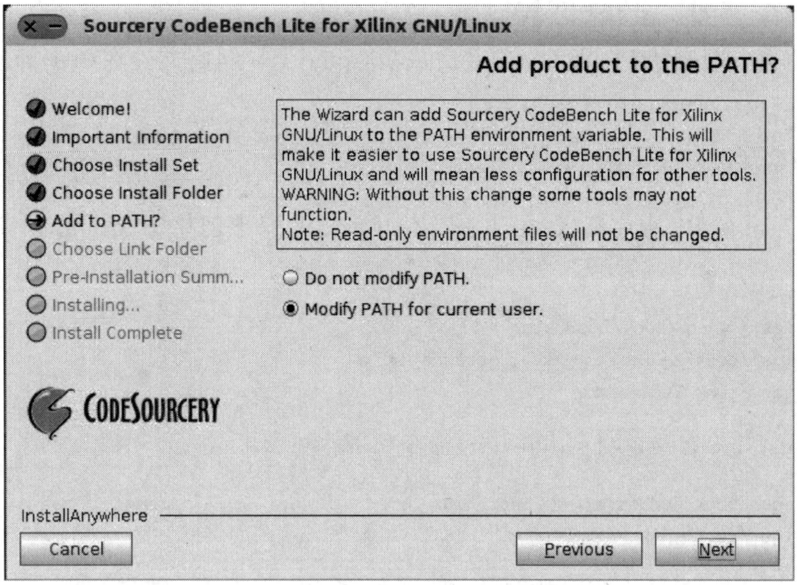

图 10-8 添加到环境变量

开/etc/environment 文件，将里面的内容修改为：

```
PATH = "/usr/local/sbin:/usr/local/bin:/usr/sbin:/usr/bin:/sbin:/bin:/usr/games:/usr/
local/games:/root/CodeSourcery/Sourcery_CodeBench_Lite_for_Xilinx_GNU_Linux/bin"
```

10.4 嵌入式 Qt 环境构建

Qt 是一个跨平台的 C++图形用户界面应用程序框架，它提供给应用程序开发者建立艺术级的图形用户界面所需的所用功能。Qt 是完全面向对象的、很容易扩展并且允许真正地组件编程。

Qt 的嵌入式开发，一般分为 PC 版、嵌入式 x86 版和 ARM 3 个版本，开发人员先在 PC 环境下完成程序设计，这样比较方便调试和修改。然后用交叉编译器重新编译程序，将可执行程序和 Qt 的 ARM 版本库复制到 ARM 开发板里执行即可。因此，本书安装两个版本，PC 版本和 ARM 版本。

10.4.1 主机环境 Qt 构建

Qt 的 PC 版本完整安装包括 Qt Creator、lib 和 designer 等，这些被打包为 QT SDK，Ubuntu 提供了一个简单安装方式，直接将 Qt 的所有组件都安装完成了；也可以在官网上下载安装包，下载网址为 http://qt-project.org/downloads，将下载的文件属性改为可执行后就可以安装运行了。

1. Qt 的 PC 安装

本书采用直接 apt-get install 方式进行安装，命令如下：

```
root@lqs:/# apt-get install qt-sdk
```

系统将会自动安装PC版Qt，安装完成后，qtcreator执行文件在/usr/bin中，Qt的配置文件在/usr/share/qt5中。

2. Qt的PC程序测试

为进行Qt的PC程序测试，在/book/ZedBoard目录下创建qt_example目录。命令如下：

```
root@lqs:/# cd /book/ZedBoard/
root@lqs:/book/ZedBoard# mkdir qt_example
root@lqs:/book/ZedBoard#
```

进入/usr/bin目录，执行qtcreator，命令如下：

```
root@lqs:/book/ZedBoard# cd /usr/bin/
root@lqs:/usr/bin# ./qtcreator
```

打开qtcreator集成开发环境，如图10-9所示。

图10-9 qtcreator集成开发环境

创建新的Qt工程，在图10-9中看不到类似其他集成开发环境的菜单栏，读者可以单击qtcreator，鼠标放到Ubuntu 13.10窗口的最上面，可以发现qtcreator菜单栏。在菜单栏选择File→New File or Project，打开新建文件或工程向导，如图10-10所示。

在图10-10中，选择Projects下的Applications项，中间选择Qt Gui Application，单

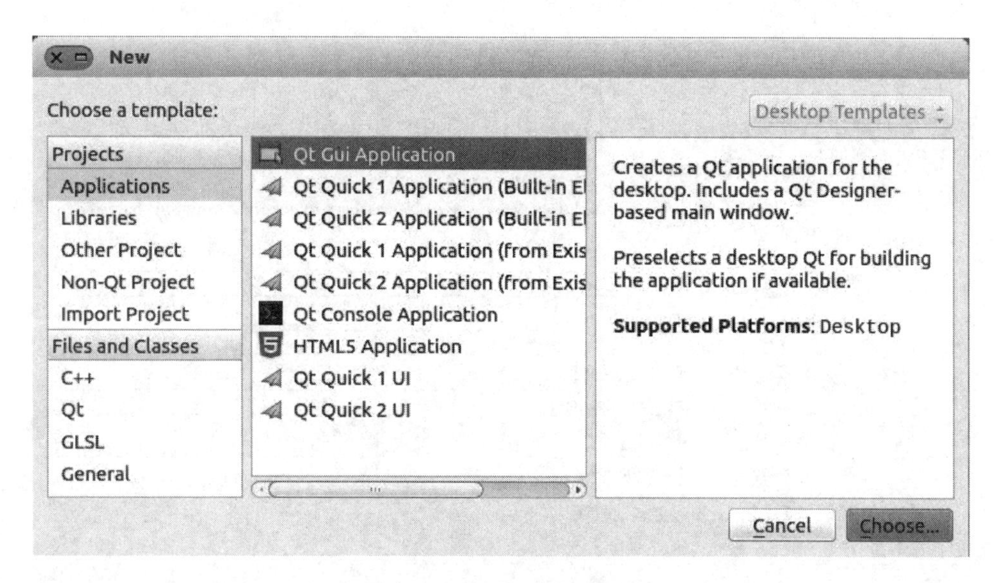

图 10-10 Qt 新建工程向导

击 Choose 按钮，进入工程名和路径选择，工程名输入 Hello，路径选择/book/ZedBoard/qt_ example，如图 10-11 所示。

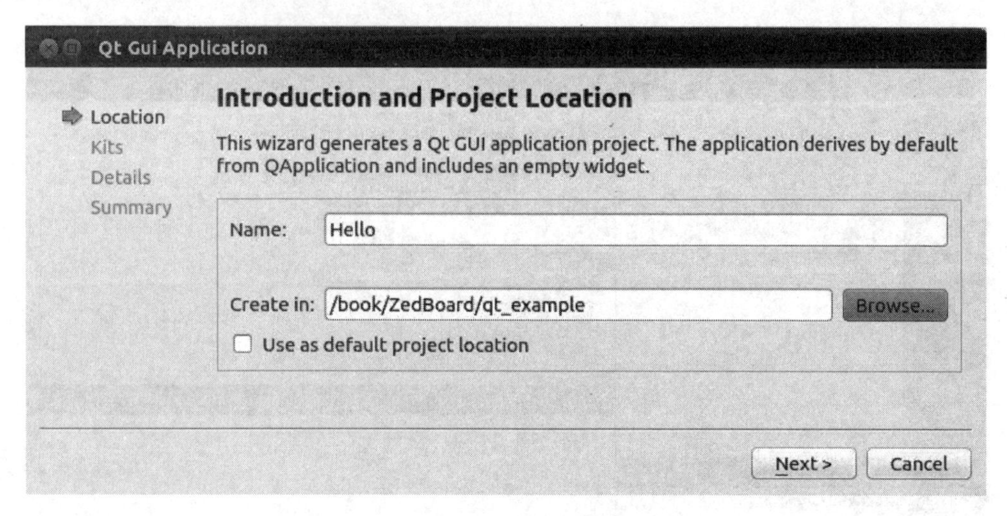

图 10-11 工程名和路径选择

在图 10-11 中，单击 Next 按钮，进入 Debug 和 Release 版本，选择默认即可，单击 Next 按钮进入类信息，如图 10-12 所示，采用默认即可，单击 Next 按钮。

出现工程管理窗口，不需要设置，单击 Finish 按钮完成工程创建，弹出如图 10-13 所示的工程界面。

在如图 10-13 所示的 Projects 中单击 Forms，可以看到里面有 mainwindow. ui 文件，双击打开，弹出一个窗口文件，如图 10-14 所示。

在图 10-14 中，从左侧控件中拖入一个 Push Button，在右下角的属性中，将 Push Button 的 text 属性设置为 Hello。在菜单栏选择 File→Save All 命令。

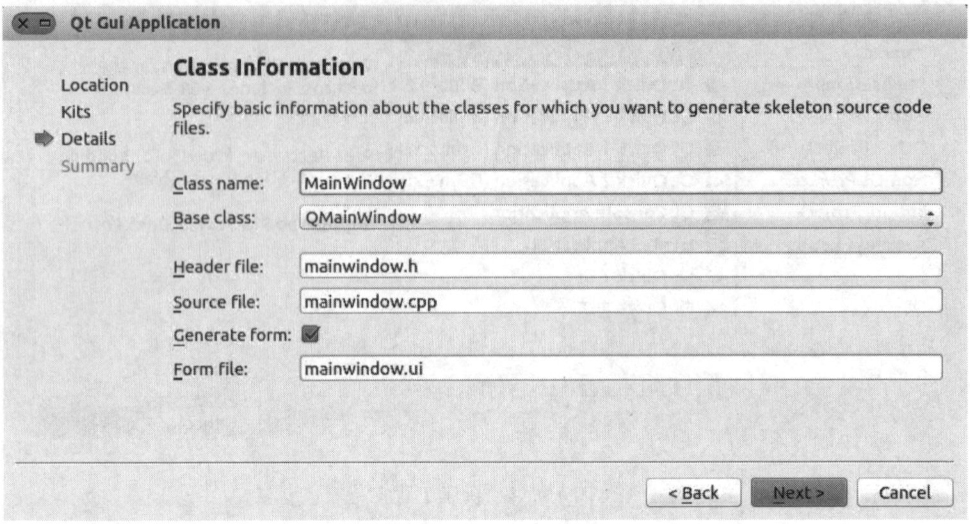

Qt Gui Application

Class Information

Location
Kits
Details
Summary

Specify basic information about the classes for which you want to generate skeleton source code files.

Class name: MainWindow
Base class: QMainWindow
Header file: mainwindow.h
Source file: mainwindow.cpp
Generate form: ☑
Form file: mainwindow.ui

< Back　Next >　Cancel

图 10-12　类信息

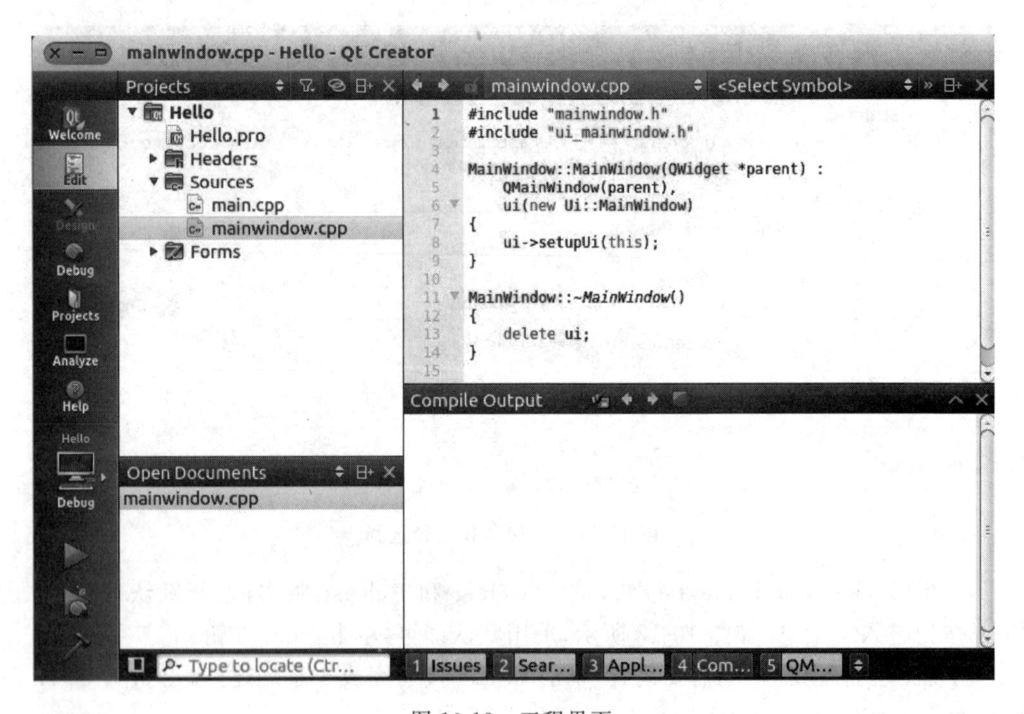

图 10-13　工程界面

菜单栏选择 Build→Build All 命令，将会编译工程，在图 10-14 中，单击最下面一行的 4 Compile Out，将会打开 Compile Output 窗口，可以看到编译信息。编译成功后，选择 Build→Run，执行该程序，可以弹出如图 10-15 所示的运行结果。

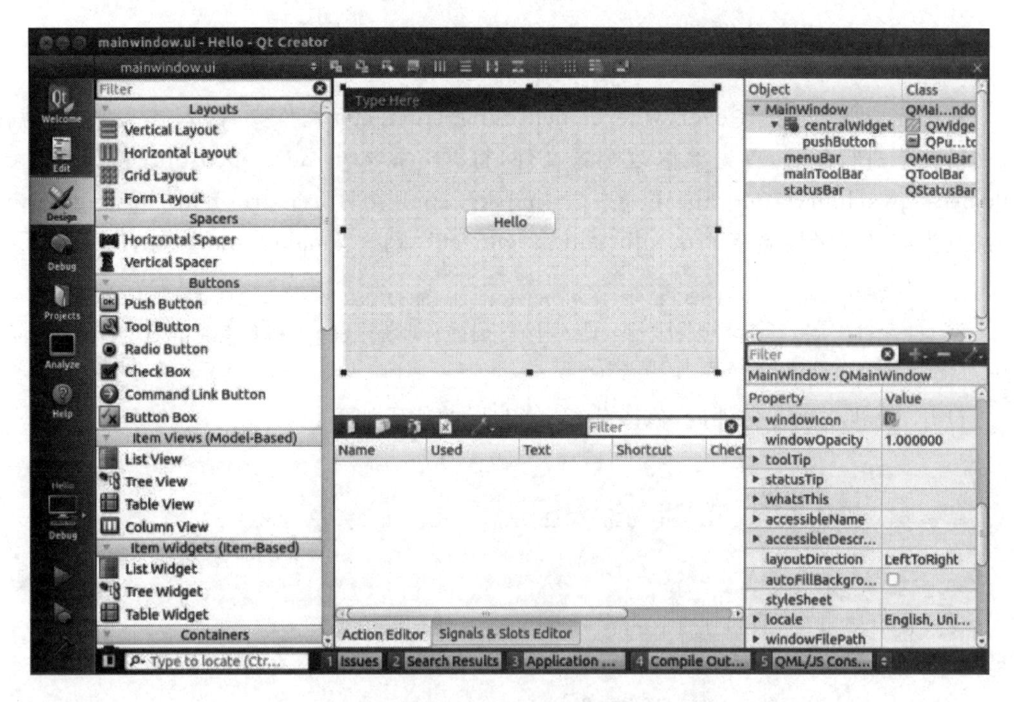

图 10-14　Forms 设计

图 10-15　运行结果

10.4.2　目标机 Qt 环境构建

嵌入式 Qt 目前最高版本是 Qt libraries 4.8.5 for embedded Linux，可以到其官网下载，网址是 http://qt-project.org/downloads。下载完成后，通过 FileZilla 工具将其传入/book/ZedBoard 目录，文件名为 qt-everywhere-opensource-src-4.8.5.tar。

1. Qt 的 ARM 编译

首先进入/book/ZedBoard 目录，将下载的压缩文件解压，命令如下：

```
root@lqs:/# cd book/ZedBoard/
root@lqs:/book/ZedBoard# tar xvzf qt-everywhere-opensource-src-4.8.5.tar.gz
```

解压完成后，创建 qt-everywhere-opensource-src-4.8.5 文件夹，嵌入式 Qt 源码就在该文件夹下进行配置，首先要修改配置文件，打开 qt-everywhere-opensource-src-4.8.5/mkspecs/qws/linux-arm-gnueabi-g++/qmake.conf 文件，将 arm-none-linux-gnueabi-全部改为交叉编译器名字 arm-xilinx-linux-gnueabi-，打开 qmake.conf 文件，命令如下：

```
root@lqs:/book/ZedBoard# cd qt-everywhere-opensource-src-4.8.5
root@lqs:/book/ZedBoard/qt-everywhere-opensource-src-4.8.5# gedit mkspecs/qws/
linux-arm-gnueabi-g++/qmake.conf
```

打开 qmake.conf 文件后，修改代码，修改后的代码如下：

```
#
# qmake configuration for building with arm-none-linux-gnueabi-g++
#

include(../../common/linux.conf)
include(../../common/gcc-base-unix.conf)
include(../../common/g++-unix.conf)
include(../../common/qws.conf)

# modifications to g++.conf
QMAKE_CC                = arm-xilinx-linux-gnueabi-gcc
QMAKE_CXX               = arm-xilinx-linux-gnueabi-g++
QMAKE_LINK              = arm-xilinx-linux-gnueabi-g++
QMAKE_LINK_SHLIB        = arm-xilinx-linux-gnueabi-g++

# modifications to linux.conf
QMAKE_AR                = arm-xilinx-linux-gnueabi-ar cqs
QMAKE_OBJCOPY           = arm-xilinx-linux-gnueabi-objcopy
QMAKE_STRIP             = arm-xilinx-linux-gnueabi-strip

load(qt_config)
```

为了防止出现某些指令找不到的错误，例如 no such instruction SWPB 等指令错误，将 qt-everywhere-opensource-src-4.8.5/mkspecs/common/g++-unix.conf 进行修改，将编译优化置为 0。注意-O0 第一个是字母，第二个是数字。打开 g++-unix.conf 文件，命令如下：

```
root@lqs:/book/ZedBoard/qt-everywhere-opensource-src-4.8.5# gedit mkspecs/common/
g++-unix.conf
```

修改后的内容如下：

```
include(g++ - base.conf)

QMAKE_LFLAGS_RELEASE += -Wl, - O0
QMAKE_LFLAGS_NOUNDEF += -Wl, -- no - undefined
```

配置文件修改完成后可以进行配置了，配置命令如下：

```
root@lqs:/book/ZedBoard/qt - everywhere - opensource - src - 4.8.5# ./configure - embedded
armv7 - xplatform qws/linux - arm - gnueabi - g++ - little - endian - opensource - host -
little - endian - confirm - license - nomake demos - nomake examples - no - pch
```

配置完成后就可以对源代码进行编译了，编译时间比较长，根据大部分 PC 的配置，大概需要 1～2 个小时，编译命令如下：

```
root@lqs:/book/ZedBoard/qt - everywhere - opensource - src - 4.8.5# make
```

成功编译后，执行安装命令，命令如下：

```
root@lqs:/book/ZedBoard/qt - everywhere - opensource - src - 4.8.5# make install
make install 默认的安装路径是/usr/local/Trolltech/QtEmbedded - 4.8.5-arm
```

2. 配置 ARM 下 QtCreater

在 10.4.1 节中，安装了 QtCreator，但其只能编译 PC 下的 Qt 应用程序，为了使其既可以编译 PC 下的 Qt 程序，也能编译 ARM 下的程序，需要对 QtCreator 进行配置。这让读者可以在 PC 下编写、调试 Qt 程序，在最后转换到 ARM 下重新编译一下，即可放到 ARM 环境下运行。

在如图 10-13 所示的 QtCreator 界面中，在菜单栏选择 Tools→Options 命令，打开 QtCreator 设置选项，单击左侧的 Build & Run 按钮，如图 10-16 所示。

为使其能编译 ARM 版可执行程序，首先要设置其编译工具，使用交叉编译器。在图 10-16 中，右侧选择 Compilers，可以看到默认的是 x86 下的 GCC，只能编译 PC 下运行的 Qt 程序。单击右边的 Add 按钮，选择 GCC，增加 ARM 下的编译器，输入编译器名字和路径，名字为 GCC(/root/CodeSourcery/Sourcery_CodeBench_Lite_for_Xilinx_GNU_Linux/bin)，路径为 root/CodeSourcery/Sourcery_CodeBench_Lite_for_Xilinx_GNU_Linux/bin/arm- xilinx -linux-gnueabi-g++，单击 Apply 按钮，如图 10-17 所示。

在图 10-17 中，切换到 Qt Versions 选项，单击 Add 按钮，弹出 qmake 选择窗口，选择路径为/usr/local/ Trolltech/ QtEmbedded-4.8.5 -arm /bin/qmake。如图 10-18 所示，添加 Version name 为 Qt 4.8.5 (QtEmbedded-4.8.5-arm)，单击 Apply 按钮。

在图 10-18 中，切换到 Kits 选项，单击 Add 按钮，添加名称为 QtEmbedded-4.8.5-arm，设备类型选择 Android Device，编译器选择 GCC(/root/CodeSourcery/Sourcery_CodeBench_Lite _for_ Xilinx_GNU_Linux/bin)。在 Qt version 中选择 Qt 4.8.5 (QtEmbedded-4.8.5-arm)，单击 Apply 按钮，如图 10-19 所示，单击 OK 按钮，完成设置。

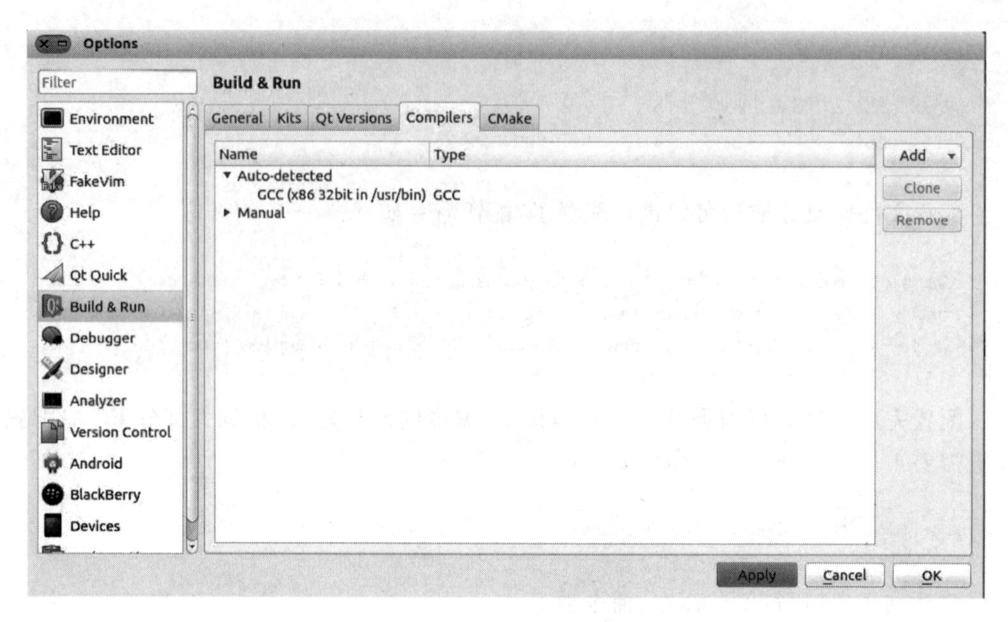

图 10-16　QtCreator 设置选项

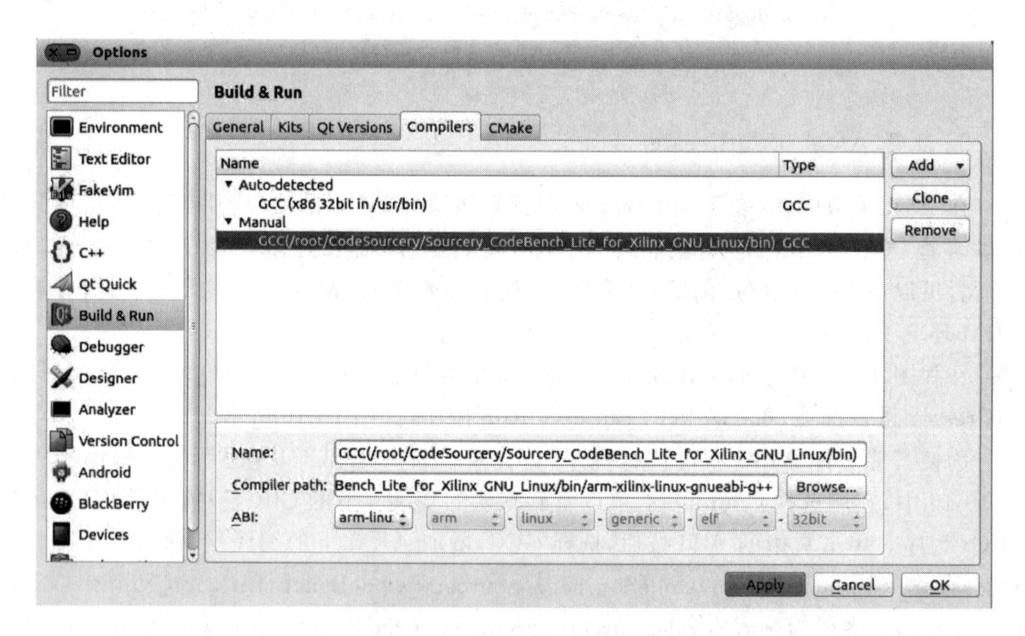

图 10-17　添加 ARM 编译器

完成上面设置后，打开图 10-14 中的 Hello 工程，单击左边条的 project 选项添加 QtEmbedded-4.8.5-arm 配置，单击 Add Kit，添加 QtEmbedded-4.8.5-arm，添加完成后，如图 10-20 所示。

添加成功后，单击左边条的 Debug 按钮，如图 10-21 所示，可以看到 Kit 下有 Desktop 和 QtEmbedded-4.8.5-arm 两个选择，其中 Desktop 为 PC 下的编译环境，编译后的程序可以直接在 PC 下运行，QtEmbedded-4.8.5-arm 是 ARM 编译器，编译的程序可以在 ARM 下运行。在进行嵌入式 Qt 程序设计的时候，一般先用 Desktop 进行编译、

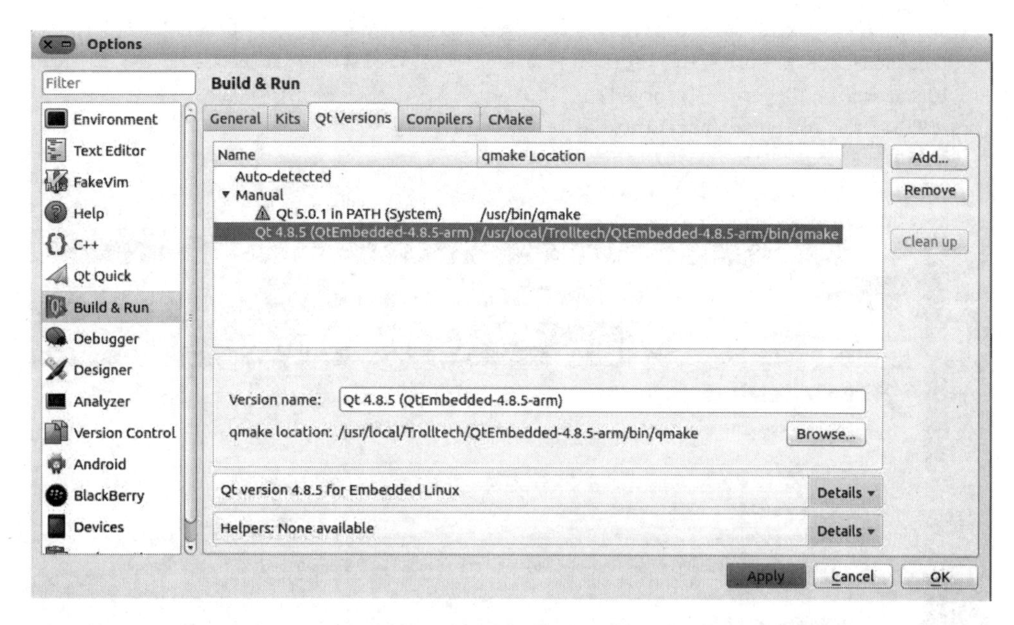

图 10-18 添加 Qt Versions

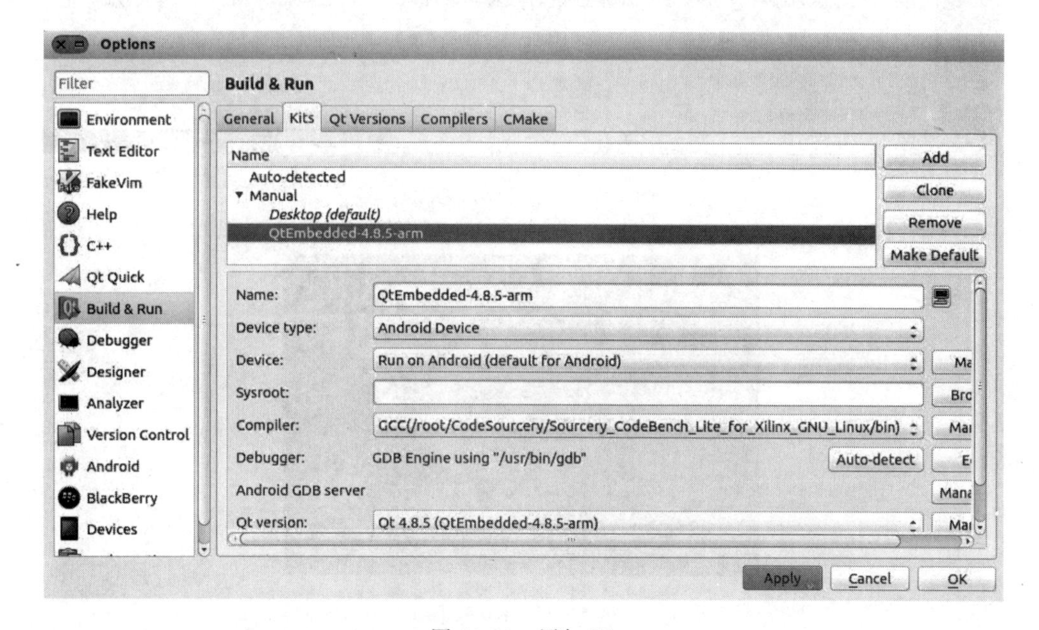

图 10-19 添加 Kit

调试和运行，在达到要求后，切换到 QtEmbedded-4.8.5-arm 下重新编译即可。

在图 10-21 中，Kit 选择 QtEmbedded-4.8.5-arm，Build 选择 Debug，菜单栏选择 Build→Build All，将会编译工程，在 Compile Output 窗口输入编译信息。如下面编译打印信息所示，可以看到使用了 arm-xilinx-linux-gnueabi-编译器，编译成功后，可以看到在/book/ZedBoard/qt_pc 目录下多了 build-Hello-QtEmbedded_4_8_5_arm-Debug 文件夹，里面有 hello 可执行程序，但只能在 ARM 环境下运行。

```
arm-xilinx-linux-gnueabi-g++ -Wl,-rpath,/usr/local/Trolltech/QtEmbedded-4.8.5
```

```
-arm/lib -o Hello main.o mainwindow.o moc_mainwindow.o      -L/usr/local/Trolltech/
QtEmbedded-4.8.5-arm/lib -lQtGui -L/usr/local/Trolltech/QtEmbedded-4.8.5-arm/lib
-lQtNetwork -lQtCore -lpthread
16:29:31: The process "/usr/bin/make" exited normally
16:29:31: Elapsed time: 00:07
```

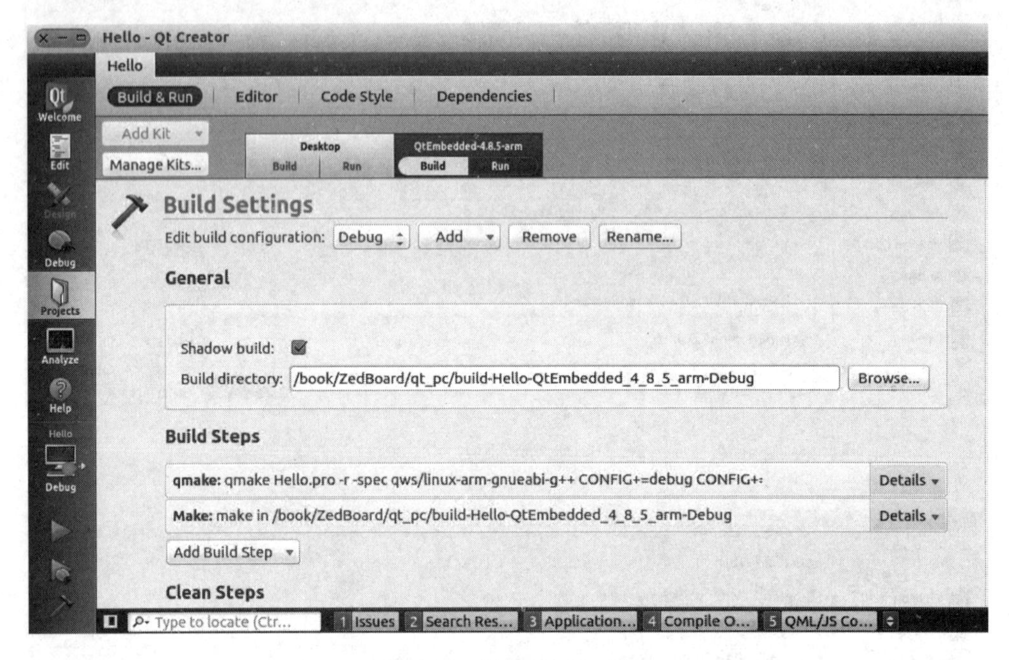

图 10-20　添加 Kit 到工程

图 10-21　Kit 选择

3. Qt 的 ARM 程序测试

本节将在 ZedBoard 开发板上测试 Qt 程序,首先使用 SD 卡启动 Linux 系统,需要对 SD 卡进行分区,把 ZedBoard 开发板配套的 SD 卡分成两个区：第一区为 FAT32 格式,大小为 500MB 卷标为 boot；第二区为 EXT3 或者 EXT4 格式,大小为 SD 卡剩余空间,卷标为 rootfs。

作者使用 Paragon Partition Manager 9.0 分区工具,读者也可以使用其他分区工具进行分区,具体分区方法请参照相关网络资源,本书不再讲解。

完成分区以后，将 SD 卡放入笔记本 SD 卡槽，或者通过 SD 转 USB 卡槽，通过 USB 口连接 PC。在 Windows 下可以看到 SD 的第一个分区，将本书配套资源的本章 boot 文件夹下的所有文件复制到 SD 第一分区。

切换到 Ubuntu 13.10 下，需要在虚拟机里设置，才可以找到 SD 分区，如图 10-22 所示。

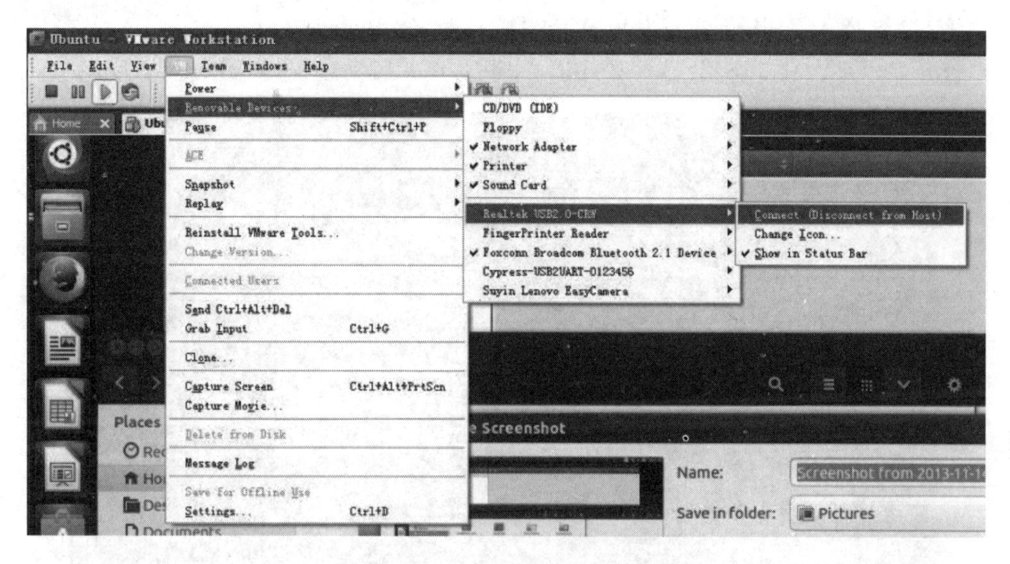

图 10-22　SD 卡虚拟机设置

在图 10-22 中，在菜单栏选择 VM→Removable Devices→Realtek USB2.0-CRW→Connect 命令，将 SD 卡连接到 Ubuntu 13.10。

将本章配套的 linaro-o-ubuntu-desktop-tar-20111219-0.tar.gz 文件通过 FileZilla 工具将其传入/book/ZedBoard 目录。

在/book/ZedBoard 目录下，使用下面命令，将其解压到 SD 的 rootfs 分区里。

```
root@lqs:/book/ZedBoard# tar --strip-components=3 -C /media/root/rootfs -xzpf
linaro-o-ubuntu-desktop-tar-20111219-0.tar.gz binary/boot/filesystem.dir
```

rootfs 里是一个 Ubuntu 的 ARM 版本，要运行自己编写的 Qt 程序，还需要将编译好的 ARM 版本 Qt 库复制到文件系统里，命令如下：

```
root@lqs:/book/ZedBoard# cp -rf /usr/local/Trolltech  /media/root/rootfs/usr/local
```

为方便调试，将 10.4.1 节编译好的 ARM 版本的 Hello 程序复制到 rootfs 分区的 home 文件夹里，命令如下：

```
root@lqs:/book/ZedBoard# cp /book/ZedBoard/qt_pc/build-Hello-QtEmbedded_4_8_5_arm-
Debug/Hello  /media/root/rootfs/home
```

至此，SD 的文件全部完成，下面设置 ZedBoard 启动模式为 SD 启动，在 ZedBoard 上 JP7～JP11 跳线是设置启动模式，将 JP9 和 JP10 设置到 3V3，其余设置成 GND，ZedBoard 将从 SD 启动。

用 HDMI 转 DVI 线，连接 ZedBaordHDMI 接口和显示器，如果没有 DVI 接口显示器，可以用 HDMI 转 VGA 接口线连接。

为方便接鼠标、键盘、U 盘和 USB 摄像头等工具，需要将跳线 JP2 连接上，为 USB 口供电。连接 ZedBoard 厂家自带的 USB OTG 线，连接 USB HUB，方便连接多个 USB 设备。

连接 UART 和 PC 的 USB 口，为使用串口终端操作 ZedBoard 准备。

将 SD 卡插入 ZedBoard 开发板 SD 卡槽，打开 ZedBoard 电源。

打开 PuTTY 串口，将会显示 ZedBoard 里 Linux 启动过程，如图 10-23 所示。

```
COM3 - PuTTY
[    7.090000] VFS: Mounted root (ext4 filesystem) on device 179:2.
[    7.100000] Freeing init memory: 152K
[    8.190000] udevd[703]: starting version 173
error: unexpectedly disconnected from boot status daemon

speech-dispatcher disabled; edit /etc/default/speech-dispatcher
Checking for running unattended-upgrades:
Last login: Thu Jan  1 00:00:15 UTC 1970 on tty1
 * Starting bluetooth                                              [ OK ]
 * PulseAudio configured for per-user sessions
saned disabled; edit /etc/default/saned
cat: /var/lib/update-notifier/fsck-at-reboot: No such file or directory
run-parts: /etc/update-motd.d/98-fsck-at-reboot exited with return code 1
Welcome to Linaro 11.12 (GNU/Linux 3.3.0-57645-g78a8fc1 armv7l)

 * Documentation:  https://wiki.linaro.org/

0 packages can be updated.
0 updates are security updates.
0 packages can be updated.
0 updates are security updates.


root@linaro-ubuntu-desktop:~#
```

图 10-23　Linux 启动信息

同时可以看到在显示器上显示桌面 Linux 系统，和 PC 上的 Ubuntu 一样，如图 10-24 所示。

图 10-24　Linaro 启动桌面

在图 10-23 的串口终端中，可以通过命令对 ZedBoard 进行操作，进入到 Qt 应用程序所在目录/home，命令如下：

```
root@linaro-ubuntu-desktop:~# cd /home
```

执行 Qt 应用程序，命令如下：

```
root@linaro-ubuntu-desktop:/home# ./Hello -qws
```

在显示器上将会弹出 Qt 应用程序的运行界面，如图 10-25 所示。

图 10-25 ARM Qt 运行界面

第11章 嵌入式Linux系统实现

本章全面介绍基于 ZedBoard 嵌入式 Linux 硬件定制、启动程序 BOOT.BIN 制作、内核编译、驱动程序和用户测试程序设计，主要包括 FPGA 逻辑电路设计、Linux 操作系统编译和驱动软件开发的基本知识与技能，并在 ZedBoard 开发板上正确运行。

11.1 硬件平台构建

本章将从 ZedBoard Linux 的硬件设计开始，ZedBoard Linux 硬件设计系统的体系结构如图 11-1 所示。

在 ZedBoard Linux 硬件设计中，UART1 连接到 USB-UART，SD0 连接到 SD 卡插槽，USB0 连接 USB-OTG 端口，Enet0 连接到千兆位以太网端口，SPI 连接到板上 QSPI 闪存。这些设备在 PS 内，并通过复用 I/O(MIO)引脚连接到开发板上的外设。

通过 PS GPIO(MIO)直接连接 LED 9、Btn8、Btn9 和 PMOD JE1，可以像普通 ARM 一样操作该 GPIO 端口。此外，通过扩展 GPIO(EMIO)连接了 8 个 LED、8 个滑动开关按钮、5 个按钮、Pmods JA-D 以及 OLED 设备。

在可编程逻辑(PL)部分有 SPDIF、HDMI TX 控制器、VMDA IIC 的 IP 核、ADV7511 HDMI 芯片、I2S 和 IIC ADAU1761 音频编解码器 IP 核。

在本章中，将把 8 个 LED 从 PS GPIO 的核心分离出来，在 PL 中设计实现自己的 IP 核(my_led)，如图 11-2 所示。将增加自己的 My_Led 设备到系统中，设计其驱动程序，并设计用户测试程序来控制 LED 灯的点亮状态。

Digilent 公司提供了如图 11-1 所示的基本硬件设计，读者可以到 Digilent 官网下载，本书配套资源提供也提供了该文件，文件名称是 ZedBoard_OOB_Design.zip，解压该文件后，由 6 个文件夹组成，每个文件夹作用如下。

(1) boot_image：ZedBoard 启动文件镜像，包括第一阶段启动镜像 zynq_fsbl.elf、Linux 启动引导程序 u-boot.elf 和硬件比特率文件

system.bit。

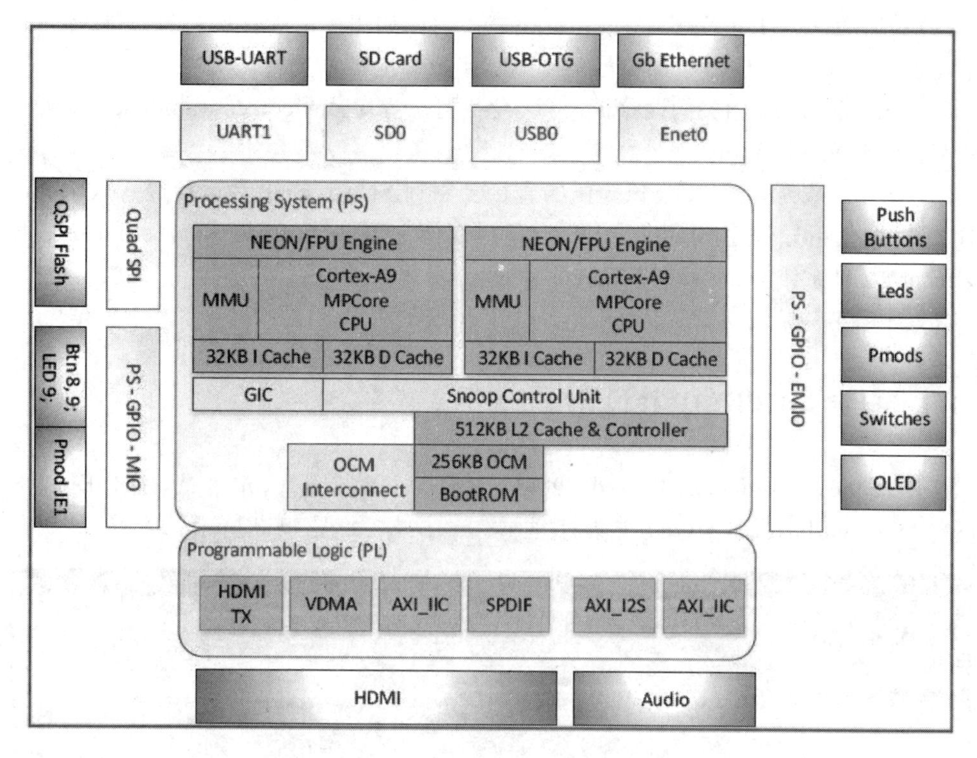

图 11-1 ZedBoard 基本硬件结构

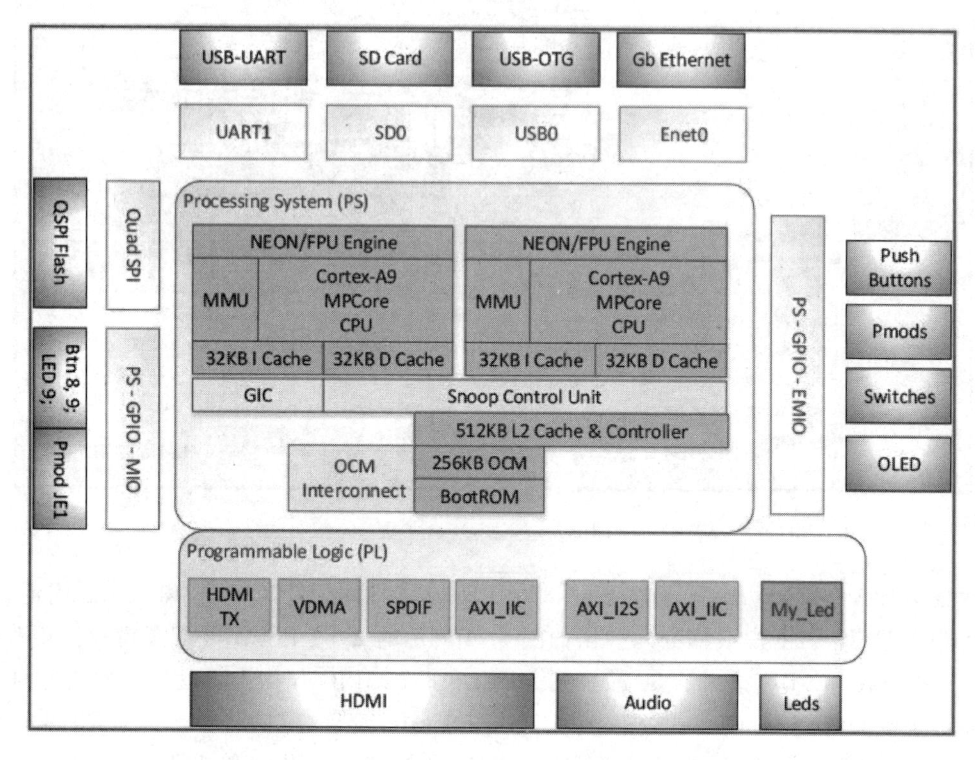

图 11-2 添加自己 IP 核结构图

(2) doc：ZedBoard_OOB_Design 文件说明和使用文档。

(3) hw：EDK 14.3 XPS 工程设计文件源文件，用于生产硬件比特流文件，本节内容就是在该源文件的基础上，添加自己的 IP 核，生成新的硬件比特流文件。

(4) linux：Linux 相关的两个源文件，设备树源程序 devicetree_ramdisk.dts 和编译内核配置的源文件.config。

(5) sd_image：Digilent 公司提供的直接复制到 SD 上，能正常运行嵌入式 Linux 的镜像文件，包括引导程序 BOOT.BIN、设备树镜像文件 devicetree_ramdisk.dtb、内核镜像 zImage、文件系统 ramdisk8M.image.gz 和说明文档。

(6) sw：第一阶段启动代码 zynq_fsbl 工程源文件。

11.1.1 自定义 GPIO IP 核设计

打开 zedboard_linux\ZedBoard_OOB_Design\hw\xps_proj 目录，用 ISE 14.3 的 EDK 下 Xilinx Platform Studio 工具打开 system 文件，如图 11-3 所示。

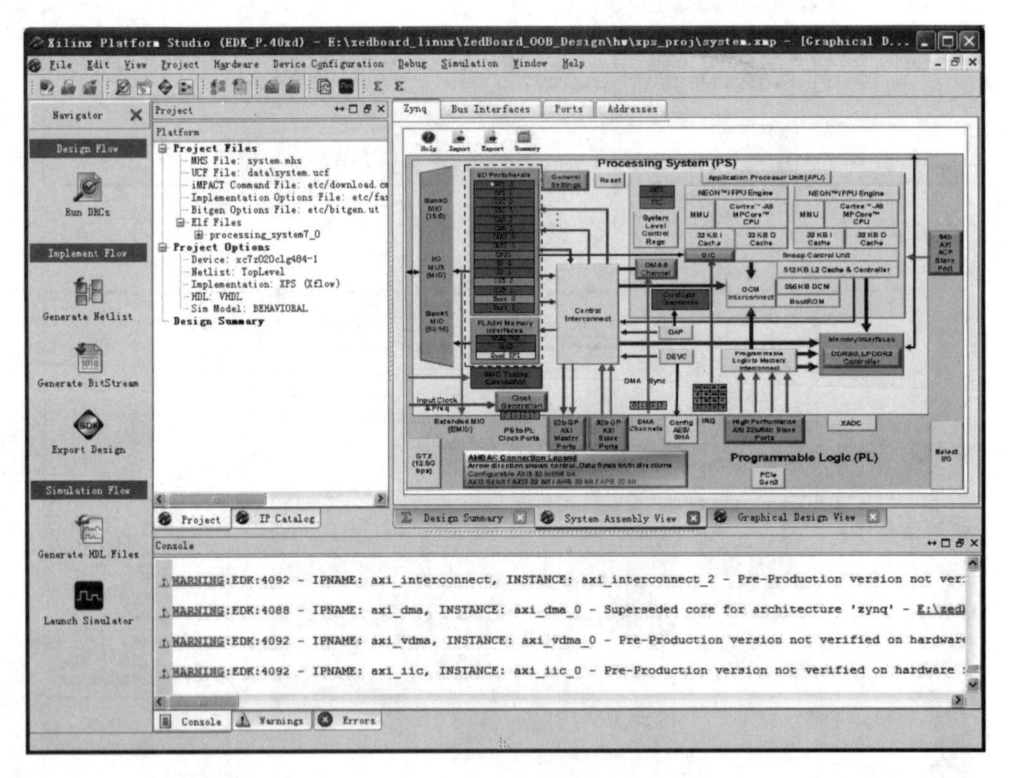

图 11-3 XPS 工程界面

要设计 8 个 LED IP 核，首先要把 8 个 LED 从默认的 GPIO 核分离出来。因此，单击 I/O 外设(图 11-3 虚线框处)，弹出如图 11-4 所示的 Zynq PS MIO 配置窗口。要改变 GPIO 的个数，EMIO 接口从 60 减少到 52，取出 8 个 GPIO 作为 LED 引脚，如图 11-4 中所示的虚线圈内，单击 Close 按钮，关闭 Zynq PS MIO 配置窗口。

然后，需要在外部端口部分的 Ports 标签刷新端口变化。单击 Ports 标签，展开

processing_system7_0(如图 11-5(a)所示)和 IO_IF(GPIO_0)(如图 11-5(b)所示),使它从外部端口断开(如图 11-5(c)所示,单击圆圈内按钮),并重新连接到外部端口,并从名字中删除_pin 字符(如图 11-5(d)所示,单击"√"按钮),我们将在后面的步骤中处理外部引脚位置配置(UCF 文件)。

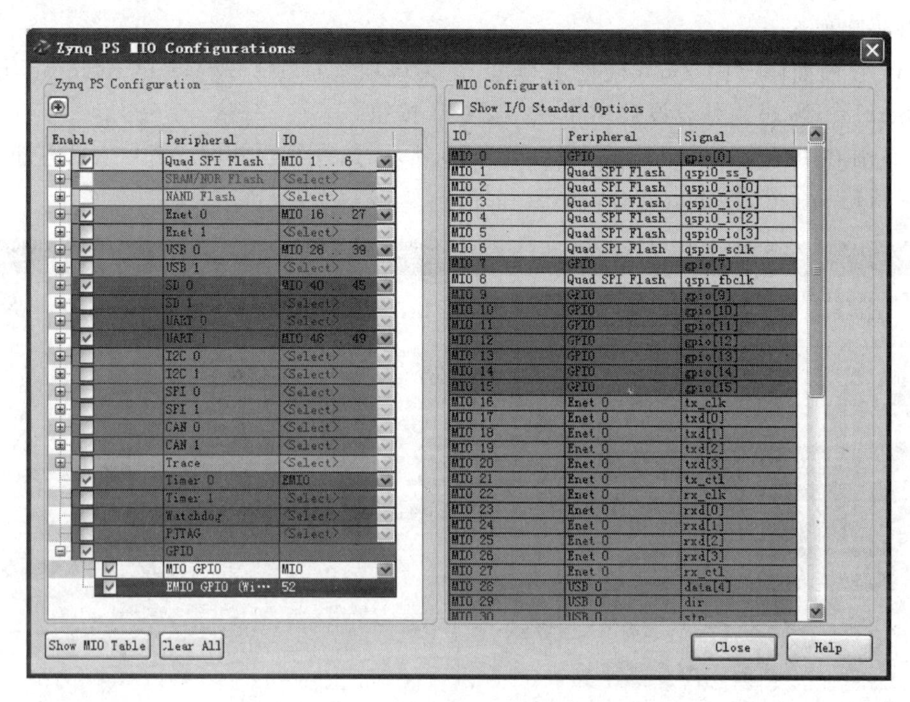

图 11-4 Zynq PS MIO 配置窗口

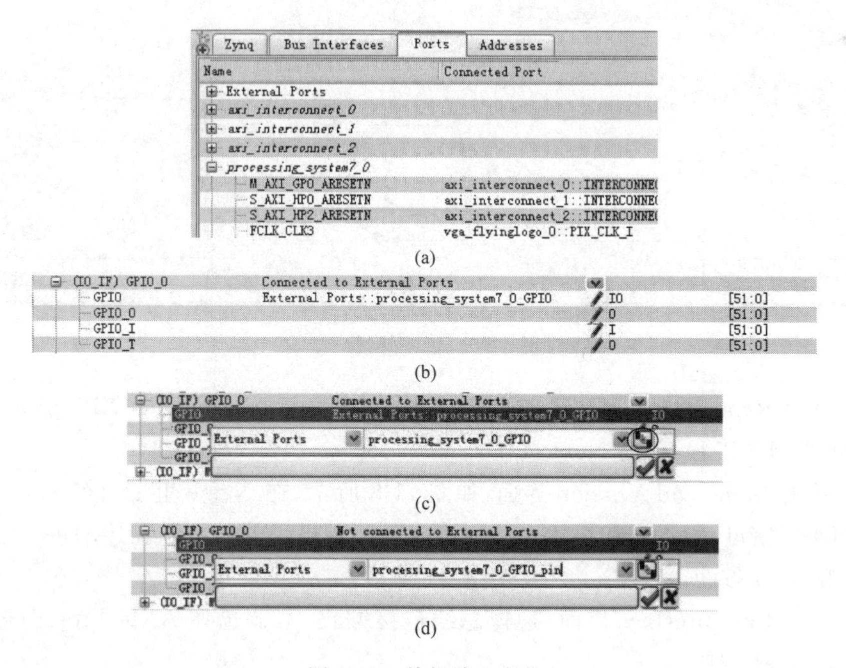

(a)

(b)

(c)

(d)

图 11-5 外部端口变化

11.1.2 添加 my_led IP 核端口

设计 my_led 核，首先要添加 IP 核的硬件端口，添加方法和 OLED 添加方法一样，具体实现步骤如下。

(1) 在前面修改的 Zynq 硬件工程里，在菜单项选择 Hardware→Create or Import Peripheral 命令，进入外设设计向导，单击 Next 按钮。

(2) 弹出 Peripheral Flow 界面，如图 11-6 所示，选择新建外设或者导入已有外设，本节选择新建一个外设，单击 Next 按钮。

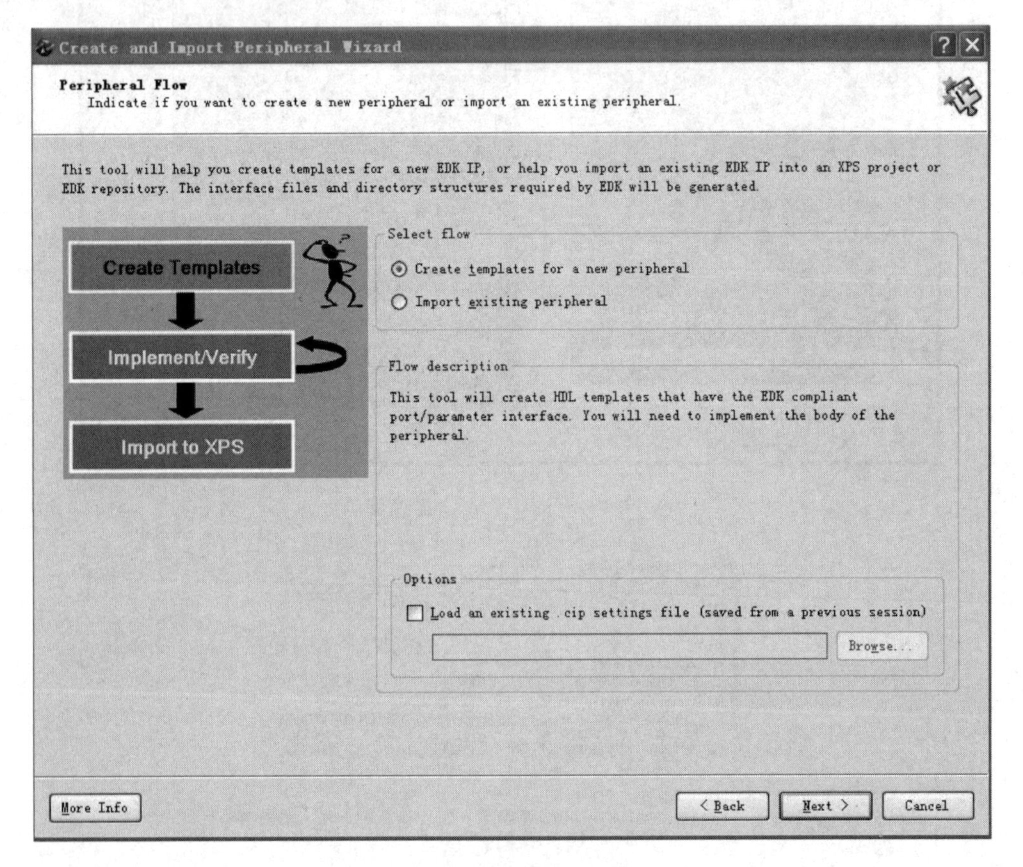

图 11-6 新建外设向导

(3) 弹出 Repository or Project 界面，如图 11-7 所示，选择 To an XPS project 项，将设计添加到 XPS 工程，单击 Next 按钮。

(4) 弹出 Name and Version 界面，如图 11-8 所示，在 Name 里填写名字 my_led，名称只能用小写字母，版本号和描述采用默认或者读者想用的版本和描述均可。本节采用默认，单击 Next 按钮。

(5) 弹出 Bus Interface 界面，选择总线连接方式，本节选择 AXI4-Lite，即选择默认即可，单击 Next 按钮。

(6) 弹出 IBIF 界面，选择 IP 核接口主从模式，本节选择从模式，选择软件寄存器，选

Create Peripheral

Repository or Project

Indicate where you want to store the new peripheral.

A new peripheral can be stored in an EDK repository, or in an XPS project. When stored in an EDK repository, the peripheral can be accessed by multiple XPS projects.

○ To an EDK user repository (Any directory outside of your EDK installation path)

Repository: Browse...

◉ To an XPS project

Project: D:\book_lab\Chapter1\pspl Browse...

图 11-7 添加进工程

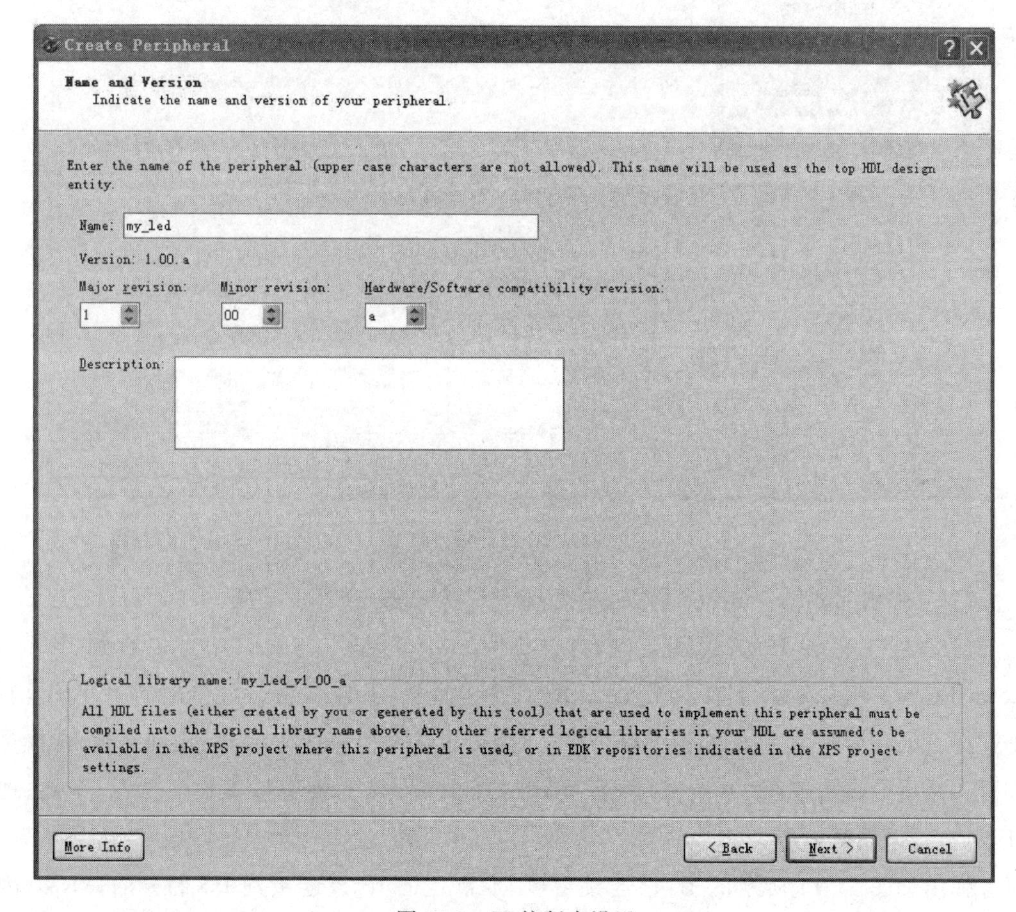

图 11-8 IP 核版本设置

择默认即可,单击 Next 按钮。

(7) 弹出 User S/W Register 界面,选择寄存器个数,本例只要一个 32 位寄存器用来存储 8 个 LED 的状态即可,选择 1 个(默认)即可,单击 Next 按钮。

(8) 弹出 IP interconnect 界面,选择默认即可,单击 Next 按钮。

(9) 弹出(OPTIONAL)Peripheral Simulation Support 界面,选择默认即可,单击

Next 按钮。

(10) 弹出(OPTIONAL)Pcripheral Implementation Support 界面,如图 11-9 所示,全部选择,单击 Next 按钮。

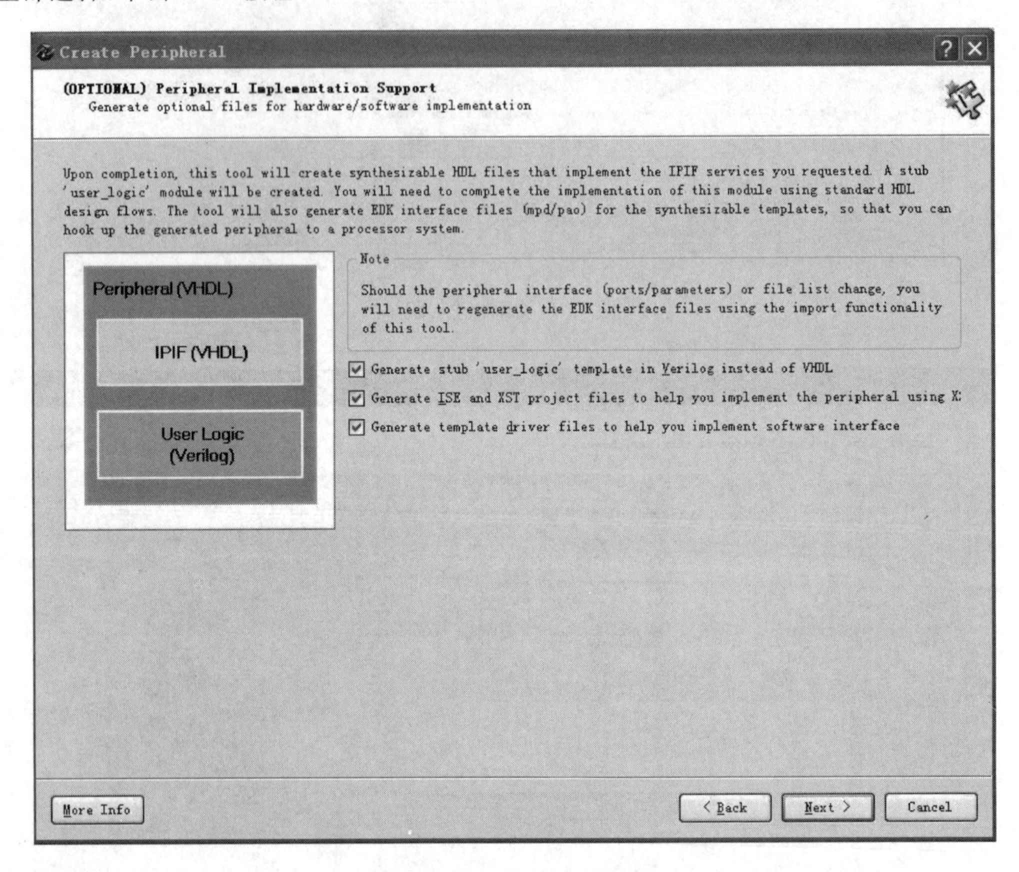

图 11-9　IP 设计语言设置

(11) 弹出 Configurations 界面,单击 Finish 按钮,完成外设配置。

(12) 在工程和 IP 核管理窗口,打开 IP Catalog 标签,在窗口中可以看到 Project Local PCores 的 USER 下有 MY_LED 的 IP 核,如图 11-10(a)所示,单击 MY_LED,右击选择 Add IP,把 IP 核添加到工程中,中间会提示是否把 MY_LED 例化到工程,选择是即可。然后会弹出如图 11-10(b)所示的 IP 核配置界面,主要包括寄存器位宽、个数、地址等信息,采用默认即可。

弹出如图 11-11 所示的 IP 核连接窗口,本章是把 IP 核连接到 PS 部分的 ARM,因此,选择连接到 processing_system7_0。

通过以上步骤完成了自定义 IP 核添加到工程中,可以在 Zynq 内部结构图中查看是否成功添加到工程中,如图 11-12 所示,打开 Bus Interfaces 标签,如果添加成功,可以看到 my_led_0 已经在列表中。

(a)

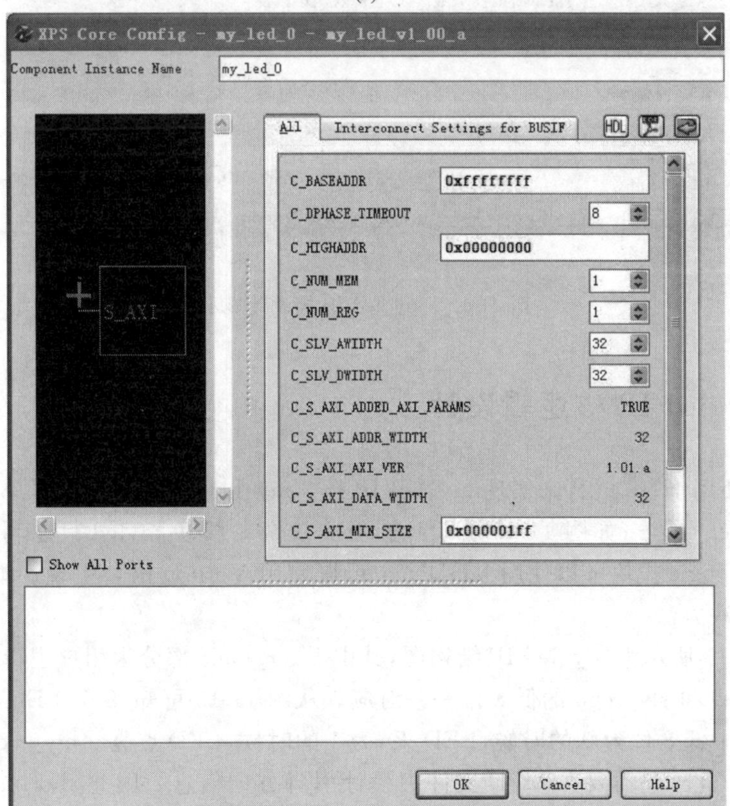

(b)

图 11-10　IP 核配置界面

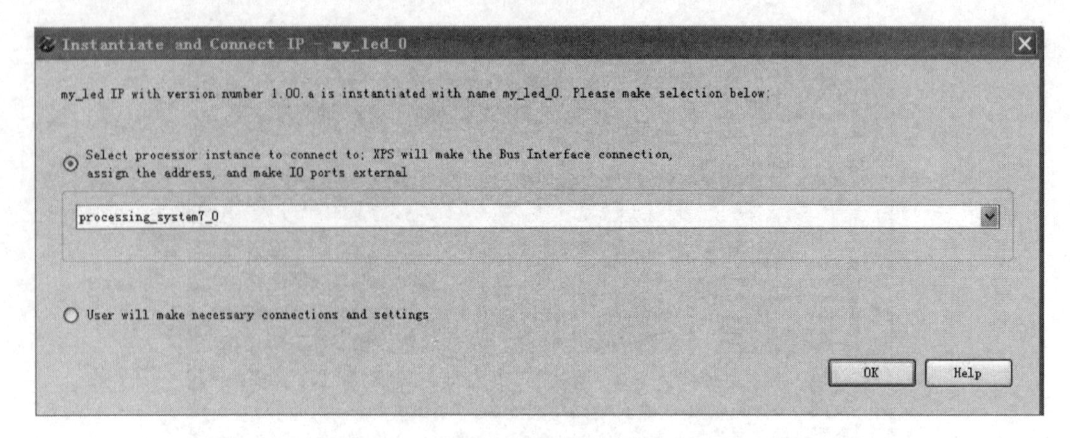

图 11-11　IP 核例化连接

Name	Bus Name	IP Type	IP Version
axi_interc…		axi_inter…	1.06.a
axi_interc…		axi_inter…	1.06.a
axi_interc…		axi_inter…	1.06.a
processing…		processin…	4.02.a
M_AXI_GP0	axi_interconnect_0		
S_AXI_HP0	axi_interconnect_1:axi_dma_0.M_AXI_SG & ax…		
S_AXI_HP2	axi_interconnect_2:axi_vdma_0.M_AXI_MM2S		
axi_clkgen_0		axi_clkgen	1.00.a
axi_dma_0		axi_dma	5.00.a
axi_hdmi_t…		axi_hdmi_…	1.00.a
axi_iic_0		axi_iic	1.02.a
axi_spdif_…		axi_spdif_tx	1.00.a
axi_vdma_0		axi_vdma	5.03.a
my_led_0		my_led	1.00.a
clock_gene…		clock_gen…	4.03.a
util_vecto…		util_vect…	1.00.a
vga_flying…		vga_flyin…	1.00.a

图 11-12　my_led IP 核设计显示

11.2　my_led IP 核逻辑设计

本节将使用 HDL 语言来实现 my_led IP 核。my_led IP 核会产生两个相应的模块：my_led 和 user_logic（如图 11-13 所示）的 HDL 文件。模块 myled 只能利用 VHDL 语言实现，user_logic 模块可以使用 VHDL，也可以使用 Verilog 语言实现。本节将只介绍 Verilog 的解决方法。

如图 11-13 所示为 my_led IP 结构图，其中 User_logic 部分为用户逻辑实现部分，具体为 8 个 LED 和 slv_reg0 的低 8 位一一对应。从图 11-13 可知，8 个 LED 为共阴极，因此，slv_reg0 中低 8 位为 0 的时候，LED 灭，为 1 的时候，LED 点亮。my_led 部分为端口设计和连接。此外还需要在 MPD 文件中设计引脚方向信息。因此，设计 my_led IP 核的逻辑实现主要是修改 3 个文件：MPD 、my_led.VHD 和 User_logic.v。下面介绍 my_led IP 核的 3 个文件的具体实现。

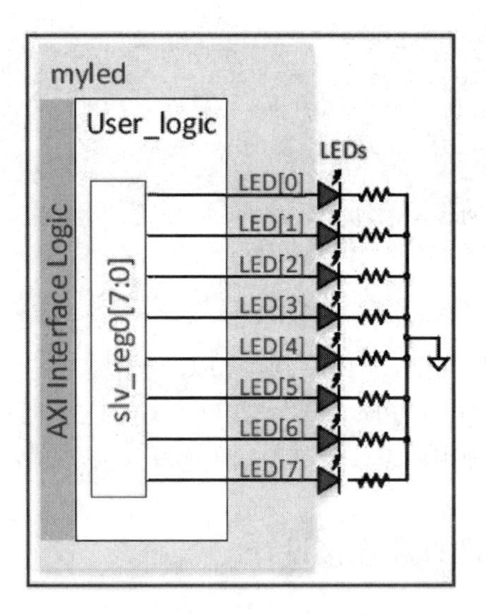

图 11-13 my_led IP 结构

11.2.1 设置引脚方向信息

在如图 11-12 所示的 IP 核总线信息中，右击 my_led_0，选择 View MPD，打开 MPD 文件，添加 LED 的相关引脚方向信息。

在 MPD 文件的 PORT 下添加 LED 的相关引脚和方向信息，具体代码如下，其中 PORT LED＝""，DIR ＝ O，VEC ＝[1:0]为添加的代码。

```
## Ports
PORT S_AXI_ACLK = "", DIR = I, SIGIS = CLK, BUS = S_AXI
PORT S_AXI_ARESETN = ARESETN, DIR = I, SIGIS = RST, BUS = S_AXI
PORT S_AXI_AWADDR = AWADDR, DIR = I, VEC = [(C_S_AXI_ADDR_WIDTH - 1):0], ENDIAN =
LITTLE, BUS = S_AXI
PORT S_AXI_AWVALID = AWVALID, DIR = I, BUS = S_AXI
PORT S_AXI_WDATA = WDATA, DIR = I, VEC = [(C_S_AXI_DATA_WIDTH - 1):0], ENDIAN = LITTLE,
BUS = S_AXI
PORT S_AXI_WSTRB = WSTRB, DIR = I, VEC = [((C_S_AXI_DATA_WIDTH/8) - 1):0], ENDIAN =
LITTLE, BUS = S_AXI
PORT S_AXI_WVALID = WVALID, DIR = I, BUS = S_AXI
PORT S_AXI_BREADY = BREADY, DIR = I, BUS = S_AXI
PORT S_AXI_ARADDR = ARADDR, DIR = I, VEC = [(C_S_AXI_ADDR_WIDTH - 1):0], ENDIAN =
LITTLE, BUS = S_AXI
PORT S_AXI_ARVALID = ARVALID, DIR = I, BUS = S_AXI
PORT S_AXI_RREADY = RREADY, DIR = I, BUS = S_AXI
PORT S_AXI_ARREADY = ARREADY, DIR = O, BUS = S_AXI
PORT S_AXI_RDATA = RDATA, DIR = O, VEC = [(C_S_AXI_DATA_WIDTH - 1):0], ENDIAN = LITTLE,
BUS = S_AXI
PORT S_AXI_RRESP = RRESP, DIR = O, VEC = [1:0], BUS = S_AXI
PORT S_AXI_RVALID = RVALID, DIR = O, BUS = S_AXI
```

```
PORT S_AXI_WREADY = WREADY, DIR = O, BUS = S_AXI
PORT S_AXI_BRESP = BRESP, DIR = O, VEC = [1:0], BUS = S_AXI
PORT S_AXI_BVALID = BVALID, DIR = O, BUS = S_AXI
PORT S_AXI_AWREADY = AWREADY, DIR = O, BUS = S_AXI

PORT LED = "",DIR = O,VEC = [7:0]

END
```

添加行为 PORT LED="",DIR = O,VEC =[7:0],其中 PORT 为端口关键字,LED 为端口名称,DIR 为端口方向,本章 LED 为输出口,因此 DIR=O,如果为输入,DIR=I。VEC 为位宽,本例中 LED 为 8 个,因此设置为 7:0。

11.2.2 my_led IP 核端口和连接设计

在如图 11-12 所示的 IP 核总线信息中,右击 my_led_0,选择 Browse HDL Sources,默认打开 verilog 文件夹,选择上一级目录,可以看到 vhdl 文件夹,打开 vhdl 文件夹里面的 my_led.vhd 文件。

在 my_led.vhd 文件中,主要进行 3 个修改:声明上一步的 8 个 LED 信号 IP 的端口、IP 的用户逻辑端口、将端口和用户逻辑连接以及将端口和 IP 核连接,具体修改代码也有 3 处,添加端口部分代码如下。

```
entity my_led is
  generic
  (
    -- ADD USER GENERICS BELOW THIS LINE ---------------
    --USER generics added here
    -- ADD USER GENERICS ABOVE THIS LINE ---------------

    -- DO NOT EDIT BELOW THIS LINE ---------------------
    -- Bus protocol parameters, do not add to or delete
    ……此处省略若干默认代码
    -- DO NOT EDIT ABOVE THIS LINE ---------------------
  );
  port
  (
    -- ADD USER PORTS BELOW THIS LINE ------------------
    --USER ports added here
     LED : out std_logic_vector(7 downto 0);
    -- ADD USER PORTS ABOVE THIS LINE ------------------

    -- DO NOT EDIT BELOW THIS LINE ---------------------
  ……此处省略若干默认代码
    -- DO NOT EDIT ABOVE THIS LINE ---------------------

  );
```

上述代码主要是添加 IP 核端口信息，其中 LED ：out std_logic_vector(7 downto 0)为添加的代码，表示 8 为 LED 输出。

```
component user_logic is
  generic
  (
    -- ADD USER GENERICS BELOW THIS LINE ---------------
    --USER generics added here
    -- ADD USER GENERICS ABOVE THIS LINE ---------------

    -- DO NOT EDIT BELOW THIS LINE ---------------------
    -- Bus protocol parameters, do not add to or delete
    C_NUM_REG                  : integer              := 1;
    C_SLV_DWIDTH               : integer              := 32
    -- DO NOT EDIT ABOVE THIS LINE ---------------------
  );
  port
  (
    -- ADD USER PORTS BELOW THIS LINE ------------------
    --USER ports added here
      LED                      : out std_logic_vector(7 downto 0);
    -- ADD USER PORTS ABOVE THIS LINE ------------------

    -- DO NOT EDIT BELOW THIS LINE ---------------------
  ……此处省略若干默认代码
    -- DO NOT EDIT ABOVE THIS LINE ---------------------
  );
```

上述代码为用户逻辑端口，和 IP 逻辑设计一致，其中 LED ：out std_logic_vector(7 downto 0)为添加的代码，表示 8 位 LED 输出。

```
USER_LOGIC_I : component user_logic
    generic map
    (
      -- MAP USER GENERICS BELOW THIS LINE ---------------
      --USER generics mapped here
      -- MAP USER GENERICS ABOVE THIS LINE ---------------

      C_NUM_REG                    => USER_NUM_REG,
      C_SLV_DWIDTH                 => USER_SLV_DWIDTH
    )

    port map
    (
      -- MAP USER PORTS BELOW THIS LINE ------------------
      --USER ports mapped here
        LED                        => LED,
```

```
    -- MAP USER PORTS ABOVE THIS LINE ------------------

    Bus2IP_Clk                   => ipif_Bus2IP_Clk,
    Bus2IP_Resetn                => ipif_Bus2IP_Resetn,
    Bus2IP_Data                  => ipif_Bus2IP_Data,
    Bus2IP_BE                    => ipif_Bus2IP_BE,
    Bus2IP_RdCE                  => user_Bus2IP_RdCE,
    Bus2IP_WrCE                  => user_Bus2IP_WrCE,
    IP2Bus_Data                  => user_IP2Bus_Data,
    IP2Bus_RdAck                 => user_IP2Bus_RdAck,
    IP2Bus_WrAck                 => user_IP2Bus_WrAck,
    IP2Bus_Error                 => user_IP2Bus_Error
  );
```

上述代码为将端口和用户逻辑连接以及将端口和IP核连接，其中LED => LED为添加代码。

11.2.3 my_led IP核用户逻辑设计

my_led IP核用户逻辑设计即完成如图11-13所示的User_logic的LED和slv_reg0寄存器的低8位一一对应关系。由于本章LED作为输出，即要把slv_reg0低8位传给LED对应引脚即可。

在如图11-12所示的IP核总线信息中，右击my_led_0，选择Browse HDL Sources，打开verilog文件夹里面的user_logic.v文件。

在user_logic.v文件中，主要进行两项工作：声明信号的端口和用户的逻辑设计。代码如下：

```
module user_logic
(
  // -- ADD USER PORTS BELOW THIS LINE ---------------
  // -- USER ports added here
  LED,
  // -- ADD USER PORTS ABOVE THIS LINE ---------------

  // -- DO NOT EDIT BELOW THIS LINE ------------------
  // -- Bus protocol ports, do not add to or delete
……此处省略若干默认代码
  // -- DO NOT EDIT ABOVE THIS LINE ------------------
); // user_logic
// -- ADD USER PARAMETERS BELOW THIS LINE ------------
// -- USER parameters added here
// -- ADD USER PARAMETERS ABOVE THIS LINE ------------

// -- DO NOT EDIT BELOW THIS LINE --------------------
// -- Bus protocol parameters, do not add to or delete
```

```
parameter C_NUM_REG                                    = 1;
parameter C_SLV_DWIDTH                                 = 32;
// -- DO NOT EDIT ABOVE THIS LINE --------------------

// -- ADD USER PORTS BELOW THIS LINE -----------------
// --USER ports added here
// output      [7:0]                          LED;
// -- ADD USER PORTS ABOVE THIS LINE -----------------

// -- DO NOT EDIT BELOW THIS LINE --------------------
……此处省略若干默认代码
// -- DO NOT EDIT ABOVE THIS LINE --------------------

//----------------------------------------------------
// Implementation
//----------------------------------------------------

  // --USER nets declarations added here, as needed for user logic

  // Nets for user logic slave model s/w accessible register example
  reg          [C_SLV_DWIDTH-1 : 0]          slv_reg0;
  wire         [0 : 0]                       slv_reg_write_sel;
  wire         [0 : 0]                       slv_reg_read_sel;
  reg          [C_SLV_DWIDTH-1 : 0]          slv_ip2bus_data;
  wire                                       slv_read_ack;
  wire                                       slv_write_ack;
  integer                                    byte_index, bit_index;
// USER logic implementation added here

  assign LED = slv_reg0[7:0];
```

上述代码总共修改3个地方,分别是代码斜体字的三句话,其中第一句是声明端口LED,第二句是对端口LED进行说明,是8位的输出口,第三句是把寄存器slv_reg0的低8位赋值给LED。

11.2.4 my_led IP核引脚约束设计

对11.2.3节的3个文件进行保存,分别选择菜单栏File下的Save按钮,保存修改的3个文件。

在前面的工程里选择Project→Rescan User Repositories命令,重新加载MY_LED到IP Catalog中。在工程中,选择System Assembly View视图的Ports标签,展开my_led_0,可以看到添加的LED引脚信息,如图11-14所示。单击LED行,选择External Ports项。引脚名称采用默认的my_led_0_LED_pin,单击"√"按钮,完成设置。

完成LED引脚的连接后,需要在引脚约束文件(system.ucf)中把LED的8个引脚和物理引脚一一对应起来,具体实现方法如下。

单击工程中Project视图,如图11-15所示,双击打开UCF File: data\system.ucf文

件可以发现，processing_system7_0_GPIO 引脚从 0～59 共 60 个引脚，而设计的时候，已经把 52～59 的 8 个引脚用作 LED 引脚，因此，需要修改的是两个地方，第一个地方是把 processing_system7_0_GPIO＜52＞～processing_system7_0_GPIO＜59＞去掉；第二个地方是增加自己的 LED 引脚约束，就是要保留 processing_system7_0_GPIO 引脚从 0～51，同时增加 8 个 LED 引脚。

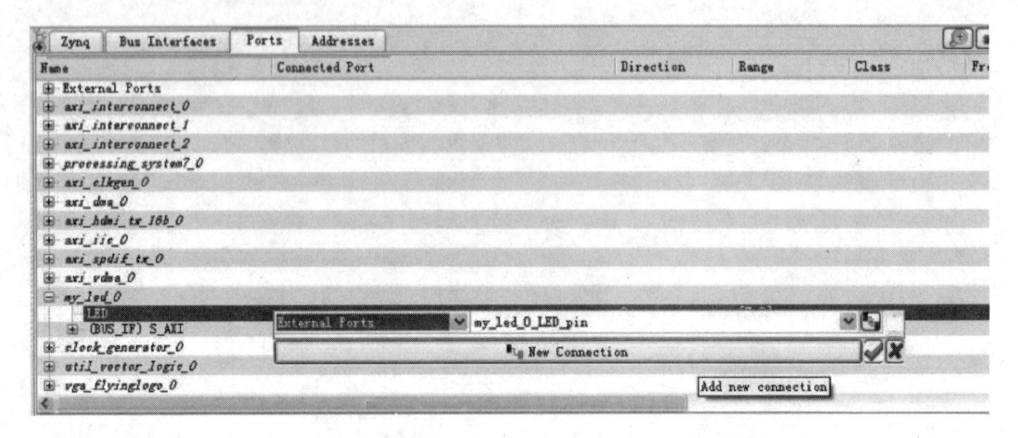

图 11-14　连接 LED 引脚

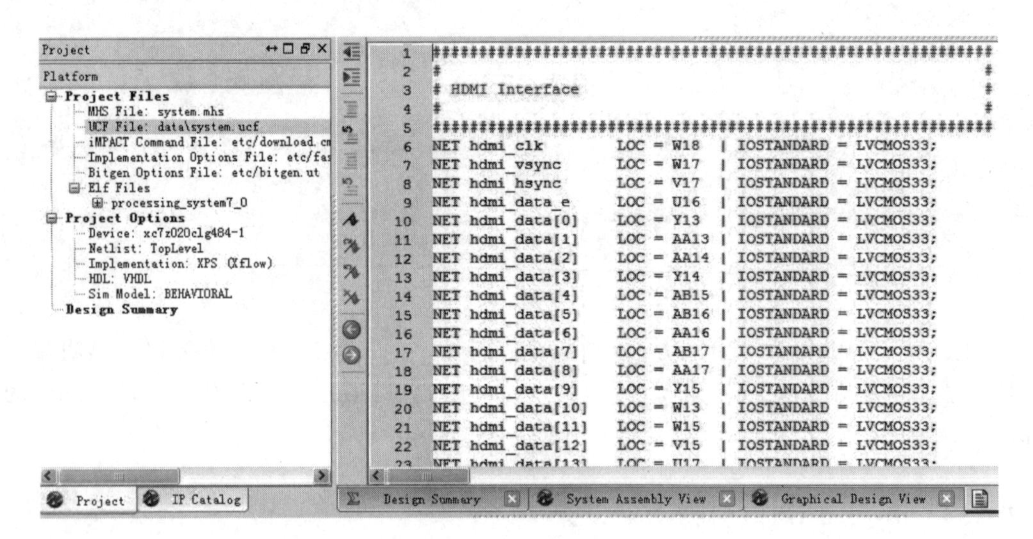

图 11-15　打开 ucf 文件

从 system.ucf 文件中可以知道，LED 占用了默认的 processing_system7_0_GPIO＜7＞～processing_system7_0_GPIO＜14＞引脚，因此，可以把 52～59 的引脚和 7～14 的引脚交换，即把 processing_system7_0_GPIO＜52＞～processing_system7_0_GPIO＜59＞修改成 processing_system7_0_GPIO＜7＞～processing_system7_0_GPIO＜14＞引脚，把原来的 processing_system7_0_GPIO＜7＞～processing_system7_0_GPIO＜14＞引脚修改成 LED 的引脚 my_led_0_LED_pin＜0＞～my_led_0_LED_pin＜7＞，这样既可以实现修改后 processing_system7_0_GPIO 引脚从 0～51 个引脚，也实现了 LED 引脚的约束。具体引脚号可以查阅 ZedBoard 数据手册。具体代码如下所示，修改

部分用斜体表示。

```
##############################
#                            #
# On-board OLED              #
#                            #
# Voltage control and        #
# Bitbanged SPI over GPIO    #
#                            #
##############################
net processing_system7_0_GPIO<1> LOC = U11 | IOSTANDARD = LVCMOS33; # OLED-VBAT
net processing_system7_0_GPIO<2> LOC = U12 | IOSTANDARD = LVCMOS33; # OLED-VDD
net processing_system7_0_GPIO<3> LOC = U9 | IOSTANDARD = LVCMOS33; # OLED-RES
net processing_system7_0_GPIO<4> LOC = U10 | IOSTANDARD = LVCMOS33; # OLED-DC
net processing_system7_0_GPIO<5> LOC = AB12 | IOSTANDARD = LVCMOS33; # OLED-SCLK
net processing_system7_0_GPIO<6> LOC = AA12 | IOSTANDARD = LVCMOS33; # OLED-SDIN
##############################
#                            #
# On-board LED's             #
#                            #
##############################
net my_led_0_LED_pin<0> LOC = T22 | IOSTANDARD = LVCMOS33; # LD0
net my_led_0_LED_pin<1> LOC = T21 | IOSTANDARD = LVCMOS33; # LD1
net my_led_0_LED_pin<2> LOC = U22 | IOSTANDARD = LVCMOS33; # LD2
net my_led_0_LED_pin<3> LOC = U21 | IOSTANDARD = LVCMOS33; # LD3
net my_led_0_LED_pin<4> LOC = V22 | IOSTANDARD = LVCMOS33; # LD4
net my_led_0_LED_pin<5> LOC = W22 | IOSTANDARD = LVCMOS33; # LD5
net my_led_0_LED_pin<6> LOC = U19 | IOSTANDARD = LVCMOS33; # LD6
net my_led_0_LED_pin<7> LOC = U14 | IOSTANDARD = LVCMOS33; # LD7
##############################
#                            #
# On-board Slide Switches    #
#                            #
##############################
net processing_system7_0_GPIO<15> LOC = F22 | IOSTANDARD = LVCMOS33; # SW0
net processing_system7_0_GPIO<16> LOC = G22 | IOSTANDARD = LVCMOS33; # SW1
net processing_system7_0_GPIO<17> LOC = H22 | IOSTANDARD = LVCMOS33; # SW2
net processing_system7_0_GPIO<18> LOC = F21 | IOSTANDARD = LVCMOS33; # SW3
net processing_system7_0_GPIO<19> LOC = H19 | IOSTANDARD = LVCMOS33; # SW4
net processing_system7_0_GPIO<20> LOC = H18 | IOSTANDARD = LVCMOS33; # SW5
net processing_system7_0_GPIO<21> LOC = H17 | IOSTANDARD = LVCMOS33; # SW6
net processing_system7_0_GPIO<22> LOC = M15 | IOSTANDARD = LVCMOS33; # SW7
##############################
#                            #
# On-board Left, Right,      #
# Up, Down, and Select       #
# Pushbuttons                #
#                            #
```

```
##############################
net processing_system7_0_GPIO<23> LOC = N15 | IOSTANDARD = LVCMOS33; # BTNL
net processing_system7_0_GPIO<24> LOC = R18 | IOSTANDARD = LVCMOS33; # BTNR
net processing_system7_0_GPIO<25> LOC = T18 | IOSTANDARD = LVCMOS33; # BTNU
net processing_system7_0_GPIO<26> LOC = R16 | IOSTANDARD = LVCMOS33; # BTND
net processing_system7_0_GPIO<27> LOC = P16 | IOSTANDARD = LVCMOS33; # BTNS
##############################
#                            #
# Pmod JA                    #
#                            #
##############################
net processing_system7_0_GPIO<28> LOC = Y11 | IOSTANDARD = LVCMOS33; # JA1
net processing_system7_0_GPIO<29> LOC = AA11 | IOSTANDARD = LVCMOS33; # JA2
net processing_system7_0_GPIO<30> LOC = Y10 | IOSTANDARD = LVCMOS33; # JA3
net processing_system7_0_GPIO<31> LOC = AA9 | IOSTANDARD = LVCMOS33; # JA4
net processing_system7_0_GPIO<32> LOC = AB11 | IOSTANDARD = LVCMOS33; # JA7
net processing_system7_0_GPIO<33> LOC = AB10 | IOSTANDARD = LVCMOS33; # JA8
net processing_system7_0_GPIO<34> LOC = AB9 | IOSTANDARD = LVCMOS33; # JA9
net processing_system7_0_GPIO<35> LOC = AA8 | IOSTANDARD = LVCMOS33; # JA10
##############################
#                            #
# Pmod JB                    #
#                            #
##############################
net processing_system7_0_GPIO<36> LOC = W12 | IOSTANDARD = LVCMOS33; # JB1
net processing_system7_0_GPIO<37> LOC = W11 | IOSTANDARD = LVCMOS33; # JB2
net processing_system7_0_GPIO<38> LOC = V10 | IOSTANDARD = LVCMOS33; # JB3
net processing_system7_0_GPIO<39> LOC = W8 | IOSTANDARD = LVCMOS33; # JB4
net processing_system7_0_GPIO<40> LOC = V12 | IOSTANDARD = LVCMOS33; # JB7
net processing_system7_0_GPIO<41> LOC = W10 | IOSTANDARD = LVCMOS33; # JB8
net processing_system7_0_GPIO<42> LOC = V9 | IOSTANDARD = LVCMOS33; # JB9
net processing_system7_0_GPIO<43> LOC = V8 | IOSTANDARD = LVCMOS33; # JB10
##############################
#                            #
# Pmod JC                    #
#                            #
##############################
net processing_system7_0_GPIO<44> LOC = AB7 | IOSTANDARD = LVCMOS33; # JC1_P(JC1)
net processing_system7_0_GPIO<45> LOC = AB6 | IOSTANDARD = LVCMOS33; # JC1_N(JC2)
net processing_system7_0_GPIO<46> LOC = Y4 | IOSTANDARD = LVCMOS33; # JC2_P(JC3)
net processing_system7_0_GPIO<47> LOC = AA4 | IOSTANDARD = LVCMOS33; # JC2_N(JC4)
net processing_system7_0_GPIO<48> LOC = R6 | IOSTANDARD = LVCMOS33; # JC3_P(JC7)
net processing_system7_0_GPIO<49> LOC = T6 | IOSTANDARD = LVCMOS33; # JC3_N(JC8)
net processing_system7_0_GPIO<50> LOC = T4 | IOSTANDARD = LVCMOS33; # JC4_P(JC9)
net processing_system7_0_GPIO<51> LOC = U4 | IOSTANDARD = LVCMOS33; # JC4_N(JC10)
##############################
#                            #
# Pmod JD                    #
#                            #
```

```
################################
net processing_system7_0_GPIO<7>LOC = V7 | IOSTANDARD = LVCMOS33; # JD1_P(JD1)
net processing_system7_0_GPIO<8>LOC = W7 | IOSTANDARD = LVCMOS33; # JD1_N(JD2)
net processing_system7_0_GPIO<9>LOC = V5 | IOSTANDARD = LVCMOS33; # JD2_P(JD3)
net processing_system7_0_GPIO<10>LOC = V4 | IOSTANDARD = LVCMOS33; # JD2_N(JD4)
net processing_system7_0_GPIO<11>LOC = W6 | IOSTANDARD = LVCMOS33; # JD3_P(JD7)
net processing_system7_0_GPIO<12>LOC = W5 | IOSTANDARD = LVCMOS33; # JD3_N(JD8)
net processing_system7_0_GPIO<13>LOC = U6 | IOSTANDARD = LVCMOS33; # JD4_P(JD9)
net processing_system7_0_GPIO<14>LOC = U5 | IOSTANDARD = LVCMOS33; # JD4_N(JD10)
```

在上述代码中，实现了对LED引脚的约束，同时修改了processing_system7_0_GPIO引脚信息，使其满足硬件设计里对GPIO修改的要求。其中黑斜体部分为修改的代码，将其中Pmod JD部分processing_system7_0_GPIO＜52＞～processing_system7_0_GPIO＜59＞替换成被LED占用的processing_system7_0_GPIO＜7＞～processing_system7_0_GPIO＜14＞，实现了之前硬件设计的52个GPIO引脚，将On-board LED's部分从processing_system7_0_GPIO＜7＞～processing_system7_0_GPIO＜14＞修改为硬件设计里的my_led_0_LED_pin＜0＞～my_led_0_LED_pin＜7＞。

11.2.5 my_led IP核硬件比特流生成

完成前面的设计后，系统有时候会自动给LED分配地址，但有时候不会自动分配地址，需要手动分配。打开XPS工程界面的Addresses标签，如图11-16所示，my_led_0显示Unmapped Addresses，表示没有分配地址。单击图11-16中的圆圈处按钮，即可给my_led_0分配地址，如图11-17所示，其地基地址为0x6A000000，此地址在后面的驱动程序设计中还将用到。

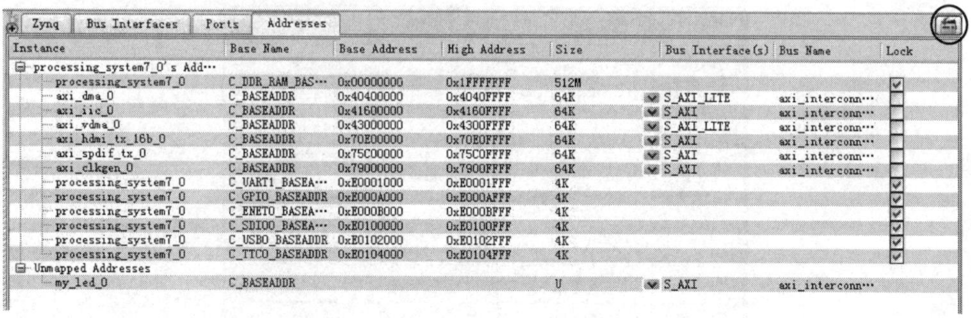

Zynq | Bus Interfaces | Ports | Addresses

Instance	Base Name	Base Address	High Address	Size	Bus Interface(s)	Bus Name	Lock
processing_system7_0's Add···							
processing_system7_0	C_DDR_RAM_BAS···	0x00000000	0x1FFFFFFF	512M			☑
axi_dma_0	C_BASEADDR	0x40400000	0x4040FFFF	64K	S_AXI_LITE	axi_interconn···	☐
axi_iic_0	C_BASEADDR	0x41600000	0x4160FFFF	64K	S_AXI	axi_interconn···	☐
axi_vdma_0	C_BASEADDR	0x43000000	0x4300FFFF	64K	S_AXI_LITE	axi_interconn···	☐
axi_hdmi_tx_16b_0	C_BASEADDR	0x70E00000	0x70E0FFFF	64K	S_AXI	axi_interconn···	☐
axi_spdif_tx_0	C_BASEADDR	0x75C00000	0x75C0FFFF	64K	S_AXI	axi_interconn···	☐
axi_clkgen_0	C_BASEADDR	0x79000000	0x7900FFFF	64K	S_AXI	axi_interconn···	☐
processing_system7_0	C_UART1_BASEA···	0xE0001000	0xE0001FFF	4K			☑
processing_system7_0	C_GPIO_BASEADDR	0xE000A000	0xE000AFFF	4K			☑
processing_system7_0	C_ENET0_BASEA···	0xE000B000	0xE000BFFF	4K			☑
processing_system7_0	C_SDIO0_BASEA···	0xE0100000	0xE0100FFF	4K			☑
processing_system7_0	C_USB0_BASEADDR	0xE0102000	0xE0102FFF	4K			☑
processing_system7_0	C_TTC0_BASEADDR	0xE0104000	0xE0104FFF	4K			☑
Unmapped Addresses							
my_led_0	C_BASEADDR			U	S_AXI	axi_interconn···	

图11-16 my_led_0未分配地址图

双击XPS工程中Generate BitStream项，生成bit文件。如果没有错误，最后会提示"BitStream generation is complete. Done!"，完成硬件定制设计部分，最终生成system.bit文件。

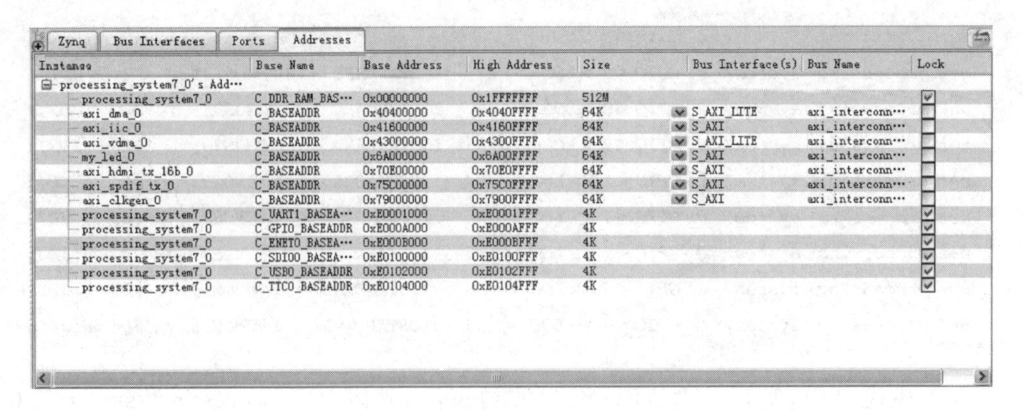

图 11-17　my_led_0 已分配地址图

11.3　启动文件 BOOT.BIN 设计

本节主要讲述用于启动嵌入式 Linux 的启动代码 BOOT.BIN，主要包括生成 Zynq 第一阶段启动代码 fsbl.elf、用于启动 Linux 的 U-Boot 以及使用 BootGen 工具生成 BOOT.BIN。

11.3.1　第一阶段启动代码设计

Xilinx 的集成开发环境 ISE 已经为用户设计了基本的第一阶段启动代码，读者可以在其基础上进行修改，但正常使用已经可以。在 XPS 工程里导出硬件设计，打开 SDK 工具，在 SDK 里设计第一阶段启动代码，具体设计方法如下。

(1) 在 XPS 工程里单击 Project→Export Hardware Design to SDK 命令导出设计，在弹出的窗口中单击 Export and Launch SDK 项，如图 11-18 所示。

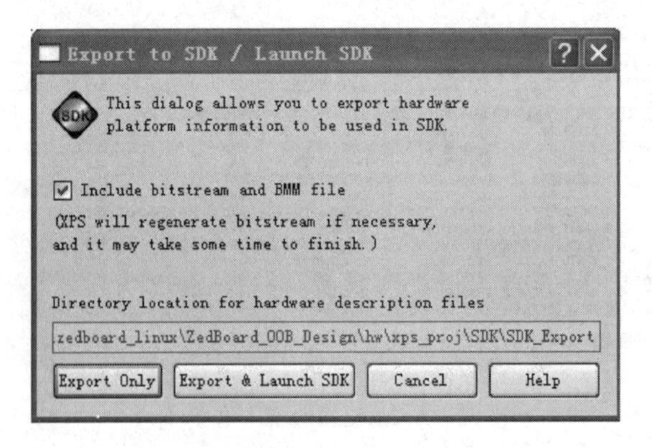

图 11-18　Export and Launch SDK

(2) 设置工作路径为 ZedBoard_OOB_Design\hw\xps_proj\SDK\SDK_Export，单击 OK 按钮，如图 11-19 所示。

(3) SDK 工程运行后，硬件平台工程启动，在 SDK 的工程左侧可以看到相关的文

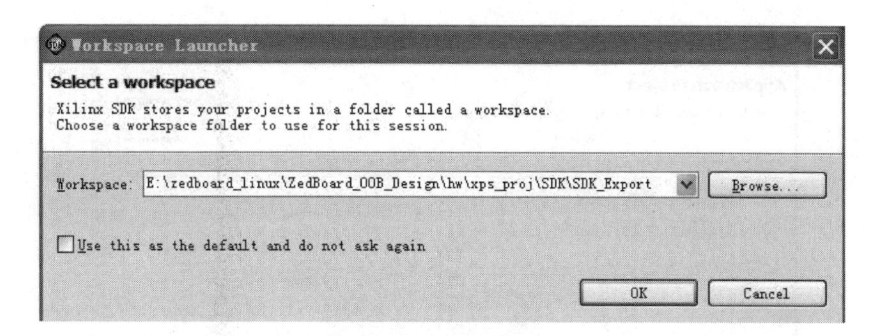

图 11-19　工作路径设置

件，主要包括硬件初始化文件、地址映射等，如图 11-20 所示。

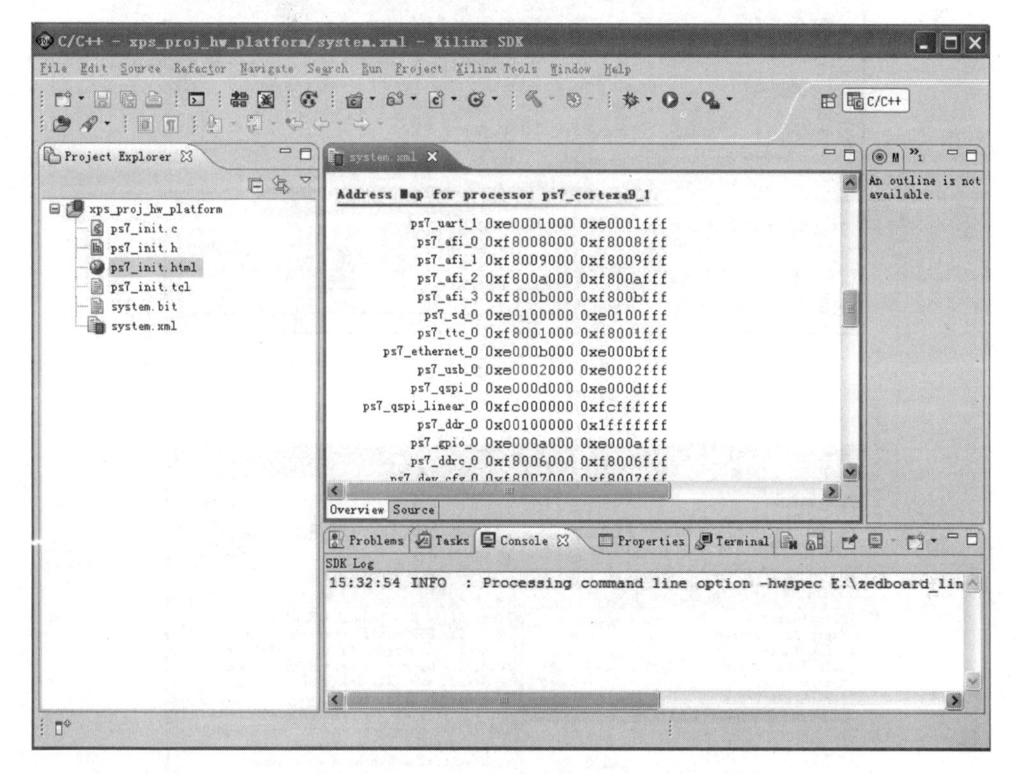

图 11-20　SDK 硬件工程

(4) 在 SDK 硬件工程中，创建第一阶段引导程序(FSBL)，单击 File→New→Application Project 命令，打开工程创建向导，如图 11-21 所示。工程名字设置为 FSBL，First Stage Bootloader 的简写，硬件平台选择 xps_proj_hw_platform，为前面的硬件平台。处理器(Processor)选择 ps7_cortexa9_0，Zynq 里是双核 ARM，即 ps7_cortexa9_0 和 ps7_cortexa9_1，此处选择表明 Zynq 从第一个处理器启动。操作系统平台(OS Platform)选择 Standalone，ZedBoard 操作系统可以选择 Standalone 和 Linux，在第一阶启动阶段没有操作系统，因此选择裸机运行(Standalone)，编程语言(Language)选择 C 语言即可，创建板级支持包，采用默认名字(FSBL_bsp)即可。单击 Next 按钮，进入工程选择窗口，如图 11-22 所示。

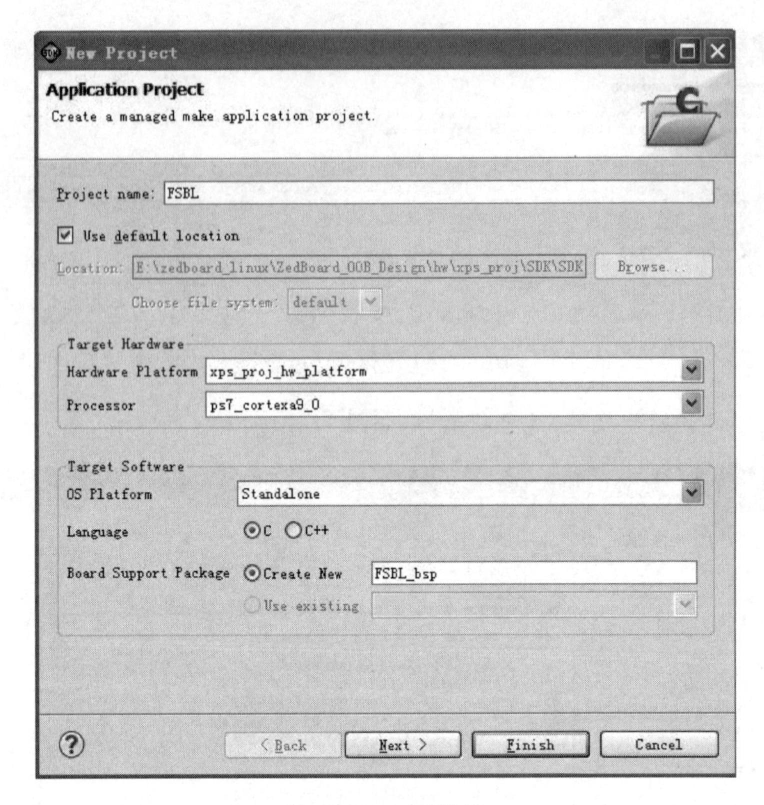

图 11-21　工程设置

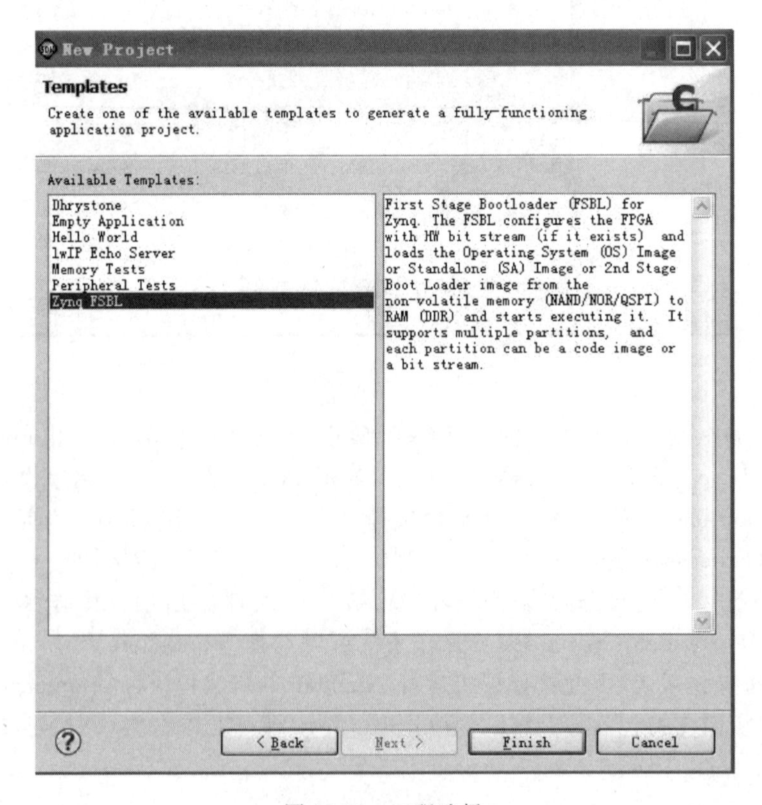

图 11-22　工程选择

(5) 在工程选择窗口中，系统提供了几种常见的应用程序模板和事例，主要包括 Dhrystone，为测试 CPU 性能事例、Empty Application 空白工程、Hello World 事例程序；lwIP Echo Server，lwIP 事例程序；Memory Tests，存储器测试程序；Peripheral Tests 外设测试程序；Zynq FSBL，第一阶段启动程序。本节是实现第一阶段的启动程序，因此选择 Zynq FSBL。

(6) 在如图 11-22 所示的工程选择窗口中，单击 Finish 按钮，完成工程设计，如图 11-23 所示。在工程管理窗口包括第一阶段源码 FSBL、系统自动生成的板级支持包 FSBL_bsp 和硬件平台源码 xps_proj_hw_platform 3 个部分。如果修改源程序，只能修改 FSBL 下 src 里的程序。

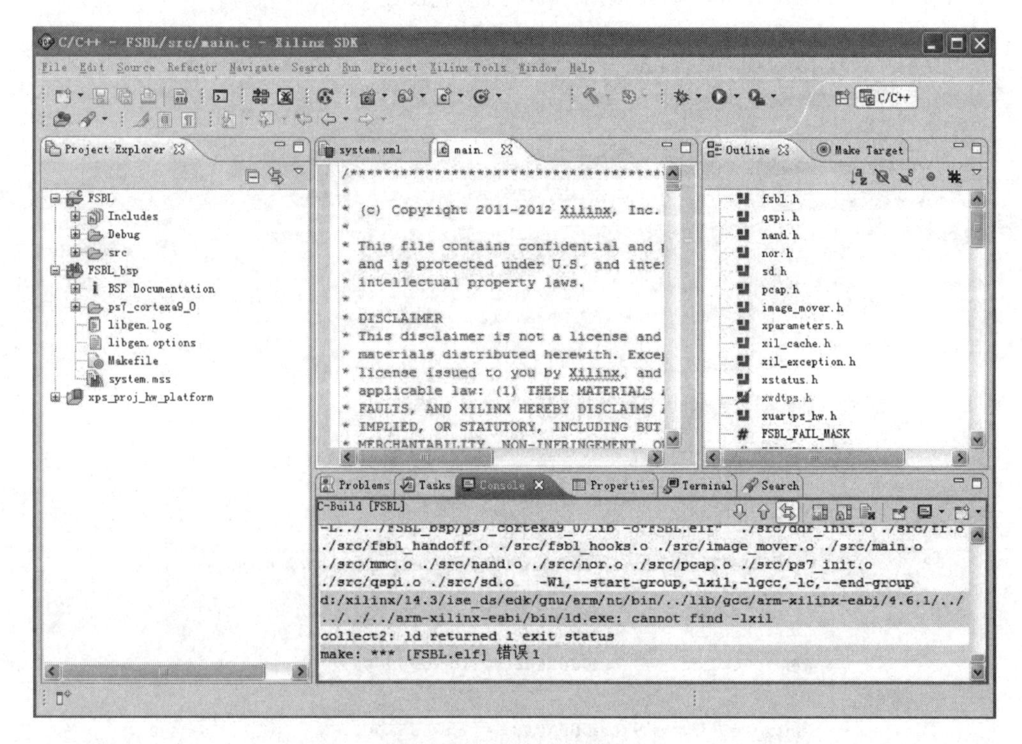

图 11-23 FSBL 工程窗口

(7) 从图 11-23 中可以看到，单击按钮编译会有错误，解决方法是：在图 11-23 中，在菜单栏选择 Xilinx Tools→Board Support Package Settings 命令，在弹出窗口中选择 FSBL_bsp，单击 OK 按钮，弹出 Board Support Package Settings 对话框，如图 11-24 所示。

在图 11-24 左侧的 Overview 选择 drivers，在右侧的窗口中选择 axi_dma_0 行，在该行的 Driver 下选择 generic，再次编译，将不会再报错。

(8) 在 FSBL 中，需要对 USB 进行复位，因此，需要在 FSBL 下 src 中的 main.c 文件的 main 函数中增加如下代码内容。

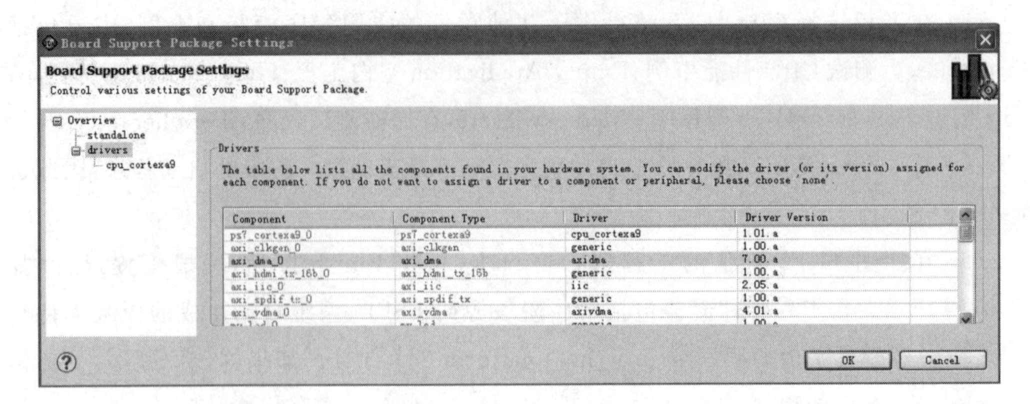

图 11-24　板级支持包设置

```
    /* For Performance measurement */
#ifdef FSBL_PERF
    XTime tEnd = 0;
    fsbl_printf(DEBUG_GENERAL,"Total Execution time is ");
    FsblMeasurePerfTime(tCur,tEnd);
#endif

    /* Reset the USB */
        {
            /* Set data dir */
            *(unsigned int *)0xe000a284 = 0x00000001;

            /* Set OEN */
            *(unsigned int *)0xe000a288 = 0x00000001;

            /* Fir REVB Set data value low for reset, then back high */
    #ifdef ZED_REV_B
            *(unsigned int *)0xe000a048 = 0x00000000;
            *(unsigned int *)0xe000a048 = 0x00000001;
    #else
            *(unsigned int *)0xe000a048 = 0x00000001;
            *(unsigned int *)0xe000a048 = 0x00000000;
    #endif
        }

    FsblHandoff(HandoffAddress);
    /* Should not come over here */
    OutputStatus(ILLEGAL_RETURN);
    FsblFallback();
```

代码中黑斜体字是增加的代码，主要是设置数据方向和使能，然后是先赋 0，再赋 1，对 USB 复位，每句代码的意思请参见程序注释。

重新编译，生成第一阶段可执行文件 FSBL.elf。

11.3.2 u-boot 编译

u-boot 是德国 DENX 小组开发的用于多种嵌入式 CPU 的 Bootloader 程序，u-boot 不仅仅支持嵌入式 Linux 系统的引导，当前，它还支持 NetBSD、VxWorks、QNX、RTEMS、ARTOS、LynxOS 嵌入式操作系统。u-boot 除了支持 PowerPC 系列的处理器外，还能支持 MIPS、x86、ARM、NIOS、XScale 等诸多常用系列的处理器。

u-boot 是一种普遍用于嵌入式系统中的 Bootloader，Bootloader 是在操作系统运行之前执行的一小段程序，通过它可以初始化硬件设备，建立内存空间的映射表，从而建立适当的软硬件环境，为最终调用操作系统内核做好准备。Bootloader 的主要运行任务就是将内核映象从硬盘上读到 RAM 中，然后跳转到内核的入口点去运行，即开始启动操作系统。系统在上电或复位时通常都从地址 0x00000000 处开始执行，而在这个地址处安排的通常就是系统的 Boot Loader 程序。

1. Xilinx u-boot 源码下载

Xilinx 厂家已经为 ZedBoard 用户移植好了 u-boot，用户可以直接到其官网下载使用，下载网址为 https://github.com/Digilent/u-boot-digilent/releases，最新版本为 v2012.04-digilent-13.01，读者可以下载 zip 或者 tar.gz 压缩源文件。本书下载了 tar.gz 格式文件，下载后的文件名是 u-boot-digilent-2012.04 -digilent-13.01.tar.gz。

2. Xilinx u-boot 编译

将下载的 u-boot-digilent-2012.04 -digilent-13.01.tar.gz 文件通过 FileZilla 工具传送到 Ubuntu13.10 /book/ZedBoard 目录。

在 Ubuntu 中，对 Xilinx u-boot 进行解压缩，具体命令如下：

```
root@lqs:/book/ZedBoard# tar zxvf u-boot-digilent-2012.04-digilent-13.01.tar.gz
```

如果读者下载的是 zip 格式，请用下面命令解压：

```
root@lqs:/book/ZedBoard# unzip u-boot-digilent-2012.04-digilent-13.01.zip
```

解压完以后会生成 u-boot-digilent-2012.04-digilent-13.01 文件夹，里面是 Xilinx u-boot 源代码，由于不同读者所用计算机的 IP 地址不一样，为方便网络通信，读者可以在编译前根据自己使用计算机的 IP 地址修改 Xilinx u-boot 的 IP 地址，需要修改的文件是 zynq_zed.h，所在路径为 u-boot-digilent-2012.04-digilent-13.01/ include/configs，具体命令如下：

```
root@lqs:/book/ZedBoard# cd u-boot-digilent-2012.04-digilent-13.01 /include
/configs
```

打开 zynq_zed.h 文件，命令如下：

```
root@lqs:/book/ZedBoard/u-boot-digilent-2012.04-digilent-13.01/include/configs#
gedit zynq_zed.h
```

用 gedit 编辑器打开的 zynq_zed.h 文件，部分代码如下：

```
/* Default environment */
#define CONFIG_IPADDR 192.168.1.10
#define CONFIG_SERVERIP 192.168.1.50

#undef CONFIG_ZYNQ_XIL_LQSPI

/* No NOR Flash available on ZedBoard */
#define CONFIG_SYS_NO_FLASH
#define CONFIG_ENV_IS_NOWHERE

#undef CONFIG_EXTRA_ENV_SETTINGS
#define CONFIG_EXTRA_ENV_SETTINGS \
"ethaddr=00:0a:35:00:01:22\0"\
"kernel_size=0x140000\0" \
"ramdisk_size=0x200000\0" \
```

在上述代码中，第 2 行和第 3 行分别是 IP 地址和网关，读者可以根据自己的计算机修改，在倒数第 3 行是 MAC 地址，读者也可以修改。

修改完 zynq_zed.h 文件后，即可配置 Xilinx u-boot，具体是进入 Xilinx u-boot 根目录下，执行配置命令，具体命令如下：

```
root@lqs:/book/ZedBoard/u-boot-digilent-2012.04-digilent-13.01# make CROSS_
COMPILE=arm-xilinx-linux-gnueabi- zynq_zed_config
```

执行成功后会打印出下面信息：

```
Configuring for zynq_zed board...
```

配置完成后将进行编译，生成可执行文件，在 Xilinx u-boot 根目录下执行编译命令，具体命令如下：

```
root@lqs:/book/ZedBoard/u-boot-digilent-2012.04-digilent-13.01# make CROSS_
COMPILE=arm-xilinx-linux-gnueabi-
```

编译成功后，在 Xilinx u-boot 根目下会生成 u-boot.elf 可执行文件，在 Xilinx u-boot 根目下文件名为 u-boot，将其改名为 u-boot.elf 即可。

11.3.3 生成 BOOT.BIN 文件

BOOT.BIN 是 Zynq 的启动程序，主要包括 zynq_fsbl_0.elf、system.bit 和 u-boot

. elf 3 个文件。

生成 BOOT. BIN 文件有两种方法：第一种方法是用如图 11-25 所示的 SDK 工程界面生成；第二种方法是用前面 BootGen 工具生成。

1. 使用 SDK 生成 BOOT. BIN

在图 11-25 中，单击菜单栏的 Xilinx Tools→Create Zynq Boot Image 命令，在弹出的 Create Zynq Boot Image 对话框中输入相应的文件即可，如图 11-26 所示。

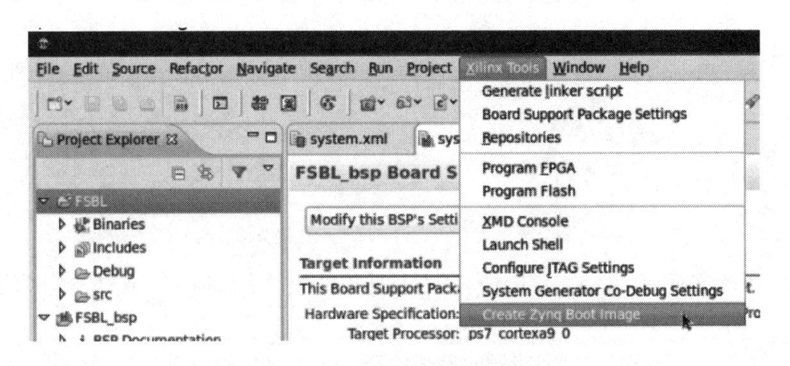

图 11-25 创建启动镜像

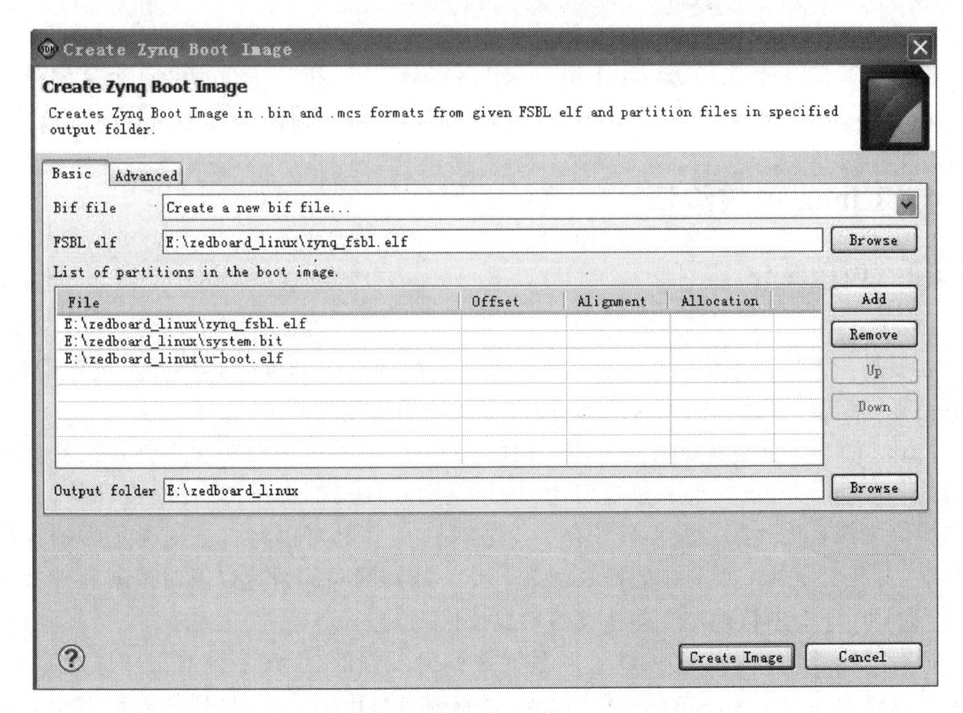

图 11-26 Create Zynq Boot Image 对话框

在图 11-26 中，Bif file 选项是选择新创建一个 bif 文件，还是用已有的，本节选择新创建，FSBL elf 选项为选择第一阶段启动可执行程序。List of partition in the boot image 里选择的是创建 BOOT. BIN 的各个可执行程序。读者可以通过 Add 或者 Remove 按钮添加和删除程序。在本节需要 3 个程序，分别是 zynq_fsbl_0. elf、system

.bit 和 u-boot.elf，并将其复制到 E:\zedboard_linux 文件夹下，Output folder 选项是输出文件夹，选择 E:\zedboard_linux。

单击 Create Image 按钮，将在 E:\zedboard_linux 文件夹下产生 u-boot 二进制文件，将其重命名为 BOOT.BIN 即可。

2. 使用 BootGen 工具生成 BOOT.BIN

按照第 3 章的方法，手动编辑 bootimage.bif 文件，代码如下：

```
the_ROM_image:
{
    [bootloader] zynq_fsbl.elf
    system.bit
    u-boot.elf
}
```

建立批处理文件 makeboot.bat，在批处理文件里添加 BootGen 命令，代码如下：

```
@ECHO ON
        if EXIST boot.bin del boot.bin
bootgen -image bootimage.bif -o i boot.bin -w on
```

把刚生成的 3 个文件、zynq_fsbl_0.elf、system.bit 和 u-boot.elf 一起复制到 D:\Xilinx\14.3\ISE_DS\ISE\bin\nt 下，双击 makeboot.bat 文件，即可生成 boot.bin 文件。

11.4 Linux 内核编译

11.4.1 内核简介

内核是一个操作系统的核心，它负责管理系统的任务调度、内存分配、进程管理、设备驱动程序、文件系统和网络系统等，决定着系统的性能和稳定性。

Linux 的一个重要特点就是其源代码的公开性，所有的内核源程序都可以在内核源码包的/usr/src/linux 文件夹里找到，大部分应用软件也都遵循 GPL 而设计的，都可以获取相应的源程序代码。全世界任何一个软件工程师都可以将自己认为优秀的代码加入其中，由此引发的一个明显的好处就是 Linux 修补漏洞的快速以及对最新软件技术的利用，而 Linux 的内核则是这些特点的最直接代表。

拥有了内核的源程序就可以了解系统是如何工作的，了解系统的工作原理。其次，读者可以针对项目的实际情况，量体裁衣，定制适合自己的系统，这样就需要重新编译内核。再次，读者可以对内核进行修改移植，以符合自己的需要。

由于 Linux 的源程序是完全公开的，任何人只要遵循 GPL，就可以对内核加以修改并发布给他人使用。Linux 的开发采用双树系统。一个树是稳定树(stable tree)，另一个树是非稳定树(unstable tree)或者开发树(development tree)。一些新特性、实验性改进等都将首先在开发树中进行。如果在开发树中所做的改进也可以应用于稳定树，那么在开发树中经过测试以后，在稳定树中将进行相同的改进。一旦开发树经过了足够的发展，开发树就会成为新的稳定树。开发数就体现在源程序的版本号中；源程序版本号的形式为 x.y.z：对于稳定树来说，y 是偶数；对于开发树来说，y 比相应的稳定树大一，因此是奇数。

Linux 作为一个自由软件，在广大爱好者的支持下，内核版本不断更新。新的内核修订了旧内核的 bug，并增加了许多新的特性。如果用户想要使用这些新特性，或想根据自己的系统度身定制一个更高效、更稳定的内核，就需要重新编译内核。

通常，更新的内核会支持更多的硬件，具备更好的进程管理能力，运行速度更快、更稳定，并且一般会修复老版本中发现的许多漏洞等，经常性地选择升级更新的系统内核是 Linux 使用者的必要操作内容。

为了正确合理地设置内核编译配置选项，从而只编译系统需要的功能的代码，一般主要有下面 4 个考虑。

(1) 自己定制编译的内核运行更快(具有更少的代码)。

(2) 系统将拥有更多的内存(内核部分将不会被交换到虚拟内存中)。

(3) 不需要的功能编译进入内核可能会增加被系统攻击者利用的漏洞。

(4) 将某种功能编译为模块方式会比编译到内核内的方式速度要慢一些。

要增加对某部分功能的支持，比如视频采集卡，可以把相应部分驱动编译到内核中(build-in)，也可以把该部分驱动编译成模块(module)动态加载。如果编译到内核中，在内核启动时就可以自动支持相应部分的功能，这样的优点是方便、速度快，计算机一启动，就可以使用这部分功能了；缺点是使内核变得很庞大，不管你是否需要这部分功能，它都会存在，建议经常使用的部分直接编译到内核中，比如网卡。如果编译成模块，就会生成对应的.ko 文件，在使用的时候可以动态加载，优点是不会使内核过分庞大，缺点是需要手动来加载这些模块。

11.4.2 Xilinx Linux 内核的获取

Xilinx 厂家已经为 ZedBoard 用户定制了 Linux 内核，用户可以直接到其官网下载使用，下载网址为 https://github.com/Digilent/linux-digilent/releases，最新版本为 v3.6-digilent-13.01，读者可以下载 zip 或者 tar.gz 压缩源文件。

本书下载了 zip 格式文件，文件名是 linux-digilent-v3.6-digilent-13.01.zip。

11.4.3 Xilinx Linux 内核编译

将下载的 linux-digilent-v3.6-digilent-13.01.zip 文件通过 FileZilla_3.3.3_win32_3011 工具传送到 Ubuntu /book/ZedBoard 目录中。

在 Ubuntu 中，对 Xilinx Linux 内核进行解压缩，具体命令如下：

```
unzip linux-digilent-v3.6-digilent-13.01.zip
```

如果读者下载的是 tar.gz 格式，请用下面命令解压：

```
root@lqs:/book/ZedBoard# tar zxvf linux-digilent-3.6-digilent-13.01.tar.gz
```

解压完以后，会生成 linux-digilent-3.6-digilent-13.01 文件夹，里面便是 Xilinx Linux 内核源代码，进入内核目录，命令如下：

```
root@lqs:/book/ZedBoard# cd linux-digilent-3.6-digilent-13.01
```

首先要对内核进行配置，Xilinx 厂家已经针对 ZedBoard 开发板做了基本的配置文件，读者可以在厂家配置的基础上再进行修改。配置命令为：

```
root@lqs:/book/ZedBoard/linux-digilent-3.6-digilent-13.01# make ARCH=arm
CROSS_COMPILE=arm-xilinx-linux-gnueabi- digilent_zed_defconfig
```

其中 ARCH=arm 是指体系架构是 arm 架构，CROSS_COMPILE 是指定交叉编译器，digilent_zed_defconfig 是默认的厂家配置文件。

配置完成后，有下面的提示：

```
HOSTCC scripts/basic/fixdep
  HOSTCC scripts/kconfig/conf.o
  SHIPPED scripts/kconfig/zconf.tab.c
  SHIPPED scripts/kconfig/zconf.lex.c
  SHIPPED scripts/kconfig/zconf.hash.c
  HOSTCC scripts/kconfig/zconf.tab.o
  HOSTLD scripts/kconfig/conf
#
# configuration written to .config
#
```

下面对默认配置进行一定的修改，将默认的 PmodOLED 驱动从编译到内核中修改为编译成模块加载方式。修改方法如下：

使用内核菜单配置命令，打开内核配置菜单。命令是：

```
root@lqs:/book/ZedBoard/linux-digilent-3.6-digilent-13.01# make ARCH=arm
CROSS_COMPILE=arm-xilinx-linux-gnueabi- menuconfig
```

由于 Ubuntu 13.10 里有一些库文件没有安装，执行命令后，会出现下面的错误提示，根据提示，可以知道是缺少 ncurses 库文件。

```
*** Unable to find the ncurses libraries or the
 *** required header files.
 *** 'make menuconfig' requires the ncurses libraries.
 ***
 *** Install ncurses (ncurses-devel) and try again.
 ***
make[1]: *** [scripts/kconfig/dochecklxdialog] Error 1
make: *** [menuconfig] Error 2
```

安装 ncurses 库文件，需要连接互联网，命令如下：

```
root@lqs:/book/ZedBoard/linux - digilent - 3.6 - digilent - 13.01 # apt - get install
libncurses5 - dev
```

根据提示，完成 ncurses 库文件的安装。

重新执行内核菜单配置命令，即可打开内核配置菜单，如图 11-27 所示。

```
.config - Linux/arm 3.6.0-digilent-13.01 Kernel Configuration
          Linux/arm 3.6.0-digilent-13.01 Kernel Configuration
  Arrow keys navigate the menu.  <Enter> selects submenus --->.
  Highlighted letters are hotkeys.  Pressing <Y> includes, <N> excludes,
  <M> modularizes features.  Press <Esc><Esc> to exit, <?> for Help, </>
  for Search.  Legend: [*] built-in  [ ] excluded  <M> module  < > module

      [ ] Patch physical to virtual translations at runtime
      (0x0) Physical address of main memory
          General setup  --->
      [*] Enable loadable module support  --->
      [*] Enable the block layer  --->
          System Type  --->
          Bus support  --->
          Kernel Features  --->
          Boot options  --->
          CPU Power Management  --->
          Floating point emulation  --->
      v(+)

               <Select>    < Exit >    < Help >
```

图 11-27　内核配置菜单

在图 11-27 中，通过上下按键选择菜单，通过回车键进入该子菜单，选择 Device Driver→Pmod Support→PmodOLED1 命令，如图 11-28(a)、(b)、(c)所示。

```
.config - Linux/arm 3.6.0-digilent-13.01 Kernel Configuration
          Linux/arm 3.6.0-digilent-13.01 Kernel Configuration
  Arrow keys navigate the menu.  <Enter> selects submenus --->.
  Highlighted letters are hotkeys.  Pressing <Y> includes, <N> excludes,
  <M> modularizes features.  Press <Esc><Esc> to exit, <?> for Help, </>
  for Search.  Legend: [*] built-in  [ ] excluded  <M> module  < > module
      ^(-)
          System Type  --->
          Bus support  --->
          Kernel Features  --->
          Boot options  --->
          CPU Power Management  --->
          Floating point emulation  --->
          Userspace binary formats  --->
          Power management options  --->
      [*] Networking support  --->
          Device Drivers  --->
          File systems  --->
      v(+)

               <Select>    < Exit >    < Help >
```

(a) Device Drivers 菜单

图 11-28　内核配置的子菜单

```
.config - Linux/arm 3.6.0-digilent-13.01 Kernel Configuration
                              Device Drivers
  Arrow keys navigate the menu.  <Enter> selects submenus --->.
  Highlighted letters are hotkeys.  Pressing <Y> includes, <N> excludes,
  <M> modularizes features.  Press <Esc><Esc> to exit, <?> for Help, </>
  for Search.  Legend: [*] built-in  [ ] excluded  <M> module  < > module
   ^(-)
        Hardware Spinlock drivers  --->
    [ ] IOMMU Hardware Support  --->
        Remoteproc drivers (EXPERIMENTAL)  --->
        Rpmsg drivers (EXPERIMENTAL)  --->
    [ ] Virtualization drivers  --->
    [ ] Generic Dynamic Voltage and Frequency Scaling (DVFS) support  -
    < > External Connector Class (extcon) support  --->
    [ ] Memory Controller drivers  --->
    < > Industrial I/O support  --->
    [ ] Pulse-Width Modulation (PWM) Support  --->
    [*] Pmod Support  --->

              <Select>    < Exit >    < Help >
```

(b) Pmod Support菜单

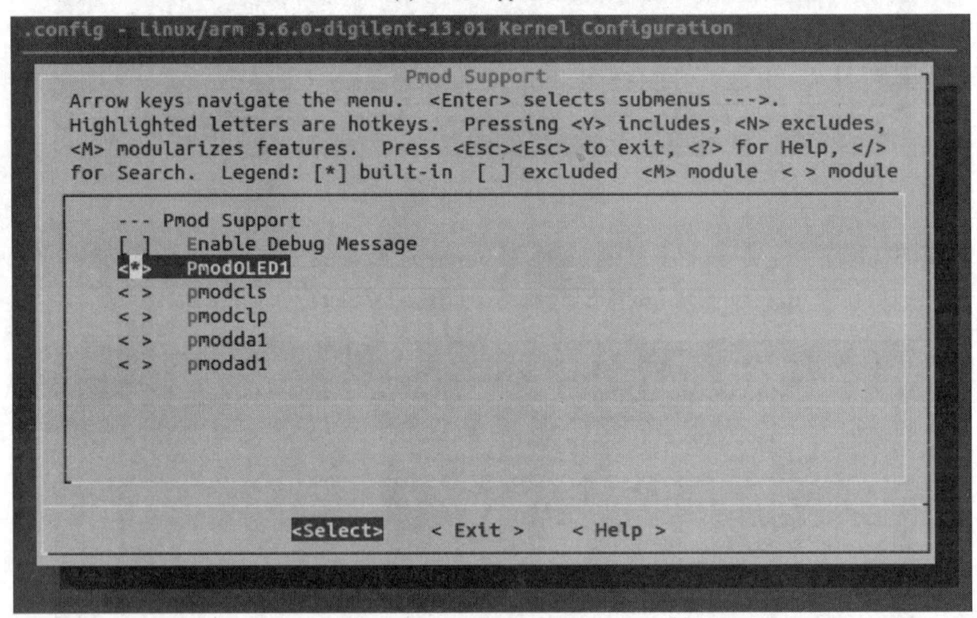

(c) PmodOLED1 菜单

图 11-28 （续）

在内核编译菜单选项里有 3 种类型，将该功能编译进内核（＊号表示），不将该功能编译进内核（空）和将该功能编译成可以在需要时动态插入到内核中的模块（M）。在图 11-29 中可以看到 PmodOLED1 前的＜＞内是＊号，说明是编译进内核的。通过按空格键可以修改类型。

修改配置后，按 Tab 键，选择 Exit 并单击，退出配置，如图 11-30 所示。

最后退出到主菜单，会提示是否保存，如图 11-31 所示，保存修改的配置之后就可以

```
.config - Linux/arm 3.6.0-digilent-13.01 Kernel Configuration
                        Pmod Support
  Arrow keys navigate the menu.  <Enter> selects submenus --->.
  Highlighted letters are hotkeys.  Pressing <Y> includes, <N> excludes,
  <M> modularizes features.  Press <Esc><Esc> to exit, <?> for Help, </>
  for Search.  Legend: [*] built-in  [ ] excluded  <M> module  < > module

      --- Pmod Support
      [ ]   Enable Debug Message
      <M>   PmodOLED1
      < >   pmodcls
      < >   pmodclp
      < >   pmodda1
      < >   pmodad1

              <Select>    < Exit >    < Help >
```

图 11-29　PmodOLED1 改为 M

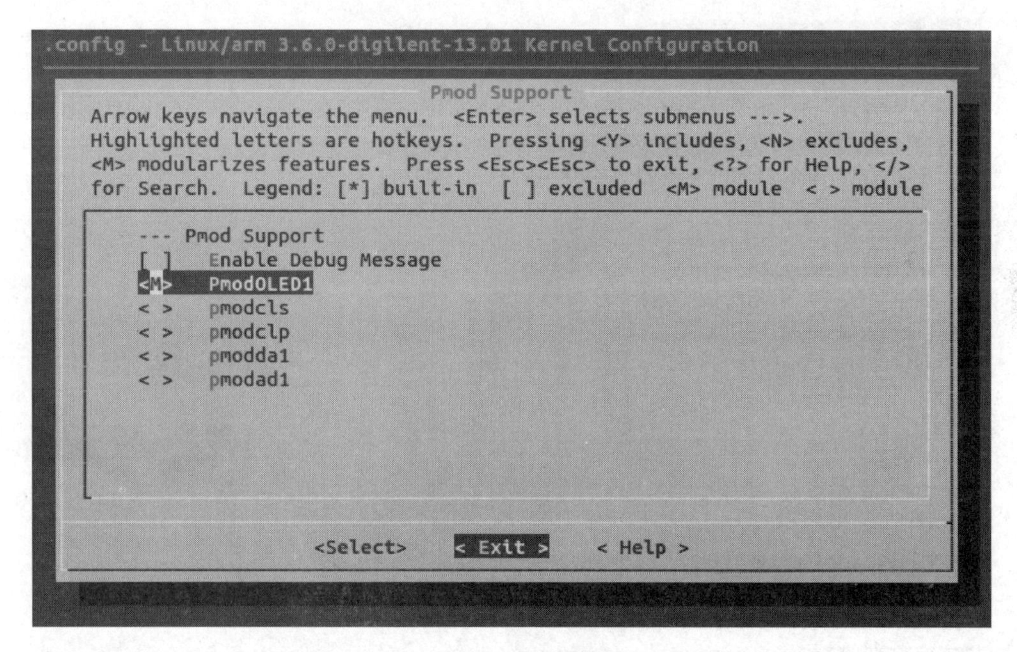

图 11-30　退出菜单

对内核进行编译，命令如下：

```
root@lqs:/book/ZedBoard/linux-digilent-3.6-digilent-13.01# make ARCH=arm
CROSS_COMPILE=arm-xilinx-linux-gnueabi-
```

编译时间比较长，约 20～30 分钟，根据个人计算机配置有所不同。编译完成后，会有下面输出：

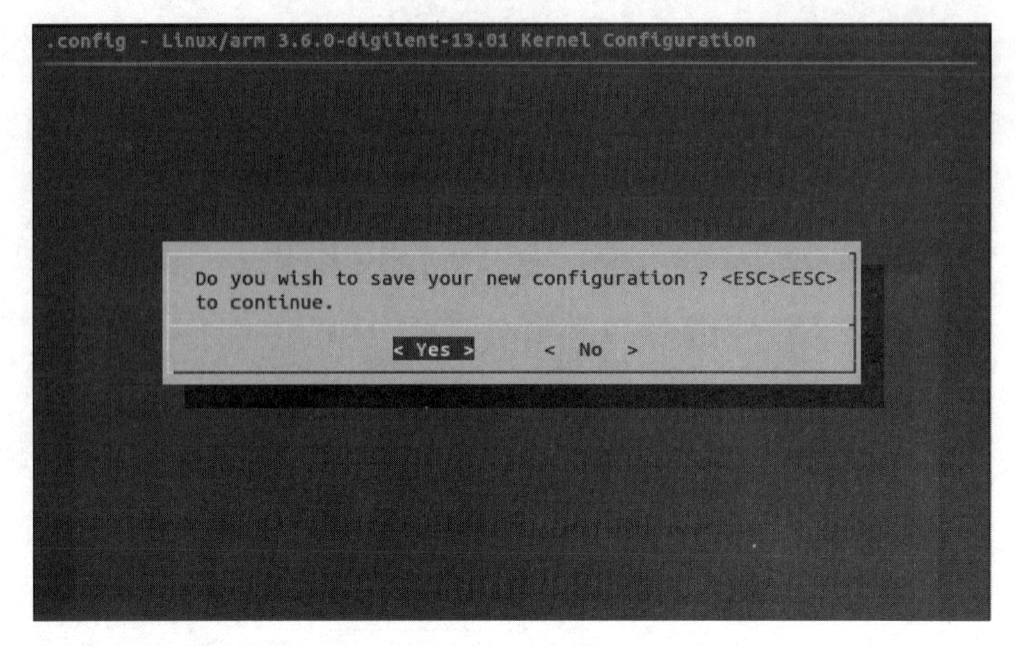

图 11-31　退出保存

```
scripts/kconfig/conf -- silentoldconfig Kconfig
WRAP arch/arm/include/generated/asm/auxvec.h
WRAP arch/arm/include/generated/asm/bitsperlong.h
WRAP arch/arm/include/generated/asm/cputime.h
WRAP arch/arm/include/generated/asm/emergency-restart.h
……此处省略若干行
GEN .version
CHK include/generated/compile.h
UPD include/generated/compile.h
CC init/version.o
LD init/built-in.o
KSYM .tmp_kallsyms1.o
KSYM .tmp_kallsyms2.o
LD vmlinux
SYSMAP System.map
OBJCOPY arch/arm/boot/Image
Kernel: arch/arm/boot/Image is ready
AS arch/arm/boot/compressed/head.o
GZIP arch/arm/boot/compressed/piggy.gzip
AS arch/arm/boot/compressed/piggy.gzip.o
CC arch/arm/boot/compressed/misc.o
CC arch/arm/boot/compressed/decompress.o
CC arch/arm/boot/compressed/string.o
SHIPPED arch/arm/boot/compressed/lib1funcs.S
AS arch/arm/boot/compressed/lib1funcs.o
SHIPPED arch/arm/boot/compressed/ashldi3.S
AS arch/arm/boot/compressed/ashldi3.o
```

```
LD arch/arm/boot/compressed/vmlinux
OBJCOPY arch/arm/boot/zImage
Kernel: arch/arm/boot/zImage is ready
Building modules, stage 2.
MODPOST 23 modules
……此处省略若干行
CC drivers/pmods/pmodoled - gpio.mod.o
LD [M] drivers/pmods/pmodoled - gpio.ko
……
```

从输出提示 OBJCOPY arch/arm/boot/Image 和 Kernel：arch/arm/boot/Image is ready 可知，内核镜像文件在 arch/arm/boot 目录下，有 Image 文件和 zImage 镜像文件。由输出的 LD[M]drivers/pmods/pmodoled-gpio. ko 行可知，pmodoled 编译成 pmodoled-gpio. ko 模块驱动。

11.5 系统测试

为了在 ZedBoard 上运行 Linux 操作系统，需要启动文件 BOOT. BIN，包括 Linux 内核镜像(zImage)、设备树(device tree blob)和文件系统。BOOT. BIN 和 zImage 已经在前面已生成。本节只需要重新编译设备树和文件系统即可，设备树的源文件在 Linux 内核里，目录是 arch/arm/boot/dts/digilent-zed. dts。文件系统直接使用厂家提供的 RAMDISK 或者 LINARO FS。

LTNAROFS 使用默认的设备树源文件即可。

RAMDISK 需要修改设备树源文件，代码如下。

```
chosen {
/* bootargs = "console = ttyPS0,115200 root = /dev/mmcblk0p2 rw earlyprintk rootfstype =
ext4 rootwait devtmpfs.mount = 1"; */
bootargs = "console = ttyPS0, 115200 root = /dev/ram rw initrd = 0x800000, 8M init = /init
earlyprintk rootwait devtmpfs.mount = 1";
linux, stdout - path = "/axi@0/serial@e0001000";
};
```

生成设备树 DTB 文件，命令如下：

```
root@lqs:/book/ZedBoard/linux - digilent - 3.6 - digilent - 13.01 # ./scripts/dtc/dtc - I
dts - O dtb
- o ../devicetree.dtb arch/arm/boot/dts/digilent - zed.dts
```

将 SD 卡插入 ZedBoard SD 卡槽，将启动选择跳线 MIO2、MIO3、MIO6 连接到 GND，将 MIO4 和 MIO5 连接到 3V3。JP6 需要用 micro USB 线连接 UART 端口到 PC USB 接口，设置波特率为 115 200，8 位数据位，1 位停止位，无校验和数据流控制。在串口终端中可以看到用 RamDisk 启动的信息，如图 11-32 所示。如果使用 Linaro 文件系统启动，通过 HDMI 接口连接显示器，可以看到图像桌面，参见前面内容。

```
[    1.170000] fb0:  frame buffer device
[    1.170000] drm: registered panic notifier
[    1.170000] [drm] Initialized analog_drm 1.0.0 20110530 on minor 0
[    1.260000] EXT4-fs (ram0): couldn't mount as ext3 due to feature incompatibilities
[    1.310000] EXT4-fs (ram0): mounting ext2 file system using the ext4 subsystem
[    1.310000] EXT4-fs (ram0): warning: mounting unchecked fs, running e2fsck is recommended
[    1.320000] EXT4-fs (ram0): mounted filesystem without journal. Opts: (null)
[    1.320000] VFS: Mounted root (ext2 filesystem) on device 1:0.
[    1.330000] devtmpfs: mounted
[    1.330000] Freeing init memory: 152K
Starting rcS...
++ Mounting filesystem
++ Setting up mdev
++ Configure static IP 192.168.1.10
[    1.510000] GEM: lp->tx_bd ffdfa000 lp->tx_bd_dma 19bd7000 lp->tx_skb d8070480
[    1.520000] GEM: lp->rx_bd ffdfb000 lp->rx_bd_dma 19bd8000 lp->rx_skb d8070580
[    1.520000] GEM: MAC 0x00350a00, 0x00002201, 00:0a:35:00:01:22
[    1.530000] GEM: phydev d8b6f400, phydev->phy_id 0x1410dd1, phydev->addr 0x0
[    1.530000] eth0, phy_addr 0x0, phy_id 0x01410dd1
[    1.540000] eth0, attach [Marvell 88E1510] phy driver
++ Starting telnet daemon
++ Starting http daemon
++ Starting ftp daemon
++ Starting dropbear (ssh) daemon
++ Starting OLED Display
[    1.580000] pmodoled-gpio-spi [zed_oled] SPI Probing
++ Exporting LEDs & SWs
rcS Complete
```

图 11-32 RamDisk 启动终端

11.6 添加 my_led 设备

在 11.1 节中为 Zynq 添加了一个硬件设备 my_led，相当于 ARM 的硬件上挂载 my_led 这样一个外设，但还不能使用，如果要使用 my_led 这个外设，就需要为 my_led 编写驱动程序。

11.6.1 my_led 驱动程序设计

在 Linux 操作系统下有 3 类主要的设备文件类型：字符设、备块设备和网络设备。

(1) 字符设备(character device)：采用字符流方式访问的设备，如字符终端，串口等，一般顺序访问，但也可以前后移动访问指针，如帧捕捉卡。

(2) 块设备(block device)：采用数据块方式访问的设备，如磁盘等，可以随意移动访问，和字符设备的差异在于内核内部管理数据的方式，如采用缓存机制等，并必须支持 mount 文件系统。

(3) 网络设备(network device)：数据包传输方式访问的设备，和前面两者不同。通过 ifconfig 来创建和配置设备。网络驱动同块驱动最大的区别在于网络驱动异步接受外界数据，而块驱动只对内核的请求作出响应。

1. 驱动程序框架

Linux 下驱动以模块的方式展现，可以单独作为模块在运行时同内核连接，也可以直接连接进内核。设备驱动程序提供以下加载和卸载函数模块。

- module_init：初始化函数，注册模块，连接到内核时被调用，加载驱动程序是从该函数开始执行。
- module_exit：卸载函数，module_ init 的逆操作，撤销注册，从内核中移出时调用。

上述两个函数常用来自定义初始化/卸载函数，使用 module_init(my_init)和 module_exit(my_exit)来声明，使得直接连接进内核的驱动更容易编写，因为内核中每个驱动的初始化/卸载函数为不同名字。

驱动还提供的其他函数，通过 file_operations 结构，常用的有：

- open　打开设备，应该是对设备的第一个操作函数。如为 NULL，则所有调用都成功。
- release　关闭设备，在文件结构被释放。只有当设备文件的所有复制都被释放时才进行 release 调用，而不是每次应用调 close 时都执行。release 同 open 一样，也可以为 NULL。
- read　用来从设备接受数据。
- write　用来往设备发数据。
- ioctl　用来给设备发送命令的接口函数。
- mmap　用来请求将设备内存映射到进程空间。
- poll　是两个系统调用 poll 和 select 的背后支撑。如果驱动未定义，则假设设备既可读又可写。

这些函数和应用程序对设备的操作一一对应。即在应用程序里调用相关函数，将会调用驱动里的对应函数。因此驱动程序设计，首先要实现最常见的打开、读和写的操作，本例是对 LED 写数值，只做写操作。

因此首先要实现打开和写函数，打开函数的代码框架如下：

```
static int mydrv_open(struct inode * inode, struct file * file)
{
    printk("mydrv_open\n");
    return 0;
}
```

写函数的代码框架如下：

```
static ssize_t mydrv_write(struct file * file, const char __user * buf, size_t count, loff_
t * ppos)
{
    printk("mydrv_write\n");
    return 0;
}
```

因为是程序框架，所以里面没有实质内容，就是打印出调试信息。

读写函数和内核的连接是通过内核的 file_operations 结构体联合在一起，用来存储驱动内核模块提供的对设备进行各种操作的函数的指针。该结构体的每个域都对应着驱动内核模块用来处理某个被请求事务的函数地址。代码如下：

```
static struct file_operations mydrv_fops = {
    .owner  =   THIS_MODULE,
    .open   =   mydrv_open,
    .write  =   mydrv_write,
};
```

加载驱动时,需要将驱动通知内核,也就是注册该驱动,代码框架如下:

```
static struct class *mydrv_class;
static struct device *mydrv_class_dev;
int major;
static int mydrv_init(void)
{
    major = register_chrdev(0, " mydrv", &mydrv_fops);
    mydrv _class = class_create(THIS_MODULE, " mydrv ");
mydrv_class_dev = device_create(mydrv _class, NULL, MKDEV(major, 0), NULL, "xyz");
    return 0;
}
```

其中 major 为主设备号,xyz 是创建的设备名称。首先要注册驱动到内核,由 register_chrdev 函数实现。内核中定义了 struct class 结构体,一个 struct class 结构体类型变量对应一个类,内核同时提供了 class_create()函数,可以用它来创建一个类,这个类存放于 sysfs 下面,一旦创建了这个类,再调用 class _device_create()函数在/dev 目录下创建相应的设备节点。这样,加载模块的时候,用户空间中的 udev 会自动响应 class _device_create()函数,去 sysfs 下寻找对应的类而创建设备节点。

卸载驱动时,需要将驱动通知内核,也就是注销该驱动,代码框架如下:

```
static void my _drv_exit(void)
{
    unregister_chrdev(major, " my _drv");
    device_unregister(mydrv _class _dev);
    class_destroy(mydrv _class);
}
```

修饰代码如下:

```
module_init(my _drv_init);
module_exit(my _drv_exit);
MODULE_LICENSE("GPL");
```

2. my_led 驱动程序

my_led 驱动程序在前面的驱动程序框架基础上进行填充即可,首先要填充相关的头文件,驱动程序头文件主要包含下面头文件。

```
#include <linux/module.h>          //最基本的文件,支持动态添加和卸载模块
#include <linux/kernel.h>          //内核相关头文件
#include <linux/fs.h>              //包含文件操作相关 struct 的定义 struct file_operations
                                     和 struct inode 的定义,MINOR、MAJOR 的头文件
#include <linux/init.h>            //初始化头文件
#include <linux/delay.h>           //延时头文件
#include <asm/uaccess.h>           //包含 copy_to_user、copy_from_user 等内核访问用户进
                                     程内存地址的函数定义
#include <asm/irq.h>               //与处理器相关的中断
#include <asm/io.h>                //包含 ioremap、iowrite 等内核访问 IO 内存等函数的定义
#include <asm/arch/regs-gpio.h>    //与处理器相关的 IO 口操作
#include <asm/hardware.h>          //与处理器相关的硬件
#include <linux/device.h>          //包含 device、class 等结构的定义
#include <linux/slab.h>            //包含 kcalloc、kzalloc 内存分配函数的定义
#include <linux/semaphore.h>       //使用信号量必须的头文件
#include <linux/spinlock.h>        //自旋锁
```

填充好头文件后,需要定义一些全部变量,主要包括如下代码:

```
#define DEVNAME "myled"
static struct class *myled_class;
static struct device *myled_class_dev;
int major;
volatile unsigned long * led_reg = NULL;
```

下面就需要填充各个相关的函数,其中打开函数的代码如下:

```
static int myled_open(struct inode *inode, struct file *file)
{
    printk("Open LED_DRV\n");
    return 0;
}
```

打开函数一般包括硬件的相关设置、初始化等,比如设置 GPIO 的属性,本章的 GPIO 在硬件定制中已经设置属性,此函数不需要添加代码。

写函数的代码如下:

```
static ssize_t myled_write(struct file *file, const char __user *buf, size_t count, loff_
t * ppos)
{
    int val;
    printk("Open MY_LED_write\n");
    copy_from_user(&val,buf,count);
    *led_reg = val;
    return 0;
}
```

写函数中主要使用了 copy_from_user 函数，函数的功能是从用户空间复制数据到内核空间，失败返回没有被复制的字节数，成功返回 0。

struct file_operations 结构体为：

```
static struct file_operations myled_fops = {
        .owner   =   THIS_MODULE,
        .open    =   myled_open,
        .write   =   myled_write,
};
```

驱动初始化函数为：

```
static int myled_init(void)
{
    major = register_chrdev(0, "myled", &myled_fops);
    myled_class = class_create(THIS_MODULE, "myled");
    myled_class_dev = device_create(myled_class, NULL, MKDEV(major, 0), NULL, "myled");
    led_reg = (volatile unsigned long * )ioremap(0x6a000000,32);
    * led_reg = 0x55;
    printk("Open LED_init\n");
    return 0;
}
```

在写函数中，首先注册驱动程序到内核，然后创建一个类和一个设备。led_reg 为 led 输出寄存器，其物理地址是 11.1 节硬件定制的时候分配的，地址为 0x6a000000，该寄存器的位宽为 32 位，ioremap 将硬件上面的寄存器映射为虚拟的内存，从而使驱动程序在虚拟的内存中运行。其函数原型为：

```
void * __ioremap(unsigned long phys_addr, unsigned long size, unsigned long flags)
```

其中 phys_addr：要映射起始的 IO 地址，即物理地址。

size：要映射空间的大小。

flags：要映射的 IO 空间和权限有关的标志。

* led_reg=0x55 的二进制是 01010101，因此，对应的 LED 灯为隔一个亮一个。因此，在加载驱动程序的时候，即可点亮对应的 4 个 LED。

驱动卸载函数主要是把加载函数中注册和映射的部分注销掉，具体代码如下：

```
static int myled_exit(void)
{
        unregister_chrdev(major, " myled");
        device_unregister(myled_class_dev);
        class_destroy(myled_class);
        iounmap(led_reg);
        printk(" MY_LED_exit\n");
        return 0;
}
```

驱动程序加载和卸载入口函数如下：

```
module_init(myled_init);
module_exit(myled_exit);
MODULE_LICENSE("GPL");
```

驱动程序编写完成后，需要对其进行编译，为方便编译程序，需要编写一个 Makefile 文件，其内容如下：

```
KERN_SRC = /book/ZedBoard/linux-digilent-3.6-digilent-13.01
obj-m := myled.o
all:
    make -C $(KERN_SRC) M='pwd' modules
clean:
    make -C $(KERN_SRC) M='pwd='clean
```

其中 KERN_SRC =/book/ZedBoard/linux-digilent-3.6-digilent-13.01 表示内核的路径，读者所在路径可能有所不同，需要根据实际路径修改。

在/book/ZedBoard/目录下创建 driver 文件夹，命令如下：

```
root@lqs:/book/ZedBoard# mkdir driver
```

将驱动程序源文件 myled.c 和 Makefile 文件通过 FileZilla 传送到/book/ZedBoard/dirver 文件夹里。

对驱动进行编译(进入 driver 目录后进行编译)，命令如下：

```
root@lqs:/book/ZedBoard# cd driver
root@lqs:/book/ZedBoard/driver# make ARCH=arm CROSS_COMPILE=arm-xilinx-linux-
gnueabi-
```

编译完成后，在 driver 文件夹下生成 myled.ko 驱动模块文件。

设备驱动设计完成后，需要将其添加到设备树中，打开设备树源文件/book/ZedBoard /linux-digilent-3.6-digilent-13.01 arch/arm/boot/dts/digilent-zed.dts，命令如下：

```
root@lqs:/book/ZedBoard/linux-digilent-3.6-digilent-13.01# gedit arch/arm/boot/
dts/digilent-zed.dts
```

添加下面代码中的黑斜体部分：

```
spi-speed-hz = <4000000>;
spi-sclk-gpio = <&ps7_gpio_0 59 0>;
spi-sdin-gpio = <&ps7_gpio_0 60 0>;
};
```

```
myled {
compatible = "dglnt,myled - 1.00.a";
reg = < 0x6a000000 0x10000 >;
    };
  };
};
```

重新执行下面命令，生成 dtb 文件。

```
root@lqs:/book/ZedBoard/linux - digilent - 3.6 - digilent - 13.01 # ./scripts/dtc/dtc - I
dts - O dtb
- o ../devicetree.dtb arch/arm/boot/dts/digilent - zed.dts
```

将新生成的 devicetree.dtb 文件复制到安装 linaro 的 SD 的 boot 分区。

3. my_led 驱动加载测试

将安装 linaro 的 SD 卡插入 PC，在 ubuntu13.10 下将生成的 myled.ko 文件复制到 SD 卡的 rootfs 分区的 home 目录中。

按照启动 linaro 情况，设置好启动模式，连接好显示器和串口线，打开 PUTTY 软件的串口终端。

在 linaro 完全启动后，在 PUTTY 的串口终端里，进入 home 目录，加载驱动程序，具体命令如下：

```
root@linaro - ubuntu - desktop:~ # cd /home/
root@linaro - ubuntu - desktop:/home # insmod myled.ko
```

其中 insmod 命令是加载驱动程序，加载完驱动后，可以看到 ZedBoard 开发板上 LD0、LD2、LD4 和 LD6 点亮，其余的没点亮，如图 11-33 所示，说明加载驱动后，执行了 module_init(myled_init)函数。如果要卸载驱动，用 rmmod 命令，具体命令如下：

图 11-33　加载驱动图

```
root@linaro-ubuntu-desktop:/home# rmmod myled
```

卸载驱动程序，将执行 module_exit(myled_exit)函数。

11.6.2 应用程序调用驱动程序测试

驱动程序完成后，主要为上层程序员使用，因此，本节将编写一个上位机测试程序，实现对 LED 的控制。本例只做最简单的，让 LD1、LD3、LD5 和 LD7 4 个 LED 亮，让另外 4 个灭。测试代码如下：

```
#include <sys/types.h>
#include <sys/stat.h>
#include <fcntl.h>
#include <stdio.h>
int main(int argc, char **argv)
{
    int fd;
   int val = 0x0AA;
    fd = open("/dev/myled", O_RDWR);
    if (fd<0)
    {
        printf("error, can't open\n");
        return 0;
    }
     write(fd, &val, 4);
    return 0;
}
```

在测试代码中，fd = open("/dev/myled", O_RDWR)为打开 myled 这个这个设备，val 为输出到 LED 的值，本例设置为 0xAA，二进制就是 10101010，也就是对应的 LD7、LD5、LD3 和 LD1 4 个 LED。最后通过 write(fd, &val, 4)将其值写入 LED 寄存器，因此，执行该程序后，应该是点亮 LD7、LD5、LD3 和 LD1 4 个 LED。

将该 ledtest.c 复制到/book/ZedBoard/driver 文件夹下，对其编译，命令如下：

```
root@lqs:/book/ZedBoard/driver# arm-xilinx-linux-gnueabi-gcc -o ledtest ledtest.c
```

编译完成后，将在/book/ZedBoard/driver 文件夹下生成 ledtest 可执行文件，将其复制到 SD 的 rootfs 分区的 home 目录下。

将 SD 卡插入 ZedBoard 的 SD 卡槽，重新启动 Zynq，在启动完成后，在 PUTTY 的串口终端中，执行以下命令：

```
root@linaro-ubuntu-desktop:~# cd /home/
root@linaro-ubuntu-desktop:/home# insmod myled.ko
root@linaro-ubuntu-desktop:/home# ./ledtest
```

加载驱动后，执行 ledtest 程序，可以看到 ZedBoard 开发板上 LED 灯由 LD6、LD4、LD2 和 LD0 点亮变成 LD7、LD5、LD3 和 LD1 点亮，如图 11-34 所示。

图 11-34　执行驱动应用测试程序图

第12章 u-boot原理及移植

u-boot 是德国 DENX 小组开发的用于多种嵌入式 CPU 的 bootloader 程序，u-boot 不仅支持嵌入式 Linux 系统的引导，它还支持 NetBSD、VxWorks、QNX、RTEMS、ARTOS 和 LynxOS 嵌入式操作系统。u-boot 除了支持 ARM 系列的处理器外，还能支持 MIPS、x86、PowerPC 和 XScale 等诸多常用系列的处理器。本章重点讲解 u-boot 运行过程和移植。通过本章学习，读者可以了解 u-boot 的工作原理，能够基本掌握 u-boot 的移植方法。

12.1 u-boot 版本及源码结构

12.1.1 u-boot 版本

u-boot 的版本号可以从源代码的顶层目录下的 Makefile 中看到，比如作者移植的官方 2012.04.01 版本的 Makefile 最开始部分代码即为版本相关信息，代码如下：

```
VERSION = 2012
PATCHLEVEL = 04
SUBLEVEL = 01
EXTRAVERSION =
ifneq "$(SUBLEVEL)" ""
U_BOOT_VERSION = $(VERSION).$(PATCHLEVEL).$(SUBLEVEL)
$(EXTRAVERSION)
else
U_BOOT_VERSION = $(VERSION).$(PATCHLEVEL)$(EXTRAVERSION)
endif
TIMESTAMP_FILE = $(obj)include/generated/timestamp_
autogenerated.h
VERSION_FILE = $(obj)include/generated/version_autogenerated.h
```

12.1.2 u-boot 源码结构

u-boot 的源码体系结构主要为 3 类：第 1 类目录与处理器体系结

构或者开发板硬件直接相关；第2类目录是一些通用的函数或者驱动程序；第3类目录是u-boot的应用程序、工具或者文档。根目录中主要包括下面文件或者文件夹。

（1）api：相关的api函数，比如输出字符函数等。

（2）arch：与特定CPU架构相关目录，u-boot支持的CPU在该目录下对应一个子目录，比如有子目录arm就是ZedBoard开发板上使用的cpu架构目录。

（3）board：和一些已有开发板有关的文件，每一个开发板都以一个子目录出现在当前目录中，比如，xilinx子目录中存放与开发板相关文件。

（4）common：实现u-boot命令行下支持的命令，每一条命令都对应一个文件。

（5）disk：对磁盘的支持。

（6）doc：文档目录，u-boot有非常完善的文档。

（7）drivers：u-boot支持的设备驱动程序都放在该目录，比如各种网卡、支持CFI的Flash、串口和USB等。

（8）fs:支持的文件系统，u-boot现在支持cramfs、jffs2和ext4等文件系统。

（9）include：u-boot使用的头文件，还有对各种硬件平台支持的汇编文件，系统的配置文件和对文件系统支持的文件。该目录下configs目录有与开发板相关的配置头文件，如zynq_zed.h是ZedBoard开发板相关的配置文件。

（10）lib与体系结构无关的库文件。

（11）net：与网络协议栈相关的代码，BOOTP协议、TFTP协议、RARP协议和NFS文件系统的实现。

（12）tools：生成u-boot的工具，如mkimage、crc等。

（13）dts：设备树文件。

（14）example：例程。

（15）nand_spl：nand第一阶段启动代码。

（16）onenand_ipl：是一个小loader，它放在u-boot.bin之前，用于以onenand flash为mem的系统中，它的功能就像一个小boot，是由onenand的功能决定的。

（17）post：上电自检程序。

（18）spl：u-boot的第一阶段启动代码。

此外，还包括Makefile、boards.cfg、mkconfig和config.mk等配置文件。本章将详细介绍u-boot的配置、启动过程和移植等。

12.2 u-boot配置和编译分析

u-boot中有几千个文件，要想了解针对某个开发板使用哪些文件、哪个文件先执行、可执行文件占用内存情况，最好的办法就是阅读它顶层的Makefile。

根据顶层README文件的说明可知，如果要使用某开发板，需要先执行make <board_name>_config命令进行配置，然后执行make命令进行编译。

12.2.1 u-boot配置分析

u-boot从2010.09版本开始工程结构发生变化,关于开发板的配置信息都独立出来放在boards.cfg文件中,这样在执行不同的make <board_name>_config时都会执行下面命令:

```
%_config:: unconfig
@$(MKCONFIG) -A $(@:_config=)
```

这里可以看到%_config目标后面是双冒号,而平常看的只有一个冒号,这是Makefile的双冒号规则,而平常见的单冒号就是普通规则。

u-boot使用双冒号规则后,都会按照各自的<board_name>_config生成相应的目标文件,从而节省了Makefile的代码量。

(1) @的作用:在执行这条命令的时候不进行显示。

(2) $(MKCONFIG)的作用:取出变量MKCONFIG的值,变量MKCONFIG定义在该Makefile上面,具体如下:

```
MKCONFIG: = $(SRCTREE)/mkconfig
```

即当前目录下的mkconfig。

(3) $(@:_config=)的作用:将目标文件名字中含有_config的部分用等号后面的字符替换掉,这里=后面为空,所以其效果就是把_config去掉。

综上所述,比如执行make zynq_zed_config命令,最终会执行如下命令:

```
mkconfig    -A    zynq_zed
参数:       $1    $2
```

紧接着分析mkconfig脚本文件,打开u-boot根目录下面的mkconfig脚本文件。

1. 定义一些变量供后面填充

```
arch = ""
cpu = ""
board = ""
vendor = ""
soc = ""
options = ""
```

2. 设置line内容

```
if [ \( $# -eq 2 \) -a \( "$1" = "-A" \) ]; then @该条件是成立的,所以紧接着执行
line = 'egrep -i "^[[:space:]]*${2}[[:space:]]" boards.cfg' || {
echo "make: *** No rule to make target \'$2_config'. Stop." >&2
exit 1
}
```

其中，$ #代表传入的参数的总个数，-a代表前后两个条件都要成立。此处的条件是成立的，所以紧接着执行后面的egrcp命令(egrep命令是一个搜索文件命令，使用该命令可以任意搜索文件中的字符串和符号，也可以搜索一个多个文件的字符串，一个提示符可以是单个字符、一个字符串、一个字、一个句子)。

-i参数是指当进行比较时忽略字符的大小写。

^是指行首，用法举例，^[fuck]表示以fuck开头的行。

[[:space:]]是指空格或tab。

^[[:space:]]则是指以空格或tab开头的行。

*则是指匹配零个或多个先前字符，如'*grep'匹配所有一个或多个空格后紧跟grep的行。

${2}是指第二个参数的内容，即zynq_zed。

||和C语言的用法一样，前面成立的时候，后面不执行。

因此，line='egrep-i"^[[:space:]]*${2}[[:space:]]"boards.cfg'就是指在boards.cfg文件中搜索以${2}(即zynq_zed)开头的行，匹配成功后，把该行保存到变量line中。

假设boards.cfg文件中有下面一行的内容：

```
zynq_zed   arm   armv7      zynq_common    xilinx     zynq
```

因此，执行make zynq_zed_config命令后，${line}的内容就是：

```
    zynq_zed   arm     armv7        zynq_common     xilinx        zynq
参数: $1       $2      $3           $4              $5            $6
et ${line}      @设置shell,就理解成重新录入参数
[ $# = 3 ] && set ${line} ${1}      @如果传入参数的总个数为3个,才执行set命令,不
成立
while [ $# -gt 0 ] ; do                  //如果参数个数大于0个,执行下面的代码,成立
case "$1" in                             //类似于c中的switch,这里没有符号的case条件
--) shift ; break ;;
-a) shift ; APPEND=yes ;;
-n) shift ; BOARD_NAME="${1%_config}" ; shift ;;
-t) shift ; TARGETS="'echo $1 | sed 's:_: :g'' ${TARGETS}" ; shift ;;
*) break ;;
esac
done
[ $# -lt 4 ] && exit 1                   //如果参数个数小于4,退出
[ $# -gt 7 ] && exit 1                   //如果参数个数大于7,退出
```

3. 设置参数到变量

下面代码就是给前面定义的变量进行赋值：

```
CONFIG_NAME = "${1%_config}" @CONFIG_NAME = zynq_zed
[ "${BOARD_NAME}" ] || BOARD_NAME = "${1%_config}" @BOARD_NAME = zynq_zed
arch = "$2"                                        @arch = arm
cpu = "$3"                                         @cpu = armv7
if [ "$4" = "-" ]; then                            @该 if 不成立
board = ${BOARD_NAME}
else
board = "$4"                                       @board = zynq_common
fi
[ $# -gt 4 ] && [ "$5" != "-" ] && vendor = "$5"   @vendor = Xilinx
[ $# -gt 5 ] && [ "$6" != "-" ] && soc = "$6"      @soc = zynq
[ $# -gt 6 ] && [ "$7" != "-" ] && {}              @不成立
```

4. 打印配置消息

以下代码就是配置u-boot时打印的输出信息：

```
Configuring for zynq_zed board…
if [ "$options" ]; then
echo "Configuring for ${BOARD_NAME} - Board: ${CONFIG_NAME}, Options: ${options}"
else
echo "Configuring for ${BOARD_NAME} board…"
Fi
```

5. 创建到平台/开发板相关文件的链接

以下代码就是创建一些链接文件。

```
if [ "$SRCTREE" != "$OBJTREE" ]; then
    mkdir -p ${OBJTREE}/include
    mkdir -p ${OBJTREE}/include2
    cd ${OBJTREE}/include2
    rm -f asm
    ln -s ${SRCTREE}/arch/${arch}/include/asm asm
    LNPREFIX = ${SRCTREE}/arch/${arch}/include/asm/
    cd ../include
    mkdir -p asm
```

上述代码是判断源代码目录和目标文件目录是否一样，可以选择在其他目录下编译u-boot，这可以使源代码目录保持干净。本书是直接在源代码目录下编译，不满足上述条件，将执行下面的else分支代码。

```
else
    cd ./include
    rm -f asm
    ln -s ../arch/${arch}/include/asm asm
fi
```

上述代码是进入 include 目录、删除上一次配置时建立的链接文件 asm,然后再次建立 asm 文件,并令它链接向../arch/${arch}/include/asm。

```
rm -f asm/arch

if [ -z "${soc}" ] ; then
    ln -s ${LNPREFIX}arch-${cpu} asm/arch
else
    ln -s ${LNPREFIX}arch-${soc} asm/arch
fi

if [ "${arch}" = "arm" ] ; then
    rm -f asm/proc
    ln -s ${LNPREFIX}proc-armv asm/proc
fi
```

上述代码是先删除 asm/arch 目录,然后建立 asm/arch,指向 arch-zynq 目录；建立 asm/proc,指向 proc-armv 目录。

6. 创建 config.mk 文件

下面代码就是创建一个头文件(即 config.mk),用于顶层的 Makefile 的调用。

```
echo "ARCH = ${arch}" > config.mk
echo "CPU = ${cpu}" >> config.mk
echo "BOARD = ${board}" >> config.mk
[ "${vendor}" ] && echo "VENDOR = ${vendor}" >> config.mk
[ "${soc}" ] && echo "SOC = ${soc}" >> config.mk
```

执行以上 5 句命令后,相当于 config.mk 中有以下内容：

```
ARCH = arm
CPU = armv7
BOARD = zynq_common
VENDOR = Xilinx
SOC = zynq
```

7. 创建 config.h 文件

该步用于创建一个单板相关的头文件,代码如下：

```
if [ "$APPEND" = "yes" ] # Append to existing config file
then
echo >> config.h
else
> config.h # 新建一个 config.h 文件
fi
```

以下代码是填充 config.h 中的内容，其中>是新建，>>是追加。

```
echo "/* Automatically generated - do not edit */" >> config.h
echo "#define CONFIG_${i}" >> config.h ;
cat << EOF >> config.h
#define CONFIG_BOARDDIR board/$BOARDDIR
#include <config_cmd_defaults.h>
#include <config_defaults.h>
#include <configs/${CONFIG_NAME}.h>
#include <asm/config.h>
EOF
```

执行以上几句命令后，相当于 config.h 中有如下内容：

```
/* Automatically generated - do not edit */
#define CONFIG_BOARDDIR board/xilinx/zynq_common
#include <config_cmd_defaults.h>
#include <config_defaults.h>
#include <configs/zynq_zed.h>
#include <asm/config.h>
```

12.2.2 顶层 Makefile 分析

1. 主机体系架构、操作系统和 shell

代码如下：

```
HOSTARCH := $(shell uname -m | \
    sed -e s/i.86/x86/ \
        -e s/sun4u/sparc64/ \
        -e s/arm.*/arm/ \
        -e s/sa110/arm/ \
        -e s/ppc64/powerpc/ \
        -e s/ppc/powerpc/ \
        -e s/macppc/powerpc/\
        -e s/sh.*/sh/)
HOSTOS := $(shell uname -s | tr '[:upper:]' '[:lower:]' | \
     sed -e 's/\(cygwin\).*/cygwin/')
```

上述代码中，HOSTARCH 这个变量的赋值是通过执行一套 shell 程序来完成的，其

中＄(shell ×××)的语法就是在 shell 中执行×××的命令。这里的"|"就是 Linux 中的管道处理符,"/"就是换行的连接符,表示下一行与本行是同行程序处理。

命令 uname-m 将输出主机 CPU 的体系架构类型。作者的计算机使用 uname-m 命令输出 i686。

sed -e 的意思就是表示后面跟的是一串命令脚本,s/abc/def/的命令表达式就是表示要从标准输入中,查找到内容为 abc 的,然后替换成 def。这样执行这一套程序下来,就知道了机器的硬件体系了。

i686 可以匹配命令 sed -e s/i. 86/i386/中的 i. 86,因此在作者的计算机上执行 Makefile,HOSTARCH 将被设置成 i386。

uname -s,得到 kernel name,内核的名字。

tr'[:upper:]''[:lower:]'表示从标准输入里,把大写字母都换成小写,然后输出到标准输出。

接着后面再跟了一串用来特别处理 cygwin 环境下编译的环境变量的配置的,代码如下:

```
SHELL := $(shell if [ -x "$$BASH" ]; then echo $$BASH; \
    else if [ -x /bin/bash ]; then echo /bin/bash; \
    else echo sh; fi; fi)
export HOSTARCH HOSTOS SHELL
```

"$$BASH"的作用实质上是生成了字符串"$BASH"(前一个＄号的作用是指明第二个＄是普通的字符)。若执行当前 Makefile 的 shell 中定义了"$BASH"环境变量,且文件"$BASH"是可执行文件,则 SHELL 的值为"$BASH"。否则,若/bin/bash 是可执行文件,则 SHELL 值为/bin/bash。若以上两条都不成立,则将 sh 赋值给 SHELL 变量。

最后一行是输出主机体系架构、操作系统和 SHELL。

2. 设定编译输出目录

代码如下:

```
fdef O
ifeq ("$(origin O)", "command line")
BUILD_DIR := $(O)
endif
endif
```

函数＄(origin, variable)输出的结果是一个字符串,输出结果由变量 variable 定义的方式决定,若 variable 在命令行中定义过,则 origin 函数返回值为"command line"。假若在命令行中执行了 export BUILD_DIR=/tmp/build 的命令,则＄(origin O)的值为 command line,而 BUILD_DIR 被设置为/tmp/build,代码如下:

```
ifneq ( $ (BUILD_DIR),)
saved - output : =  $ (BUILD_DIR)
# Attempt to create a output directory.
$ (shell [ -d ${BUILD_DIR} ] || mkdir -p ${BUILD_DIR})
```

判断 BUILD_DIR 目录是否存在,则创建该目录:

```
BUILD_DIR : =  $ (shell cd $ (BUILD_DIR) && /bin/pwd)
$ (if $ (BUILD_DIR),, $ (error output directory "$ (saved - output)" does not exist))
endif # ifneq ( $ (BUILD_DIR),)
```

若$(BUILD_DIR)为空,则将其赋值为当前目录路径(源代码目录),并检查$(BUILD_DIR)目录是否存在。

```
OBJTREE     : =  $ (if $ (BUILD_DIR), $ (BUILD_DIR), $ (CURDIR))
```

if(a,b,c)表示如果 a 为真,a=b,如果为假 a=c,代码如下:

```
SPLTREE         : =  $ (OBJTREE)/spl
SRCTREE         : =  $ (CURDIR)
TOPDIR          : =  $ (SRCTREE)
LNDIR           : =  $ (OBJTREE)
export          TOPDIR SRCTREE OBJTREE SPLTREE
```

OBJTREE 和 LNDIR 为存放生成文件的目录,TOPDIR 与 SRCTREE 为源码所在的目录。CURDIR 变量指示 Make 当前的工作目录,由于当前 Make 在 u-boot 顶层目录执行 Makefile,因此 CURDIR 此时就是 u-boot 顶层目录。

执行完上面的代码后, SRCTREE、src 变量就是 u-boot 代码顶层目录,而 OBJTREE、obj 变量就是输出目录,若没有定义 BUILD_DIR 环境变量,则 SRCTREE、src 变量与 OBJTREE、obj 变量都是 u-boot 源代码目录。

3. 定义 MKCONFIG 等环境变量

这个变量指向一个脚本,即顶层目录的 mkconfig,代码如下:

```
MKCONFIG: =  $ (SRCTREE)/mkconfig
export MKCONFIG
ifeq ( $ (obj)include/config.mk, $ (wildcard $ (obj)include/config.mk))
```

判断是否执行过 make xxx_config,看 config.mk 是否生成,如果条件不符合就会执行报错。

```
all:
sinclude $ (obj)include/autoconf.mk.dep
sinclude $ (obj)include/autoconf.mk
```

sinclude 和 include 是一样的，如果后面的文件不存在，也不会报错。

```
ifndef CONFIG_SANDBOX
SUBDIRS += $(SUBDIR_EXAMPLES)
endif
include $(obj)include/config.mk
export ARCH CPU BOARD VENDOR SOC
```

config.mk 就是由前面介绍的 make xx_config 命令生成的。

4. 设置交叉编译器

代码如下：

```
ifeq ($(HOSTARCH),$(ARCH))
CROSS_COMPILE ?=
endif
```

其作用是设置 u-boot 编译的交叉编译器。

5. 设置链接脚本文件

代码如下：

```
include $(TOPDIR)/config.mk
LDSCRIPT_MAKEFILE_DIR = $(dir $(LDSCRIPT))
ifndef LDSCRIPT
    ifdef CONFIG_SYS_LDSCRIPT
            LDSCRIPT := $(subst ",,$(CONFIG_SYS_LDSCRIPT))
    endif
endif
ifndef LDSCRIPT
    ifeq ($(CONFIG_NAND_U_BOOT),y)
        LDSCRIPT := $(TOPDIR)/board/$(BOARDDIR)/u-boot-nand.lds
        ifeq ($(wildcard $(LDSCRIPT)),)
            LDSCRIPT := $(TOPDIR)/$(CPUDIR)/u-boot-nand.lds
        endif
    endif
    ifeq ($(wildcard $(LDSCRIPT)),)
        LDSCRIPT := $(TOPDIR)/board/$(BOARDDIR)/u-boot.lds
    endif
    ifeq ($(wildcard $(LDSCRIPT)),)
        LDSCRIPT := $(TOPDIR)/$(CPUDIR)/u-boot.lds
    endif
    ifeq ($(wildcard $(LDSCRIPT)),)
        LDSCRIPT := $(TOPDIR)/arch/$(ARCH)/cpu/u-boot.lds
        LDSCRIPT_MAKEFILE_DIR =
    endif
```

```
    ifeq ($(wildcard $(LDSCRIPT)),)
$(error could not find linker script)
    endif
endif
```

6. 目标文件存放顺序

代码如下：

```
OBJS = $(CPUDIR)/start.o
ifeq ($(CPU),x86)
OBJS += $(CPUDIR)/start16.o
OBJS += $(CPUDIR)/resetvec.o
endif
ifeq ($(CPU),ppc4xx)
OBJS += $(CPUDIR)/resetvec.o
endif
ifeq ($(CPU),mpc85xx)
OBJS += $(CPUDIR)/resetvec.o
endif
OBJS := $(addprefix $(obj),$(OBJS))
```

u-boot 需要的目标文件顺序很重要，start.o 必须放第一位。

7. 库文件 LIBS

LIBS 变量指明了 U-Boot 需要的库文件，包括平台/开发板相关的目录、通用目录下相应的库，都是通过相应的子目录编译得到，代码如下：

```
LIBS = lib/libgeneric.o
LIBS += lib/lzma/liblzma.o
LIBS += lib/lzo/liblzo.o
LIBS += lib/zlib/libz.o
LIBS += $(shell if [ -f board/$(VENDOR)/common/Makefile ]; then echo \
    "board/$(VENDOR)/common/lib$(VENDOR).o"; fi)
LIBS += $(CPUDIR)/lib$(CPU).o
ifdef SOC
LIBS += $(CPUDIR)/$(SOC)/lib$(SOC).o
endif
ifeq ($(CPU),ixp)
LIBS += arch/arm/cpu/ixp/npe/libnpe.o
endif
ifeq ($(CONFIG_OF_EMBED),y)
LIBS += dts/libdts.o
endif
LIBS += arch/$(ARCH)/lib/lib$(ARCH).o
LIBS += fs/cramfs/libcramfs.o fs/fat/libfat.o fs/fdos/libfdos.o fs/jffs2/libjffs2.o \
    fs/reiserfs/libreiserfs.o fs/ext2/libext2fs.o fs/yaffs2/libyaffs2.o \
    fs/ubifs/libubifs.o
```

```
LIBS += net/libnet.o
LIBS += disk/libdisk.o
```

下面代码为相关的驱动程序的依赖文件：

```
LIBS += drivers/bios_emulator/libatibiosemu.o
LIBS += drivers/qe/libqe.o
………………………………….(省略若干行)
LIBS += drivers/video/libvideo.o
LIBS += drivers/watchdog/libwatchdog.o
```

下面4行代码为uboot顶层目录所包含的相关依赖文件：

```
LIBS += common/libcommon.o
LIBS += lib/libfdt/libfdt.o
LIBS += api/libapi.o
LIBS += post/libpost.o
```

下面代码为和处理器相关的依赖文件：

```
ifneq
($(CONFIG_AM33XX)$(CONFIG_OMAP34XX)$(CONFIG_OMAP44XX)$(CONFIG_OMAP54XX),)
LIBS += $(CPUDIR)/omap-common/libomap-common.o
endif
ifeq ($(SOC),mx5)
LIBS += $(CPUDIR)/imx-common/libimx-common.o
endif
ifeq ($(SOC),mx6)
LIBS += $(CPUDIR)/imx-common/libimx-common.o
endif
ifeq ($(SOC),s5pc1xx)
LIBS += $(CPUDIR)/s5p-common/libs5p-common.o
endif
ifeq ($(SOC),exynos)
LIBS += $(CPUDIR)/s5p-common/libs5p-common.o
endif
LIBS := $(addprefix $(obj),$(sort $(LIBS)))
.PHONY : $(LIBS)
LIBBOARD = board/$(BOARDDIR)/lib$(BOARD).o
LIBBOARD := $(addprefix $(obj),$(LIBBOARD))
```

下面代码为GCC库设置：

```
ifdef USE_PRIVATE_LIBGCC
ifeq ("$(USE_PRIVATE_LIBGCC)", "yes")
PLATFORM_LIBGCC = $(OBJTREE)/arch/$(ARCH)/lib/libgcc.o
else
PLATFORM_LIBGCC = -L $(USE_PRIVATE_LIBGCC) -lgcc
endif
```

```
else
PLATFORM_LIBGCC := -L $(shell dirname '$(CC) $(CFLAGS) -print-libgcc-file-name')
-lgcc
endif
PLATFORM_LIBS += $(PLATFORM_LIBGCC)
export PLATFORM_LIBS

LDPPFLAGS += \
	-include $(TOPDIR)/include/u-boot/u-boot.lds.h \
	-DCPUDIR=$(CPUDIR) \
	$(shell $(LD) --version | \
	sed -ne 's/GNU ld version \([0-9][0-9]*\)\.\([0-9][0-9]*\).*/-DLD_
MAJOR=\1 -DLD_MINOR=\2/p')

__OBJS := $(subst $(obj),,$(OBJS))
__LIBS := $(subst $(obj),,$(LIBS)) $(subst $(obj),,$(LIBBOARD))
```

下面代码为文件大小设置：

```
ifneq ($(CONFIG_BOARD_SIZE_LIMIT),)
BOARD_SIZE_CHECK = \
	@actual='wc -c $@ | awk '{print $$1}''; \
	limit=$(CONFIG_BOARD_SIZE_LIMIT); \
	if test $$actual -gt $$limit; then \
		echo "$@ exceeds file size limit:"; \
		echo "  limit: $$limit bytes"; \
		echo "  actual: $$actual bytes"; \
		echo "  excess: $$((actual - limit)) bytes"; \
		exit 1; \
	fi
else
BOARD_SIZE_CHECK =
endif
```

8. make all 依赖文件

代码如下：

```
ALL-y += $(obj)u-boot.srec $(obj)u-boot.bin $(obj)System.map

ALL-$(CONFIG_NAND_U_BOOT) += $(obj)u-boot-nand.bin
ALL-$(CONFIG_ONENAND_U_BOOT) += $(obj)u-boot-onenand.bin
ONENAND_BIN ?= $(obj)onenand_ipl/onenand-ipl-2k.bin
ALL-$(CONFIG_SPL) += $(obj)spl/u-boot-spl.bin
ALL-$(CONFIG_OF_SEPARATE) += $(obj)u-boot.dtb $(obj)u-boot-dtb.bin

all:	$(ALL-y) $(SUBDIR_EXAMPLES)
```

```
$(obj)u-boot.dtb:         $(obj)u-boot
        $(MAKE)  C dts binary
        mv $(obj)dts/dt.dtb $@
$(obj)u-boot-dtb.bin:  $(obj)u-boot.bin $(obj)u-boot.dtb
        cat $^>$@
$(obj)u-boot.hex:         $(obj)u-boot
        $(OBJCOPY) ${OBJCFLAGS} -O ihex $< $@
$(obj)u-boot.srec:        $(obj)u-boot
        $(OBJCOPY) -O srec $< $@
$(obj)u-boot.bin:         $(obj)u-boot
        $(OBJCOPY) ${OBJCFLAGS} -O binary $< $@
        $(BOARD_SIZE_CHECK)
$(obj)u-boot.ldr:         $(obj)u-boot
        $(CREATE_LDR_ENV)
        $(LDR) -T $(CONFIG_BFIN_CPU) -c $@ $< $(LDR_FLAGS)
        $(BOARD_SIZE_CHECK)
$(obj)u-boot.ldr.hex:  $(obj)u-boot.ldr
        $(OBJCOPY) ${OBJCFLAGS} -O ihex $< $@ -I binary
$(obj)u-boot.ldr.srec:  $(obj)u-boot.ldr
        $(OBJCOPY) ${OBJCFLAGS} -O srec $< $@ -I binary
$(obj)u-boot.img:         $(obj)u-boot.bin
        $(obj)tools/mkimage -A $(ARCH) -T firmware -C none \
        -O u-boot -a $(CONFIG_SYS_TEXT_BASE) -e 0 \
        -n $(shell sed -n -e 's/.*U_BOOT_VERSION//p' $(VERSION_FILE) | \
            sed -e 's/"[   ]*$$/ for $(BOARD) board"/') \
        -d $< $@
$(obj)u-boot.imx:         $(obj)u-boot.bin
        $(obj)tools/mkimage -n $(CONFIG_IMX_CONFIG) -T imximage \
        -e $(CONFIG_SYS_TEXT_BASE) -d $< $@
$(obj)u-boot.kwb:         $(obj)u-boot.bin
        $(obj)tools/mkimage -n $(CONFIG_SYS_KWD_CONFIG) -T kwbimage \
        -a $(CONFIG_SYS_TEXT_BASE) -e $(CONFIG_SYS_TEXT_BASE) -d $< $@
$(obj)u-boot.sha1:        $(obj)u-boot.bin
        $(obj)tools/ubsha1 $(obj)u-boot.bin
$(obj)u-boot.dis:         $(obj)u-boot
        $(OBJDUMP) -d $<> $@
$(obj)u-boot.ubl:         $(obj)spl/u-boot-spl.bin $(obj)u-boot.bin
        $(OBJCOPY) ${OBJCFLAGS} --pad-to=$(PAD_TO) -O binary $(obj)spl/u-boot
-spl $(obj)spl/u-boot-spl-pad.bin
        cat $(obj)spl/u-boot-spl-pad.bin $(obj)u-boot.bin > $(obj)u-boot-
ubl.bin
        $(obj)tools/mkimage -n $(UBL_CONFIG) -T ublimage \
        -e $(CONFIG_SYS_TEXT_BASE) -d $(obj)u-boot-ubl.bin $(obj)u-boot.ubl
        rm $(obj)u-boot-ubl.bin
        rm $(obj)spl/u-boot-spl-pad.bin
$(obj)u-boot.ais:         $(obj)spl/u-boot-spl.bin $(obj)u-boot.bin
        $(obj)tools/mkimage -s -n /dev/null -T aisimage \
            -e $(CONFIG_SPL_TEXT_BASE) \
            -d $(obj)spl/u-boot-spl.bin \
```

```
            $(obj)spl/u-boot-spl.ais
        $(OBJCOPY) ${OBJCFLAGS} -I binary \
            --pad-to=$(CONFIG_SPL_MAX_SIZE) -O binary \
            $(obj)spl/u-boot-spl.ais $(obj)spl/u-boot-spl-pad.ais
        cat $(obj)spl/u-boot-spl-pad.ais $(obj)u-boot.bin > \
            $(obj)u-boot.ais
        rm $(obj)spl/u-boot-spl{,-pad}.ais
$(obj)u-boot.sb: $(obj)u-boot.bin $(obj)spl/u-boot-spl.bin
        elftosb -zdf imx28 -c $(TOPDIR)/board/$(BOARDDIR)/u-boot.bd \
            -o $(obj)u-boot.sb
```

u-boot.srec、u-boot.bin、System.map都依赖与u-boot，因此执行make all命令将生成u-boot、u-boot.srec、u-boot.bin和System、map，其中u-boot是ELF文件，u-boot.srec是Motorola S-Record format文件，System.map是U-Boot的符号表，u-boot.bin是最终烧写到开发板的二进制可执行的文件。

9. u-boot.bin文件生成的过程

代码如下：

```
$(obj)u-boot:  depend \
        $(SUBDIR_TOOLS) $(OBJS) $(LIBBOARD) $(LIBS) $(LDSCRIPT) $(obj)u-boot.lds
        $(GEN_UBOOT)
ifeq ($(CONFIG_KALLSYMS),y)
        smap='$(call SYSTEM_MAP,u-boot) | \
            awk '$$2 ~ /[tTwW]/ {printf $$1 $$3 "\\\\000"}'' ; \
        $(CC) $(CFLAGS) -DSYSTEM_MAP="\"$${smap}\"" \
            -c common/system_map.c -o $(obj)common/system_map.o
        $(GEN_UBOOT) $(obj)common/system_map.o
endif
```

这里生成的$(obj)u-boot目标就是ELF格式的u-boot文件。由于CONFIG_KALLSYMS未定义，因此ifeq($(CONFIG_KALLSYMS),y)与endif间的代码不起作用。其中depend、$(SUBDIRS)、$(OBJS)、$(LIBBOARD)、$(LIBS)、$(LDSCRIPT)、$(obj)u-boot.lds是$(obj)u-boot的依赖，而$(GEN_UBOOT)是编译命令。

10. 依赖目标depend

代码如下：

```
$(OBJS): depend
        $(MAKE) -C $(CPUDIR) $(if $(REMOTE_BUILD),$@,$(notdir $@))
$(LIBS):depend $(SUBDIR_TOOLS)
        $(MAKE) -C $(dir $(subst $(obj),,$@))
$(LIBBOARD): depend $(LIBS)
        $(MAKE) -C $(dir $(subst $(obj),,$@))
```

```
$(SUBDIRS):  depend
        $(MAKE) -C $@ all
$(SUBDIR_EXAMPLES): $(obj)u-boot
$(LDSCRIPT):  depend
        $(MAKE) -C $(dir $@) $(notdir $@)
$(obj)u-boot.lds: $(LDSCRIPT)
        $(CPP) $(CPPFLAGS) $(LDPPFLAGS) -ansi -D__ASSEMBLY__ -P - <$^>$@
nand_spl: $(TIMESTAMP_FILE) $(VERSION_FILE) depend
        $(MAKE) -C nand_spl/board/$(BOARDDIR) all
$(obj)u-boot-nand.bin:nand_spl $(obj)u-boot.bin
        cat $(obj)nand_spl/u-boot-spl-16k.bin $(obj)u-boot.bin > $(obj)u-boot-
nand.bin
onenand_ipl:  $(TIMESTAMP_FILE) $(VERSION_FILE) $(obj)include/autoconf.mk
        $(MAKE) -C onenand_ipl/board/$(BOARDDIR) all
$(obj)u-boot-onenand.bin:onenand_ipl $(obj)u-boot.bin
        cat $(ONENAND_BIN) $(obj)u-boot.bin > $(obj)u-boot-onenand.bin
$(obj)spl/u-boot-spl.bin:  $(SUBDIR_TOOLS) depend
        $(MAKE) -C spl all
updater:
        $(MAKE) -C tools/updater all
depend dep:  $(TIMESTAMP_FILE) $(VERSION_FILE) \
        $(obj)include/autoconf.mk \
        $(obj)include/generated/generic-asm-offsets.h \
        $(obj)include/generated/asm-offsets.h
        for dir in $(SUBDIRS) $(CPUDIR) $(LDSCRIPT_MAKEFILE_DIR) ; do \
            $(MAKE) -C $$dir _depend ; done
TAG_SUBDIRS =  $(SUBDIRS)
TAG_SUBDIRS +=  $(dir $(__LIBS))
TAG_SUBDIRS +=  include
FIND := find
FINDFLAGS := -L
checkstack:
        $(CROSS_COMPILE)objdump -d $(obj)u-boot \
            '$(FIND) $(obj) -name u-boot-spl -print' | \
            perl $(src)tools/checkstack.pl $(ARCH)
tags ctags:
        ctags -w -o $(obj)ctags '$(FIND) $(FINDFLAGS) $(TAG_SUBDIRS) \
                    -name '*.[chS]' -print'
etags:
        etags -a -o $(obj)etags '$(FIND) $(FINDFLAGS) $(TAG_SUBDIRS) \
                    -name '*.[chS]' -print'
cscope:
        $(FIND) $(FINDFLAGS) $(TAG_SUBDIRS) -name '*.[chS]' -print > \
                    cscope.files
        cscope -b -q -k
SYSTEM_MAP = \
        $(NM) $1 | \
        grep -v '\(compiled\)\|\(\.o$$\)\|\( [aUw] \)\|\(\.\.ng$$\)\|\(LASH[RL]DI\)'
| \
```

```
	LC_ALL = C sort
$ (obj)System.map: $ (obj)u - boot
	@ $ (call SYSTEM_MAP, $ <) > $ (obj)System.map
```

11. make zynq_zed_config 执行的命令

代码如下：

```
unconfig:
	@rm -f $ (obj)include/config.h $ (obj)include/config.mk \
		$ (obj)board/ * /config.tmp $ (obj)board/ * / * /config.tmp \
		$ (obj)include/autoconf.mk $ (obj)include/autoconf.mk.dep
%_config:: unconfig
	@ $ (MKCONFIG) -A $ (@:_config= )
sinclude $ (obj).boards.depend
$ (obj).boards.depend: boards.cfg
	@awk '(NF && $ $1 !~ /^#/) { print $ $1 ": " $ $1 "_config; $ $ (MAKE)" }' $<> $
@
```

执行 make zynq_zed_config 命令将执行上述代码，也就是执行前面分析的配置命令。

12. 删除相关文件

代码如下：

```
clean:
tidy: clean
	@find $ (OBJTREE) -type f \( -name '*.depend*' \) -print | xargs rm -f
clobber: tidy
distclean: clobber unconfig
ifneq ( $ (OBJTREE), $ (SRCTREE))
	rm -rf $ (obj) *
endif
```

上述代码是删除编译后生成的相关文件。

12.3 u-boot 运行过程分析

u-boot 除了初始化系统时钟和一些基本的硬件外，另外一个主要工作是负责完成代码的搬运，也就是将完整的 u-boot 代码从 nand flash 或者 SD 卡等存储器中读取到内存中，然后跳转到内存中运行 u-boot，完成全面的硬件初始化和加载操作系统（OS）到内存中，接着运行 OS。

从 u-boot 的链接文件可知，u-boot 的运行从 start.S 开始运行，具体运行过程如图 12-1 所示。下面代码的作用是链接文件 u-boot.lds 源码。

```
OUTPUT_FORMAT("elf32 - littlearm", "elf32 - littlearm", "elf32 - littlearm")
OUTPUT_ARCH(arm)
ENTRY(_start)                                       //程序入口
SECTIONS
{
 . = 0x00000000;
 . = ALIGN(4);
 .text :
 {
  __image_copy_start = .;
  arch/arm/cpu/armv7/start.o (.text)            //第一个执行的文件
  *(.text)
 }
 . = ALIGN(4);
 .rodata : { *(SORT_BY_ALIGNMENT(SORT_BY_NAME(.rodata*))) }
 . = ALIGN(4);
 .data : {
  *(.data)
 }
 . = ALIGN(4);
 . = .;
 __u_boot_cmd_start = .;
 .u_boot_cmd : { *(.u_boot_cmd) }
 __u_boot_cmd_end = .;
 . = ALIGN(4);
 __image_copy_end = .;
 .rel.dyn : {
  __rel_dyn_start = .;
  *(.rel*)
  __rel_dyn_end = .;
 }
 .dynsym : {
  __dynsym_start = .;
  *(.dynsym)
 }
 _end = .;
 . = ALIGN(4096);
 .mmutable : {
  *(.mmutable)
 }
 .bss __rel_dyn_start (OVERLAY) : {
  __bss_start = .;
  *(.bss)
   . = ALIGN(4);
  __bss_end__ = .;
 }
 /DISCARD/ : { *(.dynstr*) }
 /DISCARD/ : { *(.dynamic*) }
 /DISCARD/ : { *(.plt*) }
 /DISCARD/ : { *(.interp*) }
 /DISCARD/ : { *(.gnu*) }
}
```

从上述源码可知，u-boot 的第一个执行文件是 arch/arm/cpu/armv7/start. S 文件。

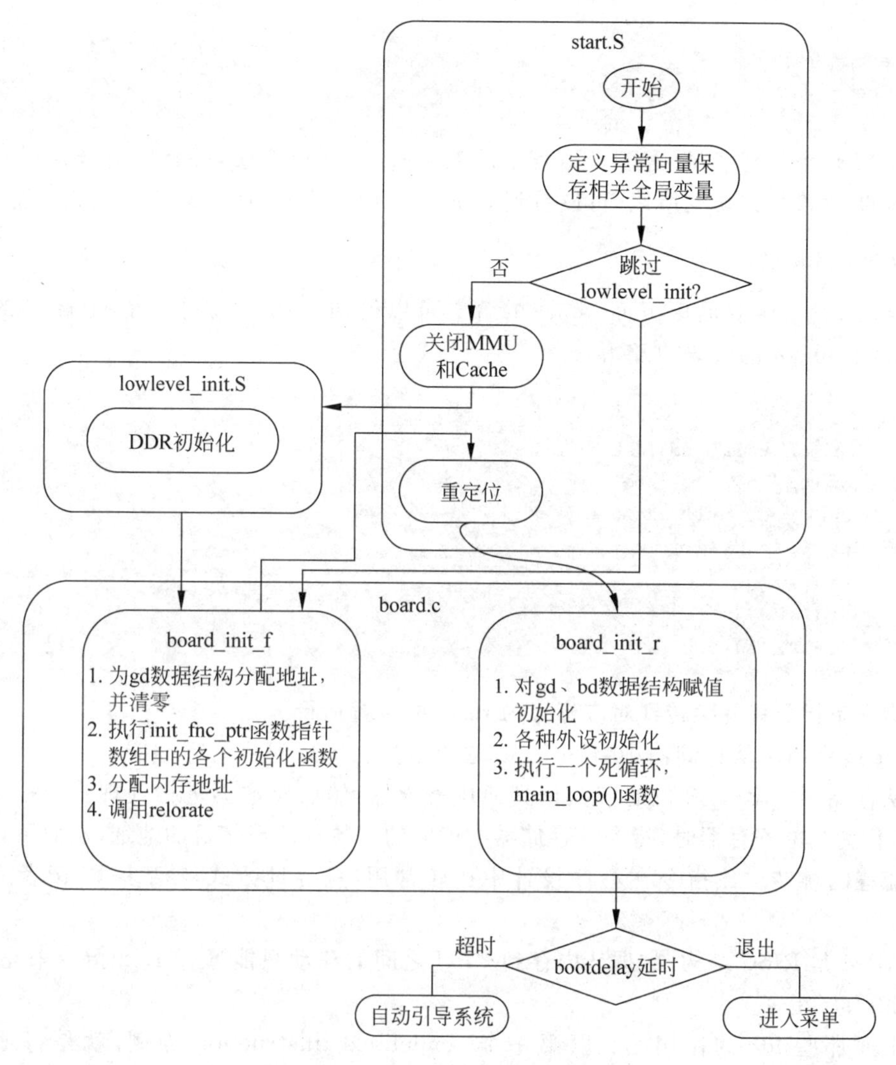

图 12-1　u-boot 启动流程

从图 12-1 中可知，u-boot 启动过程中主要是 start. S 文件、lowlevel_init. S 文件和 board. c 文件中的 board_init_f 及 board_init_r 两个函数。

12.3.1　start. S 文件分析

arch\arm\cpu\armv7 目录下的 start. S 文件是 armv7 CPU 启动的第一个文件，是 u-boot 中最重要的文件。分析 u-boot 源码，了解 armv7 CPU 启动过程，首先就要分析该文件，Start. S 文件是由 ARM 汇编语言编写，难以理解，因此，本节详细介绍该文件。

1. 设置异常中断向量

```
Start.S 分析:
.globl _start
```

globl 是个关键字,相当于 C 语言中的 Extern,声明此变量,并且告诉链接器此变量是全局的,外部可以访问所以,可以看到 u-boot-2012.04\u-boot.lds 中有用到此变量:

```
ENTRY(_start)
```

即指定入口为_start,而由下面_start 的含义可以得知,_start 就是整个 start.S 的最开始,即整个 uboot 的代码的开始。

```
_start: breset
    ldr pc, _undefined_instruction
    ldr pc, _software_interrupt
    ldr pc, _prefetch_abort
    ldr pc, _data_abort
    ldr pc, _not_used
    ldr pc, _irq
    ldr pc, _fiq
```

第一条指令就是跳转到对应标号为 reset 的位置运行。

ldr 指令用于从存储器中将一个 32 位的字数据传送到目的寄存器中。该指令通常用于从存储器中读取 32 位的字数据到通用寄存器,然后对数据进行处理。当程序计数器 PC 作为目的寄存器时,指令从存储器中读取的字数据被当作目的地址,从而可以实现程序流程的跳转。该指令在程序设计中比较常用,且寻址方式灵活多样,读者应熟练掌握。

ARM 是 RISC 结构,数据从内存到 CPU 之间的移动只能通过 L/S 指令来完成,也就是 ldr/str 指令。

上面那些 ldr 的作用为:以第一个_undefined_instruction 为例,就是将地址为_undefined_instruction 中的一个 word 的值,赋值给 PC。

```
#ifdef CONFIG_SPL_BUILD
_undefined_instruction:          .word _undefined_instruction
_software_interrupt:             .word _software_interrupt
_prefetch_abort:                 .word _prefetch_abort
_data_abort:                     .word _data_abort
_not_used:                       .word _not_used
_irq:                            .word _irq
_fiq:                            .word _fiq
_pad:                            .word 0x12345678 /* now 16*4=64 */
#else
_undefined_instruction:          .word undefined_instruction
_software_interrupt:             .word software_interrupt
_prefetch_abort:                 .word prefetch_abort
```

```
_data_abort:                     .word data_abort
_not_used:                       .word not_used
_irq:                            .word irq
_fiq:                            .word fiq
_pad:                            .word 0x12345678 /* now 16*4=64 */
#endif                           /* CONFIG_SPL_BUILD */
```

上面的含义为：以_undefined_instruction为例，就是此处分配了一个word=32bit=4字节的地址空间，里面存放的值是undefined_instruction。

而此处_undefined_instruction也就是该地址空间的地址了。

```
.global _end_vect
_end_vect:

    .balignl 16,0xdeadbeef
```

balignl这个标号的语法及含义是接下来的代码都要16字节对齐，不足之处，用0xdeadbeef填充。

2. 定义全局变量

```
.globl _TEXT_BASE
_TEXT_BASE:
    .word CONFIG_SYS_TEXT_BASE
```

_TEXT_BASE是一个标号地址，此地址中是一个word类型的变量，变量名是TEXT_BASE，此值见名知意，是text的base，即代码的基地址，可以在arch\arm\include\asm目录下u-boot-arm.h文件中找到其定义。

_TEXT_BASE的值为CONFIG_SYS_TEXT_BASE，CONFIG_SYS_TEXT_BASE在include\configs目录下的zynq_zed.h定义，代码如下：

```
#define CONFIG_SYS_TEXT_BASE 0x04000000
```

从上述代码中可以知道，_TEXT_BASE的地址为0x04000000，也就是DDR的起始地址。

在编译u-boot的时候，可以看到如图12-2所示的输出信息。

在如图12-2所示的输出信息中，可以看到arm-xilinx-linux-gnueabi-ld -pie -T u-boot.lds -Bstatic -Ttext 0x04000000 $UNDEF_SYM arch/arm/cpu/armv7/start.o信息；可知u-boot的第一个启动文件是start.S，其_TEXT_BASE的地址为0x04000000。

```
.globl _bss_start_ofs
_bss_start_ofs:
    .word __bss_start - _start
```

```
make[1]:正在离开目录 `/book/ZedBoard/u-boot-2012.04/arch/arm/cpu'
UNDEF_SYM=`arm-xilinx-linux-gnueabi-objdump -x board/xilinx/zynq_common/libzynq_common.o api/libapi.o arch/arm/cpu/armv7/libarmv7.o arch/arm/cpu/armv7/zynq/libzynq.o arch/arm/lib/libarm.o common/libcommon.o disk/libdisk.o drivers/mmc/libmmc.o drivers/serial/libserial.o fs/cramfs/libcramfs.o fs/ext2/libext2fs.o fs/fat/libfat.o fs/fdos/libfdos.o fs/jffs2/libjffs2.o fs/reiserfs/libreiserfs.o fs/ubifs/libubifs.o fs/yaffs2/libyaffs2.o lib/libfdt/libfdt.o lib/libgeneric.o lib/lzma/liblzma.o lib/lzo/liblzo.o lib/zlib/libz.o net/libnet.o | sed  -n -e 's/.*\(__u_boot_cmd_.*\)/-u\1/p'|sort|uniq`; cd /book/ZedBoard/u-boot-2012.04 && arm-xilinx-linux-gnueabi-ld  -pie -T u-boot.lds -Bstatic -Ttext 0x04000000 $UNDEF_SYM arch/arm/cpu/armv7/start.o --start-group api/libapi.o arch/arm/cpu/armv7/libarmv7.o arch/arm/cpu/armv7/zynq/libzynq.o arch/arm/lib/libarm.o common/libcommon.o disk/libdisk.o drivers/mmc/libmmc.o drivers/serial/libserial.o fs/cramfs/libcramfs.o fs/ext2/libext2fs.o fs/fat/libfat.o fs/fdos/libfdos.o fs/jffs2/libjffs2.o fs/reiserfs/libreiserfs.o fs/ubifs/libubifs.o fs/yaffs2/libyaffs2.o lib/libfdt/libfdt.o lib/libgeneric.o lib/lzma/liblzma.o lib/lzo/liblzo.o lib/zlib/libz.o net/libnet.o board/xilinx/zynq_common/libzynq_common.o --end-group /book/ZedBoard/u-boot-2012.04/arch/arm/lib/eabi_compat.o  -L /root/CodeSourcery/Sourcery_CodeBench_Lite_for_Xilinx_GNU_Linux/bin/../lib/gcc/arm-xilinx-linux-gnueabi/4.6.1 -lgcc -Map u-boot.map -o u-boot
```

图 12-2　u-boot 编译链接输出信息

上述代码定义 bss 起始地址偏移量。

```
.global  _image_copy_end_ofs
_image_copy_end_ofs:
    .word  __image_copy_end - _start
```

上述代码定义 image_copy_end 地址偏移量。

```
.globl _bss_end_ofs
_bss_end_ofs:
    .word __bss_end__ - _start
```

上述代码定义 bss 结束地址偏移量。

```
globl _end_ofs
_end_ofs:
    .word _end - _start
```

上述代码定义全部代码偏移量。

```
#ifdef CONFIG_USE_IRQ
/* IRQ stack memory (calculated at run-time) */
.globl IRQ_STACK_START
IRQ_STACK_START:
    .word  0x0badc0de
```

上述代码设置 IRQ 堆栈。

```
/* IRQ stack memory (calculated at run-time) */
.globl FIQ_STACK_START
```

```
FIQ_STACK_START:
    .word 0x0badc0de
#endif
```

上述代码设置 FIQ 堆栈。

```
/* IRQ stack memory (calculated at run-time) + 8 bytes */
.globl IRQ_STACK_START_IN
IRQ_STACK_START_IN:
    .word 0x0badc0de
```

上述代码,填充 8 字节。

3. u-boot 入口,设置 CPU 为 SVC 模式

```
reset:
    bl  save_boot_params
    /*
     * set the cpu to SVC32 mode
     */
    mrs r0, cpsr
    bic r0, r0, #0x1f
    orr r0, r0, #0xd3
    msr cpsr,r0
```

CPSR 是当前的程序状态寄存器(Current Program Status Register),而 SPSR 是保存的程序状态寄存器(Saved Program Status Register)。

MRS 指令用于将程序状态寄存器的内容传送到通用寄存器中。

BIC 指令用于清除操作数 1 的某些位,并把结果放置到目的寄存器中。

ORR 指令用于在两个操作数间进行逻辑或运算,并把结果放置到目的寄存器中。操作数 1 应是一个寄存器,操作数 2 可以是一个寄存器,被移位的寄存器,或一个立即数。该指令常用于设置操作数 1 的某些位。

MSR 指令用于将操作数的内容传送到程序状态寄存器的特定域中。

上述代码的功能是设计 CPU 工作在 SVC 模式。

4. cpu_init_cp15 和 cpu_init_crit 函数

```
#ifndef CONFIG_SKIP_LOWLEVEL_INIT
    bl  cpu_init_cp15
    bl  cpu_init_crit
#endif
```

b 指令是单纯的跳转指令,即 CPU 直接跳转到某地址继续执行。

而 bl 是 Branch with Link,带分支的跳转,而 Link 指的是 Link Register,链接寄存器 R14,即 lr,所以,bl 的含义是,除了包含 b 指令的单纯的跳转功能,在跳转之前,还把

r15 寄存器(PC 地址)赋值给 r14(lr),然后跳转到对应位置,等要做的事情执行完毕之后,再用 mov pc, lr 指令,使得 cpu 再跳转回来,所以整个逻辑就是调用子程序。

cpu_init_cp15 主要是关闭 L1 cache 和 MMU,代码如下:

```
/*************************************************************************
 *
 * cpu_init_cp15
 *
 * Setup CP15 registers (cache, MMU, TLBs). The I-cache is turned on unless
 * CONFIG_SYS_ICACHE_OFF is defined.
 *
 *************************************************************************/
.globl cpu_init_cp15
cpu_init_cp15:
    /*
     * Invalidate L1 I/D
     */
    mov r0, #0                  @ set up for MCR
    mcr p15, 0, r0, c8, c7, 0   @ invalidate TLBs
    mcr p15, 0, r0, c7, c5, 0   @ invalidate icache
    mcr p15, 0, r0, c7, c5, 6   @ invalidate BP array
    mcr  p15, 0, r0, c7, c10, 4 @ DSB
    mcr  p15, 0, r0, c7, c5, 4  @ ISB

    /*
     * disable MMU stuff and caches
     */
    mrc  p15, 0, r0, c1, c0, 0
    bic  r0, r0, #0x00002000    @ clear bits 13 (--V-)
    bic  r0, r0, #0x00000007    @ clear bits 2:0 (-CAM)
    orr  r0, r0, #0x00000002    @ set bit 1 (--A-) Align
    orr  r0, r0, #0x00000800    @ set bit 11 (Z---) BTB
#ifdef CONFIG_SYS_ICACHE_OFF
    bic  r0, r0, #0x00001000    @ clear bit 12 (I) I-cache
#else
    orr  r0, r0, #0x00001000    @ set bit 12 (I) I-cache
#endif
    mcr  p15, 0, r0, c1, c0, 0
    mov  pc, lr                 @ back to my caller
```

上述代码在 start.S 的后面,放在这里分析,主要是为了体现分析代码的连贯性。

cpu_init_crit 主要是调用 lowlevel_init 函数,实现 DDR 的初始化,代码如下:

```
/*************************************************************************
 *
 * CPU_init_critical registers
 *
 * setup important registers
 * setup memory timing
```

```
 *
 ****************************************************************/
cpu_init_crit:
    /*
     * Jump to board specific initialization...
     * The Mask ROM will have already initialized
     * basic memory. Go here to bump up clock rate and handle
     * wake up conditions.
     */
    mov ip, lr              @ persevere link reg across call
    bl   lowlevel_init      @ go setup pll,mux,memory
    mov lr, ip              @ restore link
    mov pc, lr              @ back to my caller
```

上述代码也在 start.S 的后面，放在这里分析，主要也是为了体现分析代码的连贯性。

5. 调用 board_init_f

```
call_board_init_f:
    ldr   sp, =(CONFIG_SYS_INIT_SP_ADDR)
    bic   sp, sp, #7 /* 8-byte alignment for ABI compliance */
    ldr   r0, =0x00000000
    bl    board_init_f
```

由于 board_init_f 是 C 语言，因此，需要先设置堆栈，然后跳转到 board_init_f 运行。主要进行各种硬件初始化，结束后，跳转到代码重定位 relocate。

6. 代码重定位

```
    .globl   relocate_code
relocate_code:
    mov   r4, r0                /* save addr_sp */
    mov   r5, r1                /* save addr of gd */
    mov   r6, r2                /* save addr of destination */
```

保存传过来的参数，根据 arm 调用标准，r0，r1，r2 分别对应 addr_sp，gd，addr。

```
/* 设置堆栈   */
stack_setup:
    mov sp, r4

    adr r0, _start
    cmp r0, r6
    moveq   r9, #0             /* no relocation. relocation offset(r9) = 0 */
    beq clear_bss              /* skip relocation */
```

如果相等就不用重定位，证明已经在内存中，直接跳到 clear_bss 标号处，代码如下：

```
    mov r1, r6                    /* r1 <- scratch for copy_loop */
    ldr r3, _image_copy_end_ofs
    add r2, r0, r3                /* r2 <- source end address   */

copy_loop:
    ldmia  r0!, {r9 - r10}        /* copy from source address [r0] */
    stmia  r1!, {r9 - r10}        /* copy to target address [r1] */
    cmp r0, r2                    /* until source end address [r2] */
    blo copy_loop
```

上面的几行代码是把代码段重定位到内存中。

```
#ifndef CONFIG_SPL_BUILD
    /*
     * fix .rel.dyn relocations
     */
    ldr r0, _TEXT_BASE            /* r0 <- Text base */
    sub r9, r6, r0                /* r9 <- relocation offset */
    ldr r10, _dynsym_start_ofs    /* r10 <- sym table ofs */
    add r10, r10, r0              /* r10 <- sym table in FLASH */
    ldr r2, _rel_dyn_start_ofs    /* r2 <- rel dyn start ofs */
    add r2, r2, r0                /* r2 <- rel dyn start in FLASH */
    ldr r3, _rel_dyn_end_ofs      /* r3 <- rel dyn end ofs */
    add r3, r3, r0                /* r3 <- rel dyn end in FLASH */
fixloop:
    ldr r0, [r2]                  /* r0 <- location to fix up, IN FLASH! */
    add r0, r0, r9                /* r0 <- location to fix up in RAM */
    ldr r1, [r2, #4]
    and r7, r1, #0xff
    cmp r7, #23                   /* relative fixup? */
    beq fixrel
    cmp r7, #2                    /* absolute fixup? */
    beq fixabs
    /* ignore unknown type of fixup */
    b fixnext
fixabs:
    /* absolute fix: set location to (offset) symbol value */
    mov r1, r1, LSR #4            /* r1 <- symbol index in .dynsym */
    add r1, r10, r1               /* r1 <- address of symbol in table */
    ldr r1, [r1, #4]              /* r1 <- symbol value */
    add r1, r1, r9                /* r1 <- relocated sym addr */
    b   fixnext
fixrel:
    /* relative fix: increase location by offset */
    ldr r1, [r0]
    add r1, r1, r9
fixnext:
```

```
    str r1, [r0]
    add r2, r2, #8                      /* each rel.dyn entry is 8 bytes */
    cmp r2, r3
    blo fixloop
    b   clear_bss
_rel_dyn_start_ofs:
    .word __rel_dyn_start - _start
_rel_dyn_end_ofs:
    .word __rel_dyn_end - _start
_dynsym_start_ofs:
    .word __dynsym_start - _start

#endif                                  /* #ifndef CONFIG_SPL_BUILD */
```

在链接文件/arch/arm/cpu/u-boot.lds 中有两个段：.dynsym 为动态符号表，.rel.dyn 为动态重定位表。上面程序的主要作用就是将.dynsym 和.rel.dyn 重定位，并遍历.rel.dyn，根据重定位表中的信息将符号表中的函数地址等进行重定位。

```
clear_bss:
#ifdef CONFIG_SPL_BUILD
    /* No relocation for SPL */
    ldr r0, =__bss_start
    ldr r1, =__bss_end__
#else
    ldr r0, _bss_start_ofs
    ldr r1, _bss_end_ofs
    mov r4, r6                  /* reloc addr */
    add r0, r0, r4
    add r1, r1, r4
#endif
    mov r2, #0x00000000         /* clear */

clbss_l:str r2, [r0]            /* clear loop... */
    add r0, r0, #4
    cmp r0, r1
    bne clbss_l
```

上述代码是找到 BSS 段的起始地址与结束地址，然后循环清零整个 BSS 段。

```
*
* We are done. Do not return, instead branch to second part of board
* initialization, now running from RAM.
*/
jump_2_ram:
/*
* If I-cache is enabled invalidate it
*/
#ifndef CONFIG_SYS_ICACHE_OFF
```

```
    mcr  p15, 0, r0, c7, c5, 0   @ invalidate icache
    mcr  p15, 0, r0, c7, c10, 4  @ DSB
    mcr  p15, 0, r0, c7, c5, 4   @ ISB
#endif
    ldr r0, _board_init_r_ofs
    adr r1, _start
    add lr, r0, r1
    add lr, lr, r9
    /* setup parameters for board_init_r */
    mov r0, r5                          /* gd_t */
    mov r1, r6                          /* dest_addr */
    /* jump to it ... */
    mov pc, lr

_board_init_r_ofs:
    .word board_init_r - _start
```

首先找到函数 board_init_r 重定位后的位置，然后将全局数据结构体 gd_t 和重定位目标地址存分别入 r0 和 r1 中，作为函数 board_init_r 的参数，跳到 C 函数 board_init_r 处执行。

12.3.2 lowlevel_init.S 分析

lowlevel_init.S 主要是进行 DDR 初始化，不同的 CPU，不同的 DDR 芯片都是不一样的，因此，这个文件是 u-boot 移植需要修改的主要文件之一。

针对 ZedBoard 开发板的 lowlevel_init.S 代码如下：

```
.globl lowlevel_init
lowlevel_init:

    # unlock SLCR
    ldr r1, = (XPSS_SYS_CTRL_BASEADDR + 8)
    ldr r2, = 0xDF0D
    str r2, [r1]
```

后面要设置 SLCR 的相关寄存器，需要解锁 SLCR，上述代码就是解锁 SLCR。0xDF0D 是固定值，只有写入该值，才可以解锁 SLCR 寄存器。

```
    # remap DDR to zero
    # FILTERSTART
    ldr r1, = (XPSS_SCU_BASEADDR + 0x40)
    ldr r2, = 0
    str r2, [r1]
```

上述代码表示范围后，DDR 地址从 0 开始。

```
# Device config APB
# unlock the PCAP
ldr r1, = (XPSS_DEV_CFG_APB_BASEADDR + 0x34)
ldr r2, = 0x757BDF0D
str r2, [r1]
ldr r1, = (XPSS_DEV_CFG_APB_BASEADDR + 0x28)
ldr r2, = 0xFFFFFFFF
str r2, [r1]
```

上述代码就是解锁 PCAP。0x757BDF0D 是固定值，只有写入该值，才可以解锁 PCAP 寄存。

```
# OCM_CFG
# Mask out the ROM
# map ram into upper addresses
ldr r1, = (XPSS_SYS_CTRL_BASEADDR + 0x910)
ldr r2, = 0x1F
str r2, [r1]
```

设置 OCM 地址配置为高 4 * 64K 地址。

```
# FPGA_RST_CTRL
# clear resets on AXI fabric ports
ldr r1, = (XPSS_SYS_CTRL_BASEADDR + 0x240)
ldr r2, = 0x0
str r2, [r1]
```

设置 FPGA 软件复位控制寄存器。

```
# TZ_DDR_RAM
# Set DDR trust zone non - secure
ldr r1, = (XPSS_SYS_CTRL_BASEADDR + 0x430)
ldr r2, = 0xFFFFFFFF
str r2, [r1]
```

设置 DDR trust zone 为非安全。

```
# set urgent bits with register
ldr r1, = (XPSS_SYS_CTRL_BASEADDR + 0x61C)
ldr r2, = 0
str r2, [r1]
```

设置 urgent 位。

```
# urgent write, ports S2/S3
ldr r1, = (XPSS_SYS_CTRL_BASEADDR + 0x600)
ldr r2, = 0xC
str r2, [r1]
```

设置 urgent S2/S3 端口。

```
    # relock SLCR
    ldr r1, =(XPSS_SYS_CTRL_BASEADDR + 0x4)
    ldr r2, =0x767B
    str r2, [r1]
```

锁定 SLCR，和 unlock SLCR 功能相反。

```
#ifdef CONFIG_EP107
    # this should not be needed after EP107

    # Do nothing if DDR already running
    ldr r1, =(XPSS_DDR_CTRL_BASEADDR + 0)
    ldr r2, [r1]
    ldr r3, =0x201
    cmp r2, r3
    bne doit
#endif
    mov pc, lr
```

下面代码是对 DDR 初始化的详细代码，具体意义请参看 Zynq 数据手册。

```
doit:
    # Reset DDR controller
    ldr r1, =(XPSS_DDR_CTRL_BASEADDR + 0)
    ldr r2, =0x200
    str r2, [r1]
    ldr r1, =(XPSS_DDR_CTRL_BASEADDR + 0x4)
    ldr r2, =0x000C1061
    str r2, [r1]
    ldr r1, =(XPSS_DDR_CTRL_BASEADDR + 0xC)
    ldr r2, =0x03001001
    str r2, [r1]

    ldr r1, =(XPSS_DDR_CTRL_BASEADDR + 0x10)
    ldr r2, =0x00014001
    str r2, [r1]

    ldr r1, =(XPSS_DDR_CTRL_BASEADDR + 0x14)
    ldr r2, =0x0004e020
    str r2, [r1]

    ldr r1, =(XPSS_DDR_CTRL_BASEADDR + 0x18)
    ldr r2, =0x36264ccf
    str r2, [r1]

    ldr r1, =(XPSS_DDR_CTRL_BASEADDR + 0x1C)
    ldr r2, =0x820158a4
```

```
    str r2, [r1]

    ldr r1, =(XPSS_DDR_CTRL_BASEADDR + 0x20)
    ldr r2, =0x250882c4
    str r2, [r1]

    ldr r1, =(XPSS_DDR_CTRL_BASEADDR + 0x28)
    ldr r2, =0x00809004
    str r2, [r1]

    ldr r1, =(XPSS_DDR_CTRL_BASEADDR + 0x2C)
    ldr r2, =0x00000000
    str r2, [r1]

    ldr r1, =(XPSS_DDR_CTRL_BASEADDR + 0x30)
    ldr r2, =0x00040952
    str r2, [r1]

    ldr r1, =(XPSS_DDR_CTRL_BASEADDR + 0x34)
    ldr r2, =0x00020022
    str r2, [r1]

#if (XPAR_MEMORY_MB_SIZE == 256)
/*
 * starting with PEEP8 designs, there is 256 MB
 */
    ldr r1, =(XPSS_DDR_CTRL_BASEADDR + 0x3C)
    ldr r2, =0x00000F88
    str r2, [r1]

    ldr r1, =(XPSS_DDR_CTRL_BASEADDR + 0x40)
    ldr r2, =0xFF000000
    str r2, [r1]

    ldr r1, =(XPSS_DDR_CTRL_BASEADDR + 0x44)
    ldr r2, =0x0FF66666
    str r2, [r1]
#endif

    ldr r1, =(XPSS_DDR_CTRL_BASEADDR + 0x50)
    ldr r2, =0x00000256
    str r2, [r1]

    ldr r1, =(XPSS_DDR_CTRL_BASEADDR + 0x5C)
    ldr r2, =0x00002223
    str r2, [r1]

    ldr r1, =(XPSS_DDR_CTRL_BASEADDR + 0x64)
    ldr r2, =0x00020FE0
    str r2, [r1]
```

```
    ldr r1, =(XPSS_DDR_CTRL_BASEADDR + 0xA4)
    ldr r2, =0x10200800
    str r2, [r1]

    ldr r1, =(XPSS_DDR_CTRL_BASEADDR + 0xB8)
    ldr r2, =0x00200065
    str r2, [r1]

    ldr r1, =(XPSS_DDR_CTRL_BASEADDR + 0x17C)
    ldr r2, =0x00000050
    str r2, [r1]

    ldr r1, =(XPSS_DDR_CTRL_BASEADDR + 0x180)
    ldr r2, =0x00000050
    str r2, [r1]

    ldr r1, =(XPSS_DDR_CTRL_BASEADDR + 0x184)
    ldr r2, =0x00000050
    str r2, [r1]

    ldr r1, =(XPSS_DDR_CTRL_BASEADDR + 0x188)
    ldr r2, =0x00000050
    str r2, [r1]

    ldr r1, =(XPSS_DDR_CTRL_BASEADDR + 0x200)
    ldr r2, =0x00000000
    str r2, [r1]

    ldr r1, =(XPSS_DDR_CTRL_BASEADDR + 0x0)
    ldr r2, =0x201
    str r2, [r1]

# Delay spin loop
    ldr r4, =0x1000000
loop:
    sub r4, r4, #1
    cmp r4, #0
    bne loop

    mov pc, lr
```

12.3.3 board_init_f 分析

board_init_f 是 arch\arm\lib 下 Board.c 文件里的一个函数，主要是实现 gd 数据结构内存分配、调用各种硬件外设初始化函数和内存分配等，具体实现代码和注释如下：

```
void board_init_f (ulong bootflag)
{
bd_t * bd;                          //bd_t 结构体指针
init_fnc_t * * init_fnc_ptr;    //init_fnc_t 是个自定义的函数指针类型,用于初始化硬件
gd_t * id;                          //gd_t 结构体指针
ulong addr, addr_sp;
//addr 将指向用户正常访问的最高地址 + 1 的位置; addr_sp 指向堆起始位置

/* Pointer is writable since we allocated a register for it */
gd = (gd_t *) ((CONFIG_SYS_INIT_SP_ADDR) & ~0x07);
```

gd 指向的内存地址是 ffff0f80。

```
/* compiler optimization barrier needed for GCC >= 3.4 */
__asm__ __volatile__("": : :"memory");          //告诉编译器内存已被修改

memset ((void*)gd, 0, sizeof (gd_t));           //gd 的 gd_t 大小清 0

gd->mon_len = _bss_end_ofs;                     // u-boot code, data & bss 段大小总和

for (init_fnc_ptr = init_sequence; *init_fnc_ptr; ++init_fnc_ptr) {
  if ((*init_fnc_ptr)() != 0) {                 //如果开发板的初始化函数序列出错,死循环
    hang ();
  }
}
```

以上为调用开发板初始化相关函数。

```
debug ("monitor len: %08lX\n", gd->mon_len);
/*
  * Ram is setup, size stored in gd !!
  */
debug ("ramsize: %08lX\n", gd->ram_size);
//不进入
#if defined(CONFIG_SYS_MEM_TOP_HIDE)
/*
  * Subtract specified amount of memory to hide so that it won''t
  * get "touched" at all by U-Boot. By fixing up gd->ram_size
  * the Linux kernel should now get passed the now "corrected"
  * memory size and won''t touch it either. This should work
  * for arch/ppc and arch/powerpc. Only Linux board ports in
  * arch/powerpc with bootwrapper support, that recalculate the
  * memory size from the SDRAM controller setup will have to
  * get fixed.
  */
gd->ram_size -= CONFIG_SYS_MEM_TOP_HIDE;
#endif

addr = CONFIG_SYS_SDRAM_BASE + gd->ram_size;
```

在 board/xilinx/zynq_common/board.c 中定义 gd→ram_size = PHYS_SDRAM_1_SIZE;在配置文件中定义 PHYS_SDRAM_1_SIZE= (512 * 1024 * 1024),CONFIG_SYS_SDRAM_BASE=0。因此,addr=(512 * 1024 * 1024)=1FFFFFFF。

```
#ifdef CONFIG_LOGBUFFER
#ifndef CONFIG_ALT_LB_ADDR
/* reserve kernel log buffer */
addr -= (LOGBUFF_RESERVE);
debug ("Reserving %dk for kernel logbuffer at %08lx\n", LOGBUFF_LEN, addr);
#endif
#endif
//不进入
#ifdef CONFIG_PRAM
/*
  * reserve protected RAM
  */
i = getenv_r ("pram", (char *)tmp, sizeof (tmp));
reg = (i > 0) ? simple_strtoul ((const char *)tmp, NULL, 10) : CONFIG_PRAM;
addr -= (reg << 10);          /* size is in kB */
debug ("Reserving %ldk for protected RAM at %08lx\n", reg, addr);
#endif                        /* CONFIG_PRAM */
//进入
#if !(defined(CONFIG_SYS_NO_ICACHE) && defined(CONFIG_SYS_NO_DCACHE))
/* reserve TLB table */      //保存页表缓冲
```

addr=(4096 * 4);//addr=0x1FFFBFFF。

```
/* round down to next 64 kB limit */
addr &= ~(0x10000 - 1);
```

addr=0x1FFF0000。

```
gd->tlb_addr = addr;
debug ("TLB table at: %08lx\n", addr);
#endif

/* round down to next 4 kB limit */
addr &= ~(4096 - 1);                    //addr = 0x1fff,0000
debug ("Top of RAM usable for U-Boot at: %08lx\n", addr);
//不进入
#ifdef CONFIG_VFD
#  ifndef PAGE_SIZE
#  define PAGE_SIZE 4096
#  endif
/*
  * reserve memory for VFD display (always full pages)
  */
addr -= vfd_setmem (addr);
gd->fb_base = addr;
```

```
#endif /* CONFIG_VFD */
//不进入
#ifdef CONFIG_LCD
#ifdef CONFIG_FB_ADDR
gd->fb_base = CONFIG_FB_ADDR;
#else
/* reserve memory for LCD display (always full pages) */
addr = lcd_setmem (addr);
gd->fb_base = addr;
#endif /* CONFIG_FB_ADDR */
#endif /* CONFIG_LCD */

/*
 * reserve memory for U-Boot code, data & bss
 * round down to next 4 kB limit
 */
addr -= gd->mon_len;
```

addr 再去掉 code,data&bss 的大小为 0x00057774,addr 为 0x1FF9888C。

addr &=~(4096-1);//4k 的页对齐 addr 为 0x1FF98000。

```
debug ("Reserving %ldk for U-Boot at: %08lx\n", gd->mon_len >> 10, addr);
//进入
#ifndef CONFIG_PRELOADER
/*
 * reserve memory for malloc() arena
 */
addr_sp = addr - TOTAL_MALLOC_LEN;
```

TOTAL_MALLOC_LEN 在 include/common.h 中定义为 CONFIG_SYS_MALLOC_LEN,在配置文件中为#define CONFIG_SYS_MALLOC_LEN 0x400000,留出 0x400000 的空间给 malloc。因此,addr_sp 为 0x1FF98000-0x400000=0x1FB98000。

```
debug ("Reserving %dk for malloc() at: %08lx\n",
   TOTAL_MALLOC_LEN >> 10, addr_sp);
/*
   * (permanently) allocate a Board Info struct
   * and a permanent copy of the "global" data
   */
addr_sp -= sizeof (bd_t);
```

留出 bd_t 的大小 24 字节 0x18,addr_sp 为 0x1FB97FE8。

```
bd = (bd_t *) addr_sp;
gd->bd = bd;
debug ("Reserving %zu Bytes for Board Info at: %08lx\n", sizeof (bd_t), addr_sp);
addr_sp -= sizeof (gd_t);
```

再留出 gd_t 的大小 92 字节 0x5c，addr_sp 为 0x1FB97F8C。

```
id = (gd_t * ) addr_sp;
```

id 为 0x1FB97F8C。

```
debug ("Reserving %zu Bytes for Global Data at: %08lx\n", sizeof (gd_t), addr_sp);

/* setup stackpointer for exeptions */
gd->irq_sp = addr_sp;
//不进入
#ifdef CONFIG_USE_IRQ
addr_sp -= (CONFIG_STACKSIZE_IRQ + CONFIG_STACKSIZE_FIQ);
debug ("Reserving %zu Bytes for IRQ stack at: %08lx\n",
CONFIG_STACKSIZE_IRQ + CONFIG_STACKSIZE_FIQ, addr_sp);
#endif
/* leave 3 words for abort-stack */
addr_sp -= 12;
```

预留 12 字节 0x0c，addr_sp 为 0x1FB97F80。

```
/* 8-byte alignment for ABI compliance */
addr_sp &= ~0x07;
```

对齐 addr_sp 为 0x1FB97F80。

```
#else
//不进入
addr_sp += 128; /* leave 32 words for abort-stack */
gd->irq_sp = addr_sp;
#endif
```

addr_sp 为 0x1FB97F80，addr 为 0x 1FF98000，id 为 0x1FB97F8C。

```
debug ("New Stack Pointer is: %08lx\n", addr_sp);     //得到最终的堆指针
//不进入
#ifdef CONFIG_POST
post_bootmode_init();
post_run (NULL, POST_ROM | post_bootmode_get(0));
#endif

gd->bd->bi_baudrate = gd->baudrate;
/* Ram ist board specific, so move it to board code ... */
dram_init_banksize();
display_dram_config(); /* and display it */

gd->relocaddr = addr;                       //搬运的起始地址(高位)
gd->start_addr_sp = addr_sp;                //堆栈的起始地址
```

```
gd->reloc_off = addr - _TEXT_BASE;                    //搬运的偏移地址(高位)
debug ("relocation Offset is: %08lx\n", gd->reloc_off);
memcpy (id, (void *)gd, sizeof (gd_t));
//堆栈入口 addr_sp gd 入口 id 搬运的起始地址(高位)addr 调用 start.s 的 relocate_code 子
程序
relocate_code (addr_sp, id, addr);               //传参 r0 r1 r2 分别为 addr_sp, id, addr

/* NOTREACHED - relocate_code() does not return */
}
```

12.3.4 board_init_r 分析

board_init_r 的流程如下。

(1) enables_caches()使能 cache。

(2) board_init()开发板初始化。

(3) serial_initialize 初始化串口。

(4) mmc_initialized 初始化 mmc。

(5) board_late_init 开发板后期初始化。

(6) main_loop 死循环,解析输入命令。

代码如下:

```
void board_init_r(gd_t *id, ulong dest_addr)
{
//让 gd 指向全局数据结构体
gd = id;
gd->flags |= GD_FLG_RELOC;          /* tell others: relocation done */
bootstage_mark_name(BOOTSTAGE_ID_START_UBOOT_R, "board_init_r");
//将 u-boot 二进制文件长度保存在 monitor_flash_len 中
monitor_flash_len = _end_ofs;
//使能缓存功能
enable_caches();
//函数 board_init 主要做了下面几件事: 将平台机器码保存在 gd->bd->bi_arch_number
//中; 在 gd->bd->bi_boot_params 中设置传递给内核的参数的起始地址,使能指令 cache
//和数据 cache
board_init();                          /* Setup chipselects */
...
//分配堆区存储空间,并将该区域清零
malloc_start = dest_addr - TOTAL_MALLOC_LEN;
mem_malloc_init (malloc_start, TOTAL_MALLOC_LEN);
...
//配置可用的 flash 区
flash_size = flash_init();
```

```
...
//初始化nandflash的控制寄存器,获取芯片的类型和相关参数,初始化一些结构体成员
//建立起相关数据结构
#if defined(CONFIG_CMD_NAND)
puts("NAND: ");
nand_init(); /* go init the NAND */
#endif
...
//环境变量重定位.在函数env_relocate中首先检测gd->env_valid,在之前的函数env_init
//中已经将它置1,所以函数将会把保存在nandflash(假设环境变量保存在nandflash中)
//中的环境变量读入内存中然后加入哈希表中
env_relocate();
...
//在函数stdio_init中将函数I2C、LCD、KEYBOARD等设备封装成设备stdio_dev,然后将
//其注册到链表devs上
stdio_init(); /* get the devices list going */
//初始化u-boot的应用函数集
jumptable_init();
...
//函数console_init_r中,首先尝试从环境变量中获取标准输入、标准输出、标准错误输
//出的设备名,然后到设备链表devs中区搜索同名的设备,如果没有找到就到devs中找
//名为"serial"的设备,最后将找到的设备存入stdio_devices数组中
console_init_r(); /* fully init console as a device */
...
//IRQ_STACK_START, IRQ_STACK_START_IN和FIQ_STACK_START,
//下面函数就是对这3个变量赋值
interrupt_init();
/* enable exceptions */
//能使IRQ中断
enable_interrupts();
...
//从环境变量中获取内核镜像的加载地址
load_addr = getenv_ulong("loadaddr", 16, load_addr);
...
//网卡接口控制器的初始化
#if defined(CONFIG_CMD_NET)
puts("Net: ");
eth_initialize(gd->bd);
#endif
//上电自检程序
#ifdef CONFIG_POST
post_run(NULL, POST_RAM | post_bootmode_get(0));
#endif
...
//进入命令循环函数
for (;;) {
main_loop();
}
}
```

12.3.5 main_loop 分析

函数 main_loop 在文件/common/main.c 中实现，该函数中如果配置了系统启动命令，则直接启动系统，否则进入 u-boot 命令行等待用户输入 u-boot 命令。代码如下：

```
void main_loop (void)
{
...
//记录启动次数,获取启动次数的最大限制
#ifdef CONFIG_BOOTCOUNT_LIMIT
bootcount = bootcount_load();
bootcount++;
bootcount_store (bootcount);
sprintf (bcs_set, "%lu", bootcount);
setenv ("bootcount", bcs_set);
bcs = getenv ("bootlimit");
bootlimit = bcs ? simple_strtoul (bcs, NULL, 10) : 0;
#endif /* CONFIG_BOOTCOUNT_LIMIT */
...
//如果配置了延时启动则从环境变量中获取延时的秒数
#if defined(CONFIG_BOOTDELAY) && (CONFIG_BOOTDELAY >= 0)
s = getenv ("bootdelay");
bootdelay = s ? (int)simple_strtol(s, NULL, 10) : CONFIG_BOOTDELAY;
...
//如果设置了限制启动次数则比较启动次数是否超过了启动次数的最大限制
#ifdef CONFIG_BOOTCOUNT_LIMIT
if (bootlimit && (bootcount > bootlimit)) {
printf ("Warning: Bootlimit (%u) exceeded. Using altbootcmd.\n",
        (unsigned)bootlimit);
s = getenv ("altbootcmd");
}
#endif
//从环境变量中获取启动命令
s = getenv ("bootcmd");
//函数 abortboot 实现延时倒计时,如果有任何按键按下将返回 1
if (bootdelay >= 0 && s && !abortboot (bootdelay)) {
//禁止 ctrl + c 检查
# ifdef CONFIG_AUTOBOOT_KEYED
int prev = disable_ctrlc(1); /* disable Control C checking */
# endif
//运行系统启动命令
run_command(s, 0);
}
...
//进入 u-boot 菜单模式
# ifdef CONFIG_MENUKEY
if (menukey == CONFIG_MENUKEY) {
```

```
s = getenv("menucmd");
if (s)
run_command(s, 0);
}
#endif /* CONFIG_MENUKEY */
#endif /* CONFIG_BOOTDELAY */
...
   for (;;) {
...
//获取一行数据,并在数据开头加上命令提示符,将获取的命令字符串
//存取 console_buffer 中
len = readline (CONFIG_SYS_PROMPT);
flag = 0; /* assume no special flags for now */
if (len > 0)
strcpy (lastcommand, console_buffer);
else if (len == 0)
flag |= CMD_FLAG_REPEAT;
...
//运行用户输入的命令
if (len == -1)
puts ("<INTERRUPT>\n");
else
rc = run_command(lastcommand, flag);
...
}
}
```

12.4 u-boot 移植

本章使用 u-boot-2012.04 版本进行移植,为方便大家阅读源代码和了解 u-boot-2012.04 的代码结构,本书的移植部分尽量把不需要的文件删除,只保留最简单的引导功能。

12.4.1 删除无关文件

1. 删除 ARM 体系架构以外的其他体系架构处理器源码

Zynq 是以双核 ARM 为核心,以 FPGA 为外设的芯片,因此,u-boot 中和体系结构相关的源代码中可以删除除 ARM 以外的所有文件。

(1) 删除 arch 目录下除 arm 目录以外的所有无关文件,其他目录的内容都是其他体系架构的系统,Zynq 用不到。

(2) 删除 arch/arm/cpu 下除 armv7 和 u-boot.lds 以外的所有文件夹,因为 Zynq 的双核 ARM 是 armv7 处理器。

(3) 删除 arch/arm/cpu/armv7 下除 zynq 以外的所有文件夹,因为文件是 armv7 通

用的，不要删除。

2. 删除其他厂家板子源码

(1) 删除 board 目录下除 xilinx 以外的所有文件夹。
(2) 删除 board/xilinx 下除 common 以外的所有文件夹。

3. 删除根目录下不用的源码

(1) 删除根目录下 doc、dts、nand_spl、onenand. spl 和 spl 文件夹。
(2) 删除根目录下 examples 和 post 文件夹。

4. 删除暂时不用的驱动程序

(1) 删除 drivers 下除 mmc 和 serial 文件夹以外的所有文件夹。
(2) 删除 drivers/mmc 下除 mmc. c 和 Makefile 以外所有文件。
(3) 删除 drivers/serial 下除 Makefile 以外所有文件。

5. 删除无关配置头文件

删除 include/configs 下所有文件。

6. 删除无关头文件

删除 arch/arm/include/asm 目录下除 proc-armv 和文件以外的所有文件夹。

12.4.2 修改因删除无关源码造成的错误

因为删除了大部分无关或者暂时不需要的源码，删除的文件不能再编译。因此，最重要的是修改 Makefile 文件，在 Makefile 中，把删除的源码部分注释掉。

因为删除了 u-boot 根目录下的 post 和 example 文件夹，需要修改顶层目录的 Makefile 文件，注释掉 2 行。代码如下：

```
#LIBS += post/libpost.o
ifndef CONFIG_SANDBOX
#SUBDIRS += $(SUBDIR_EXAMPLES)
endif
```

删除了绝大部分的驱动程序外，修改顶层的 Makefile 和驱动相关的部分代码，注释掉被删除的部分，需要注释掉的代码如下：

```
#LIBS += drivers/bios_emulator/libatibiosemu.o
#LIBS += drivers/block/libblock.o
#LIBS += drivers/dma/libdma.o
#LIBS += drivers/gpio/libgpio.o
#LIBS += drivers/hwmon/libhwmon.o
#LIBS += drivers/i2c/libi2c.o
```

```
#LIBS += drivers/input/libinput.o
#LIBS += drivers/misc/libmisc.o
#LIBS += drivers/net/libnet.o
#LIBS += drivers/net/phy/libphy.o
#LIBS += drivers/pci/libpci.o
#LIBS += drivers/pcmcia/libpcmcia.o
#LIBS += drivers/power/libpower.o

#LIBS += drivers/twserial/libtws.o
#LIBS += drivers/usb/eth/libusb_eth.o
#LIBS += drivers/usb/gadget/libusb_gadget.o
#LIBS += drivers/usb/host/libusb_host.o
#LIBS += drivers/usb/musb/libusb_musb.o
#LIBS += drivers/usb/phy/libusb_phy.o
#LIBS += drivers/usb/ulpi/libusb_ulpi.o
#LIBS += drivers/video/libvideo.o
#LIBS += drivers/watchdog/libwatchdog.o
#LIBS += post/libpost.o
#LIBS += drivers/mtd/libmtd.o
#LIBS += drivers/mtd/nand/libnand.o
#LIBS += drivers/mtd/onenand/libonenand.o
#LIBS += drivers/mtd/ubi/libubi.o
#LIBS += drivers/mtd/spi/libspi_flash.o
#LIBS += drivers/spi/libspi.o
#LIBS += drivers/fpga/libfpga.o
#LIBS += drivers/rtc/librtc.o
```

修改 common 下 Makefile 文件，注释掉以下 3 行代码：

```
#COBJS-y += exports.o
#COBJS-$(CONFIG_CMD_SF) += cmd_sf.o
#COBJS-$(CONFIG_CMD_SPI) += cmd_spi.o
```

修改 arc/arm/lib 下 board.c 文件，注释下面一句代码。

```
//  jumptable_init();
```

12.4.3 添加修改 ZedBoard 移植代码

1. 修改配置文件

移植适合自己开发板的 u-boot，首先要添加配置，在 u-boot2012.04 版本中，是在 u-boot 的根目录下的 boards.cfg 文件中添加配置变量。

在 boards.cfg 文件里增加一行代码：

```
zynq_zed  arm  armv7  zynq_common  xilinx  zynq
```

2. 添加配置头文件

在 include/configs 文件夹里添加 zynq_zed.h 文件。代码如下：

```
#ifndef __CONFIG_ZYNQ_ZED_H
#define __CONFIG_ZYNQ_ZED_H
#include <asm/arch/xparameters.h>
#define CONFIG_SYS_TEXT_BASE 0x04000000
#define CONFIG_OF_LIBFDT
/* No NOR Flash available on ZedBoard */
#define CONFIG_SYS_NO_FLASH
#define CONFIG_ENV_IS_NOWHERE

#define CONFIG_EXTRA_ENV_SETTINGS   \
    "ethaddr = 00:0a:35:00:01:22\0"   \
    "kernel_size = 0x140000\0"   \
    "ramdisk_size = 0x200000\0"   \
        "sdboot = echo Copying Linux from SD to RAM...;" \
        "mmcinfo;" \
        "fatload mmc 0 0x8000 zImage;" \
        "fatload mmc 0 0x1000000 devicetree.dtb;" \
        "go 0x8000\0"

#define CONFIG_BOOTCOMMAND "run modeboot"

#define CONFIG_BAUDRATE              115200
#define CONFIG_SYS_BAUDRATE_TABLE { 9600, 38400, 115200 }//cmd_nvedit.c:89
#define CONFIG_BOOTDELAY  3 /* -1 to Disable autoboot */

#define CONFIG_PSS_SERIAL

#define CONFIG_SYS_CACHELINE_SIZE     32
/*
 * Physical Memory map
 */
#define CONFIG_NR_DRAM_BANKS          1
#define PHYS_SDRAM_1                  0

#define CONFIG_SYS_MEMTEST_START PHYS_SDRAM_1
#define CONFIG_SYS_MEMTEST_END (CONFIG_SYS_MEMTEST_START + \
                PHYS_SDRAM_1_SIZE - (16 * 1024 * 1024))

#define CONFIG_SYS_SDRAM_BASE         0
#define CONFIG_SYS_INIT_RAM_ADDR  0xFFFF0000
#define CONFIG_SYS_INIT_RAM_SIZE  0x1000
#define CONFIG_SYS_INIT_SP_ADDR   (CONFIG_SYS_INIT_RAM_ADDR + \
                    CONFIG_SYS_INIT_RAM_SIZE - \
                    GENERATED_GBL_DATA_SIZE)
```

```
#define CONFIG_ENV_SIZE 0x10000
#define CONFIG_SYS_MALLOC_LEN 0x400000
#define CONFIG_SYS_MAXARGS 16
#define CONFIG_SYS_CBSIZE 2048
#define CONFIG_SYS_PBSIZE (CONFIG_SYS_CBSIZE + sizeof(CONFIG_SYS_PROMPT) + 16)

/* HW to use */
#define TIMER_INPUT_CLOCK(XPAR_CPU_CORTEXA9_CORE_CLOCK_FREQ_HZ / 2)
#define CONFIG_TIMER_PRESCALE  255
#define TIMER_TICK_HZ     (TIMER_INPUT_CLOCK / CONFIG_TIMER_PRESCALE)
#define CONFIG_SYS_HZ     1000

#define CONFIG_SYS_LOAD_ADDR  0 /* default? */

/* For now, use only single block reads for the MMC */

#define CONFIG_SYS_MMC_MAX_BLK_COUNT 1

#define CONFIG_BOARD_LATE_INIT

#include <config_cmd_default.h>

#define CONFIG_SYS_PROMPT "zed-boot> "

/* HW to use */

#define CONFIG_UART1

/*
 * Physical Memory map
 */
#define PHYS_SDRAM_1_SIZE (512 * 1024 * 1024)

/* Secure Digital */
#define CONFIG_MMC

#ifdef CONFIG_MMC
#define CONFIG_GENERIC_MMC
#define CONFIG_ZYNQ_MMC
#define CONFIG_CMD_MMC
#define CONFIG_CMD_FAT
#define CONFIG_CMD_EXT2
#define CONFIG_DOS_PARTITION
#endif

#endif /* __CONFIG_ZYNQ_ZED_H */
```

3. 添加头文件

在 arch/arm/include/asm 文件夹下添加 arch-zynq 文件夹，文件夹里包含 mmc、nand、xparameters 和 xparameters_ps 4 个头文件，用来定义 SD 卡、Flash 和处理器的相关参数，具体代码请参看本章提供的源程序。

4. 添加定时器文件

在 arch/arm/cpu/armv7 文件夹理添加 zynq 文件夹。文件夹里的文件是定时器相关代码，具体代码请参看本章提供的源程序。

5. 添加开发板文件

在 board/xilinx 文件夹里添加 zynq_common 文件夹，文件夹里主要是 lowlevel_init. S 文件，实现对 DDR 的初始化，具体代码请参看本章提供的源程序。

6. 添加 Zynq 驱动文件

在 drivers/serial 目录下添加 serial_xpsuart. c 和 serial_xpsuart. h 文件，并且修改其 Makefile 文件，添加如下一行代码：

```
COBJS-$(CONFIG_PSS_SERIAL) += serial_xpsuart.o
```

在 drivers/mmc 目录下添加 zynq_mmc. c 和 zynq_mmc. h 文件，并且修改其 Makefile 文件，添加如下一行代码：

```
COBJS-$(CONFIG_ZYNQ_MMC) += zynq_mmc.o
```

12.4.4 u-boot 测试

配置 u-boot-2012. 04，具体是进入 u-boot-2012. 04 根目录下，执行配置命令，具体命令如下：

```
root@lqs:/book/ZedBoard/u-boot-2012.04# make CROSS_COMPILE= arm-xilinx-linux-gnueabi- zynq_zed_config
```

执行成功后，会打印出下面信息：

```
Configuring for zynq_zed board...
```

配置完成后将进行编译，生成可执行文件，在 u-boot-2012. 04 根目录下执行编译命令，具体命令如下：

```
root@lqs:/book/ZedBoard/u-boot-2012.04# make CROSS_COMPILE = arm-xilinx-linux-gnueabi-
```

编译成功后，在 u-boot-2012.04 根目下会生成 u-boot.elf 可执行文件，在 u-boot-2012.04 根目下文件名为 u-boot，将其改名为 u-boot.elf 即可。

按照 11.3 节的方法，使用本章生成的 u-boot.elf 替换原有的 u-boot.elf，生成新的 boot.bin 文件。按照 11.5 节测试方法可以发现，系统可以正常启动，说明 u-boot 移植成功。

第13章 Linux内核原理及移植

本章主要介绍 Linux 3.6 内核启动流程以及在 ZedBoard 开发板上进行内核移植的方法和步骤。首先，介绍 Linux 内核版本和源码结构；其次，详细分析了内核的 Makefile 文件，并介绍内核配置方法；再次，分析了 Linux 内核启动原理和主要启动程序代码；最后，以 Linux 3.6 官方内核为基础，参考了 ZedBoard 官方提供的内核代码，进行内核移植，使其能够在 ZedBoard 开发板上正确运行。

13.1 Linux 内核版本及源码结构

目前，嵌入式 Linux 作为嵌入式操作系统的最主流操作系统之一，广泛应用于各种消费类电子终端、天文仪器、军工电子、网络通信、航空航天、汽车电子、医疗电子设备、仪器仪表等相关行业。随着嵌入式行业的飞速发展，嵌入式 Linux 凭借其源码开放、稳定度好、免费和市场占有率高，受到越来越多研发工程师和科研院所科研人员的青睐，越来越多的企业和教学科研单位都在进行嵌入式 Linux 的系统开发和应用研究，这使得嵌入式 Linux 在新兴的嵌入式操作系统领域内也获得了飞速发展和广泛应用。对于那些希望尽快进入嵌入式行业从事产品研发的工程师，选择嵌入式 Linux 方向作为切入点是最好的途径之一。

嵌入式 Linux 研发一般都需要进行内核的移植，要想移植成功就需要知道每个模块代码的位置，也要比较熟悉源码文件的组织形式。因此，分析 Linux 内核源码版本和目录结构对以后的学习非常有利。本节将介绍 Linux 内核的版本和内核源码结构。

13.1.1 Linux 内核版本

Linux 内核的版本号可以从源代码的顶层目录下的 Makefile 中看到，比如笔者移植的官方 3.6 内核的 Makefile 最开始 4 行，代码如下：

```
VERSION = 3
PATCHLEVEL = 6
SUBLEVEL = 0
EXTRAVERSION =
```

其中的 VERSION 和 PATCHLEVEL 组成主版本号，比如 3.4、3.5、3.6 等，稳定版本的主版本号用偶数表示（比如 3.6 的内核），开发中的版本号用奇数表示（比如 3.5），它是下一个稳定版本内核的前身。SUBLEVEL 称为次版本号，它不分奇偶，顺序递增，每隔 1～2 个月发布一个稳定版本。EXTRAVERSION 称为扩展版本号，它不分奇偶，顺序递增，每周发布几次扩展本版号。

13.1.2 Linux 内核源码结构

Linux 内核源代码的组成如下。

- arch 子目录包含源代码所支持的与硬件体系结构相关的核心代码。如对于 ARM 平台就是 arm，对于 86 系列机器就是 x86 等。
- block 子目录包含了部分块设备驱动程序。
- crypto 子目录包含了常用加密算法。
- Documentation 子目录是一些参考和帮助文档，阅读源代码，需要经常查看该文档。
- drivers 子目录是系统中设备驱动代码，可以进一步划分成几类设备驱动，每一种也有对应的子目录，如字符设备的驱动对应于 drivers/char。
- firmware 子目录是 Linux 系统固件。
- fs 子目录是 Linux 支持的文件系统代码。不同的文件系统有不同的子目录对应，如 jffs2 文件系统对应的就是 jffs2 子目录。
- include 子目录包含了大多数 include 文件。
- init 子目录包含了启动代码。
- ipc 子目录包含了进程间通信代码。
- mm 子目录包含了内存管理代码，与具体硬件体系结构相关的内存管理代码位于 arch/*/mm 目录下，如对应于 arm 的就是 arch/arm/mm/目录。
- net 子目录是网络相关协议部分代码，每个子目录对应于网络的一个方面代码。
- samples 子目录是 Linux 内核例子。
- scripts 子目录包含用于配置内核的脚本文档。
- security 子目录主要是一个 SELinux 的模块。
- sound 子目录主要是音频设备驱动代码。
- tools 子目录是一些相关工具代码。
- modules 子目录包含已建好可动态加载的模块。
- kernel 子目录包含主要核心代码，和处理器体系结构相关代码都放在 arch/*/kernel 目录下。

- lib 子目录包含了核心的库代码，和处理器结构相关库代码被放在 arch/ * /lib/目录下。

13.2 Linux 内核系统配置

Linux 内核的配置系统由以下 3 个部分组成。

(1) Makefile：分布在 Linux 内核源代码根目录中的 Makefile 以及各子目录里的 Makefile。Makefile 定义了 Linux 内核的编译规则。

(2) 配置文件(Kconfig)：给用户提供配置选择的功能。

(3) 配置工具：包括配置命令解释器(对配置脚本中使用的配置命令进行解释)和配置用户界面(提供基于字符界面、基于 Ncurses 图形界面以及基于 Xwindows 图形界面的用户配置界面，各自对应于 make configm 命令、make menuconfig 命令和 make xconfig 命令)。

这些配置工具都是使用脚本语言，如 Tcl/TK 和 Perl 编写的(也包含一些用 C 编写的代码)。本章并不是对配置系统本身进行分析，而是介绍如何使用配置系统。所以，除非是配置系统的维护者，一般的内核开发者无须了解它们的原理，只需要知道如何编写 Makefile 和配置文件就可以。所以，本章只对 Makefile 和配置文件进行讨论。另外，凡是涉及与具体 CPU 体系结构相关的内容均以 ARM Cortex A9 为例，这样不仅可以将讨论的问题明确化，而且对内容本身不产生影响。

13.2.1 Makefile 分析

Linux 内核中 Makefile 的作用是根据配置的情况，构造出需要编译的源文件列表，然后分别编译，并把目标代码链接到一起，最终形成 Linux 内核二进制文件。

由于 Linux 内核源代码是按照树形结构组织的，所以 Makefile 也被分布在目录树中。Linux 内核中的 Makefile 以及与 Makefile 直接相关的文件如下。

- Makefile：顶层 Makefile，是整个内核配置、编译的总体控制文件。
- .config：内核配置文件，包含由用户选择的配置选项，用来存放内核配置后的结果。
- arch/ * /Makefile：位于各种 CPU 体系目录下的 Makefile，如 arch/arm/Makefile 是针对 arm 平台的 Makefile。
- 各个子目录下的 Makefile：比如 drivers/Makefile，负责所在子目录下源代码的管理。

用户通过 make xxx_config 配置后，产生了.config。顶层 Makefile 读入.config 中的配置选择。顶层 Makefile 有两个主要任务是产生 vmlinux 文件和内核模块(module)。为了实现此功能，顶层 Makefile 递归的进入到内核的各个子目录中，分别调用位于这些子目录中的 Makefile。至于到底进入哪些子目录，取决于内核的配置。在顶层 Makefile 中，有一句 include $(srctree)/arch/$(SRCARCH)/Makefile，包含了特定 CPU 体系结构下的 Makefile，这个 Makefile 中包含了平台相关的信息。

位于各个子目录下的 Makefile 也同样根据.config 给出的配置信息，构造出当前配置下需要的源文件列表。

13.2.2 Makefile 中的变量

顶层 Makefile 定义并向环境中输出了许多变量，为各个子目录下的 Makefile 传递一些信息。有些变量，比如 SUBDIRS，不仅在顶层 Makefile 中定义并且赋初值，而且在 arch/ * /Makefile 还作了扩充。

常用的变量有以下几类。

1. 版本信息

版本信息有 VERSION、PATCHLEVEL、SUBLEVEL、EXTRAVERSION、KERNELRELEASE。版本信息定义了当前内核的版本，比如 VERSION = 3，PATCHLEVEL=4，SUBLEVEL=18，EXATAVERSION=-rmk7，它们共同构成内核的发行版本 KERNELRELEASE：3.4.18-rmk7。

2. CPU 体系结构——ARCH

在顶层 Makefile 的开头，用 ARCH 定义目标 CPU 的体系结构，比如 ARCH：=arm 等。许多子目录的 Makefile 中要根据 ARCH 的定义选择编译源文件的列表。

3. 路径信息——TOPDIR，SUBDIRS

TOPDIR 定义了 Linux 内核源代码所在的根目录。

SUBDIRS 定义了一个目录列表，在编译内核或模块时，顶层 Makefile 就是根据 SUBDIRS 来决定进入哪些子目录。SUBDIRS 的值取决于内核的配置，在顶层 Makefile 中 SUBDIRS 赋值为 kernel、drivers、mm、fs、net、ipc 和 lib 等；根据内核的配置情况，在 arch/ * /Makefile 中扩充了 SUBDIRS 的值。

4. 编译器设置——CPP，CC，AS，LD，AR，CFLAGS，LINKFLAGS

编译的通用规则需要明确给出编译环境，编译环境就是在以上的变量中定义的。针对不同交叉编译的要求，定义了 CROSS_COMPILE。比如 zynq 平台可以定义为：

```
CROSS_COMPILE   = arm - xilinx - linux - gnueabi -
CC              = $(CROSS_COMPILE)gcc
LD              = $(CROSS_COMPILE)ld
...
```

其中：

CROSS_COMPILE 定义了交叉编译器，前缀 arm-xilinx-linux-gnueabi-表明所有的交叉编译工具都是以 arm-xilinx-linux-gnueabi-开头的，所以在各个交叉编译器工具之前都加入了 $(CROSS_COMPILE)，以组成一个完整的交叉编译工具文件名，比如 arm-xilinx-linux-gnueabi-gcc。

- CFLAGS 定义了传递给 C 编译器的参数。
- LINKFLAGS 是链接生成 vmlinux 时由链接器使用的参数。

5. 配置变量 CONFIG_*

.config 文件中有许多的配置变量等式，用来说明用户配置的结果。例如 CONFIG_MODULES=y 表明用户选择了 Linux 内核的模块功能。

.config 被顶层 Makefile 包含后将会形成许多的配置变量，每个配置变量具有确定的值：变量值为 y 表示本编译选项对应的内核代码被静态编译进 Linux 内核；变量值为 m 表示本编译选项对应的内核代码被编译成模块；变量值为 n 表示不选择此编译选项；如果没有选择，则配置变量的值为空。

13.2.3 子目录 Makefile

Linux 内核子目录中的 Makefile 用来控制本级目录以下源代码的编译规则。下面通过一个例子来讲解子目录 Makefile 的组成。

```
#
# Makefile for the linux kernel.
#
# All of the (potential) objects that export symbols.
# This list comes from 'grep -l EXPORT_SYMBOL *.[hc]'.
export-objs        := tc.o

# Object file lists.

obj-y              :=
obj-m              :=
obj-n              :=
obj-               :=

obj-$(CONFIG_TC) += tc.o
obj-$(CONFIG_ZS) += zs.o
obj-$(CONFIG_VT) += lk201.o lk201-map.o lk201-remap.o

# Files that are both resident and modular: remove from modular.

obj-m              := $(filter-out $(obj-y), $(obj-m))

# Translate to Rules.make lists.

L_TARGET           := tc.a

L_OBJS             := $(sort $(filter-out $(export-objs), $(obj-y)))
LX_OBJS            := $(sort $(filter     $(export-objs), $(obj-y)))
M_OBJS             := $(sort $(filter-out $(export-objs), $(obj-m)))
MX_OBJS            := $(sort $(filter     $(export-objs), $(obj-m)))
```

对 Makefile 的说明和注释，用＃开始。

类似于 obj $(CONFIG_TC) += tc.o 的语句是用来定义编译的目标，是子目录 Makefile 中最重要的部分。编译目标定义那些在本子目录下，需要编译到 Linux 内核中的目标文件列表。为了只在用户选择了此功能后才编译，所有的目标定义都融合了对配置变量的判断。

每个配置变量取值范围是 y、n、m 或空，obj-$(CONFIG_TC)分别对应着 obj-y、obj-n、obj-m、obj-。如果 CONFIG_TC 配置为 y，那么 tc.o 就进入了 obj-y 列表。obj-y 为包含到 Linux 内核 vmlinux 中的目标文件列表；obj-m 为编译成模块的目标文件列表；obj-n 和 obj-中的文件列表被忽略。配置系统就根据这些列表的属性进行编译和链接。

export-objs 中的目标文件都使用了 EXPORT_SYMBOL()定义了公共的符号，以便可装载模块使用。在 tc.c 文件的最后部分，有"EXPORT_SYMBOL(search_tc_card);"表明 tc.o 有符号输出。这里需要指出的是，对于编译目标的定义存在两种格式，分别是老式定义和新式定义。老式定义是 Rules.make 使用的那些变量，新式定义就是 obj-y、obj-m、obj-n 和 obj-。

适配段的作用是将新式定义转换成老式定义。在上面的例子中，适配段就是将 obj-y 和 obj-m 转换成 Rules.make 能够理解的 L_TARGET、L_OBJS、LX_OBJS、M_OBJS 和 MX_OBJS。

L_OBJS := $(sort $(filter-out $(export-objs), $(obj-y)))定义了 L_OBJS 的生成方式：在 obj-y 的列表中过滤掉 export-objs(tc.o)，然后排序并去除重复的文件名。这里使用到了 GNU Make 的一些特殊功能，具体的含义可参考 Make 的文档。

13.2.4 内核配置文件

内核源码树的目录下有 Kconfig (2.4 版本内核是 config.in)和 Makefile 两个文件，分布到各目录构成了一个分布式的内核配置数据库，每个 Kconfig 分别描述了所属目录源文件相关的内核配置菜单。在内核配置 make menuconfig 时，从 Kconfig 中读出菜单，用户选择后保存到.config 的内核配置文档中。在内核编译时，主 Makefile 调用.config 文件，就可以编译用户配置的内核文件。

一个典型的内核配置菜单的代码如下：

```
menu "Xilinx Specific Options"
config ZYNQ_EARLY_UART1
    bool "Early Printk On UART1 (2nd UART)"
    default n
    help
     Select if you want to use the 2nd UART (UART1) in Zynq for the early
     printk. If not selected, the 1st UART (UART0) is used.

Config ZYNQ_EARLY_UART_EP107
    bool "Early UART Clock Input For EP107"
    default y
    help
```

```
        Select if you want the kernel to be setup for the EP107 board which is
        using a 50 MHz clock into the UART. Not selecting this causes a clock into
        the UART that is based on a 33.333 MHz clock divided down by 63. Note that
        this only affects early printk.

config XILINX_FIXED_DEVTREE_ADDR
    bool "Device Tree At Fixed Address"
    default n
    depends on OF
    help
        Select if you want the kernel to assume a device tree is located at a
        fixed address of 0x1000000 on kernel boot. This allows the go command
        in u-boot to be used since the bootm command is slow in the EP107.

config  XILINX_L1_PREFETCH
    bool "L1 Cache Prefetch"
    default y
    help
        This option turns on L1 cache prefetching to get the best performance
        in many cases. This may not always be the best performance depending on
        the usage. There are some cases where this may cause issues when booting.

Config  XILINX_L2_PREFETCH
    bool "L2 Cache Prefetch"
    default y
    help
        This option turns on L2 cache prefetching to get the best performance
        in many cases. This may not always be the best performance depending on
        the usage.

Config  XILINX_ZED
    bool "Using USB OTG on the Digilent ZED board"
    default n
    depends on USB_SUPPORT
    select USB_ULPI if USB_SUPPORT
    select USB_ULPI_VIEWPORT if USB_SUPPORT
    help
        Select this option if using the USB OTG port on the Digilent ZED board
        as a USB on-the-go port. This option is necessary to properly
        initialize the TUSB1210 USB PHY used on the ZED board as an
        on-the-go USB port that can supply power to a USB slave device.

config  XILINX_AXIPCIE
    bool "Xilinx AXI PCIe host bridge support"
    select PCI
    select ARCH_SUPPORTS_MSI
    help
        Say 'Y' here if you want kernel to support the Xilinx AXI PCIe
        Host Bridge. This supports Message Signal Interrupts (MSI), if you
        want to use this feature select CONFIG_PCI_MSI from 'Bus Support ->'.
endmenu
```

包含在 menu/endmenu 中的内容会生成 ZYNQ_EARLY_UART1、ZYNQ_EARLY

_UART_EP107、XILINX_FIXED_DEVTREE_ADDR、XILINX_L1_PREFETCH、XILINX_L2_PREFETCH、XILINX_ZED 和 XILINX_AXIPCIE 子菜单，每一个子菜单项都是由 config 来定义的。config 下方的 bool、depends on、default、select 和 help 等为 config 的属性，用于定义该菜单项的类型、依赖项、默认值、帮助信息等。

每个 config 菜单项都要有类型定义，如 bool 布尔类型、tristate 三态（内建、模块、移除）、string 字符串、hex 十六进制、integer 整型等。

比如下面代码：

```
config  HELLO_MODULE
bool "hello test module"
```

- bool 类型只能选中或不选中，显示为[ ]；tristate 类型的菜单项多了编译成内核模块的选项，显示为＜ ＞，假如选择编译成内核模块，则会在.config 中生成一个 CONFIG_HELLO_MODULE＝m 的配置，假如选择内建，就是直接编译成内核影响，就会在.config 中生成一个 CONFIG_HELLO_MODULE＝y 的配置。hex 十六进制类型显示为( )。
- depends on 表示依赖于 XXX，depends on USB_SUPPORT 表示只有当 USB_SUPPORT 配置选项被选中时，当前配置选项的提示信息才会出现，才能设置当前配置选项。
- select 表示反向依赖。比在如 f1 中 select f2，如果 f1 成立，f2 就会自动成立，但 f2 不影响 f1。而 depends on 依赖，比如 f1 中有 depends on f2，只有 f2 成立，f1 才能出现。两者的区别在于一个的产生对另一个的影响。

在 Kconfig 中有类似语句 source "arch/arm/mach-zynq/Kconfig"用来包含（或嵌套）新的 Kconfig 文件，这样便可以使各个目录管理各自的配置内容，使不必把那些配置都写在同一个文件里，方便修改和管理。

13.3 Linux 内核启动分析

Bootloader 是嵌入式系统的引导加载程序，它是系统上电后运行的第一段程序，其作用类似于 PC 上的 BIOS。在完成对系统的初始化任务之后，它会将非易失性存储器（通常是 Flash 或 SD 卡等）中的 Linux 内核复制到 RAM 中去，然后跳转到内核的第一条指令处继续执行，从而启动 Linux 内核。由此可见，Bootloader 和 Linux 内核有着密不可分的联系，要想清楚地了解 Linux 内核的启动过程，必须先了解 Bootloader 的执行过程，这样才能对嵌入式系统的整个启动过程有清晰的掌握。

实际应用中的 Bootloader 根据所需功能的不同可以设计得很复杂，除完成基本的初始化系统和调用 Linux 内核等基本任务外，还可以执行很多用户输入的命令，比如设置 Linux 启动参数，给 Flash 分区等；也可以设计得很简单，只完成最基本的功能。但为了能达到启动 Linux 内核的目的，所有的 Bootloader 都必须具备以下功能。

1. 初始化 RAM

因为 Linux 内核一般都是在 RAM 中运行，所以在调用 Linux 内核之前，bootloader 必须设置和初始化 RAM，为调用 Linux 内核做好准备。初始化 RAM 的任务包括设置 CPU 的控制寄存器参数，以便能正常使用 RAM 以及检测 RAM 大小等。

2. 初始化串口

串口在 Linux 的启动过程中有着非常重要的作用，它是 Linux 内核和用户交互的方式之一。Linux 在启动过程中可以将信息通过串口输出，这样便可清楚地了解 Linux 的启动过程，虽然它并不是 Bootloader 必须要完成的工作，但是通过串口输出信息是调试 Bootloader 和 Linux 内核的强有力的工具，所以一般的 Bootloader 都会在执行过程中将初始化一个串口作为调试端口。

3. 检测处理器类型

Bootloader 在调用 Linux 内核前必须检测系统的处理器类型，并将其保存到某个常量中提供给 Linux 内核。Linux 内核在启动过程中会根据该处理器类型调用相应的初始化程序。

4. 设置 Linux 启动参数

Bootloader 在执行过程中必须设置和初始化 Linux 内核启动参数。传递启动参数主要采用两种方式：即通过 struct param_struct 和 struct tag(标记列表，tagged list)两种结构传递。struct param_struct 是一种比较老的参数传递方式，在 2.4 版本以前的内核中使用较多。从 2.4 版本以后，Linux 内核基本上采用标记列表的方式。但为了保持和以前版本的兼容性，它仍支持 struct param_struct 参数传递方式，只不过在内核启动过程中它将被转换成标记列表方式。标记列表方式是种比较新的参数传递方式，它必须以 ATAG_CORE 开始，并以 ATAG_NONE 结尾，中间可以根据需要加入其他列表。Linux 内核在启动过程中会根据该启动参数进行相应的初始化工作。

5. 调用 Linux 内核映像

Bootloader 完成的最后一项工作便是调用 Linux 内核。如果 Linux 内核存放在 Flash 中，并且可直接在上面运行(这里的 Flash 指 Nor Flash)，那么可直接跳转到内核中去执行。但由于在 Flash 中执行代码会有种种限制，而且速度也远不及 RAM 快，所以一般的嵌入式系统都是将 Linux 内核复制到 RAM 中，然后跳转到 RAM 中去执行。

不论哪种情况，在跳到 Linux 内核执行之前 CPU 的寄存器必须满足以下条件：r0=0，r1=处理器类型，r2=标记列表在 RAM 中的地址。

13.3.1 内核启动入口

在 Bootloader(本书 Bootloader 特指 U-BOOT)将 Linux 内核映像复制到 RAM 以

后，可以通过下面代码启动 Linux 内核：

```
call_linux(0, machine_type, kernel_params_base)
```

其中，machine_tpye 是 Bootloader 检测出来的机器 ID 号，kernel_params_base 是启动参数在 RAM 的地址。通过这种方式将 Linux 内核启动需要的参数从 Bootloader 传递到内核。

Linux 内核有两种映像：一种是非压缩内核，叫 Image；另一种是其压缩版本，叫 zImage。根据内核映像的不同，Linux 内核的启动在开始阶段也有所不同。zImage 是 Image 经过压缩形成的，所以它的大小比 Image 小。但为了能使用 zImage，必须在它的开头加上解压缩的代码，将 zImage 解压缩之后才能执行，因此它的执行速度比 Image 要慢。但考虑到嵌入式系统的存储空容量一般比较小，采用 zImage 可以占用较少的存储空间，所以一般的嵌入式系统均采用压缩内核的方式。

CPU 在 Bootloader 的帮助下将内核载入到了内存中，并开始执行。Bootloader 调用内核前，必须满足的条件如下。

1. CPU 寄存器的设置

(1) R0 = 0。
(2) R1 =机器类型 ID。
(3) R2 =启动参数标记列表在 RAM 中起始基地址。

2. CPU 工作模式

(1) 必须禁止中断(IRQs 和 FIQs)。
(2) CPU 必须为 SVC 模式。

3. Cache 和 MMU 的设置

(1) MMU 必须关闭。
(2) 指令 Cache 可以打开也可以关闭，数据 Cache 必须关闭。

真正的内核执行映像其实是在编译时生成在 arch/$(ARCH)/boot/文件夹中的 Image 文件，而 zImage 其实是将这个可执行文件作为数据段包含在了自身中，而 zImage 的代码功能就是将这个数据(Image)正确地解压到编译时确定的位置中去，并跳到 Image 中运行。所以实现 Bootloader 引导的压缩映像 zImage 的入口是由 arch/arm/boot/compressed/vmlinux.lds 决定的(这个文件是由 vmlinux.lds.in 生成的)，所以从 vmlinux.lds.in 中可以知道压缩映像的入口在哪里，代码如下：

```
OUTPUT_ARCH(arm)
ENTRY(_start)
SECTIONS
{
  /DISCARD/ : {
     *(.ARM.exidx*)
     *(.ARM.extab*)
     /*
```

```
    * Discard any r/w data - this produces a link error if we have any,
    * which is required for PIC decompression. Local data generates
    * GOTOFF relocations, which prevents it being relocated independently
    * of the text/got segments.
    */
   *(.data)
  }

  . = TEXT_START;
  _text = .;

  .text : {
    _start = .;
    *(.start)
    *(.text)
    *(.text.*)
    *(.fixup)
    *(.gnu.warning)
    *(.glue_7t)
    *(.glue_7)
  }
  .rodata : {
    *(.rodata)
    *(.rodata.*)
  }
  .piggydata : {
    *(.piggydata)
  }

  . = ALIGN(4);
  _etext = .;

  .got.plt          : { *(.got.plt) }
  _got_start = .;
  .got              : { *(.got) }
  _got_end = .;

  /* ensure the zImage file size is always a multiple of 64 bits */
  /* (without a dummy byte, ld just ignores the empty section) */
  .pad              : { BYTE(0); . = ALIGN(8); }
  _edata = .;

  . = BSS_START;
  __bss_start = .;
  .bss              : { *(.bss) }
  _end = .;

  . = ALIGN(8);     /* the stack must be 64-bit aligned */
  .stack            : { *(.stack) }
```

```
    .stab 0             : { *(.stab) }
    .stabstr 0          : { *(.stabstr) }
    .stab.excl 0        : { *(.stab.excl) }
    .stab.exclstr 0     : { *(.stab.exclstr) }
    .stab.index 0       : { *(.stab.index) }
    .stab.indexstr 0    : { *(.stab.indexstr) }
    .comment 0          : { *(.comment) }
}
```

从上述代码可以知道，程序入口是_start，可以在 arch/arm/boot/compressed/head.S 找到_start 入口。对于 ARM 系列处理器来说，zImage 的入口程序即为 arch/arm/boot/compressed/head.S。它依次完成以下工作：开启 MMU 和 Cache，调用 decompress_kernel()解压内核，最后通过调用 call_kernel()进入非压缩内核 Image 的启动。

13.3.2 zImage 自解压

zImage 是 ARM Linux 常用的一种压缩映像文件。zImage 是 vmlinux 经过压缩后，加上一段解压启动代码得到的文件。zImage 解压缩内核到低端内存(第一个 640K)。

arch/arm/boot/compressed/head.S 文件的主要内容就是解压缩 zImage，然后跳转到 vmlinux 执行内核。zImage 启动时，最先执行的代码也就 head.S 文件 start 开始的内容。这个是由 arch/arm/boot/compressed/vmlinux.lds 的链接脚本决定的。

图 13-1 为 head.S 解压缩流程图。

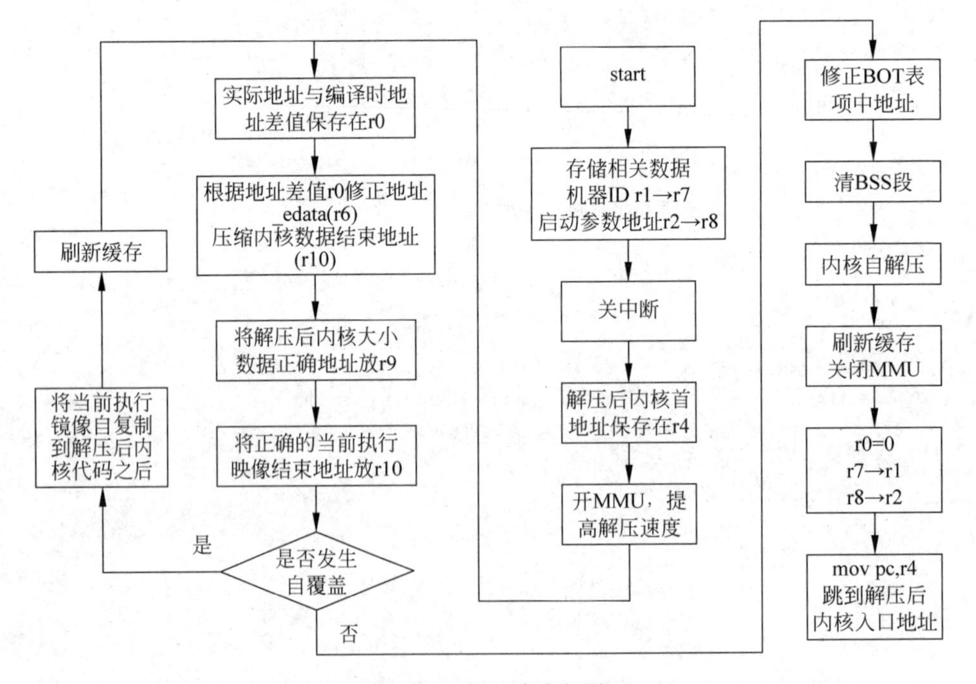

图 13-1 解压缩流程图

压缩过的 kernel 入口第一个文件源码位置是 arch/arm/boot/compressed/head. S。它将调用函数 decompress_kernel(),这个函数在文件 arch/arm/boot/compressed/misc. c 中,decompress_kernel()又调用 proc_decomp_setup()和 arch_decomp_setup()进行设置,在打印出信息"Uncompressing Linux..."后,调用 gunzip(),将内核放于指定的位置。下面代码为 arch/arm/boot/compressed/head. S 的主要内容及注解。

```
.align
.arm @ 启动总是进入 ARM 状态
start:
.type start, #function
.rept 7
mov r0, r0
.endr
ARM( mov r0, r0 )
ARM( b 1f )
THUMB( adr r12, BSYM(1f) )
THUMB( bx r12 )
.word 0x016f2818
```

0x016f2818 就是所谓的 Magic Number,由 Bootloader 判断是否为 vmlinuz 文件。

```
.word start @ 加载/运行 zImage 的绝对地址(编译时确定)
.word _edata @ zImage 结束地址
THUMB( .thumb )
1: mov r7, r1 @ 保存机器 ID 到 r7(此前由 U-BOOT 放入 r1)
mov r8, r2 @ 保存内核启动参数地址到 r8(此前由 U-BOOT 放入 r2)
```

这两个参数在解压内核的时候用不到,所以暂时保存一下,解压完内核后,再传给 Linux 内核。

```
#ifndef __ARM_ARCH_2__
/*
 * 通过 Angel 调试器启动 - 必须进入 SVC 模式且关闭 FIQs/IRQs
 * (numeric definitions from angel arm.h source).
 * 如果进入时在 user 模式下,只需要做这些
 */
mrs r2, cpsr @ 获取当前模式
tst r2, #3 @ 判断是否是 user 模式
bne not_angel
mov r0, #0x17 @ angel_SWIreason_EnterSVC
ARM( swi 0x123456 ) @ angel_SWI_ARM
THUMB( svc 0xab ) @ angel_SWI_THUMB
not_angel:
mrs r2, cpsr @ 关闭中断
orr r2, r2, #0xc0 @ 以保护调试器的运作
msr cpsr_c, r2
#else
```

```
teqp pc, #0x0c000003 @ 关闭中断(此外 bootloader 已设置模式为 SVC)
#endif
*/
```

读取 cpsr 并判断是否处理器处于 supervisor 模式，u-boot 进入 kernel，系统已经处于 SVC32 模式；而利用 angel 进入则处于 user 模式，还需要额外两条指令。之后是再次确认中断关闭，并完成 cpsr 写入。

Angel 是 ARM 公司的一种调试方法，它本身就是一个调试监控程序，是一组运行在目标机上的程序，可以接收主机上调试器发送的命令，执行诸如设置断点、单步执行目标程序、观察或修改寄存器、存储器内容之类的操作。与基于 jtag 的调试代理不同，Angel 调试监控程序需要占用一定的系统资源，如内存、串行端口等。使用 angel 调试监控程序可以调试在目标系统运行的 arm 程序或 thumb 程序。

teqp pc，#0x0c000003 这句话是 ARMv2 架构以前的汇编语言，用于模式变换和关闭中断的，到这里.start 段结束，其实就是做一件事，保证运行下面的代码时已经进入了 SVC 模式，并保证中断是关闭的。

```
.text
#ifdef CONFIG_AUTO_ZRELADDR
@ 确定内核映像地址
mov r4, pc
and r4, r4, #0xf8000000
add r4, r4, #TEXT_OFFSET
#else
ldr r4, =zreladdr
#endif
```

此处确定解压后的内核映像的绝对地址（物理地址），保存于 r4。

由于配置不同可能导致如下结果。

1. 定义了 CONFIG_AUTO_ZRELADDR

ZRELADDR 是已解压内核最终存放的物理地址，如果 AUTO_ZRELADDR 被选择了，这个地址将会在运行是确定：将当前 PC 值和 0xf8000000 做与操作，并加上 TEXT_OFFSET（内核最终存放的物理地址与内存起始的偏移）。

2. 没有定义 CONFIG_AUTO_ZRELADDR

直接使用 zreladdr（此值由位于 arch/arm/mach-xxx/Makefile.boot 文件确定）。本章中的 zreladdr 在 arch/arm/mach-zynq/Makefile.boot 中定义，内容是 zreladdr-y += 0x00008000。因此，内核运行的物理地址为 0x00008000。在内核启动的时候，可以看到如图 13-2 所示的打印信息。

```
bl cache_on /* 开启缓存(以及 MMU) */
```

打开 ARM 系统的 cache，为加快内核解压做好准备。

```
** Unable to read "ramdisk8M.image.gz" from mmc 0:1 **
## Starting application at 0x00008000 ...
Uncompressing Linux... done, booting the kernel.
```

图 13-2　内核启动信息

```
restart: adr r0, LC0
ldmia r0, {r1, r2, r3, r6, r10, r11, r12}
ldr sp, [r0, #28]
```

第一条指令把 LC0 的物理地址加载到 r0 寄存器，然后用多寄存器加载指令从 r0 指向的地址取出其余的寄存器值。

```
/*
 * 可能运行在一个与编译时定义的不同地址上，
 * 所以必须修正变量指针
 */
sub r0, r0, r1 @ 计算偏移量
add r6, r6, r0 @ 重新计算_edata
add r10, r10, r0 @ 重新获得压缩后的内核大小数据位置
```

这 3 条指令计算出物理地址和编译器链接地址之间的差异 delta，这个差值可以用来修正其他段（例如 GOT 和 BSS），用于链接地址和物理地址的对齐。

从 LC0 中用预定义的数据初始化寄存器 r1～r6、ip 和 sp。LC0 的定义如下：

```
.align 2
          .type  LC0, #object
LC0:             .word LC0             @ r1
          .word  __bss_start           @ r2
          .word  _end                  @ r3
          .word  _edata                @ r6
          .word  input_data_end - 4    @ r10 (inflated size location)
          .word  _got_start            @ r11
          .word  _got_end              @ ip
          .word  .L_user_stack_end     @ sp
          .size  LC0, . - LC0
/*
 * 内核编译系统将解压后的内核大小数据
 * 以小端格式
 * 附加在压缩数据的后面(其实是"gzip -f -9"命令的结果)
 * 下面代码的作用是将解压后的内核大小数据正确地放入 r9 中(避免了大小端问题)
 */
ldrb r9, [r10, #0]
ldrb lr, [r10, #1]
orr r9, r9, lr, lsl #8
ldrb lr, [r10, #2]
ldrb r10, [r10, #3]
orr r9, r9, lr, lsl #16
```

```
orr r9, r9, r10, lsl #24
/*
 * 下面代码的作用是将正确的当前执行映像的结束地址放入 r10
 */
#ifndef CONFIG_ZBOOT_ROM
/* malloc 获取的内存空间位于重定向的栈指针之上 (64k max) */
add sp, sp, r0
add r10, sp, #0x10000
#else
/*
 * 如果定义了 ZBOOT_ROM, bss/stack 是非可重定位的,
 * 但有些人依然可以将其放在 RAM 中运行,
 * 这时可以参考 _edata
 */
mov r10, r6
#endif
```

检测是否会发生自我覆盖的问题，r4 ＝解压后的内核起始地址（最终执行位置），r9 ＝解压后内核的大小，r10 ＝当前执行映像的结束地址，包含 bss/stack/malloc 空间（假设是非 XIP 执行的）。

基本需求是：

- 若最终执行位置 r4 在当前映像之后，则 r4－16k 页目录≥r10。
- 若最终执行位置 r4 在当前映像之前，则 r4 ＋解压后的内核大小≤当前位置（pc）。

如果上面的条件不满足，就会自我覆盖，必须先搬运当前映像。

```
add r10, r10, #16384
cmp r4, r10          @ 假设最终执行位置 r4 在当前映像之后
bhs wont_overwrite
add r10, r4, r9      @ 假设最终执行位置 r4 在当前映像之前
ARM( cmp r10, pc )   @ r10 = 解压后的内核结束地址
THUMB( mov lr, pc )
THUMB( cmp r10, lr )
bls wont_overwrite
```

将当前的映像重定向到解压后的内核之后（会发生自我覆盖时才执行，否则就被跳过）。

- r6 ＝ _edata（已校正）。
- r10 ＝解压后的内核结束地址。

因为要把当前映像向后移动，所以必须由后往前复制代码，以防原数据和目标数据的重叠。

将解压后的内核结束地址 r10 扩展（reloc_code_end - restart），并对齐到下一个 256B 边界，这样避免了当搬运的偏移较小时的自我覆盖。

```
add r10, r10, #((reloc_code_end - restart + 256) & ~255)
bic r10, r10, #255
/* 获取需要搬运的当前映像的起始位置 r5,并向下做 32B 对齐 */
adr r5, restart
bic r5, r5, #31
sub r9, r6, r5 @ _edata - restart(已向下对齐) = 需要搬运的大小
add r9, r9, #31
bic r9, r9, #31 @ 做 32B 对齐 ,r9 = 需要搬运的大小
add r6, r9, r5 @ r6 = 当前映像需要搬运的结束地址
add r9, r9, r10 @ r9 = 当前映像搬运的目的地的结束地址
/* 搬运当前执行映像,不包含 bss/stack/malloc 空间 */
1: ldmdb r6!, {r0 - r3, r10 - r12, lr}
cmp r6, r5
stmdb r9!, {r0 - r3, r10 - r12, lr}
bhi 1b
/* 保存偏移量,用来修改 sp 和实现代码跳转 */
sub r6, r9, r6
#ifndef CONFIG_ZBOOT_ROM
/* cache_clean_flush 可能会使用栈,所以重定向 sp 指针 */
add sp, sp, r6
#endif
bl cache_clean_flush @ 刷新缓存
/* 通过搬运的偏移和当前的实际 restart 地址来实现代码跳转 */
adr r0, BSYM(restart)
add r0, r0, r6
mov pc, r0
/* 在上面的跳转之后,程序又从 restart 开始
 * 但这次在检查自我覆盖的时候,新的执行位置必然满足
 * 最终执行位置 r4 在当前映像之前,r4 + 压缩后的内核大小 <= 当前位置 (pc)
 * 所以必然直接跳到了下面的 wont_overwrite 执行
 */
wont_overwrite:
```

如果 delta(当前映像地址与编译时的地址偏移)为 0,运行的地址就是编译时确定的地址。

- r0 = delta。
- r2 = BSS start(编译值)。
- r3 = BSS end(编译值)。
- r4 =内核最终运行的物理地址。
- r7 =构架 ID(bootlodaer 传递值)。
- r8 =内核启动参数指针(bootlodaer 传递值)。
- r11 = GOT start(编译值)。
- r12 = GOT end(编译值)。
- sp = stack pointer(修正值)。

```
teq r0, #0 @测试 delta 值
beq not_relocated @如果 delta 为 0,无须对 GOT 表项和 BSS 进行重定位
add r11, r11, r0 @重定位 GOT start
add r12, r12, r0 @重定位 GOT end
#ifndef CONFIG_ZBOOT_ROM
/*
* 如果内核配置 CONFIG_ZBOOT_ROM = n,
* 必须修正 BSS 段的指针
* 注意: sp 已经被修正
*/
add r2, r2, r0 @重定位 BSS start
add r3, r3, r0 @重定位 BSS end
/*
* 重定位所有 GOT 表的入口项
*/
1: ldr r1, [r11, #0] @ 重定位 GOT 表的入口项
add r1, r1, r0 @ 这个修正了 C 引用
str r1, [r11], #4
cmp r11, r12
blo 1b
#else
/*
* 重定位所有 GOT 表的入口项
* 只重定向在(已重定向后)BSS 段外的入口
*/
1: ldr r1, [r11, #0] @ 重定位 GOT 表的入口项
cmp r1, r2 @ entry < bss_start ||
cmphs r3, r1 @ _end < entry table
addlo r1, r1, r0 @ 这个修正了 C 引用
str r1, [r11], #4
cmp r11, r12
blo 1b
#endif
/*
* 至此当前映像的搬运和调整已经完成
* 可以开始真正的工作
*/
not_relocated: mov r0, #0
1: str r0, [r2], #4 @ 清零 bss(初始化 BSS 段)
str r0, [r2], #4
str r0, [r2], #4
str r0, [r2], #4
cmp r2, r3
blo 1b
```

C 运行时环境已经充分建立,设置一些指针就可以解压内核了。

- r4 =内核最终运行的物理地址。
- r7 =构架 ID。
- r8 =内核启动参数指针。

```
mov r0, r4
mov r1, sp @ malloc 获取的内存空间位于栈指针之上
add r2, sp, #0x10000 @ 64k max
mov r3, r7
bl decompress_kernel
```

- r0 =解压后的输出位置首地址。
- r1 =可用 RAM 空间首地址。
- r2 =可用 RAM 空间结束地址。
- r3 =构架 ID。

就是这个 decompress_kernel(C 函数)输出了"Uncompressing Linux..."以及"done, booting the kernel.\n"。

```
/*
 * 以下是为跳入解压后的内核,再次做准备(恢复解压前的状态)
 */
bl cache_clean_flush
bl cache_off @ 数据缓存必须关闭(内核的要求)
mov r0, #0   @ r0 必须为 0
mov r1, r7   @ 恢复构架 ID 到 r1
mov r2, r8   @ 恢复内核启动参数指针到 r2
mov pc, r4   @ 跳入解压后的内核映像(Image)入口(arch/arm/kernel/head.S)
```

13.3.3 第一阶段启动代码分析

在完成了 zImage 自解压之后,就跳转到了解压后的内核(也就是 vmlinux 的 bin 版本 Image),具体的入口可以在 arch/arm/kernel/vmlinux.lds.S(最终的链接脚本是通过这个文件产生的)中获得。

arch/arm/kernel/head.S 文件如下:

```
 *
 * linux/arch/arm/kernel/head.S
 *
 * 内核启动入口点
 * ---------------------------
 *
 * 这个入口正常情况下是在解压完成后被调用的
 * 调用条件: MMU = off, D-cache = off, I-cache = dont care, r0 = 0,
```

```
 * r1 = machine nr, r2 = atags or dtb pointer
 * 这些条件在解压完成后会被逐一满足,然后才跳转过来
 *
 * 这些代码大多数是位置无关的,如果内核入口地址在连接时确定为
 * 0xc0008000,调用此函数的物理地址就是 __pa(0xc0008000)
 *
 * 完整的 machineID 列表,请参见 linux/arch/arm/tools/mach-types
 *
 */
    __HEAD
ENTRY(stext)
    setmode PSR_F_BIT | PSR_I_BIT | SVC_MODE, r9 @ CPU 模式设置宏
                                     @ (进入 svc 模式并且关闭中断)
    mrc p15, 0, r9, c0, c0           @ 获取处理器 id-->r9
    bl __lookup_processor_type       @ 返回 r5 = procinfo r9 = cpuid
    movs r10, r5                     @ r10 = r5,并可以检测 r5 = 0?注意当前 r10 的值
THUMB( it eq )                       @ force fixup-able long branch encoding
    beq __error_p                    @ yes, error 'p'如果 r5 = 0,则内核处理器不匹配,出
错,死循环
```

上述代码为 CPU ID 检查。__lookup_processor_type 子程序在 arch/arm/kernel/head-common.S 文件中定义。

```
#ifndef CONFIG_XIP_KERNEL
    adr     r3, 2f
    ldmia   r3, {r4, r8}
    sub     r4, r3, r4      @ (PHYS_OFFSET - PAGE_OFFSET)
    add     r8, r8, r4      @ PHYS_OFFSET
#else
    ldr     r8, =PLAT_PHYS_OFFSET
#endif
```

上述代码获取 RAM 的起始物理地址,并保存于 r8 = phys_offset。

```
    /*
     * r1 = machine no, r2 = atags or dtb,
     * r8 = phys_offset, r9 = cpuid, r10 = procinfo
     */
    bl __vet_atags            @ 判断 r2(内核启动参数)指针的有效性
#ifdef CONFIG_SMP_ON_UP
    bl __fixup_smp            @ 如果运行 SMP 内核在单处理器系统中启动,做适当调整
#endif
#ifdef CONFIG_ARM_PATCH_PHYS_VIRT
    bl __fixup_pv_table       @ 根据内核在内存中的位置修正物理地址与虚拟地址转换机制
#endif
    bl __create_page_tables   @ 初始化页表!
```

上述代码为初始化页表。

```
    /*
     * 以下使用位置无关的方法调用 CPU 特定代码
     * 详情请见 arch/arm/mm/proc - *.S
     * r10 = xxx_proc_info 结构体的基地址(在上面__lookup_processor_type 函数中选中的)
     * 返回时，CPU 已经为 MMU 的启动做好了准备，
     * 且 r0 保存着 CPU 控制寄存器的值
     */
    ldr  r13, = __mmap_switched          @ 在 MMU 启动之后跳入的第一个虚拟地址
    adr  lr, BSYM(1f)                    @ 设置返回的地址(PIC)
    mov  r8, r4                          @ 将 swapper_pg_dir 的物理地址放入 r8,
                                         @ 以备__enable_mmu 中将其放入 TTBR1
ARM(add pc, r10, #PROCINFO_INITFUNC)
@ 跳入构架相关的初始化处理器函数(例如 A8 的是__v7_setup)
THUMB(add r12, r10, #PROCINFO_INITFUNC)
@主要目的只配置 CP15(包括缓存配置)
THUMB(mov pc, r12)
1:  b __enable_mmu                       @ 启动 MMU
ENDPROC(stext)
```

相关调用函数在 arch/arm/kernel/head_common.S 定义，代码如下：

```
#include "head - common.S"
arch/arm/kernel/head - common.S

#define ATAG_CORE 0x54410001
#define ATAG_CORE_SIZE ((2*4 + 3*4) >> 2)
#define ATAG_CORE_SIZE_EMPTY ((2*4) >> 2)

#ifdef CONFIG_CPU_BIG_ENDIAN
#define OF_DT_MAGIC 0xd00dfeed
#else
#define OF_DT_MAGIC 0xedfe0dd0 /* 0xd00dfeed in big - endian */
#endif

/*
* 异常处理，一些无法处理的错误
* 应当告诉用户(这些错误信息)，但因为无法保证是在正确的架构上运行，
* 所以什么都不做(死循环)
*
* 如果 CONFIG_DEBUG_LL 被设置，打印出错误信息
*/
    __HEAD

/* 确定 r2(内核启动参数)指针的有效性. The heuristic 要求
* 是 4Byte 对齐的、在物理内存的头 16K 中，且以 ATAG_CORE 标记开头
* 如果选择了 CONFIG_OF_FLATTREE, dtb 指针也是可以接受的
*
* 在这个函数的未来版本中可能会对物理地址的要求更为宽松，
* 如果有必要，可以移动 ATAGS 数据块
```

```
*
* 返回:
* r2 可能是有效的 atags 指针, 有效的 dtb 指针,或者 0
* r5, r6 被篡改
*/
__vet_atags:
    tst     r2, #0x3                    @ 是否 4Byte 对齐
    bne     1f                          @ 不是则认为指针无效,返回

    ldr     r5, [r2, #0]                @获取 r2 指向的前 4Byte,用于下面测试
#ifdef CONFIG_OF_FLATTREE
    ldr     r6, =OF_DT_MAGIC            @ is it a DTB?
    cmp     r5, r6
    beq     2f
#endif

    /* 内核启动参数块的规范是
     * (wait for updata)
     */
    cmp     r5, #ATAG_CORE_SIZE         @ 第一个 tag 是 ATAG_CORE 吗?测试的是 tag_header 中
的 size
            @ 如果为 ATAG_CORE,那么必为 ATAG_CORE_SIZE
    cmpne   r5, #ATAG_CORE_SIZE_EMPTY @ 如果第一个 tag 的 tag_header 中的 size 为 ATAG_
CORE_SIZE_EMPTY
            @ 说明此处也有 atags
    bne     1f
    ldr     r5, [r2, #4]                @ 第一个 tag_header 的 tag(魔数)
    ldr     r6, =ATAG_CORE              @ 获取 ATAG_CORE 的魔数
    cmp     r5, r6                      @ 判断第一个 tag 是否为 ATAG_CORE
    bne     1f                          @ 不是则认为指针无效,返回

2:  mov     pc, lr                      @ atag/dtb 指针有效

1:  mov     r2, #0
    mov     pc, lr
ENDPROC(__vet_atags)

/*
 * 以下的代码段是在 MMU 开启的状态下执行的,
 * 而且使用的是绝对地址,这不是位置无关代码
 *
 * r0 = cp#15 控制寄存器值
 * r1 = machine ID
 * r2 = atags/dtb pointer
 * r9 = processor ID
 */
    __INIT
__mmap_switched:
    adr     r3, __mmap_switched_data
```

```
    ldmia       {r4, r5, r6, r7}
    cmp         r4, r5              @ 如果有必要,复制数据段
                                    @ 对比__data_loc 和_sdata
                                    @ __data_loc 是数据段在内核代码映像中的存储位置
                                    @ _sdata 是数据段的链接位置(在内存中的位置)
                                    @ 如果是 XIP 技术的内核,这两个数据肯定不同
1:  cmpne       r5, r6              @ 检测数据是否复制完成
    ldrne       fp, [r4], #4
    strne       fp, [r5], #4
    bne         1b

    mov         fp, #0              @ 清零 BSS 段(and zero fp)
1:  cmp         r6, r7              @ 检测是否完成
    strcc       fp, [r6],#4
    bcc         1b

    /* 这里将需要的数据从寄存器中转移到全局变量中,
     * 因为最后会跳入 C 代码,寄存器会被使用
     */
ARM(      ldmia   r3, {r4, r5, r6, r7, sp})
THUMB(    ldmia   r3, {r4, r5, r6, r7}      )
THUMB(    ldr     sp, [r3, #16]             )
    str         r9, [r4]            @ 保存 processor ID 到全局变量 processor_id
    str         r1, [r5]            @ 保存 machine type 到全局变量__machine_arch_type
    str         r2, [r6]            @ 保存 atags 指针到全局变量__atags_pointer
    bic         r4, r0, #CR_A       @ 清除 cp15 控制寄存器值的 'A' bit(禁用对齐错误检查)
    stmia       r7, {r0, r4}        @ 保存控制寄存器值到全局变量 cr_alignment(在 arch/arm/
kernel/entry-armv.S)
   b            start_kernel
```

跳到第二阶段的 C 函数去执行,在 init/main.c 中定义。

13.3.4 第二阶段启动代码分析

start_kernel 函数是 Linux 操作系统进入系统内核初始化后的入口函数,它主要完成第一阶段没有初始化的与硬件平台相关的初始化工作。在完成一系列与内核相关的初始化后,调用第一个用户进程(init 进程)并等待用户进程的执行,这样整个 Linux 内核便启动完毕。该函数所做的具体工作包括:调用 setup_arch()函数进行与体系结构相关的第一个初始化工作;对不同的体系结构来说该函数有不同的定义。对于 ARM 平台而言,该函数定义在 arch/arm/kernel/Setup.c。它首先通过检测出来的处理器类型进行处理器内核的初始化,然后通过 bootmem_init()函数根据系统定义的 meminfo 结构进行内存结构的初始化,最后调用 paging_init()开启 MMU,创建内核页表,映射所有的物理内存和 IO 空间。创建异常向量表和初始化中断处理函数;初始化系统核心进程调度器和时钟中断处理机制;初始化串口控制台(serial-console);ARM-Linux 在初始化过程中一般都会初始化一个串口作为内核的控制台,这样内核在启动过程中就可以通过串口输出

信息以便开发者或用户了解系统的启动进程。创建和初始化系统 cache，为各种内存调用机制提供缓存，包括动态内存分配、虚拟文件系统（VirtualFile System）及页缓存。初始化内存管理，检测内存大小及被内核占用的内存情况；初始化系统的进程间通信机制（IPC）；当以上所有的初始化工作结束后，start_kernel()函数会调用 rest_init()函数来进行最后的初始化，包括创建系统的第一个进程——init 进程来结束内核的启动。init 进程首先进行一系列的硬件初始化，然后通过命令行传递过来的参数挂载根文件系统。当所有的初始化工作结束后，cpu_idle()函数会被调用来使系统处于闲置(idle)状态并等待用户程序的执行。至此，整个 Linux 内核启动完毕。

Linux 内核是一个非常庞大的工程，经过十多年的发展，它已从最初的几百 KB 大小发展到现在的几百兆。清晰了解它执行的每一个过程是件非常困难的事。但是在嵌入式开发过程中并不需要十分清楚 Linux 的内部工作机制，只要适当修改 Linux 内核中那些与硬件相关的部分，就可以将 Linux 移植到其他目标平台上。通过对 Linux 的启动过程的分析可以看出哪些是和硬件相关的，哪些是 Linux 内核内部已实现的功能，这样在移植 Linux 的过程中便有所针对。而 Linux 内核的分层设计将使 Linux 的移植变得更加容易。

下面为 start_kernel 函数源码及注释。

```
asmlinkage void __init start_kernel(void)
{
    char * command_line;
    //地址指针,指向内核启动参数在内存中的位置(虚拟地址)
    extern const struct kernel_param __start___param[], __stop___param[];

    smp_setup_processor_id();                //针对 SMP 处理器,如果不是,则是弱引用函数

    /*
     * Need to run as early as possible, to initialize the
     * lockdep hash:
     */
    lockdep_init();                          //内核调试模块,用于检查内核互斥机制潜在的
死锁问题
    debug_objects_early_init();

    /*
     * Set up the the initial canary ASAP:
     */
    boot_init_stack_canary();                //初始化栈 canary 值,canary 值用于防止栈溢
出攻击堆栈的保护字

    cgroup_init_early();                     //一组进程的行为控制,做数据结构和其中链表
的初始化

    local_irq_disable();                     //关闭系统总中断
    early_boot_irqs_disabled = true;
```

```
/*
 * Interrupts are still disabled. Do necessary setups, then
 * enable them
 */
    tick_init();                      //初始化内核时钟系统
    boot_cpu_init();                  //激活当前 CPU
    page_address_init();              //高端内存相关,未定义的话为空函数
    printk(KERN_NOTICE "%s", linux_banner);
                                      //打印内核版本信息,内核启动的第一行信息就来自这
    setup_arch(&command_line);        //1.内核架构相关初始化函数
    mm_init_owner(&init_mm, &init_task);  //初始化 init_mm 结构体
    mm_init_cpumask(&init_mm);
    setup_command_line(command_line); //对 command_line 进行备份与保存
    setup_nr_cpu_ids();           //以下 3 个函数针对 SMP 处理器,不是 SMP 处理器都为空函数
    setup_per_cpu_areas();
    smp_prepare_boot_cpu();           /* arch-specific boot-cpu hooks */

    build_all_zonelists(NULL);        //设置内存相关节点和其中的内存域数据结构
    page_alloc_init();

    //2.打印与解析内核启动参数
    printk(KERN_NOTICE "Kernel command line: %s\n", boot_command_line);
    parse_early_param();
    parse_args("Booting kernel", static_command_line, __start___param,
        __stop___param - __start___param,
        &unknown_bootoption);

    jump_label_init();

    /*
     * These use large bootmem allocations and must precede
     * kmem_cache_init()
     */
    setup_log_buf(0);                 //使用 bootmem 分配一个启动信息的缓冲区
    pidhash_init();                   //使用 bootmem 分配并初始化 PID 散列表
    vfs_caches_init_early();          //前期 VFS 缓存初始化
    sort_main_extable();              //对内核异常表进行排序
    trap_init();                      //对内核陷阱异常经行初始化,ARM 架构中位空函数
    mm_init();                        //初始化内核内存分配器,启动信息中的内存信息来自
此函数中的 mem_init 函数

    /*
     * Set up the scheduler prior starting any interrupts (such as the
     * timer interrupt). Full topology setup happens at smp_init()
     * time - but meanwhile we still have a functioning scheduler.
     */
    sched_init();                     //初始化调度器数据结构并创建运行队列
    /*
     * Disable preemption - early bootup scheduling is extremely
     * fragile until we cpu_idle() for the first time.
```

```
     */
    preempt_disable();          //禁用抢占和中断,早期启动时期,调度是极其脆弱的
    if (!irqs_disabled()) {
        printk(KERN_WARNING "start_kernel(): bug: interrupts were "
                "enabled *very* early, fixing it\n");
        local_irq_disable();
    }
    idr_init_cache();           //为 IDR 机制分配缓存
    perf_event_init();          //CPU 性能检测机制初始化
    rcu_init();                 //内核 RCU 机制初始化
    radix_tree_init();          //内核 radix 树算法初始化
    /* init some links before init_ISA_irqs() */
    early_irq_init();           //前期外部中断描述符初始化
    init_IRQ();                 //架构相关中断初始化
    prio_tree_init();           //基于 radix 树的优先级搜索树(PST)初始化
    init_timers();              //以下 5 个函数是软中断和内核时钟机制初始化
    hrtimers_init();
    softirq_init();
    timekeeping_init();
    time_init();
    profile_init();             //profile 子系统初始化,内核的性能调试工具
    call_function_init();
    if (!irqs_disabled())
        printk(KERN_CRIT "start_kernel(): bug: interrupts were "
                "enabled early\n");
    early_boot_irqs_disabled = false;
    local_irq_enable();         //开启总中断

    /* Interrupts are enabled now so all GFP allocations are safe. */
    gfp_allowed_mask = __GFP_BITS_MASK;

    kmem_cache_init_late(); //slab 分配器后期初始化

    /*
     * HACK This is early. We're enabling the console before
     * we've done PCI setups etc, and console_init() must be aware of
     * this. But we do want output early, in case something goes wrong.
     */
    console_init();             //初始化控制台
    if (panic_later)            //检查内核恐慌标准,如果有问题,则打印信息
        panic(panic_later, panic_param);

    lockdep_info();             //打印 lockdep 调试模块信息

    /*
     * Need to run this when irqs are enabled, because it wants
     * to self-test [hard/soft]-irqs on/off lock inversion bugs
     * too:
     */
    locking_selftest();
```

```
//检查 initrd 的位置是否符合要求
#ifdef CONFIG_BLK_DEV_INITRD
    if (initrd_start && !initrd_below_start_ok &&
     page_to_pfn(virt_to_page((void *)initrd_start)) < min_low_pfn) {
        printk(KERN_CRIT "initrd overwritten (0x%08lx < 0x%08lx) - "
         "disabling it.\n",
         page_to_pfn(virt_to_page((void *)initrd_start)),
         min_low_pfn);
        initrd_start = 0;
    }
#endif
    page_cgroup_init();
    enable_debug_pagealloc();          //使能页分配的调试标志
    debug_objects_mem_init();
    kmemleak_init();                   //内存泄露检测机制的初始化
    setup_per_cpu_pageset();           //设置每个 CPU 的页组并初始化
    numa_policy_init();                //分一致性内存访问(NUMA)初始化
    if (late_time_init)
        late_time_init();
    sched_clock_init();                //初始化调度时钟
    calibrate_delay();
    pidmap_init();                     //PID 分配映射初始化
    anon_vma_init();                   //匿名虚拟内存域初始化
#ifdef CONFIG_X86
    if (efi_enabled)
        efi_enter_virtual_mode();
#endif
    thread_info_cache_init();
    cred_init();                       //任务信用系统初始化
    fork_init(totalram_pages);         //进程创建机制初始化
    proc_caches_init();
    buffer_init();                     //缓存系统初始化,创建缓存头空间,并检查其大小限制
    key_init();                        //内核密钥管理系统初始化
    security_init();                   //内核安全框架初始化
    dbg_late_init();                   //内核调试系统后期初始化
    vfs_caches_init(totalram_pages);//虚拟文件系统缓存初始化
    signals_init();                    //信号管理系统初始化
    /* rootfs populating might need page-writeback */
    page_writeback_init();             //页回写机制初始化
#ifdef CONFIG_PROC_FS
    proc_root_init();                  //proc 文件系统初始化
#endif
    cgroup_init();                     //control group 正式初始化
    cpuset_init();                     //CPUSET 初始化
    taskstats_init_early();
                        //任务状态早期初始化函数,为任务获取高速缓存并初始化互斥机制
    delayacct_init();                  //任务延迟机制初始化

    check_bugs();
```

```
    acpi_early_init(); /* before LAPIC and SMP init */
    sfi_init_late();

    ftrace_init();

    /* Do the rest non-__init'ed, we're now alive */
    rest_init(); //3.剩余的初始化
}
```

rest_init 函数的主要功能是创建并启动内核线程 init，代码如下：

```
 *
 * We need to finalize in a non-__init function or else race conditions
 * between the root thread and the init thread may cause start_kernel to
 * be reaped by free_initmem before the root thread has proceeded to
 * cpu_idle.
 *
 * gcc-3.4 accidentally inlines this function, so use noinline
 */

//定义一个 complete 变量告诉 init 线程：kthreads 线程已经创建完成
static __initdata DECLARE_COMPLETION(kthreadd_done);

static noinline void __init_refok rest_init(void)
{
    int pid;

    rcu_scheduler_starting();              //内核 RCU 锁机制调度启动
    /*
     * We need to spawn init first so that it obtains pid 1, however
     * the init task will end up wanting to create kthreads, which, if
     * we schedule it before we create kthreadd, will OOPS.
     */
     //创建 kernel_init 内核线程，PID = 1
    kernel_thread(kernel_init, NULL, CLONE_FS | CLONE_SIGHAND);
    numa_default_policy();
    //创建 kthread 内核线程，PID = 2
    pid = kernel_thread(kthreadd, NULL, CLONE_FS | CLONE_FILES);
    rcu_read_lock();
    kthreadd_task = find_task_by_pid_ns(pid, &init_pid_ns);      //获取 kthread 线程信息
    rcu_read_unlock();
    complete(&kthreadd_done);              //通过 complete 通知 kernel_init 线程 kthread 线
程已创建成功
    /*
     * The boot idle thread must execute schedule()
     * at least once to get things moving:
     */
    init_idle_bootup_task(current);        //设置当前进程为 idle 进程类
```

```
    preempt_enable_no_resched();        //使能抢占,但不重新调度
    schedule();                         //执行调度,切换进程

    /* Call into cpu_idle with preempt disabled */
    preempt_disable();                  //进程调度完成,禁用抢占
    cpu_idle();                         //内核本体进入 idle 状态,用循环消耗空闲的 CPU 时间
}
```

13.4 Linux 内核移植

本节将修改官方 linux-3.6 内核,使其可以在本书所使用的 ZedBoard 开发板上正确运行。Linux 内核移植最关键的是建立开发板的板级文件和相关的驱动程序。Digilent 提供了移植好的代码。本节的内核移植是在官方内核的基础上,参考 Digilent 的代码基础上进行的移植。因此,主要是添加 Digilent 提供的关于 ZedBoard 板子的相关文件、驱动文件和相关的头文件。

在 Linux 官网 https://www.kernel.org/下载 Linux 3.6 内核源文件 linux-3.6.tar.bz2,将其解压缩到 Ubuntu 的/book/ZedBoard 目录中。

13.4.1 添加配置文件

编译内核第一步就是要进行配置,一般开发板厂家或者芯片厂家都会提供一个基本的配置文件,用户可以在其基础上进行修改。

Digilent 厂家提供的内核里有可以直接使用的配置文件(digilent_zed_defconfig)。该文在 linux-digilent-3.6-digilent-13.01\arch\arm\configs 文件夹里,将 digilent_zed_defconfig 文件复制到 Linux3.6 内核的 linux-3.6\arch\arm\configs 文件夹里,然后对 Linux 3.6 内核进行配置,命令和配置结果如图 13-3 所示。

```
root@lqs:~# cd /book/ZedBoard/linux-3.6
root@lqs:/book/ZedBoard/linux-3.6# make ARCH=arm CROSS_COMPILE=arm-xilinx-linux-
gnueabi- digilent_zed_defconfig
  HOSTCC  scripts/basic/fixdep
  HOSTCC  scripts/kconfig/conf.o
  SHIPPED scripts/kconfig/zconf.tab.c
  SHIPPED scripts/kconfig/zconf.lex.c
  SHIPPED scripts/kconfig/zconf.hash.c
  HOSTCC  scripts/kconfig/zconf.tab.o
  HOSTLD  scripts/kconfig/conf
#
# configuration written to .config
#
root@lqs:/book/ZedBoard/linux-3.6#
```

图 13-3 内核配置

13.4.2 添加和修改 ZedBoard 相关文件

1. 添加 mach-zynq 相关文件

在 linux-3.6\arch\arm 目录下有各种 mach-XXX 的目录，里面存放的是各种单板的源程序。本书中使用的板子 CPU 是 Zynq 芯片，因此添加 mach-zynq 文件夹，里面包含 Zynq 的源码，如图 13-4 所示。

在图 13-4 的 include 目录中，主要包括相关头文件，另外是和 ZedBoard 板子相关的文件，主要包括板子初始化文件 board_zed.c、通用文件 common.c、CPU 低功耗运行相关函数 hotplug.c 文件、平台设备文件 platform_devices.c、双核文件 platsmp.c、系统寄存器文件 slcr.c、时钟文件 timer.c 以及配置和编译文件等组成。将本书移植好的内核文件中 mach-zynq 文件夹直接替换原有的文件夹即可。

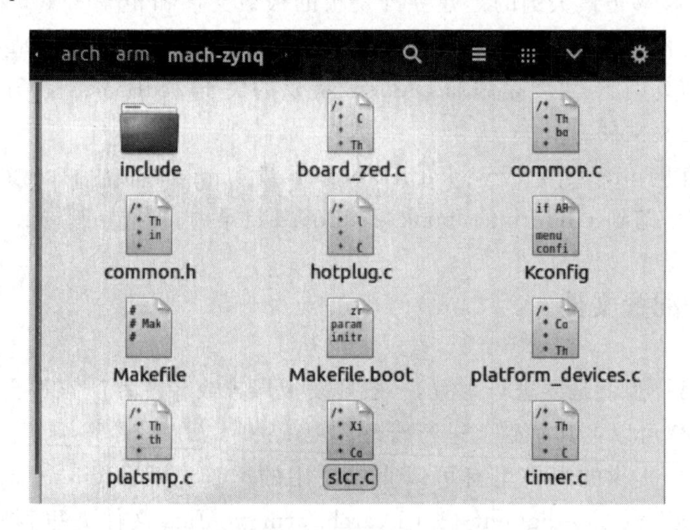

图 13-4 mach-zynq 文件

2. 修改 head.S 文件

arch/arm/kernel/head.S 文件是 Linux 内核启动的第一文件，在配置文件 digilent_zed_defconfig 中添加有 CONFIG_XILINX_FIXED_DEVTREE_ADDR=y。因此，在 head.S 中将其添加进去，代码如下，黑斜体部分为添加的代码，也可以将本书移植好的 head.S 文件直接替换该文件。

```
    .arm

    __HEAD
ENTRY(stext)
THUMB(  adr  r9,BSYM(1f)  )          @ Kernel is always entered in ARM
THUMB(  bx  r9             )          @ If this is a Thumb-2 kernel
THUMB(  .thumb             )          @ switch to Thumb now
```

```
THUMB(1:                    )
        setmode PSR_F_BIT | PSR_I_BIT | SVC_MODE, r9 @ ensure svc mode
                                                      @ and irqs disabled
        mrc p15, 0, r9, c0, c0                        @ get processor id
        bl __lookup_processor_type                    @ r5 = procinfo r9 = cpuid
        movs r10, r5                                  @ invalid processor (r5 = 0)
THUMB( it eq )                                        @ force fixup - able long branch encoding
        beq __error_p                                 @ yes, error 'p'

        /*
         * if the device tree is expected at the fixed address
         * then load R2 to find the device tree at that address
         */
#ifdef CONFIG_XILINX_FIXED_DEVTREE_ADDR
        mov r2, #0x1000000
#endif
```

3. 修改 Makefile 和 Kconfig 文件

将本书移植好的内核文件中 arch/arm 下的 Makefile 和 Kconfig 文件直接替换原有的文件即可。

13.4.3 添加驱动文件和头文件

1. 添加驱动程序

Linux 内核提供了丰富的驱动程序，本章移植实例中使用的是 Zynq 芯片，并且从 SD 卡启动。因此，与硬件平台直接相关的时钟和 SD 卡驱动需要添加 Zynq 的驱动程序。将本书移植好的内核文件中 drivers 下的 clk 文件夹和 mmc 文件直接替换原有的文件夹即可。

驱动程序启动需要通过串口打印启动信息，因此需要添加 tty 驱动程序，将本书移植好的内核文件中 drivers 下的 clk 文件夹和 mmc 文件直接替换原有的文件夹即可。

2. 添加头文件

在移植后的 mach-zynq 文件夹中相关程序使用了 xilinx_dma. h 和 xilinx_devices. h 头文件，因此，将本章移植好的内核文件中 linux/amba/xilinx_dma. h 和 linux/xilinx_devices. h 替换原有的文件即可。

13.4.4 Linux 内核测试

配置 Linux 内核，具体方法是进入 Linux 3. 6 根目录下，执行配置命令，具体命令如下：

```
root@lqs:/book/ZedBoard/linux-3.6# make ARCH=arm CROSS_COMPILE=arm-xilinx-linux-gnueabi- digilent_zed defconfig
```

执行成功后，会打印出如图 13-3 所示的配置信息。

配置完成后，将进行编译，生成可执行文件，在 Linux 3.6 根目录下，执行编译命令，具体命令如下：

```
root@lqs:/book/ZedBoard/linux-3.6# make ARCH=arm CROSS_COMPILE=arm-xilinx-linux-gnueabi-
```

编译成功后，在 linux 3.6 根目下的 arch/arm/boot 目录下生成压缩内核镜像文件 zImage，也就是可以在 ZedBoard 上执行的内核文件。

按照 11.5 节的方法，使用本章生成的 zImage 替换原有的 zImage 文件，其他文件使用第 11 章中的文件，按照 11.5 节的测试方法可以发现，系统可以正常启动，说明 Linux 内核移植成功。

第14章 网络视频设计及实现

视频监控(Cameras and Surveillance)是安全防范系统的重要组成部分,包括前端摄像机、传输线缆和视频监控平台。它是一种防范能力较强的综合系统。因其具有直观、准确、及时和信息内容丰富等特性而广泛应用于许多场合。近年来,随着嵌入式处理器性能的不断提高,嵌入式操作系统的不断完善,以及网络、通信、多媒体、图像处理和传输技术的快速发展,基于嵌入式技术的网络视频监控系统以其低廉的价格和便携性成为视频监控的一个发展方向。

本章将在Zynq平台上完成一个基于USB摄像头的视频监控系统,分析系统的总体框架,介绍其中涉及的几项关键技术,并给出服务器端和客户端具体代码实现。以这样一个例子作为本书的最后一章,是希望给读者简单示范如何利用Zynq平台开发嵌入式应用,起到抛砖引玉的作用。

14.1 总体设计

网络视频监控系统一般主要包括远程视频采集和本地视频显示两大部分。远程采集终端采集到视频数据后通过网络传递给本地客户端,进行实时的显示和分析报警等。在本章实例中采用客户端/服务器(Client/Server)结构,将连接摄像头的ZedBoard开发板作为服务器,使用USB摄像头采集视频数据,经ZedBoard开发板处理后,将一帧帧的图像数据通过网络传送给客户端,客户端接收数据并实时显示视频。服务器和客户端的关系如图14-1所示。

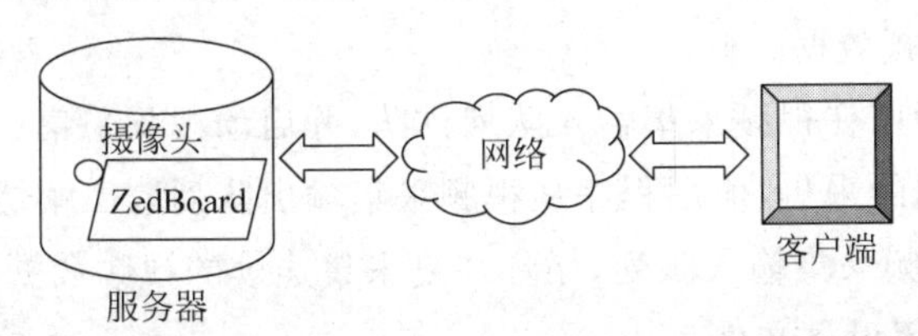

图14-1　客户端/服务器结构示意图

对于服务器端,可将"ZedBoard开发板＋普通的USB摄像头"作为硬件平台,采用第10章介绍的"Windows ＋ VMware ＋ Ubuntu ＋

arm-linux-xilinx-gnueabi-交叉编译环境＋嵌入式 QT"的嵌入式 Linux 开发环境作为软件平台。

对于客户端，理论上没有软硬件平台限制，为软件开发平台一致性考虑，采用 Ubuntu ＋ Qt 作为开发环境。

服务器端要完成视频采集，需要读取摄像头采集的数据，这部分功能可以通过 Linux 内核中关于视频设备的 API 接口 Video4Linux2（V4L2）来实现。而服务器和客户端之间的数据通信通过 TCP 协议实现。下面分别介绍这两项关键技术。

14.2 V4L2 关键技术

V4L2 是 V4L 的升级版，是 Linux 操作系统下用于采集图片、视频和音频数据的 API 接口，配合适当的视频采集设备和相应的驱动程序，可以实现图片、视频、音频等的采集。V4L2 规范中不仅定义了通用 API、图像的格式、输入输出方法，还定义了 Linux 内核驱动处理视频信息的一系列接口。Linux 系统 V4L2 的能力可在 Linux 内核编译阶段配置，默认情况下都有此开发接口。从 Linux 2.5.x 版本开始，V4L2 已经被集成到 Linux 内核中。下面首先介绍采用 V4L2 读取摄像头设备数据的基本原理，然后讲解这个过程中用到的 V4L2 中相关的数据结构和函数，最后介绍具体的流程。

14.2.1 V4L2 基本原理

在 Linux 中，所有外设都被看成一种特殊的文件，称为"设备文件"。视频设备也是设备文件，可以和访问其他普通文件一样对其进行读写。在 Linux 系统中，摄像头设备一般在/dev/video0 下。

V4L2 支持两种方式来采集图像：内存映射方式（mmap）和直接读取方式（read）。前者一般用于连续视频数据的采集，后者常用于静态图片数据的采集。这里主要讨论内存映射方式的视频采集。一般来说，应用程序通过 V4L2 接口采集视频数据分为 5 个步骤：

（1）打开视频设备文件进行视频采集的参数初始化，通过 V4L2 接口设置视频图像的采集窗口、采集的点阵大小和格式等。

（2）申请若干视频采集的帧缓冲区，并将这些帧缓冲区从内核空间映射到用户空间，便于应用程序读取/处理视频数据。

（3）将申请到的帧缓冲区在视频采集输入队列排队，并启动视频采集。

（4）驱动开始视频数据的采集，应用程序从视频采集输出队列取出帧缓冲区，处理完后，将帧缓冲区重新放入视频采集输入队列，循环往复采集连续的视频数据。

（5）停止视频采集，关闭设备文件。

需要注意的是，每个 V4L2 驱动都要包含一个必须的头文件：

```
#include <linux/videodev2.h>
```

14.2.2 相关数据结构和函数

V4L2 在/usr/include/linux/videodev.h 文件中定义了一些重要的数据结构，在采集图像的过程中，就是通过对这些数据的操作来获得最终的图像数据。表 14-1 给出了常用的一些结构体及其功能，稍后将结合相关函数详细介绍这些结构体的定义。

表 14-1 常用结构体及其功能

结构体名称	功　　能
v4l2_requestbuffers	V4L2 申请缓冲区数据结构体类型
v4l2_capability	V4L2 的能力描述类型
v4l2_standard	V4L2 视频制式描述类型
v4l2_format	V4L2 帧格式描述类型
v4l2_buffer	V4L2 缓冲区数据结构类型
v4l2_queryctrl	V4L2 查询的控制结构类型
v4l2_control	V4L2 具体控制值的结构类型

在应用程序使用 V4L2 接口获取视频数据的流程中，大量使用了 ioctl()接口函数。ioctl 函数通过不同的命令与驱动程序进行交互，常见的 ioctl 命令如表 14-2 所示。

表 14-2 ioctl 函数命令

ioctl 命令	功　　能
VIDIOC_QUERYCAP	获取设备支持的操作
VIDIOC_G_FMT	获取设置支持的视频格式
VIDIOC_S_FMT	设置捕获视频的格式
VIDIOC_REQBUFS	向驱动提出申请内存的请求
VIDIOC_QUERYBUF	向驱动查询申请到的内存
VIDIOC_QBUF	将空闲的内存加入可捕获视频的队列
VIDIOC_DQBUF	将已经捕获好视频的内存拉出已捕获视频的队列
VIDIOC_STREAMON	打开视频流
VIDIOC_STREAMOFF	关闭视频流
VIDIOC_QUERYCTRL	查询驱动是否支持该命令
VIDIOC_G_CTRL	获取当前命令值
VIDIOC_S_CTRL	设置新的命令值
VIDIOC_G_TUNER	获取调谐器信息
VIDIOC_S_TUNER	设置调谐器信息
VIDIOC_G_FREQUENCY	获取调谐器频率
VIDIOC_S_FREQUENCY	设置调谐器频率

下面讲解不同命令下 ioctl 函数的使用。

1. 查询设备属性

通过调用 ioctl 函数和接口命令 VIDIOC_QUERYCAP 查询摄像头的信息。这里需要检查一下是否是为视频采集设备 V4L2_CAP_VIDEO_CAPTURE 以及是否支持流 IO 操作 V4L2_CAP_STREAMING。

(1) 相关函数

```
int ioctl(int fd, int request, struct v4l2_capability * argp);
```

(2) 相关结构体

```
structv4l2_capability
{
__u8 driver[16];                    // 驱动名字
__u8 card[32];                      // 设备名字
__u8 bus_info[32];                  // 设备在系统中的位置
__u32 version;                      // 驱动版本号
__u32 capabilities;                 // 设备支持的操作,常用 V4L2_CAP_VIDEO_CAPTURE
__u32 reserved[4];                  // 保留字段
};
```

(3) 显示设备信息实例

```
structv4l2_capability cap;
if (ioctl(fd, VIDIOC_QUERYCAP, &cap) == -1)
{
    printf("Error opening camera device : unable to query device.\n");
}
else
{
     printf("driver:\t\t%s\n",cap.driver);
     printf("card:\t\t%s\n",cap.card);
     printf("bus_info:\t%s\n",cap.bus_info);
     printf("version:\t%d\n",cap.version);
     printf("capabilities:\t%x\n",cap.capabilities);
     if ((cap.capabilities & V4L2_CAP_VIDEO_CAPTURE) == V4L2_CAP_VIDEO_CAPTURE)
     {
        printf("Camera device: supports capture.\n");
     }

    if ((cap.capabilities & V4L2_CAP_STREAMING) == V4L2_CAP_STREAMING)
    {
        printf("Camera device: supports streaming.\n");
    }
}
```

2. 显示摄像头所支持像素格式

使用命令 VIDIOC_ENUM_FMT 获取到的信息通过结构体 v4l2_fmtdesc 查询。这步很关键,不同的摄像头可能支持的格式不一样,V4L2 支持的格式很多,在/usr/include/linux/videodev2.h 文件中可以看到。

(1) 相关函数

```
int ioctl(intfd, int request, struct v4l2_fmtdesc * argp);
```

(2) 相关结构体

```
struct v4l2_fmtdesc
{
__u32 index;                        // 要查询的格式序号,应用程序设置
enumv4l2_buf_type type;             // 帧类型,应用程序设置
__u32 flags;                        // 是否为压缩格式
__u8 description[32];               // 格式名称
__u32 pixelformat;                  // 格式
__u32 reserved[4];                  // 保留
};
```

(3) 显示所支持的格式实例

```
struct v4l2_fmtdesc fmtdesc;
fmtdesc.index = 0;
fmtdesc.type = V4L2_BUF_TYPE_VIDEO_CAPTURE;
printf("Support format:\n");
while(ioctl(fd,VIDIOC_ENUM_FMT,&fmtdesc)!= -1)
{
    printf("\t%d.%s\n",fmtdesc.index + 1,fmtdesc.description);
    fmtdesc.index++;
}
```

3. 设置像素格式

一般的 USB 摄像头都会支持 YUYV,有些还支持其他的格式。通过前一步对摄像头所支持像素格式查询,下面需要对格式进行设置。命令为 VIDIOC_S_FMT,通过结构体 v4l2_format 把图像的像素格式设置为 V4L2_PIX_FMT_YUYV,高度和宽度设置为预定义的值。为了确保设置的格式作用到摄像头上,可以再通过命令 VIDIOC_G_FMT 将摄像头设置读回查看,或者通过 VIDIOC_TRY_FMT 命令检查是否支持某种帧格式。

(1) 相关函数

```
int ioctl(int fd, int request, struct v4l2_format * argp);
```

(2) 相关结构体

```
structv4l2_format
{
enumv4l2_buf_type type;                  // 缓冲区类型,应用程序设置
union
{
structv4l2_pix_format pix;               //视频设备使用
```

```
structv4l2_windowwin;
structv4l2_vbi_format vbi;
structv4l2_sliced_vbi_format sliced;
__u8raw_data[200];
} fmt;
};

struct v4l2_pix_format
{
__u32 width;            // 帧宽,单位像素
__u32 height;           // 帧高,单位像素
__u32 pixelformat;      // 帧格式
enum v4l2_field field;
__u32 bytesperline;
__u32 sizeimage;
enumv4l2_colorspace colorspace;
__u32 priv;
};
```

(3) 用 VIDIOC_S_FMT 设置像素格式实例

```
#define IMAGEWIDTH    640
#define IMAGEHEIGHT   480
struct v4l2_format fmt;
fmt.type = V4L2_BUF_TYPE_VIDEO_CAPTURE;
fmt.fmt.pix.pixelformat = V4L2_PIX_FMT_YUYV;
fmt.fmt.pix.height = IMAGEHEIGHT;
fmt.fmt.pix.width = IMAGEWIDTH;
fmt.fmt.pix.field = V4L2_FIELD_INTERLACED;

if(ioctl(fd, VIDIOC_S_FMT, &fmt) == -1)
{
    printf("Unable to set format\n");
}
```

(4) 用命令 VIDIOC_G_FMT 将摄像头设置读回实例

```
struct v4l2_format fmt;
if(ioctl(fd, VIDIOC_G_FMT, &fmt) == -1)
{
    printf("Unable to get format\n");
}
{
     printf("fmt.type:\t\t%d\n",fmt.type);
     printf("pix.pixelformat:\t%c%c%c%c\n",fmt.fmt.pix.pixelformat & 0xFF,
(fmt.fmt.pix.pixelformat >> 8) & 0xFF,(fmt.fmt.pix.pixelformat >> 16) & 0xFF,
(fmt.fmt.pix.pixelformat >> 24) & 0xFF);
     printf("pix.height:\t\t%d\n",fmt.fmt.pix.height);
```

```
    printf("pix.width:\t\t%d\n",fmt.fmt.pix.width);
    printf("pix.field:\t\t%d\n",fmt.fmt.pix.field);
}
```

(5) 用 VIDIOC_TRY_FMT 命令检查是否支持某种帧格式实例

```
struct v4l2_format fmt;
fmt.type = V4L2_BUF_TYPE_VIDEO_CAPTURE;
fmt.fmt.pix.pixelformat = V4L2_PIX_FMT_RGB32;
if(ioctl(fd,VIDIOC_TRY_FMT,&fmt) == -1)
{
printf("not support format RGB32!/n");
}
```

4. 向设备申请缓冲区

使用命令 VIDIOC_REQBUFS 和结构体 v4l2_requestbuffers 申请缓存区。结构体 v4l2_requestbuffers 中定义了缓存的数量,系统会据此申请对应数量的视频缓存。应用程序和设备有 3 种交换数据的方法,包括直接 read/write、内存映射(memory mapping)和用户指针。这里只介绍内存映射方法的使用。

(1) 相关函数

```
int ioctl(intfd, int request, struct v4l2_requestbuffers *argp);
```

(2) 相关结构体

```
struct v4l2_requestbuffers
{
__u32 count;                  // 缓冲区内缓冲帧的数目
enum v4l2_buf_typetype;       // 缓冲帧数据格式
enum v4l2_memorymemory;       // 区别是内存映射还是用户指针方式,可取 V4L2_MEMORY_MMAP
或者 V4L2_MEMORY_USERPTR
__u32       reserved[2];
};                            //count,type,memory 都要应用程序设置
```

(4) 申请一个拥有 4 个缓冲帧的缓冲区实例

```
struct v4l2_requestbuffers req;
req.count = 4;
req.type = V4L2_BUF_TYPE_VIDEO_CAPTURE;
req.memory = V4L2_MEMORY_MMAP;
if(ioctl(fd,VIDIOC_REQBUFS,&req) == -1)
{
    printf("request for buffers error\n");
}
```

5. 获取缓冲帧的地址和长度

首先通过调用 ioctl 函数和接口命令查询指定序号的缓冲区，得到其大小，然后通过 mmap 函数映射内存获取缓冲帧的地址。完成视频采集后，还需要通过 munmap 函数释放申请的帧缓冲区。mmap 函数和 munmap 函数在头文件＃include＜sys/mman.h＞中声明。

（1）相关函数

```
int ioctl(int fd, int request, struct v4l2_buffer * argp);

void * mmap(void * addr, size_t length, int prot, int flags, int fd, off_t offset);
// mmap 参数解析：
//addr 映射起始地址,一般为 NULL ,让内核自动选择
//length 被映射内存块的长度
//prot 标志映射后能否被读写,其值为 PROT_EXEC,PROT_READ,PROT_WRITE,PROT_NONE
//flags 确定此内存映射能否被其他进程共享,MAP_SHARED,MAP_PRIVATE
//fd,offset, 确定被映射的内存地址
//返回: 成功映射后的地址,不成功返回 MAP_FAILED ((void * ) - 1);
```

（2）相关结构体

```
struct v4l2_buffer
{
__u32 index;                          //buffer 序号
enumv4l2_buf_type type;               //buffer 类型
__u32 byteused;                       //buffer 中已使用的字节数
__u32 flags;                          // 区分是 MMAP 还是 USERPTR
enum v4l2_field field;
struct timevaltimestamp;              // 获取第一个字节时的系统时间
struct v4l2_timecode timecode;
__u32 sequence;                       // 队列中的序号
enum v4l2_memorymemory;               //IO 方式,被应用程序设置
union
{
__u32 offset;                         // 缓冲帧地址,只对 MMAP 有效
unsigned long       userptr;
} m;
__u32 length;                         // 缓冲帧长度
__u32               input;
__u32               reserved;
};
```

为了获取每个缓存的信息，并 mmap 到用户空间，定义一个 buffers 结构体来存储 mmap 后的地址信息，代码如下：

```
struct buffer
{
    void * start;
    unsigned int length;
} * buffers;
```

（3）将已申请到的缓冲帧映射到应用程序中，用 buffers 指针记录实例

```
struct v4l2_buffer buf;
buffers = (buffer * )calloc(req.count, sizeof( * buffers));
if (!buffers)
{
    printf ("Out of memory\n");
}
unsigned int n_buffers;
for (n_buffers = 0; n_buffers < req.count; n_buffers++)
{
    buf.type = V4L2_BUF_TYPE_VIDEO_CAPTURE;
    buf.memory = V4L2_MEMORY_MMAP;
    buf.index = n_buffers;
    //query buffers
    if (ioctl (fd, VIDIOC_QUERYBUF, &buf) == -1)
    {
        printf("query buffer error\n");
    }
    buffers[n_buffers].length = buf.length;
    //mapping
    buffers[n_buffers].start =
                mmap(NULL, // start anywhere// allocate RAM * 4
                     buf.length,
                     PROT_READ | PROT_WRITE,
                     MAP_SHARED,
                     fd, buf.m.offset);
    if (buffers[n_buffers].start == MAP_FAILED)
    {
        printf("buffer map error\n");
    }
}
```

6. 采集视频

采集视频之前需要把缓冲帧放入队列并启动数据流，可以使用 VIDIOC_STREAMON 和 VIDIOC_STREAMOFF 命令可以启动和停止数据流，通过 VIDIOC_QBUF 和 VIDIOC_DQBUF 命令把帧放入队列和从队列中取出帧。

（1）相关函数

```
int ioctl(intfd, int request, const int * argp);
//argp 为流类型指针，如 V4L2_BUF_TYPE_VIDEO_CAPTURE
int ioctl(intfd, int request, struct v4l2_buffer * argp);
```

（2）把缓冲帧放入队列，并启动数据流实例

```
unsigned int i;
for(i = 0; i < n_buffers; ++i)
```

```
{
    v4l2_buffer buf;
    buf.type = V4L2_BUF_TYPE_VIDEO_CAPTURE;
    buf.memory = V4L2_MEMORY_MMAP;
    buf.index = i;
    if(-1 == ioctl(fd, VIDIOC_QBUF, &buf))
    {
        printf("query buffer  error\n");
    }
}
v4l2_buf_type type;
type = V4L2_BUF_TYPE_VIDEO_CAPTURE;
if(ioctl(fd, VIDIOC_STREAMON, &type) == -1)
{
    printf("stream on error\n");
}
```

(3) 获取一帧并处理

```
structv4l2_buffer buf;
buf.type = V4L2_BUF_TYPE_VIDEO_CAPTURE;
buf.memory = V4L2_MEMORY_MMAP;
ioctl (fd,VIDIOC_DQBUF, &buf);                    // 从缓冲区取出一个缓冲帧
process_image(buffers[buf.index].start);          // 图像处理
ioctl (fd, VIDIOC_QBUF,&buf);                     // 将取出的缓冲帧放回缓冲区
```

上述 3 点详细讲解了通过 V4L2 接口获取视频数据的关键步骤,其他步骤比较简单,在此不作赘述,有需要的读者可参考 V4L2 的相关文档。

14.2.3 V4L2 工作流程

为了给读者一个整体印象,下面通过 V4L2 接口对视频设备一般操作流程总结在表 14-3 中,顺序列出了具体的操作流程和需要用到的代码,其中第 8 步和第 9 步可随着视频采集应用的需要重复循环进行。

表 14-3 V4L2 视频设备操作流程

	步 骤	代 码
1	打开视频设备	int fd= open("/dev/video0",O_RDER);
2	查询视频设备的信息	ioctl(fd, VIDIOC_QUERYCAP,&cap);
3	设置视频的制式和帧格式	ioctl(fd, VIDIOC_S_STD, ,&std); ioctl(fd, VIDIOC_S_STD, ,&std);
4	向驱动申请视频流数据的帧缓冲区	ioctl(fd, VIDIOC_REQBUFS, ,&req); ioctl(fd, VIDIOC_QUERYBUF, ,&buf);
5	将申请到的帧缓冲映射到用户空间	buffers[i].start =mmap(NULL, buf.length, PROT_READ | PROT_WRITE, MAP_SHARED, fd, buf.m.offset);

续表

	步　骤	代　码
6	将申请到的帧缓冲全部入队列	ioctl(fd, VIDIOC_QBUF, ,&buf);
7	开始视频的采集	ioctl(fd, VIDIOC_STREAMON, ,&type);
8	出队列以取得已采集数据的帧缓冲	ioctl(fd, VIDIOC_DQBUF, ,&buf);
9	将缓冲重新入队列尾	ioctl(fd, VIDIOC_QBUF, ,&buf);
10	停止视频的采集	ioctl(fd, VIDIOC_STREAMOFF, ,&type);
11	关闭视频设备文件	munmap(buffers[i]. start, buffers[i]. length); close(fd);

14.3 TCP及Qt下的网络编程

TCP(Transmission Control Protocol,传输控制协议)是一个用于数据传输的底层网络协议,多个互联网协议(包括HTTP和FTP)都是基于TCP协议。TCP是一个面向连接和数据流的可靠传输协议。也就是说,它能使一台计算机上的数据无差错地发往网络上的其他计算机,所以当要传输大量数据时,应选用TCP协议。TCP协议的程序一般使用客户端/服务器模式。

Qt提供了QtNetwork模块来进行网络编程,该模块提供了用于TCP网络编程的QTcpSocket类和QTcpServer类。QTcpSocket类继承自QAbstractSocket类,一般用于创建TCP连接和数据流交流。QTcpServer类继承自QObject类,一般用于编写服务器端程序。如果要使用QtNetwork模块中的类,需要在项目文件(.pro文件)中添加一行代码:

```
QT + = network
```

图14-2给出了在客户端/服务器模式中通过QTcpSocket类和QTcpServer类对象进行网络通信的示意图。

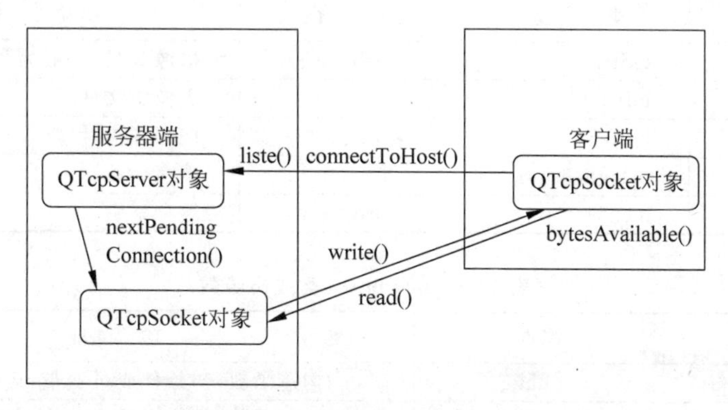

图14-2　在客户端/服务器模式下的Qt网络编程示意图

在任何数据传输之前,客户端必须建立一个TCP连接到远程的主机和端口上。客户端可以调用QTcpSocket::connectToHost()函数连接到指定主机的指定端口。一旦连接被建立，peer（对使用 TCP 协议连接在一起的主机的通称）的 IP 地址和端口可分别使用 QTcpSocket::peerAddress()和 QTcpSocket::peerPort()来获取。在任何时间，peer 都可以关闭连接，这样数据传输就会立即停止。QTcpSocket 依靠时间循环来检测到来的数据，并且自动刷新输出的数据。可以使用 QTcpSocket::write()来写入数据，使用 QTcpSocket::read()来读出数据。QTcpSocket 代表了两个独立的数据流：一个用来读取；另一个用来写入。因为 QTcpSocket 继承自 QIODevice，所以可以使用 QTextStream 和 QDataStream 类对象来存储数据。从一个 QTcpSocket 中读取数据前必须先调用 QTcpSocket::bytesAvailable()函数，以确保已经有足够的数据可用。

编写服务器端程序时，可以通过 QTcpServer 类来处理接收到的 TCP 连接。首先调用 QTcpServer::listen()来监听所有的连接，每当一个新的客户端连接到服务器端就会发射信号 QTcpServer::newConnection()，可以关联这个信号到槽函数，在槽中，调用 QTcpServer::nextPendingConnection()来接收这个连接，然后使用该函数返回的 QTcpSocket 对象与客户端通信，进行数据的发送和接收。在客户端，一旦有数据到来就会发出 readyRead()信号，这时可以关联此信号并进行数据的接收。

14.3.1 服务器端程序设计

服务器端主要完成两个功能：一个是控制摄像头进行视频采集；另一个是监听客户端的连接并将采集到的视频一帧帧地传给客户端。下面分别设计了 mycamera 类和 server 类来实现这两个功能，这两个类的设计如下。

1. mycamera 类

摄像头的开关、初始化和数据访问等控制可通过前面介绍的 V4L2 编程接口来完成。mycamera 类正是封装了基于 V4L2 的摄像头控制功能的摄像头视频采集类。表 14-4 和表 14-5 分别列出了 mycamera 类成员变量和成员函数的定义和功能。

表 14-4 mycamera 类成员变量

变量名	类型	属性	功能
camera_name	QString	private	摄像头名，一般为"/dev/video0"
fd	int	private	摄像头文件 ID
buffers	buffer *	private	缓存区指针
n_buffers	unsigned int	private	缓存个数
index	int	private	缓存索引

表 14-5 mycamera 类成员函数

函数名	属性	功能
myCamera	public	构造函数，初始化成员变量，启动摄像头
~myCamera	public	析构函数，停止摄像头工作，关闭摄像头
get_frame	public	获取一帧数据
unget_frame	public	释放一帧数据

续表

函　数　名	属性	功　　能
open_camera	private	打开摄像头设备文件
init_camera	private	设置和验证摄像头参数
init_mmap	private	申请视频缓冲区,并 mmap 到用户空间
start_capture	private	启动视频采集
stop_capture	private	关闭视频采集
uninit_camera	private	释放申请的帧缓冲区
close_camera	private	关闭摄像头设备文件

2. Server 类

Server 类是一个基于 Qwidget 类派生的类,负责整个程序的运行,将通过 TCP 进行视频数据传输的功能封装在其这个类中。具体实现思路为自定义 newConnection 信号的槽,收到客户端的连接后,在这个槽中获取一帧数据转换为 rgb 格式后发送。表 14-6 和表 14-7 分别列出了 Server 类成员变量和成员函数的定义和功能。

表 14-6　Server 类成员变量

变　量　名	类　　型	属性	功　　能
tcpServer	QTcpServer *	private	监听套接字对象指针
tcpConnection	QTcpSocket *	private	连接套接字对象指针
camera	myCamera *	private	myCamera 类对象指针
pointer_yuv_buffer	unsigned char *	private	yuv 格式的帧数据据缓冲区指针
len	unsigned int	private	帧数据长度
rgb_buffer	unsigned char	private	rgb 格式的帧数据缓冲区
state	bool	private	帧数据获取状态指示标记

表 14-7　Server 类成员函数

函　数　名	属　　性	功　　能
Server	public	构造函数,启动摄像头和监听套接字
～Server	public	析构函数
convert_yuv_to_rgb_buffer	private	将帧数据转为 rgb 格式并保存至缓冲区
sendImage	private slots	私有槽,与 newConnection 信号关联;从摄像头获取帧数据进行格式转换后发送

3. 程序实现

新建 Qt Gui 应用,项目名称为 Server,类名为 Server,基类选择 QWidget,完成后向 Server. pro 文件中添加"Qt＋＝network"代码并保存该文件。然后进入 Server. h 文件和 Server. cpp 文件进行相应的修改,并向工程中添加 mycamera 类。下面给出 mycamera 类和 Server 类的具体实现代码和注释。

（1）mycamera.h 文件代码

```
#ifndef MYCAMERA_H
#define MYCAMERA_H
#include <QObject>
#include <stdio.h>
#include <stdlib.h>
#include <string.h>
#include <fcntl.h>
#include <unistd.h>
#include <sys/ioctl.h>
#include <sys/mman.h>
#include <sys/stat.h>
#include <linux/videodev2.h>
#include <linux/types.h>
#include <asm/types.h>

#define FILE_VIDEO   "/dev/video0"                    //摄像头设备
#define IMG_WIDTH 640                                  //预设的视频帧宽度
#define IMG_HEIGTH 480                                 //预设的视频帧高度

class myCamera: public QObject
{
public:
    myCamera(QString camera_name);                     //构造函数
    ~myCamera();                                       //析构函数
    int get_frame(unsigned char ** pointer_yuv_buffer, size_t* len);     //获取帧数据
    int unget_frame();                                 //释放帧数据

private:
struct buffer
{
        void * start;
        size_t length;
    };                                                 //帧数据缓冲区数据结构
    QString camera_name;                               //摄像头名(一般为/dev/video0)
    int fd;                                            //摄像头设备文件 ID
    buffer* buffers;                                   //缓存区指针
    unsigned int n_buffers;                            //缓存个数
    int index;                                         //缓存索引
    int open_camera();                                 //开启摄像头
    int init_camera();                                 //初始化摄像头
    int start_capture();                               //启动视频采集
    int init_mmap();                                   //申请视频缓冲区,并 mmap 到用户空间
    int stop_capture();                                //关闭视频采集
    int uninit_camera();                               //释放申请的帧缓冲区
    int close_camera();                                //关闭摄像头设备文件
};
#endif // MYCAMERA_H
```

（2）mycamera.cpp 文件代码

```
#include "mycamera.h"

myCamera::myCamera(QString camera_name)
{
    this->camera_name = camera_name;
    this->fd = -1;
    this->buffers = NULL;
    this->n_buffers = 0;
    this->index = -1;
    if(open_camera() == false)
    {
        close_camera();
    }
    if(init_camera() == false)
    {
        close_camera();
    }
    if(start_capture() == false)
    {
        stop_capture();
        close_camera();
    }
}

myCamera::~myCamera()
{
    stop_capture();
    uninit_camera();
    close_camera();
}

int myCamera::open_camera()
{
    fd = open(FILE_VIDEO,O_RDWR);              //打开摄像头设备文件
    if(fd == -1)
    {
        return false;
    }
    return true;
}

int myCamera::init_camera()
{
    v4l2_capability cap;
    v4l2_format fmt;
    v4l2_streamparm setfps;
```

```
//查询设备属性
    if(ioctl(fd, VIDIOC_QUERYCAP, &cap) == -1)
    {
        return false;
    }

    //设置像素格式
    fmt.type = V4L2_BUF_TYPE_VIDEO_CAPTURE;
    fmt.fmt.pix.pixelformat = V4L2_PIX_FMT_YUYV;
    fmt.fmt.pix.height = IMG_HEIGTH;
    fmt.fmt.pix.width = IMG_WIDTH;
    fmt.fmt.pix.field = V4L2_FIELD_INTERLACED;
    if(ioctl(fd, VIDIOC_S_FMT, &fmt) == -1)
    {
            return false;
    }

//设置流参数(帧率)
setfps.type = V4L2_BUF_TYPE_VIDEO_CAPTURE;
// timeperframe 的分母是需要设定的帧率,而分子是 1
    setfps.parm.capture.timeperframe.numerator = 1;
    setfps.parm.capture.timeperframe.denominator = 10;

    if(ioctl(fd, VIDIOC_S_PARM, &setfps) == -1)
    {
        return false;
    }

    //申请视频缓冲区,并 mmap 到用户空间
    if(init_mmap() == false )
    {
        return false;
    }

    return true;
}

int myCamera::init_mmap()
{
//申请视频缓冲区
    v4l2_requestbuffers req;
    req.count = 2;
    req.type = V4L2_BUF_TYPE_VIDEO_CAPTURE;
    req.memory = V4L2_MEMORY_MMAP;
    if(ioctl(fd, VIDIOC_REQBUFS, &req) == -1)
    {
        return false;
    }
    if(req.count < 2)
    {
```

```
        return false;
    }
//分配缓存区内存
    buffers = (buffer * )calloc(req.count, sizeof( * buffers));
    if(!buffers)
    {
        return false;
    }

    //mmap到用户空间
    for(n_buffers = 0; n_buffers < req.count; ++n_buffers)
    {
        v4l2_buffer buf;
        buf.type = V4L2_BUF_TYPE_VIDEO_CAPTURE;
        buf.memory = V4L2_MEMORY_MMAP;
        buf.index = n_buffers;

        if(ioctl(fd, VIDIOC_QUERYBUF, &buf) == -1)
        {
            return false;
        }

        buffers[n_buffers].length = buf.length;
        buffers[n_buffers].start = mmap(NULL,buf.length, PROT_READ|PROT_WRITE, MAP_
SHARED, fd, buf.m.offset);
        if(MAP_FAILED == buffers[n_buffers].start)
        {
            return false;
        }
    }
    return true;
}

int myCamera::stop_capture()
{
    v4l2_buf_type type;
    type = V4L2_BUF_TYPE_VIDEO_CAPTURE;
//关闭视频流
    if(ioctl(fd, VIDIOC_STREAMOFF, &type) == -1)
    {
        return false;
    }
    return true;

}

int myCamera::start_capture()
{
    unsigned int i;
    for(i = 0; i < n_buffers; ++i)
```

```
    {
        v4l2_buffer buf;
        buf.type = V4L2_BUF_TYPE_VIDEO_CAPTURE;
        buf.memory = V4L2_MEMORY_MMAP;
        buf.index = i;
        if(-1 == ioctl(fd, VIDIOC_QBUF, &buf))
        {
            return false;
        }
    }

    v4l2_buf_type type;
    type = V4L2_BUF_TYPE_VIDEO_CAPTURE;
    //开启视频流
    if(ioctl(fd, VIDIOC_STREAMON, &type) == -1)
    {
        return false;
    }
    return true;
}

int myCamera::uninit_camera()
{
    unsigned int i;
    //释放申请的帧缓冲区
    for(i = 0; i < n_buffers; ++i)
    {
        if(-1 == munmap(buffers[i].start, buffers[i].length))
        {
            return false;
        }
    }

    delete buffers;
    return true;
}

int myCamera::close_camera()
{ //关闭摄像头文件
    int flag;
    flag = close(fd);
    if( flag == -1)
    {
        return false;
    }
    return true;
}

int myCamera::get_frame(unsigned char ** pointer_yuv_buffer, size_t* len)
{//获取视频帧
```

```
    v4l2_buffer queue_buf;

    queue_buf.type = V4L2_BUF_TYPE_VIDEO_CAPTURE;
    queue_buf.memory = V4L2_MEMORY_MMAP;

    if(ioctl(fd, VIDIOC_DQBUF, &queue_buf) == -1)
    {
        return false;
    }

    *pointer_yuv_buffer = (unsigned char *)buffers[queue_buf.index].start;
    *len = buffers[queue_buf.index].length;
    index = queue_buf.index;

    return true;

}

int myCamera::unget_frame()
{                                          //释放视频帧,让出缓存空间,准备新的视频帧数据
    if(index != -1)
    {
        v4l2_buffer queue_buf;
        queue_buf.type = V4L2_BUF_TYPE_VIDEO_CAPTURE;
        queue_buf.memory = V4L2_MEMORY_MMAP;
        queue_buf.index = index;

        if(ioctl(fd, VIDIOC_QBUF, &queue_buf) == -1)
        {
            return false;
        }
        return true;
    }
    return false;
}
```

(3) server.h 文件代码

```
#ifndef SERVER_H
#define SERVER_H

#include <QWidget>
#include "mycamera.h"/                  /包含 mycamera 类头文件

class QTcpServer;                       //类前置声明
class QTcpSocket;                       //类前置声明

namespace Ui {
class Server;
```

```
}

class Server : public QWidget
{
    Q_OBJECT

public:
    explicit Server(QWidget * parent = 0);
    ~Server();

private:
    Ui::Server * ui;
    QTcpServer * tcpServer;              //监听套接字对象指针
    QTcpSocket * tcpConnection;          //连接套接字对象指针
  myCamera * camera;                     //myCamera 类对象指针
    unsigned char *  pointer_yuv_buffer; //yuv 格式的帧数据缓冲区指针
    unsigned int len;                    //帧数据长度
unsigned char rgb_buffer[IMG_WIDTH * IMG_HEIGTH * 3];       //rgb 格式的帧数据缓冲区指针
    bool state;                          //帧数据获取状态指示标记
    int convert_yuv_to_rgb_buffer();     //将帧数据转为 rgb 格式并保存至缓冲区

private slots:
void sendImage();                        //私有槽,从摄像头获取帧数据进行格式转换后发送
};

#endif                                   // SERVER_H
```

(4) server.cpp 文件代码

```
#include "server.h"
#include "ui_server.h"
#include <QtNetwork>

Server::Server(QWidget * parent) :
    QWidget(parent),
    ui(new Ui::Server)
{
    ui->setupUi(this);
    //启动摄像头设备
    camera = new myCamera(tr("/dev/video0"));

    //启动监听套接字
    tcpServer = new QTcpServer(this);
    //设置可以监听的 IP 范围和端口地址,将端口设为 6666
    if (!tcpServer->listen(QHostAddress::Any, 6666)) {
        qDebug() << tcpServer->errorString();
        close();
}
```

```
//将 sendImage()槽与 newConnection()信号关联
    connect(tcpServer, SIGNAL(newConnection()), this, SLOT(sendImage()));
}

Server::~Server()
{
    delete camera;                                          //释放动态申请的变量
    camera = NULL;
    delete tcpServer;
    tcpServer = NULL;
    delete ui;
}

void Server::sendImage()
{
    //从摄像头获取数据
    this->len = 0;
    this->pointer_yuv_buffer = NULL;
    state = camera->get_frame(&this->pointer_yuv_buffer,&this->len);
    if(state)
    {
        convert_yuv_to_rgb_buffer();                        //转换格式并保存数据

        QByteArray block;                                   //用于暂存要发送的数据
        QDataStream out(&block, QIODevice::WriteOnly);      //数据流
        //设置数据流的版本,与客户端和服务器端使用的版本要相同
        out.setVersion(QDataStream::Qt_4_0);
        int bytesWritten = out.writeRawData((const char *)rgb_buffer, IMG_WIDTH * IMG_
HEIGTH * 3);
        if(!(bytesWritten == IMG_WIDTH * IMG_HEIGTH * 3))
        {
            qDebug()<<"error: writing data to socket!\n";
        }

        // 获取已经建立的连接的套接字
        QTcpSocket *clientConnection = tcpServer->nextPendingConnection();
        connect(clientConnection, SIGNAL(disconnected()),
                clientConnection, SLOT(deleteLater()));
        clientConnection->write(block);
        clientConnection->disconnectFromHost();
        // 发送数据成功后,释放一帧数据
        camera->unget_frame();


    }
    else
    {
        qDebug()<<"error: cannot get frame from camera!\n";
    }
```

```
}

int Server::convert_yuv_to_rgb_buffer()
{


    unsigned char * pointer;
    int i,j;
    unsigned char y1,y2,u,v;
    int r1,g1,b1,r2,g2,b2;
    pointer = pointer_yuv_buffer;
    for(i = 0;i < IMG_HEIGTH;i++)
     {
         for(j = 0;j <(IMG_WIDTH/2);j++)
         {
             y1 =  *( pointer + (i * (IMG_WIDTH/2) + j) * 4);
             u =  *( pointer + (i * (IMG_WIDTH/2) + j) * 4 + 1);
             y2 =  *( pointer + (i * (IMG_WIDTH/2) + j) * 4 + 2);
             v =  *( pointer + (i * (IMG_WIDTH/2) + j) * 4 + 3);

             r1 = y1 + 1.042 * (v - 128);
             g1 = y1 - 0.34414 * (u - 128) - 0.71414 * (v - 128);
             b1 = y1 + 1.772 * (u - 128);

             r2 = y2 + 1.042 * (v - 128);
             g2 = y2 - 0.34414 * (u - 128) - 0.71414 * (v - 128);
             b2 = y2 + 1.772 * (u - 128);

             if(r1 > 255)
                 r1 = 255;
             else if(r1 < 0)
                 r1 = 0;

             if(b1 > 255)
                 b1 = 255;
             else if(b1 < 0)
                 b1 = 0;

             if(g1 > 255)
                 g1 = 255;
             else if(g1 < 0)
                 g1 = 0;

             if(r2 > 255)
                 r2 = 255;
             else if(r2 < 0)
                 r2 = 0;

             if(b2 > 255)
                 b2 = 255;
```

```
            else if(b2 < 0)
                b2 = 0;

            if(g2 > 255)
                g2 = 255;
            else if(g2 < 0)
                g2 = 0;

            *(rgb_buffer + (i*(IMG_WIDTH/2)+j)*6 ) = (unsigned char)r1;
            *(rgb_buffer + (i*(IMG_WIDTH/2)+j)*6 + 1) = (unsigned char)g1;
            *(rgb_buffer + (i*(IMG_WIDTH/2)+j)*6 + 2) = (unsigned char)b1;
            *(rgb_buffer + (i*(IMG_WIDTH/2)+j)*6 + 3) = (unsigned char)r2;
            *(rgb_buffer + (i*(IMG_WIDTH/2)+j)*6 + 4) = (unsigned char)g2;
            *(rgb_buffer + (i*(IMG_WIDTH/2)+j)*6 + 5) = (unsigned char)b2;
        }
    }


    return 0;
}
```

14.3.2 客户端程序设计

客户端程序主要完成连接服务器，接收服务器传来的视频数据并显示。客户端程序的基本思想是，利用定时器，每隔一定时间(本程序设为 40ms)就向客户端发送请求，建立 TCP 连接，获得一帧图像并显示，从而达到显示视频的效果，将这部分功能封装在 Client 类中。Client 类是一个基于 QDialog 类派生的类，只需要在 Client 中重载 timerEvent 函数进行连接请求，并且自定义 readyRead 等信号的槽来完成数据的接收。表 14-8 和表 14-9 分别列出了 Client 类成员变量和成员函数的定义和功能。

表 14-8 Client 类成员变量

变量名	类　型	属性	功　能
tcpSocket	QTcpSocket *	private	连接套接字
rgb_buffer	unsigned char	private	帧数据缓存区
frame	QImage *	private	图像类变量
id	int	private	计时器 ID

表 14-9 Client 类成员函数

函 数 名	属　性	功　能
Client	public	构造函数，连接套接字初始化
~Client	public	析构函数
newConnect	private slots	私有槽，建立新的连接
readMessage	private slots	私有槽，读取数据

续表

函数名	属性	功能
displayError	private slots	私有槽,显示错误信息
on_pushButton_link_clicked	private slots	私有槽,连接按钮响应函数
on_pushButton_unlink_clicked	private slots	私有槽,断开按钮响应函数
timerEvent	protected	timerEvent 函数重载实现

新建 Qt Gui 应用,项目名称为 Client,类名为 Client,基类选择 QDialog,完成后向 Client. pro 文件中添加"Qt+=network"一行代码并保存该文件。然后进入 client. ui 文件中,往界面上拖 3 个 Label、2 个 LineEdit 和 2 个 Push Button,如图 14-3 所示。

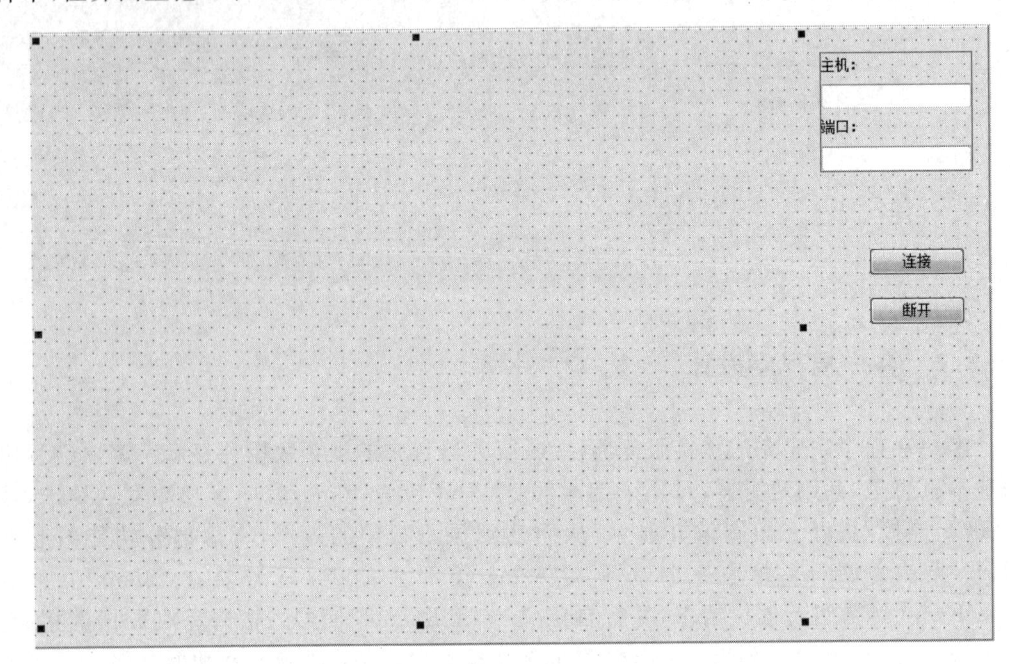

图 14-3　客户端界面设计效果

将界面左侧 label 的 objectname 更改为 label_video,用于显示视频;"主机"标签下方 LineEdit 的 objectname 更改为 LineEdit_host,"端口"标签下方的 LineEdit 的 objectname 更改为 LineEdit_port,用来输入要连接的主机号和端口号。将"连接"按钮的 objectname 更改为 pushButton_link,"断开"按钮的 objectname 更改为 pushButton_unlink,分别用于与客户端的连接与断开。完成界面设计后,进入 client. h 文件和 client . cpp 文件进行相应的修改。下面给出 Client 类具体实现代码和注释。

(1) client. h 文件代码

```
#ifndef CLIENT_H
#define CLIENT_H

#include <QDialog>
#include <QAbstractSocket>
```

```
#define IMG_WIDTH 640
#define IMG_HEIGTH 480

class QTcpSocket;                                 //类前置声明

namespace Ui {
class Client;
}

class Client : public QDialog
{
    Q_OBJECT

public:
    explicit Client(QWidget * parent = 0);
    ~Client();

private:
    Ui::Client * ui;
    QTcpSocket * tcpSocket;                       //连接套接字变量指针
unsigned char rgb_buffer[IMG_WIDTH * IMG_HEIGTH * 3];
//帧数据缓存区
    QImage * frame                                //图像类变量
    int id; //timer ID                            //计时器 ID


private slots:
    void newConnect();                            //私有槽,建立新的连接
    void readMessage();                           //私有槽,读取数据
void displayError(QAbstractSocket::SocketError);
                                                  //私有槽,显示错误信息
    void on_pushButton_link_clicked();            //私有槽,连接按钮响应函数
    void on_pushButton_unlink_clicked();          //私有槽,断开按钮响应函数

protected:
    void timerEvent(QTimerEvent * );              //timerEvent 函数重载实现

};

#endif                                            // CLIENT_H
```

(2) client.cpp 文件代码

```
#include "client.h"
#include "ui_client.h"
#include <QtNetwork>

Client::Client(QWidget * parent) :
    QDialog(parent),
```

```
    ui(new Ui::Client)
{
    ui->setupUi(this);
tcpSocket = new QTcpSocket(this);                    //新建连接套接字
connect(tcpSocket, SIGNAL(readyRead()), this, SLOT(readMessage()));
                                                     //关联 readyRead 信号到自定义槽上
    connect(tcpSocket, SIGNAL(error(QAbstractSocket::SocketError)),
             this, SLOT(displayError(QAbstractSocket::SocketError)));
//关联 error 信号到自定义槽上
ui->pushButton_unlink->setEnabled(false);
//令"断开"按钮不可用
}


Client::~Client()
{
delete tcpSocket;
tcpSocket = NULL;
    delete ui;
}


void Client::newConnect()
{

    // 取消已有的连接
tcpSocket->abort();
//用输入的主机名和端口号连接服务器
    tcpSocket->connectToHost(ui->LineEdit_host->text(),ui->LineEdit_port->text
().toInt());
}

void Client::readMessage()
{
    QDataStream in(tcpSocket);
    // 设置数据流版本,这里要和服务器端的版本相同
    in.setVersion(QDataStream::Qt_4_6);

    // 如果没有得到全部的数据,则返回,继续接收数据
    if(tcpSocket->bytesAvailable() < IMG_WIDTH * IMG_HEIGTH * 3) return;
    // 将接收到的数据存放到变量中
    in.readRawData((char *)rgb_buffer,IMG_WIDTH * IMG_HEIGTH * 3);
    // 显示接收到的数据
    frame = new QImage(rgb_buffer,IMG_WIDTH,IMG_HEIGTH,QImage::Format_RGB888);
    ui->label_video->setPixmap(QPixmap::fromImage( * frame,Qt::AutoColor));
}


void Client::displayError(QAbstractSocket::SocketError)
{
```

```
    qDebug() << tcpSocket -> errorString();
}

void Client::timerEvent(QTimerEvent * )
{
    newConnect();                             //计时器溢出时调用 newConnect 函数
}

void Client::on_pushButton_link_clicked()
{
    id = startTimer(150);                     //启动定时器
    ui -> pushButton_link -> setEnabled(false); //令"连接"按钮不可用
    ui -> pushButton_unlink -> setEnabled(true);//令"断开"按钮可用
}

void Client::on_pushButton_unlink_clicked()
{
    killTimer(id);                            //关闭定时器
    ui -> pushButton_link -> setEnabled(true);  //令"连接"按钮可用
}
```

14.4 设计验证

14.4.1 主机设计验证

先在 PC 环境下测试程序的效果。简单起见,可将服务器和客户端程序都放在同一台计算机的 Ubuntu 下进行测试。首先将 UBS 摄像头连上计算机,运行服务器程序;然后再运行客户端程序,输入主机名为 localhost,端口为 6666,单击客户端程序上的"连接"按钮,就可以显示摄像头拍摄的视频了。程序运行结果如图 14-4 所示。

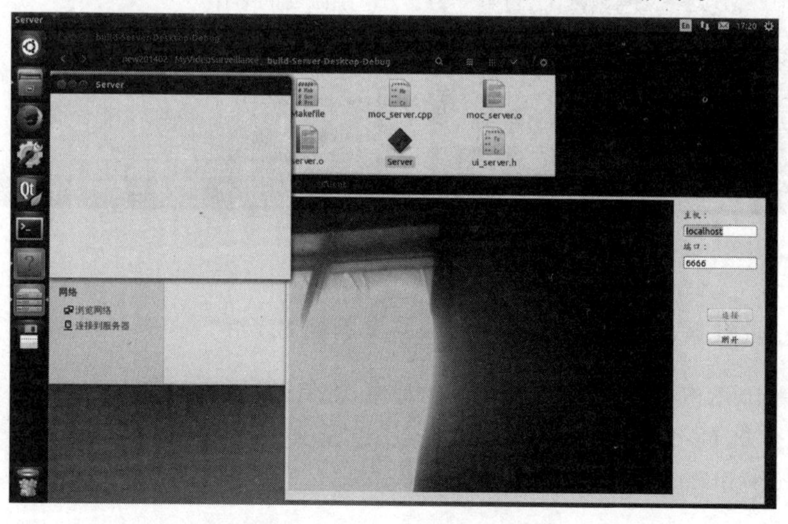

图 14-4 PC 下程序运行效果

14.4.2 目标机设计验证

1. 编译 ARM 版本的 Server 程序

本章通过 ZedBoard 板子采集 USB 摄像头视频，在 PC 上通过客户端程序实时显示视频图像。因此，服务器程序运行在 ZedBoard 板子上，需要用 QtEmbedded-4.8.5-arm 进行编译，编译的程序可以在 ARM 下运行。在进行嵌入式 Qt 程序设计的时候，一般先用 Desktop 进行编译、调试和运行，在达到要求后，切换到 QtEmbedded-4.8.5-arm 下重新编译即可，如图 14-5 所示，详细步骤请参考第 10 章相关内容。

在图 14-5 中，Kit 选择 QtEmbedded-4.8.5-arm，Build 选择 Debug。在菜单栏选择 Build→Build All 命令，将会编译工程，在 Compile Output 窗口输入编译信息。编译成功后，在 build-Server-QtEmbedded_4_8_5_arm-Debug 文件夹里面生成可以在 ARM 下执行的 Server 可执行程序。

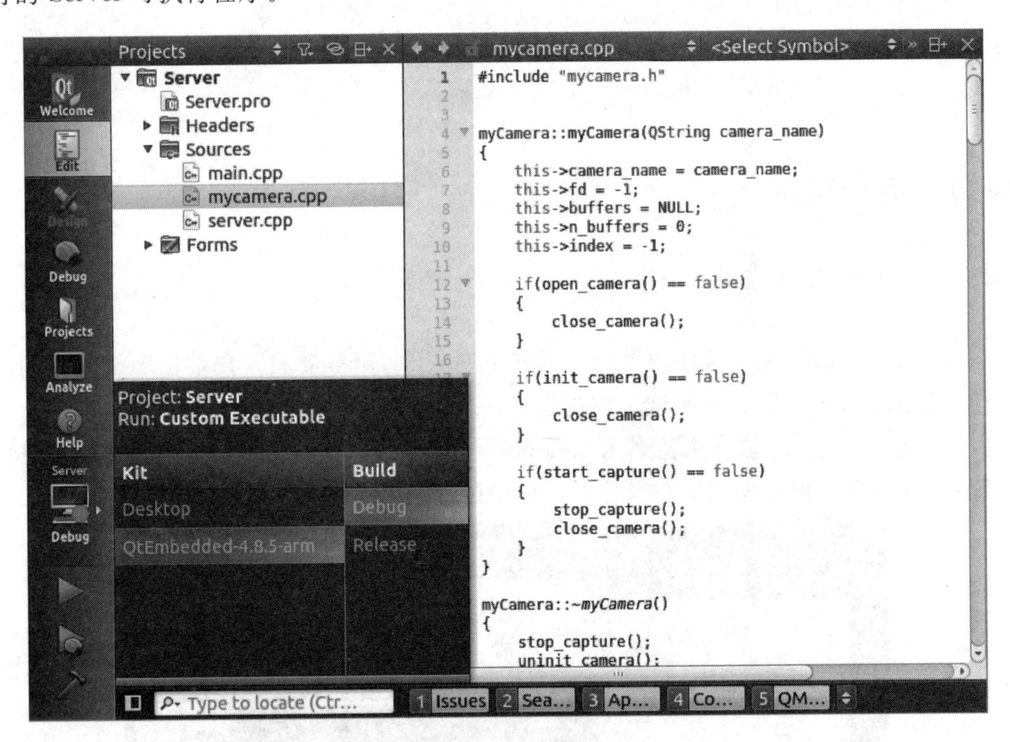

图 14-5 Kit 选择

2. 将 ARM 版本的 Server 可执行程序复制到 SD 中

参照第 10 章内容，完全利用其提供的程序，将编译好 ARM 版本的 Server 程序复制到 rootfs 分区的 home 文件夹中，假设工程文件所在路径为/book/ZedBoard/MyVideoSurveillance/，命令如下：

```
root @ lqs:/book/ZedBoard # cp /book/ZedBoard/MyVideoSurveillance/build - Server - QtEmbedded _4_8_5_arm - Debug/ Server /media/root/rootfs/home
```

3. 设置和启动 ZedBoard 开发板

设置 ZedBoard 启动模式为 SD 启动，在 ZedBoard 上，JP7～JP11 跳线是设置启动模式，将 JP9 和 JP10 设置到 3V3 短，其余设置成 GND，ZedBoard 将从 SD 启动。

(1) 用 HDMI 转 DVI 线，连接 ZedBaordHDMI 接口和显示器，如果没有 DVI 接口显示器，可以用 HDMI 转 VGA 接口线连接。

(2) 为方便接鼠标、键盘、U 盘和 USB 摄像头等工具，需要将跳线 JP2 连接上，为 USB 口供电。连接 ZedBoard 厂家自带的 USB OTG 线，连接 USB Hub，方便连接多个 USB 设备。

(3) 连接客户端 PC 和 ZedBoard 板子的网络。

(4) 连接 UART 和 PC 的 USB 口，为使用串口终端操作 ZedBoard 准备。

(5) 将 SD 卡插入 ZedBoard 开发板 SD 卡槽，打开 ZedBoard 电源。

(6) 打开 PuTTY 串口，将会显示 ZedBoard 里 Linux 启动过程，如图 14-6 所示。

```
COM3 - PuTTY
[    7.090000] VFS: Mounted root (ext4 filesystem) on device 179:2.
[    7.100000] Freeing init memory: 152K
[    8.190000] udevd[703]: starting version 173
error: unexpectedly disconnected from boot status daemon

speech-dispatcher disabled; edit /etc/default/speech-dispatcher
Checking for running unattended-upgrades:
Last login: Thu Jan  1 00:00:15 UTC 1970 on tty1
 * Starting bluetooth                                              [ OK ]
 * PulseAudio configured for per-user sessions
saned disabled; edit /etc/default/saned
cat: /var/lib/update-notifier/fsck-at-reboot: No such file or directory
run-parts: /etc/update-motd.d/98-fsck-at-reboot exited with return code 1
Welcome to Linaro 11.12 (GNU/Linux 3.3.0-57645-g78a8fc1 armv7l)

 * Documentation:  https://wiki.linaro.org/

0 packages can be updated.
0 updates are security updates.
0 packages can be updated.
0 updates are security updates.


root@linaro-ubuntu-desktop:~#
```

图 14-6　Linux 启动信息

(7) 同时可以看到在显示器上显示桌面 Linux 系统，和 PC 上的 Ubuntu 一样，如图 14-7 所示。设置其 IP 地址，要求和客户端机器 IP 在同一网段内，设置方法和在 PC 的 Ubuntu 上设置方法一样，不熟悉的读者可以参考网上相关资料。

4. 执行程序

在图 14-6 的串口终端中，可以用命令对 ZedBoard 进行操作，进入到 Qt 应用程序所在目录/home，命令如下：

图 14-7　Linaro 启动桌面

```
root@linaro-ubuntu-desktop:~# cd /home
```

执行 Qt 应用程序，命令如下：

```
root@linaro-ubuntu-desktop:/home# ./Server -qws
```

在 PC 的 Ubuntu 下执行客户端程序，在客户端程序界面的主机框里输入 ZedBoard 开发板的 IP 地址，在端口里输入端口号为 6666，单击“链接”按钮，可以看到摄像头的视频，如图 14-8 所示。

图 14-8　连网视频监控显示